U0175439

本书荣获 2014—2017 年国家社会科学基金、
2019 年四川师范大学人文科学出版基金项目资助

汶川地震与救灾制度转型研究

邓绍辉 著

人民出版社

目　录

绪　论　汶川地震与救灾制度研究
现状及发展趋势

　　汶川地震是新中国成立以来破坏性最强、波及范围最广、救灾难度最大的一次地震。2008年5月12日，我国汶川、北川一带发生8.0级地震，最大烈度达Ⅺ度，给四川、甘肃、陕西、重庆、云南、宁夏等10个省（区、市）417个县（市、区）带来人员财产巨大损失，灾区总面积约50万平方公里，受灾群众4625万多人，造成69227人遇难、17923人失踪。因此次地震震中位于四川省汶川县，故称"汶川地震"或"汶川特大地震"。

　　救灾制度，通常是指国家立法机关和行政机关制定的救灾行动准则或办事规程。按功能作用，救灾制度大体上可分为基本制度与规章制度两个层次。基本制度是指由国家机关制定救灾方针、政策、目标、原则等。规章制度是指救灾机构所制定的行为模式和办事规程，如监测预报程序、组织指挥、经费发放、物资监管等。

　　本课题研究采用地震社会学和制度变迁史的基本理论及研究方法，着重对2008年汶川特大地震灾害概况及特点，以及由此而引起的我国地震现行救灾管理、救灾队伍、救灾医疗、救灾物资、救灾捐款、灾后重建、救灾科技、救灾立法、救灾宣传等制度变迁问题，进行系统深入的分析，并对其管理体制和运行机制中存在的诸多问题，提出转型升级的相关政策措施，进而揭示汶川地震既是新中国成立以来破坏性最强、波及范围最广、救灾难度最大的一次地震，同时也给我国救灾制度，特别是地震现行救灾管理体制和运行机制带来了一次大冲击、大考验、大转型和大升级。

通过对汶川地震与救灾制度变迁问题的分析论述，本研究力图达到以下写作目标：1. 构建一种新的救灾理念——政府救灾与社会救灾相结合，走"防抗救一体化"之路；2. 充实一门新的救灾学科——地震社会学，即运用社会学的基本理论与方法，对由地震灾害引起的社会问题进行综合性研究；3. 搭建一个新的救灾平台——举国救灾体制，即政府是抗震救灾主导，社会力量（即军队、企业、社会团体及灾区民众等）是救灾主体，在继续坚持"政府主导"的同时，还应充分发挥社会力量和市场配置救灾资源的重要作用；4. 撰写一本新的救灾论著——救灾制度史，着重探讨我国地震现行救灾管理体制和运行机制变迁的规律特点，为政府部门、企事业单位、社会团体及公民个人预防和减轻各种灾害所带来的损失，提供有益的历史经验教训。

汶川地震与救灾制度研究是我国当代救灾史上一个重要课题，也是目前学术界极为关注的热点问题。本研究由绪论、正文、结论三部分组成。

在绪论部分，主要探讨四个问题：一、国外研究现状及意义；二、国内研究基本状况；三、现有论著研究特点；四、写作目标、基本架构及研究方法。

一、国外研究现状及意义

从总体上来看，目前国外学术界对本课题研究没有发表直接论著，但有些灾害理论（如地震灾害学、地震社会学等）、国际减灾活动以及相关报道等，或多或少与我国汶川地震与救灾制度研究有关。

1. 地震社会学

地震社会学是研究地震及地震危害对经济与社会产生影响的一门学科，有狭义和广义之分。前者主要研究探索最佳地震预报决策模式，消除地震预报可能产生的消极影响；后者不仅研究地震预报对经济与社会产生的影响，而且研究经济与社会对地震灾害的防范措施，其目的在于探索地震预报、防震减灾与救灾的战略战术，最大限度地减轻地震灾害。

"地震社会学"这一名称正式出现于上世纪60—70年代的国际学术会议。60年代初，面对地震及地震灾害日趋频繁，各国政府开始重视地震预报工作，以期减少地震灾害。从70年代起，各国政府和地震学界以及社会学界的人士开始关注研究地震预报活动。1977年7月，联合国教科文组织召开国际地震预报研讨会，决定将地震预报的社会含义和地震预报发布及其产生后果的责任问题列入议程。1979年4月，联合国教科文卫组织又在巴黎召开国际地震预报讨论会。会上将"地震预报的个人与团体反应"、"地震预报的经济后果"、"组织机构在地震预报中的作用"、"预报和警报的发布与传播"四个社会问题列入议程。①

此外，目前国外有些论著还从灾害原因、灾害防治以及灾情变化等方面，直接或间接地涉及中国防灾、减灾、救灾等问题，这里就不一一展开论述了。

2. 国际减灾活动

1984年，前美国总统科学特别助理、地震学家F. Press在第八届世界地震工程大会上提出了开展"国际减轻自然灾害十年"活动的建议。

1987年12月11日，第42届联合国大会一致通过了第169号决议，确定20世纪最后十年（1990—2000）在世界范围内开展一个"国际减轻自然灾害十年"的活动，并明确将地震、水灾、火灾等30种灾害列为全球关注的重点。要求各个国家政府和科学技术团体、非政府组织，积极响应联合国大会的号召，开展广泛国际合作，充分利用现有的科学技术成就和新开发技术，以提高各国政府的防灾减灾能力。

1989年，第44届联合国大会通过了《国际减轻自然灾害十年决议》（第236/44号决议）及《国际减轻自然灾害十年国际行动纲领》，并建立了相应的机构以统一世界各国的减灾活动。其中纲领明确规定了国际减轻自然灾害十年的目标、各国政府采取的措施，以及联合国系统采取的行动等，同时确

---

①　参见王子平等：《地震社会学初探》，地震出版社1989年版，第6页；郭强等主编：《灾害大百科》，山西人民出版社1996年版，第152页。

定每年 10 月第二个星期天为"国际减轻自然灾害日"。随后,许多国家和地区政府都积极响应,并相继成立减灾委员会。

随着防灾减灾活动在全球范围获得广泛认同和扩大,我国政府于 1989 年 4 月成立"中国国际减灾委员会",提出目标到 2000 年使自然灾害造成的损失减少 30%。2005 年年初,中国国际减灾委员会更名为国家减灾委员会,负责制定国家减灾工作的方针、政策和规划,协调开展重大减灾活动,综合协调自然灾害应急及防灾、减灾等工作。

2007 年 8 月,国务院制定《国家综合减灾"十一五"规划》等文件,明确提出"十一五"期间及中长期国家综合减灾战略目标任务。

3."国际减灾日"

自 1991 年开始,我国每年都从国家防灾减灾和全民宣传教育等方面,积极响应联合国"国际减灾日"的主题活动。① 其中:

2008 年的减灾主题是"减少灾害风险,确保医院安全"。

2009 年的减灾主题是"让灾害远离医院"。

2010 年的减灾主题是"建设具有抗灾能力的城市,让我们做好准备"。

2011 年的减灾主题是"让儿童和青年成为减少灾害风险的合作伙伴"。

2012 年的减灾主题是"女性——抵御灾害的无形力量"。

2013 年的减灾主题是"关爱灾害风险的残疾人士"。

由上可见,历年"国际减灾日"主题活动内容都直接或间接地涉及目

---

① 从 1990 年起,联合国相关机构每年都要提出一个"国际减灾日"的减灾主题。1991 年"为了一个目标:减灾、环境与发展"。1992 年"减轻自然灾害与持续发展"。1993 年"减轻自然灾害的损失,要特别注意学校和医院"。1994 年"为了更加安全的 21 世纪"。1995 年"妇女和儿童——预防的关键"。1996 年"城市化与灾害"。1997 年"水:太多、太少——都会造成灾害"。1998 年"防灾与媒体——防灾从信息开始"。1999 年"减灾的效益——科学技术在灾害防御中保护生命和财产"。2000 年"防灾、教育和青年——特别关注森林火灾"。2001 年"抵御灾害,减轻易损性"。2002 年"山区减灾与可持续发展"。2003 年"面对灾害,更加关注可持续发展"。2004 年"总结今日经验,减轻未来灾害"。2005 年"利用小额贷款,提高减灾能力"。2006 年"减少灾害从学校抓起"。2007 年"减灾始于学校"。

前我国救灾理念和救灾制度的改革创新、转型升级等问题。

4. 采访地震灾区

汶川抗震救灾期间，我国外交部依法批准境外记者赴灾区第一线进行实地采访。这是我国政府首次允许境外记者进入灾区各地进行实地采访活动。

据有关资料记载：到 2008 年 5 月 22 日，在四川灾区领取证件采访的境外媒体有 25 个国家和地区 125 家媒体的 520 余名记者。[①] 其中来自美国、英国、法国、德国、日本等 23 个国家 104 家的外国媒体记者 385 名，包括《纽约时报》、《华盛顿邮报》、美联社、美国有线电视新闻（CNN）、美国哥伦比亚广播公司（CBS）、英国广播公司（BBC）、英国路透社、《泰晤士报》等在全球颇有影响的媒体。

另外，登记在册的香港媒体 12 家 109 名记者，包括凤凰卫视、亚视、《南华早报》、香港电视台、《明报》等；台湾媒体 9 家 30 名记者，包括台湾东森电视、中天电视、三立电视、《联合报》等，也参与了汶川抗震救灾的相关报道。

二、国内研究基本状况

从严格意义上来说，我国开展地震预报、抢险救灾等研究工作始于 20 世纪 50—60 年代。1953 年 11 月，中国科学院成立"中国科学院地震工作委员会"。委员会下设综合组、地质组和历史组，主要任务是为国家计委审核重大项目提供咨询。60 年代，我国地震进入活跃阶段，在周恩来总理的亲自关怀下逐步建立起全国性的地震工作机构。1971 年正式组建国务院地震局，1998 年更名为中国地震局。1979 年中国地震局地球物理研究所开始筹建地震社会学研究室。1986 年我国地震专家学者在《地震对策》一书中，

---

① 参见《汶川特大地震救灾志》编纂委员会编：《汶川特大地震抗震救灾志》卷一《总述》，方志出版社 2015 年版，第 191—192 页。

全面总结了历史上我国地震对策经验教训，从而使地震社会学研究成果广泛应用于防震减灾的社会管理与实践活动。

近年来，我国政府部门以及学术界对汶川抢险救灾和灾后重建问题研究已取得了一系列研究成果，大致可分为三类：一类是资料汇编；二类是学术专著；三类是学术论文。

现将近年来我国汶川抗震救灾研究资料成果列一简表，其目的有二：一是为了让读者对相关研究资料成果有一个全貌式了解；二是为了对本书研究的相关问题展开进一步分析论述。

近年来汶川抗震救灾研究资料成果简表

序 号	著作名称	编辑单位及作者	资料来源
1	汶川特大地震阿坝州抗震救灾志（上、中、下）	阿坝州地方志办公室	方志出版社 2013 年 7 月
2	汶川特大地震成都抗震救灾志	成都市地方志编纂委员会	方志出版社 2013 年 12 月
3	汶川特大地震雅安抗震救灾志	雅安市地方志编委会	中央民族大学出版社 2015 年 7 月
4	汶川特大地震德阳抗震救灾志	德阳市地方志办公室	中国文史出版社 2011 年 4 月
5	汶川特大地震广汉抗震救灾志	广汉市地方志编委会	中国言实出版社 2014 年 10 月
6	汶川特大地震什邡抗震救灾志	什邡市地方志编纂委员会	方志出版社 2014 年 8 月
7	汶川特大地震安县抗震救灾志	安县地方志办公室	方志出版社 2015 年 5 月
8	汶川特大地震北川抗震救灾志	北川羌族自治县人民政府	方志出版社 2016 年 3 月
9	汶川特大地震平武抗震救灾志	平武县抗震救灾志编委会	电子科技大学出版社 2012 年 1 月

续表

序　号	著作名称	编辑单位及作者	资料来源
10	汶川特大地震黑龙江援建剑阁县志	中共剑阁县委、剑阁县人民政府	成都时代出版社2013年12月
11	汶川特大地震江油抗震救灾志	江油市抗震救灾志编委会	方志出版社2015年10月
12	汉源抗震救灾志	董必忠主编	电子科技大学出版社2013年1月
13	"5·12"夹江县抗震救灾重建志	夹江县人民政府办公室、夹江县地方志办公室	中央民族大学出版社2014年10月
14	汶川特大地震石棉县抗震救灾志	石棉县地方志编委会	方志出版社2012年10月
15	四川省教育系统汶川特大地震抗震救灾志	四川省教育厅	四川教育出版社2012年1月
16	四川省红十字会"5·12"抗震救灾图志	四川省红十字会	四川大学出版社2009年9月
17	"5·12"汶川特大地震四川工会抗震救灾志	四川省总工会	四川师范大学电子出版社2011年8月
18	汶川特大地震中国工会抗震救灾志	中华全国总工会	中国工人出版社2012年4月
19	汶川特大地震中央企业抗震救灾志	中央企业抗震救灾志编委会	石油工业出版社2013年12月
20	国土资源部汶川特大地震救灾重建志	中华人民共和国国土资源部办公室	海洋出版社2013年9月
21	汶川特大地震电力行业抗震救灾志	电力行业抗震救灾志编委会	方志出版社2013年7月
22	汶川特大地震水利抗震救灾志	水利部抗震救灾志编委会	中国水利水电出版社2015年10月

序　号	著作名称	编辑单位及作者	资料来源
23	汶川特大地震抗震救灾志	国家质检总局	化学工业出版社 2010 年 5 月
24	汶川特大地震上海市对口支援都江堰市灾后重建志	上海市对口支援都江堰市灾后重建指挥部	方志出版社 2012 年 11 月
25	杭州市支援四川抗震救灾和青川县灾后恢复重建志	杭州市人民政府地方志办公室	方志出版社 2011 年 5 月
26	汶川特大地震南京援建志	南京市地方志编委会	南京出版社 2012 年 11 月
27	汶川特大地震济南救助援建志	济南市救助援建志编委会	济南出版社 2012 年 12 月
28	汶川特大地震威海市救助援建志	威海市地方史志办公室	方志出版社 2013 年 2 月
29	汶川特大地震宿迁援建志	宿迁市人民政府史志办	江苏人民出版社 2012 年 12 月
30	汶川特大地震昆山市援建图志	昆山市地方志办公室	江苏科学技术出版社 2012 年 7 月
31	汶川特大地震抗震救灾志	国务院侨务办公室	暨南大学出版社 2011 年 5 月
32	汶川特大地震国务院扶贫办抗震救灾志	国务院扶贫开发领导小组办公室	中国工人出版社 2013 年 6 月
33	汶川特大地震陕西医疗卫生抗震救灾志	陕西省卫生和计划生育委员会	陕西科学技术出版社 2014 年 10 月
34	汶川特大地震宝鸡抗震救灾志	宝鸡市地方志办公室	三秦出版社 2012 年 4 月
35	汶川特大地震抗震救灾志 11 卷	汶川特大地震抗震救灾志编纂委员会	方志出版社 2015 年 8 月
36	《四川地震全记录》（上、下卷）	孙成民主编	四川人民出版社 2010 年 1 月

续表

序　号	著作名称	编辑单位及作者	资料来源
37	5·12 汶川 8.0 级地震地表破裂图集	徐锡伟主编	地震出版社 2009 年 5 月
38	汶川地震社会管理政策研究	国家减灾委员会、科学技术部抗震救灾专家组	科学出版社 2008 年 10 月
39	响应汶川：中国救灾机制分析	邓国胜等	北京大学出版社 2009 年 8 月
40	应急管理与灾后重建：5·12 汶川特大地震若干问题研究	赵昌文主编	科学出版社 2011 年 2 月
41	中国救灾制度研究	孙绍骋	商务印书馆 2004 年 7 月
42	应对巨灾的举国体制	高建国	气象出版社 2010 年 4 月
43	中国模式：防灾减灾与灾后重建	谢永刚	经济科学出版社 2015 年 8 月
44	汶川特大地震四川抗震救灾志 8 卷	四川抗震救灾志编纂委员会	四川人民出版社 2017 年 12 月

　　由上表可知，汶川特大地震波及的 20 余个极重灾区和重灾区，以及 20 个对口支援省市，都留下了直接参与汶川抢险救灾和灾后重建的珍贵记录。与此同时，一些中央机关、四川省相关部门以及一些专家学者对汶川特大地震抢险救灾和灾后重建工作也进行了专题研究，呈现出以下几个特点。

　　一是编纂出版了一批资料、方志。例如：

　　《汶川特大地震抗震救灾志》。该志由中国社会科学院、民政部、军事科学院等单位负责具体编写，共有《总述》、《大事记》、《图志》、《地震灾害志》、《抢险救灾志》、《灾区生活志》、《灾区医疗防疫志》、《社会赈灾志》、《灾后重建志》、《英雄模范志》、《附录　索引》11 个分卷。

《汶川特大地震四川抗震救灾志》。该志是按照国务院编纂《汶川特大地震抗震救灾志》的部署和四川省政府指示精神，以省政府名义就汶川特大地震这一特定事件组织编修的志书，为四川历史上首例。该志共分灾情、抢险救灾、医疗防疫、赈灾、灾后重建、英模、总述大事记、附录8卷。其中附录内容为2008年5月12日至2011年11月期间，中央领导、四川省主要领导的讲话，国务院及其有关部门和所属机构、中共四川省委、四川省人大常委会、四川省人民政府、四川省政协、四川省"5·12"抗震救灾指挥部组织开展抗震救灾和灾后重建工作所发布的重要文件（规章），公布的对口支援文件（规章）、汇报材料、重点项目，反映的抗震救灾和灾后恢复重建的重要新闻出版物、具有代表性的文艺作品等，以丰富翔实的文献资料记录了"5·12"汶川特大地震抗震救灾与灾后恢复重建全过程。

孙成民主编《四川地震全记录》（上、下卷）。该书所收地震资料，起自公元前26年，止于2009年9月，分为上、下卷。上卷为汉成帝河平三年（公元前26年）至民国三十八年九月（公元1949年9月）的地震资料；下卷为中华人民共和国成立以来（公元1949年10月至2009年9月）的地震资料。上卷主要为历史文献有关资料、有关地震记载及少数仪器记录资料；下卷包括文献记录、地震台站仪器观测资料和地震宏观考察报告、救灾工作总结、地震调查报告、地震简报、震例总结、地震灾害评估报告等资料。

徐锡伟主编《5·12汶川8.0级地震地表破裂图集》。该图集共分六个部分：汶川地震基本参数、区域动力学环境、区域地震构造环境、地壳现今运动状态、地震地表破裂特征(北川—映秀地表破裂、汉旺—白鹿地表破裂、小鱼洞地表破裂、地表破裂类型)、地震灾害与地面建筑物破坏特征，共收集了256幅彩色图片，较为珍贵。

二是出版发表了多种学术专著。例如：

国家减灾委员会、科学技术部抗震救灾专家组、规划政策组《汶川地震社会管理政策研究》。该书收录了国家减灾委员会、科学技术部抗震救灾专家组、规划政策组在抗震救灾过程中的成果。全书共分四篇。第一篇为社会政策研究，收集了灾区恢复重建应急性政策设计、恢复重建政策过程、灾区校舍震后排查和评估、灾区农村长久性安置政策、民间公益组织参与灾后重建、红十字会对社会捐赠管理、紧急移民安置、安置点治安问题、防范针对灾区儿童犯罪、老年灾民及其撤离和安置以及灾后社会心理应对等方面的研究成果；第二篇为经济政策研究，收集了恢复重建财政政策和重建税收支持政策两方面的研究成果；第三篇为资源政策与法律研究，收集了灾后产业恢复和发展、震后城乡一体化恢复重建、灾后重建的保险安排、灾后重建中土地利用和灾区土地利用总体规划等方面的研究成果；第四篇为抗震救灾专家组建议，收集了专家组在抗震救灾期间向有关部门提交的各种政策建议，供有关部门应对地震灾害时参考。

科技部社会发展科技司《汶川特大地震科技抗震救灾实录》。该书由科技部社会发展科技司和中国 21 世纪议程管理中心编制，全面记述了全国科技系统在汶川特大地震抗震救灾及灾后恢复重建中所做的卓有成效的工作，涵盖了概述、地震灾情、指挥决策、抢险救灾、恢复重建和省市重建等内容。在体例、叙述等方面，力求语言生动、行文规范、叙述严谨，适合从事社会管理工作或研究的读者及科技界人士参考。

邓国胜等著《响应汶川：中国救灾机制分析》。该书着重对中国民间组织和志愿者在汶川抗震救灾过程中的参与状况、存在问题与制度局限、救灾的募捐主体、救灾款物的使用、捐赠的管理费用和捐赠信息的披露等社会热点问题进行了探讨。同时还介绍了国外的救灾机制，并对中国救灾机制，特别是救灾捐款制度，提出了应从垄断走向开放的新思路以及主张建立政府与民间救灾合作的新模式。

孙绍骋著《中国救灾制度研究》。该书首先概述我国自然灾害的种类、特性和趋势，然后集中论述了 1949 年前后我国救灾制度发展演变的历史过程，以及救灾信息、救灾款物在流动中存在的问题及根源，并对其中相关问题的解决提出了一系列有针对性的建议或改进措施。

赵昌文主编《应急管理与灾后重建：5·12 汶川特大地震若干问题研究》。

该书以汶川特大地震的应急指挥、灾后救助与重建中急需解决的重大实践问题与对策、政策为主要目标进行了应急性研究，分别涉及公众风险认知、灾民心理需求、资金安排与物资调运、震后交通恢复、重建规划、产业结构调整、民营企业救助与补偿等内容，旨在为后续的抗震救灾、灾后重建工作提供科学的理论依据和积极的政策建议，也为完善我国非常规突发性公共事件的应急管理体系和特大自然灾害的风险管理体制提供有益的借鉴。

高建国著《应对巨灾的举国体制》。作者从政府应对的角度，系统收集、整理、研究了两次巨灾发生后，中央、部和省政府颁布的文件，其中雨雪冰冻灾害期间 563 件，汶川地震抗震救灾期间 2290 件，从中探讨灾害管理的方式，并得出了初步结论：应对巨灾，以"条、块管理，以条为主"；应对大灾、中小灾害，以"条、块管理，以块为主"。

三是发表了许多学术科研论文。据笔者所查：现有国内报刊和网络直接评论汶川特大地震抗震救灾和灾后重建的论文多达上万篇。其中多数是从地震灾害学角度揭示汶川特大地震的危害、特点及原因等技术问题，少数则是从地震社会学领域阐明汶川抢险救灾应急管理和灾后重建等问题。

以上资料汇编、学术论著和相关论文的出版发表，既为本研究提供了学习掌握汶川抢险救灾和灾后恢复重建工作的基本资料，又为本书研究奠定了基本观点、基本思路与研究方法。

三、现有论著研究特点

在充分肯定上述研究取得一系列学术资料、学术理论和学术成果的同时，也应客观地看到其研究范围、研究内容和研究方法等方面，还存在一些问题和不足。

一是对我国防灾减灾理论阐发不全面。新中国成立以来，特别是改革开放以来，我国防震减灾工作分别执行了"以防为主，防抗结合"的防灾工作方针和"自力更生，艰苦奋斗，发展生产，重建家园"的救灾工作方针。

目前，现有论著对我国防震救灾理论的研究仍存在一些不足：例如在救灾准备方面，没有重点指出我国救灾准备不仅需要有一定的物质条件，而且需要一定的精神条件；在住房标准方面，没有明确指出我国地震区域住房建筑防震标准问题；在救灾宣传方面，没有直接阐明"防抗救一体化"的指导思想，而是在灾害发生时就事论事，过分强调救灾的重要性，而平时却很少关注防灾减灾问题。

众所周知，面对一场特大地震灾害、塌方、泥石流等灾害发生，及时有效的救援行动、合理的调度、科学的指挥、准确的施救措施能有效地减少灾害的直接危害，能最大限度地降低灾害的程度。然而，无论多么卓有成效的救灾活动都是事后工作，不可否认的一个事实是灾害已经发生，赤裸裸的灾害现场已经呈现在受灾民众面前。

2008年汶川抗震救灾实践给我国整个防震救灾事业敲了一个警钟，即指导思想上要牢固树立七个观念：一是以预防为主的观念；二是因地制宜，实事求是，量力而行的观念；三是以人的防护为中心的观念；四是系统工程的观念；五是社会过程的观念；六是依靠科技的观念；七是重视宣传教育的观念。

本书从上述指导思想观念出发，力求将地震灾害具有自然和社会双重属性、"防抗救一体化"思想、物质救灾与精神救灾并重思想等结合起来，运用地震社会学理论与方法加以综合考察，深刻地指出救灾工作是整个防震减灾事业中的重要一环。在灾害未发生前，政府部门和社会力量要树立防灾大于救灾的思想，积极做好物资和精神预防准备；在灾害发生时，政府部门和社会力量要及时投入抗灾减灾活动，尽力减轻灾害带来的巨大损失。在灾后恢复重建时，要充分发挥政府主导和社会力量主体以及市场配置资源等作用。

本书通过对汶川抗震救灾和灾后重建实践活动的具体梳理，着重论述了我国救灾机关、救灾队伍、救灾医疗、救灾资金、救灾科技、救灾法制、救灾宣传的规律及特点，其目的在于揭示政府部门及社会力量要牢固树立"防抗救一体化"的指导思想，认真贯彻落实地震社会学理论与方法，努力将我国防灾减灾事业不断推向前进。

二是对我国现行救灾体制机制的论述存在偏颇。众所周知，在汶川抗震救灾和灾后重建工作中，我国各级政府采取了"举国救灾管理体制和运行机制"，简称"举国体制"。

所谓"举国体制"，是20世纪80年代初国外报刊对中国行政管理体制的一种褒义概括。后来在国内学术界逐渐形成具有特定含义的概念，专指我国各级政府及相关部门在一定的时期内，为了一定的战略目标和任务需要，有效地统一集中全国力量使某些工作或事业能够得以迅速发展提高，进而形成特定的组织机构或相应的体制机制等。如举国救灾、举国体育、举国教育等活动。

长期以来，无论是唐山特大地震，还是汶川特大地震，我国防震救灾工作都相继实行举国救灾管理体制和运行机制。在当今市场经济为主体的社会条件下，这一救灾体制机制的实施，既呈现出指挥协调速度快、集中力量办大事等优势，又日益暴露出财政压力巨大、社会力量参与不足、重速度轻质量等缺陷。

面对以上存在的诸多问题，现有论著对我国地震救灾管理体制和运行机制的分析论述，大多仍停留在官方语境下对其成功运用的经验总结上，缺乏学术理论支撑下的对策性研究。有的论著仅从政策管理层面强调我国举国救灾体制机制，只看其结果不看其过程，一味地说好，没有从市场运作层面指出其在人、财、物调配过程中的优势、劣势及改进措施。有的论著甚至过分夸大举国救灾体制或政府部门的主导作用，轻视或忽略社会力量参与救灾的重要作用。

本研究在系统总结我国举国救灾体制具有集中力量（人力、物力、财力等）办大事的优势的同时，又指出这一体制仍存在一些不适应形势发展亟须改进的机制问题，如财政压力过大、社会力量参与不足以及救灾效率偏低等问题。要改变以上存在的诸多问题，我国各级政府既要坚持举国救灾体制，充分发挥其集中力量办大事的优势，又要遵循市场经济规律特点，采用招标、招聘、承包等多种方式，充分发挥市场调节资源的作用，以提高救灾过程中人财物综合效益等，探索一条新的救灾模式——举国（政府）救灾体制和社会（市场）救灾机制相结合，在决策指挥、生命救援、转移安置、资源配置等方面，走出一条中国特色的救灾之路。

三是对汶川抗震救灾和灾后重建实践活动缺乏理论总结。从总体来看，现有论著对汶川抢险救灾和灾后重建的实践活动虽有一定程度的总结，但对其中形成的许多新经验、新模式，仍缺乏理论广度和深度的系统总结。例如，没有从社会学角度系统深入地阐明政府救灾与社会救灾的相互地位及作用；没有明确指出我国改革开放 30 多年所积累雄厚的物质基础是汶川抗震救灾夺取伟大胜利的根本保障；没有明确指出我国现行救灾制度在汶川抗震救灾和灾后重建进程中所受到的大冲击、大考验、大转型和大升级等，更没有从全球视野角度明确揭示我国防震救灾活动，特别是汶川灾后重建活动，为当今国际救灾合作交流所提供新的救灾经验和救灾模式；等等。

针对现有论著研究之不足，本书第二章至第十章从问题导向和学术专题的角度对我国地震现行救灾管理体制和运行机制进行了前后对比分析，并着重指出：我国原有的救灾制度、政策、措施等，在汶川地震抢险救灾和灾后重建活动中发生了巨大变化，出现了许多"第一次"，例如政府部门第一次启动国家级救灾预案；社会团体和志愿者第一次大规模参与抗震救灾；国外救援队和医疗队第一次大规模参与我国抗震救灾；第一次向国内外公开救灾信息；第一次为遇难者举行全国哀悼；第一次为灾后重建制定条例；第一次大规模实施对口支援灾后重建；等等。

此外，本书对汶川抗震救灾过程中涌现出的许多先进人物和先进事迹也进行了具体分析和深刻总结，力图从地震社会学和制度救灾史角度为我国防灾减灾事业提供新的救灾模式与救灾方法。

四是对汶川抗震救灾文献资料的利用或研究不足。如前所述，国内学术界对汶川抗震救灾和灾后重建工作虽发表了数量庞大的研究资料、研究论文和研究著作，但究其论著题目内容来看，其中地震灾害学研究居多，而地震社会学研究仍存在一些问题与不足。

从研究资料来看，国家编纂委员会编纂的《汶川特大地震抗震救灾志》和四川省地方志编纂委员会编纂的《汶川特大地震四川抗震救灾志》等，收集整理了一大批抗震救灾原始资料(如政府部门相关文件、领导讲话、报告、统计报表等)，虽具有较大的现实指导作用，但并没有从制度救灾角度指出其所蕴含的学术理论价值。

从研究论文来看，近年来，许多专家、学者对汶川特大地震抗震救灾工作虽发表了相当数量的学术论文（估算有上万篇），但仍存在薄弱环节。例如在论述举国救灾体制的作用时，正面赞扬夸大较多，而对其负面影响和不足却较少论述；又如在论述我国地震现行救灾管理体制和运行机制存在新旧交织、运转不灵的现象时，缺乏一定的分析力度和广度；对救灾队伍建设和管理缺乏整体合力论述。此外，对救灾资金和物资的筹集、转运、分配、监管等问题，也缺乏具体事例的有力证明。

从研究著作来看，直接从汶川地震与救灾制度变迁角度进行论述的专著较少。据笔者所查，清华大学邓国胜教授等著《响应汶川：中国救灾机制分析》，20多万字，论述重点是汶川抗震救灾管理体制和捐赠机制，而对制度其他方面的问题，如救灾医疗制度、救灾队伍建设、救灾物资储备、救灾科技等问题，论述较少或没有论述。

本书在吸收现有论著研究成果、汲取其研究之不足的基础上，重点对汶川地震与救灾制度演进的社会背景、主要内容、相互关系、存在困难及转型升级等问题，进行了系统深入的研讨。在当今国内地震预测预报、工程防震和灾情研判还存在物质、科技、设备等诸多条件局限的背景下，本书研究采用地震社会学的基本架构，深入研讨汶川地震与救灾制度的转型升级等问题，一方面可为我国防震减灾事业开拓新的研究领域和研究范围，另一方面也可为管理人员、科研工作者以及广大读者提供新的研究成果和经验。

四、写作目标、基本架构及研究方法

1. 写作目标

针对目前国内外现有论著研究之不足，本书研究选择汶川地震与救灾制度的变迁问题作为主攻方向，力求达到以下写作目标：

一是构建一种新的救灾理念——"防抗救一体化"指导思想。

地震是一种常见的自然现象。人类与地震灾害的斗争，近期目标是减轻灾害的程度、缩小灾害的规模，力求避免发生特大灾害损失；远期目标是力求防止震灾发生，进而利用地震能量为人类服务，化害为利，从根本上战胜震灾。因此，当前乃至今后一个长时期内，人们为自己提出的目标任务是前者。

那么，怎样才能实现前者目标任务呢？这需要人们树立灾害大防御的思想观念，即把灾害大防御的思想观念贯穿在震前、震中和震后这一全过程。在震前要做好一系列的防范工作，力求地震发生时不大规模地破坏工程建筑和房屋，进而避免伤及人的生命与财产。在震中要运用自己的力量、智慧和知识以及其他条件，尽可能避开危险，保存人的生命与财产。在震后要防止新的灾害发生，展开大规模的救灾活动。它需要动员政府官员、科技专家、企事业单位、公民个人等多方面的力量共同完成。

以往，人们大多把震前任务看作是防灾，而把震后任务仅仅看作是救灾，认识上存在很大局限性。通过汶川地震抢险救灾和灾后重建活动，人们较为清醒地认识到：即使在震中、震后，仍然存在着许多防灾任务。如滑坡、泥石流和堰塞湖等次生灾害。把震后的救灾活动理解为对新灾害的防御，这是人类对待地震灾害观念上的一大进步，若以此观念指导现实救灾斗争，将会为人类战胜和减轻未来震灾提供新的防灾减灾对策，即实现"防抗救一体化"的战略思想。

因此，在与地震灾害进行长期斗争的过程中，人类只有长期树立"防抗救一体化"的战略思想，才能达到减轻或战胜震灾的目标任务。

二是充实一门新的救灾学科——地震社会学。

地震社会学是运用社会学相关的理论和方法，对由地震灾害引起的一系列救灾问题进行综合研究的一门学科。其主要目标任务是通过救灾组织、人员活动全过程，揭示其发展演变的规律及特点，从而为预防、战胜震灾，提供防震减灾方面的理论依据和现实指导。

地震社会学的研究范围和内容极其广泛。从时间上看，地震社会学对地震所引起的社会问题的研究，包括震前、震中和震后三个时期；从研究所涉及的对象来看，地震社会学要研究地震预防和地震救灾活动全过程中人、群体和社会行为的规律性及特点；从与地震灾害斗争的过程来看，地震社会学的研究包括震前预防、震中防护和救灾，以及灾后重建全部内容。此外，地震社会学还研究一些其他问题，如灾后的组织目标、灾时的宣传与教育、救灾立法与地震保险等问题。

本研究课题作为地震社会学的初步探索，只能写出作者所能理解和掌握的东西。在研究和写作过程中，本研究课题始终围绕汶川特大地震对我国地震现行救灾制度所带来的大冲击、大考验、大转型和大升级等问题，充分运用地震社会学的基本理论和方法，力图指出：现代科学技术的长足进步，特别是改革开放以来我国社会经济与物质力量的快速发展，为灾区党政军民迅速夺取汶川抢险救灾和灾后重建的伟大胜利创造了必不可少的前提条件和物质基础。

三是搭建一个新的救灾平台——举国救灾体制，即政府部门是救灾主导、企业及社会力量是救灾主体。

众所周知，在汶川抢险救灾和灾后重建进程中，政府部门是救灾主导，发挥着组织、指挥、协调等领导作用；社会力量（即军队、企业集团、社会团体等）是救灾主体，承担着抢险救灾、灾后恢复重建的艰巨任务。

本书研究从地震社会学、制度救灾史等角度，一方面指出我国地震现行救灾制度（即以统一领导、分工负责、部门协作为主要特征的救灾管理体制和运行机制）是在与地震灾害（如 1966 年邢台地震、1976 年唐山地震等）

长期斗争中形成的，另一方面又指出这一制度在 2008 年汶川地震抢险救灾和灾后重建过程中受到极大冲击和考验，得到巨大进步和发展。

本研究力图将汶川抗震救灾和灾后重建的主导——政府迅速动员、组织、指挥、协调的先进经验与先进方法，以及救灾主体——社会力量发挥进程中所涌现的先进人物、先进事迹等，加以系统深刻分析和总结提升，无疑能为我国防灾减灾事业，提供有益的历史经验。

四是撰写一本新的救灾著作——制度救灾史。

据笔者所查，目今学术界对汶川特大地震与救灾制度的研究，只有从应急救灾（如应急管理、应急抢险等）角度撰写的内容较为单一的论文，并没有直接从救灾制度（如救灾管理、救灾法律法规、救灾规划等）角度系统探讨汶川地震与救灾制度变迁的学术专著。

本书运用地震社会学的基本理论和研究方法对汶川抗震救灾制度进行专题研究，即把其内部分成若干子系统进行研究，揭示出特大地震对救灾管理所造成的巨大冲击以及灾后重建工作的规律性，既对汶川抗震救灾全程做出理论概括与分析，又对震中抢险与灾后重建的先进人物和先进事迹，进行事实陈述与列举，进而撰写一本救灾制度变迁史。

2. 基本架构

本课题研究可分绪论、正文和结论三个部分。

在绪论部分，着重对国内外研究现状（即理论来源、实践来源和资料来源）、写作目标、架构及方法等问题，进行学术史简要回顾与总结。

正文部分，采取地震社会学和救灾制度史相结合的基本理论与研究方法，按专业学科和问题导向，分专题分析论述汶川地震与救灾制度变迁的社会背景、主要内容、相互关系、存在问题及改进措施等问题。

第一章，汶川地震与救灾制度概况及特点，先界定主题词所涉及的相关概念及基本特点，然后着重指出自新中国成立以来，特别是改革开放以来，我国地震救灾工作按照"分灾种、分部门"的基本原则，逐步设置了管理机构，即中央、省、市、县四级地震局，形成了"政府统一领导、部门分工负责、人财物统一调配"的救灾管理体制和运行机制，通常被称为"举国救灾体制"。这一救灾体制机制实施效率的高低在一定程度上决定着我国整个防灾减灾救灾事业的成败得失。

第二章，汶川地震与救灾管理制度，集中分析汶川地震前后我国救灾管理的主要内容变化（如应急预案、管理体制、运行机制、款物发放、救灾效果等），同时对所存在问题提出了转型升级措施，进而指出：要提高各级政府部门的抗震救灾能力和救灾水平，必须在预案预警、指挥协调、社会动员、物资保障和财经监管等方面，采取改革创新、转型升级等措施。

第三章，汶川地震与救灾队伍建设，主要论述汶川地震前后我国救灾队伍结构职能变化（即队伍构成、救灾措施、装备工具、队伍培训、国际救援等）及存在问题，进而指出：通过汶川特大地震的极大冲击和考验，我国急需建立多支救援队伍（即以国家地震紧急救援队为主体的专业救援队伍、以建筑单位为核心的工程救援队伍，以及以灾区民众和社会志愿者为主体的后勤救援队伍等），做到"专兼结合，一队多能"，才能适应整个防震减灾工作的实际需要。

第四章，汶川地震与救灾医疗制度，着重论述汶川地震前后我国救灾医护制度的巨大变化（如人员派遣、伤员治疗、设备工具、心理危机干预、灾区环卫等）及存在问题，进而指出：通过汶川特大地震或其他灾害的重大考验，我国救灾医疗卫生工作应大力强化救灾医疗卫生管理、救灾药品器械保管、灾民心理危机干预、灾区医护人员培训等转型升级措施。

第五章，汶川地震与救灾物资制度，具体分析汶川特大地震前后我国救灾物资制度变化（如款物筹集、储备调拨、发放监管、基地建设等）及存在问题，进而强调指出：通过汶川抢险救灾和其他救灾活动，我国救灾款物管理工作应进一步采取改进物资储备（代运代储）、收发转运、采购回收、检查监督等转型升级措施。

第六章，汶川地震与救灾捐款制度，具体论述汶川特大地震后我国救灾捐款制度的巨大变化（即捐款意识、捐款方式、捐款数量、捐款使用、捐款效果等）及存在问题，进而提出了健全捐赠法规、改进宣教力度、实行社会融资、加强使用监管、发挥国际救灾援助等转型升级措施。

第七章，汶川地震与灾后重建制度，重点分析汶川地震对我国灾后重建制度的巨大影响（如总体规划、对口支援、配套政策、产业重建、重建成就等）及存在问题，进而提出：在应对未来地震或其他灾害的进程中，政府部门应进一步实施科学规划、创新款物筹措、完善对口支援、引导社会民众参与、加强款物监管等转型升级措施。

第八章，汶川地震与救灾法规制度，重点论述汶川特大地震前后我国救灾法规制度的演变特点（如立法进度、方式、重点、执法效果等）及存在问题，着重提出应加快救灾立法、加大救灾执法、强化救灾用法、推广救灾普法等转型升级措施。

第九章，汶川地震与救灾科技制度，主要阐述汶川特大地震前后我国科技救灾出现的新变化（如科技救灾意识、救灾方式、救灾手段、救灾设备工具等）、新问题和新任务，进而提出完善预测预报体系、提高城镇（特别是公共场所、学校等）房屋设防标准、利用信息技术网络等转型升级措施。

第十章，汶川地震与救灾宣传制度，主要论述汶川特大地震前后我国救灾宣传制度的内容变化（如宣传意识、宣传方式、宣传重点、对外宣传等）及存在问题，进而指出：通过汶川抗震救灾及其他救灾活动的巨大考验，我国抗震救灾宣传教育工作不仅要重视工程抗震和住房设防标准等问题，而且要利用有效手段，强化社会民众，特别是提高灾害多发地区民众的防震减灾意识和自救互救行动。

在结论部分，重点对汶川抗震救灾取得的主要成就、胜利原因及历史启示进行了简要回顾与总结。

3. 研究方法

地震及地震灾害是一个古老话题，又是现实社会经常会遇到的新问题。

本书研究采用"冲击—变化—转型—升级"的基本思路和问题导向的写作方法，着重对汶川特大地震与救灾制度转型的制度性变化（即救灾管理属地化、救灾队伍军事化、救灾款物市场化、灾后重建科学化、救灾科技现代化、救灾制度法制化、救灾宣传多样化等)、存在问题(如救灾任务的艰巨性、救灾制度的复杂性)等问题，进行系统深入的专题探讨，提出了其转型升级的具体政策措施。

为了系统深入而全面地阐明汶川地震与救灾制度变迁的主要内容、相互关系及转型升级等问题，本研究采取的研究方法是：

(1) 文献实证法。认真收集整理、分析汶川特大地震相关法律法规文件、行政管理资料数据等，并对其存在问题，提出改进措施或方案。

(2) 交叉对比法。对我国现行救灾体制机制进行历史与现实对比分析，总结提升其合理成分和现实意义。

(3) 实地调研法。充分利用汶川特大地震博物馆、纪念地现存的遗迹遗物，以弥补现有文献汇编和相关论著之不足。

(4) 数据图表法。充分利用汶川抗震救灾相关实物图片、数据等，进一步阐明我国现行地震救灾制度演变的真实性、科学性和实用性。

第一章 汶川地震与救灾
制度概况及特点

四川是我国多地震及地震灾害的地区之一。近代以来，这一地区相继发生 7 级以上的地震有：1850 年 9 月西昌 7.5 级地震；1870 年 4 月巴塘 7.25 级地震；1923 年 3 月炉霍、道孚 7.25 级地震；1933 年 8 月茂县叠溪 7.5 级地震；1948 年理塘 7.25 级地震；1955 年 4 月康定 7.5 级地震；1973 年 2 月炉霍 7.6 级地震；1976 年松潘、平武两次 7.2 级地震。[1]

2008 年 5 月 12 日，汶川、北川一带发生 8.0 级地震，最大烈度达 XI 度，给四川、甘肃、陕西、重庆、云南、宁夏等 10 个省（区、市）417 个县（市、区）带来人员财产巨大损失，灾区总面积约 50 万平方公里，受灾群众 4625 万多人，造成 69227 人遇难、17923 人失踪。[2] 因此次地震震中位于四川省汶川县，故称"汶川地震"或"汶川特大地震"。

为了系统深入地研讨我国救灾制度在汶川特大地震抗震救灾过程中发展演变的规律及特点，有必要先对汶川地震与救灾制度的概况及特点，作一初步分析。

---

[1] 参见邓绍辉：《鲜水河断裂带上的历史地震》，《文史杂志》2012 年第 2 期；《安宁河—则木河断裂带上的历史地震》，《文史杂志》2013 年第 2 期；《龙门山—岷山断裂带上的历史地震》，《西华大学学报（哲学社会科学版）》2013 年第 2 期。

[2] 参见孙成民主编：《四川地震全记录》下卷，四川人民出版社 2010 年版，第 512 页。

第一节　汶川地震概况及特点

在对汶川地震概况及特点等问题展开论述之前，有必要先对"地震"、"地震灾害"等概念，作一初步界定。

1. 什么是地震（earthquake）

地震是地球内部物质运动时经常发生变化的一种自然现象，即地球内部物质的某个部分在运动过程中产生并积累的能量（即应变能）达到对地壳岩层产生巨大冲击力并超过其所能承受的限度时，其中一部分能量以弹性波（即地震波）的形式传播出来。当这种弹性波以纵波或横波的方式传到地表时，突然引起地面物体的上下震动或左右摆动，古称地动，现称为地震。

地震是地壳运动的一种方式，可分为构造地震、火山地震、塌陷地震和人工地震等四大类型。其中构造地震（由地下深处岩层错动、破裂所造成）约占世界地震总数的90%，火山地震（由火山岩浆喷发、气体爆炸所引起）约占7%，其他地震类型相对较少。这说明世界上绝大多数地震都是由构造地震引起的。

地震是通过监测仪器或人体器官能够察觉到的一种地面震动现象。据记载，全世界每年约发生地震500万次，每天大概发生13700次，为人类可感知约1%。但真正造成严重破坏的7级以上地震，每年约18次，5级地震每年约1000次，我国每年发生5级以上地震约20—30次。[①]

2. 什么是地震灾害（earthquake disaster）

"灾害"（calamity, disaster）是指危害人类生命、财产和生存条件的自然和人为事件。又称"灾祸"，灾即天灾，指自然灾害；祸即人祸，指人为灾害，俗称为"天灾人祸"。

地震灾害是指因地震引起的一种自然危害现象，如地动、地裂、地陷、

---

① 参见姚攀峰：《地震灾害对策》，中国建筑工业出版社2009年版，第1页。

以及由此而引起的次生灾害或衍生灾害，如山体滑坡、泥石流、火灾、水灾、房屋倒塌等，给灾区居民生命财产和人类生存环境所造成的损失。

地震为什么会产生灾害以及灾害大小，主要受三大因素制约：

一是地震自身因素，即指地震震级和震源深度。一般来说，震级越大，释放地球内部的应变能量就越大，可能造成的损失就越大；震源深度越浅，震中烈度越高，破坏程度也就越严重。如前所述，全世界每年大小地震约500万次，绝大部分对人类社会未造成危害，只有中强度以上地震才有可能造成危害。另外，一些震源深度特别浅的地震，即使震级不大，也有可能对人类生产生活和生存环境造成严重破坏。

二是地理环境因素，指地形地貌、地下水位和是否有断裂带通过等。按常理来说，地形地貌起伏较大，有断裂带通过，加之地表土质岩石较为松软，地下水位高，都有可能使地震灾害加重。

三是人为因素，即指人口密度、经济状况、建筑物质量、对地震的防御程度以及地震发生时间。

（1）地震发生的地点。地震发生的地点，即震中位置，与地震灾害大小密切相关。如果地震发生在人群集中、文明发达的城镇，损失就十分严重。反之，如果发生在远离人们生存的地方，即使是一次强烈地震，也不会对人类社会造成损伤和破坏。1997年11月8日，西藏北部发生7.5级地震，因当地人烟稀少，造成损失相对较小；相反，2008年汶川8.0级地震，波及成都、德阳、绵阳等人口稠密和经济较为发达地区，造成各种损失特别巨大。

（2）地震发生的时间。如果地震发生在白天，人员多处户外活动，伤亡人数可能会相对少一些，相反，如果地震发生在深更半夜，人们多在家睡觉，毫无提防，灾害程度可能会大为增加。1976年我国唐山地震人员伤亡惨重（死亡24万多人，受伤32万多人），究其主要原因是地震发生在凌晨3点42分，绝大多数人还在熟睡，造成伤亡惨重。

（3）建筑物的质量好坏。事实证明，道路、桥梁、水电等基础设施，以及城镇房屋等的质量好坏、抗震性能如何，在一定程度上直接关系到受灾程度的大小。

（4）对地震的防御程度。在破坏性地震发生之前，人们对地震有没有预防准备，预防准备工作做得是否到位，都会直接或间接地影响人员伤亡数量和经济损失程度。

由上可见，地震灾害大小，既与地震自身震级大小和震源深浅密切相关，又与人类社会生产、生活方式和生存环境等密切相连。

3. 汶川地震概况及特点

据中国地震台网中心的有关数据，2008 年 5 月 12 日 14 时 28 分，四川省汶川县境内发生里氏 8.0 级地震，震中位于阿坝藏族羌族自治州汶川县映秀镇境内（东经 103.4°，北纬 31.0°），震源深度为 14 公里，最大烈度达 XI 度，发震地段为中国南北地震带的中段龙门山断裂带。其后余震深度皆为 10—20 公里左右。直接影响包括震中 50 公里范围内的县城和 200 公里范围内的大中城市。

另据中国地震台网中心测定，截至 2010 年 2 月 10 日，汶川地震共计发生 72046 次余震，其中 4.0 级以上余震 311 次（4.0—4.9 级 264 次，5.0—5.9 级 39 次，6.0—6.9 级 8 次），最大余震为 2008 年 5 月 25 日 16 时 21 分，青川发生里氏 6.4 级余震，震中在青川的观音店乡一带（东经 105.23°，北纬 32.32°），成都、广元、西安、重庆等地均有震感，共造成 8 人死亡，927 人受伤。5 月 27 日 16 时 37 分，四川青川—陕西省宁强一带又发生 5.7 级余震，造成 20 人受伤。① 随着时间的推移，整个余震活动处于正常衰减状态，2009—2010 年两年余震均为 5 级以下。

据有关资料记载：汶川特大地震总计造成 69227 人死亡，17923 人失踪，374643 人受到不同程度的伤害，1993.03 万人失去住所，受灾人数达 4625.6

---

① 参见孙成民主编：《四川地震全记录》下卷，四川人民出版社 2010 年版，第 519—520、566—567 页。

万人。① 其中四川省 68708 人遇难、17923 人失踪、360796 人受伤，甘肃省 370 人遇难、10165 人受伤，陕西省 125 人遇难、2970 人受伤，重庆市 19 人遇难、637 人受伤。此外，云南省、河南省、湖南省和湖北省都有不同程度的人员伤亡，合计死亡 5 人、伤 75 人。

这一特大地震还造成直接经济损失总计 8523.09 亿元，其中四川省 7717.7 亿元、甘肃省 505.35 亿元、陕西省 228.31 亿元、重庆市 54.07 亿元、云南省 16.83 亿元。②

综观汶川 8.0 级地震发生及危害的全过程，可以看出以下特点：

（1）震级烈度高，余震多

地震烈度是指地面及建筑物遭受的破坏程度。它的形成不仅和地震时所释放的能量有关，还和震源远近、地形地貌、建筑物本身的坚固程度等多种因素有关。一般来说，距离震源近，破坏就大，烈度就高。汶川地震震源深度为 14—20 公里，属于浅源地震（地震学上把低于 60 公里的地震称为浅源地震），汶川县映秀镇和北川县城两个地区的震中烈度（一般用罗马字母代表）达到 XI 度。③

汶川特大地震为主震—余震型，最大余震为 6.4 级，震源深度平均为 13.9 公里，近 95% 的地震分布在地下 5—20 公里。截至 2009 年 6 月 30 日的余震统计：6—6.9 级 8 次，5—5.9 级 37 次，4—4.9 级 256 次，3 级以下上万次。④ 主震主要分布在汶川、安县、平武、北川至青川一带，即沿龙门山断裂带北东向分布长约 300 公里狭长区域。余震序列中的所有 M ≥ 6 级强余震和多数 5—5.9 级余震都发生在龙门山断裂带三支北东向主干断裂和南北

---

① 参见《汶川特大地震抗震救灾志》卷四《地震灾害志》，方志出版社 2015 年版，第 245 页。

② 参见《汶川特大地震抗震救灾志》卷四《地震灾害志》，方志出版社 2015 年版，第 3—4 页。

③ 参见孙成民主编：《四川地震全记录》下卷，四川人民出版社 2010 年版，第 519—520 页。

④ 参见孙成民主编：《四川地震全记录》下卷，四川人民出版社 2010 年版，第 519—520 页。

向次级横断裂的交会部位。

（2）分布范围广

据有关资料统计，"汶川特大地震波及范围涉及四川、甘肃、陕西、重庆等10个省（区、市）417个县（市、区）、4667个乡（镇）、48810个村庄，灾区总面积达50万平方公里。其中四川省有10个极重灾县（市、区），29个重灾县（市、区），甘肃省有8个重灾县（市、区），陕西省有4个重灾县（市、区），其中重灾县（市、区）总面积达13万多平方千米。此外，四川、甘肃、陕西、宁夏、云南、重庆等省(市、自治区)共有186个一般受灾县(市、区)。四川省除攀枝花市外的20个市（州）、159个县（市、区）、3720个乡（镇）受灾，受灾人口2943万人，受灾面积约25.2万平方千米，占全省面积52%"①。

从受灾程度来看，汶川特大地震波及范围极广，仅Ⅵ度以上受灾面积达到440442平方公里。其中：

Ⅵ度区(6度)：面积约314906平方公里，呈北东向不均匀椭圆形状展布，长轴约936公里，短轴约596公里。西南端为四川省九龙县、冕宁县和喜得县，东北端为甘肃省镇原县和庆阳市，最东部为陕西省镇安县，最西边为四川省道孚县，最北端达到宁夏回族自治区固原市，最南为四川省雷波县。

Ⅶ度区（7度）：面积约84449平方公里，呈北东向不规则椭圆形状展布，东南向受地形影响有不规则衰减，西南端较北端紧偏窄，长轴约566公里，短轴约267公里。西南端至四川省天全县，东北端达到甘肃省两当县和陕西凤县，最东部为陕西省南郑县，最西为四川小金县，最北为甘肃天水市麦积区，最南端为四川雅安市雨城区。

Ⅷ度区（8度）：面积约27786平方公里，呈北东向不规则椭圆形状展布，东南方向受地形影响不规则衰减，长轴约413公里，短轴约115公里。西南端至四川宝兴县与芦山县，东北端达到陕西略阳县和宁强县。

Ⅸ度区（9度）：面积约7738平方公里，呈北东向狭长展布，长轴约

---

① 《汶川特大地震抗震救灾志》卷四《地震灾害志》，方志出版社2015年版，第3页。

318 公里，短轴约 45 公里。东北端达甘肃陇南市武都区和陕西省宁强县的交界地带，西南端达到四川省汶川县。

X 度区（10 度）：面积约 3144 平方公里，呈北东向狭长展布，长轴约 224 公里，短轴约 28 公里。东北端达四川青川县，西南端达汶川县。

XI 度区（11 度）：面积约 2419 平方公里，以四川省汶川县映秀镇和北川县县城为两个中心呈长条状分布，其中映秀 XI 度区沿映秀—都江堰—彭州方向分布，长轴约 66 公里，短轴约 20 公里，北川 XI 度区沿安县—北川—平武方向分布，长轴约 82 公里，短轴约 15 公里。[①]

（3）破坏性大

地震直接引起地表损坏（如地裂、地陷、液化等），各类房屋、水坝等工程建筑结构破坏，称为原生灾害。

——人员伤亡惨重。截至 2008 年 9 月 25 日，汶川特大地震共造成 69227 人死亡，17923 人失踪，374643 人受到不同程度的伤害。其中四川死亡 68708 人，失踪 17923 人，受伤 360796 人；甘肃死亡 370 人，受伤 10165 人；陕西死亡 125 人，受伤 2970 人。

——直接损失大。汶川特大地震造成直接经济损失总计 8523.09 亿元，其中四川、甘肃、陕西三省灾区占 8451 亿元。现将川、甘、陕三省直接经济损失列简表加以具体分析。

四川、甘肃、陕西三省汶川特大地震经济损失分类表[②]

受灾项目	受灾金额（亿元）
住房受损	2316.91（农村：1248.43；城镇：1068.48）
农　业	384.12

---

① 参见中国地震局：《汶川 8.0 级地震烈度分布图》，中国地震网，2008 年 8 月 29 日，转引自孙成民主编：《四川地震全记录》下卷，四川人民出版社 2010 年版，第 519—520 页。

② 孙成民主编：《四川地震全记录》下卷，四川人民出版社 2010 年版，第 514 页。

续表

受灾项目	受灾金额（亿元）
工　业	647.92
服务业	411.34
市政公用设施	439.48
交通设施	873.88（公路：666.88；铁路：207）
水利电力设施	469.77
教育系统	46.76
卫生系统	17.34
文化系统	27.24
环保系统	26.18
政府设施	53.57
居民财产	374.08
土地资源	278.65
自然生态	48.78
文物、文化遗产损失	89.66
总　计	8227.71

从上表数据中可以看出：汶川特大地震给三省灾区造成了巨大经济损失。

——大量房屋建筑倒塌。"川、甘、陕、渝、滇、宁6个省（区、市）城镇房屋受损 9074.13 万平方米，农村居民房屋受损 1640.85 万间，直接经济损失 2388.64 亿元。其中四川省 2025.80 亿元、甘肃省 233.36 亿元、陕西省 57.75 亿元。"[1]

---

[1] 《汶川特大地震抗震救灾志》卷四《地震灾害志》，方志出版社 2015 年版，第 5—6 页。另参见四川省人民政府灾害损失统计评估组：《"5·12"汶川特大地震四川灾害损失统计评估资料汇编》，川新出内〔2009〕29 号。

——基础设施损毁惨重。灾区交通、通信、邮政、水利、电力、市政等基础设施遭受破坏，直接经济损失高达1852亿元。其中四川省1663.14亿元、甘肃省114.84亿元、陕西省74.95亿元。①

——重创灾区工矿企业。川、甘、陕三省工业（含国防工业）直接经济损失647.92亿元，其中四川省627亿元、甘肃省12.92亿元、陕西省8亿元。地震造成矿山资源直接经济损失56.21亿元，其中四川省52.6亿元、甘肃省2.51亿元、陕西省1.1亿元。②

——严重影响服务业和社会事业。灾区商业服务业（包括商业、金融业、旅游、建筑及房地产等）直接经济损失411.34亿元，其中四川省402.8亿元、甘肃省6.11亿元、陕西省2.43亿元。社会事业（包括卫生、教育、文化、科技、环保等）直接经济损失268.16亿元，其中四川省236亿元、甘肃省21.39亿元、陕西省10.77亿元。③

——损坏大量文物建筑。地震造成大量文物建筑倒塌、破坏，馆藏文物、非物质文化遗产遭受不同程度损坏，直接经济损失89.66亿元，其中四川省84.2亿元、甘肃省3.95亿元、陕西省1.51亿元。④

（4）次生灾害多

汶川特大地震除原生灾害外，还产生许多次生灾害，如滑坡、泥石流、山崩、堰塞湖等。据调查评估，汶川特大地震次生地质灾害及隐患点达2.16万处。其中滑坡10412处、崩塌6602处、泥石流1334处、不稳定斜坡2692处、其他560处。就灾区分布而言，四川省133个县（市、区）共查

①　参见《汶川特大地震抗震救灾志》卷四《地震灾害志》，方志出版社2015年版，第5—6页。

②　参见《汶川特大地震抗震救灾志》卷四《地震灾害志》，方志出版社2015年版，第5—6页。

③　参见《汶川特大地震抗震救灾志》卷四《地震灾害志》，方志出版社2015年版，第5—6页。

④　参见《汶川特大地震抗震救灾志》卷四《地震灾害志》，方志出版社2015年版，第5—6页。

明地质灾害及隐患点 18997 处, 甘肃省 23 个县 (市、区) 共查明 2214 处, 陕西省 19 个县 (市、区) 共查明地质灾害点 389 处。[①] 映秀—北川—青川 300 千米长的地震地表破裂带对两侧造成的山地灾害极为严重。映秀—汶川仅 20 千米路段, 被 340 处滑坡、崩塌严重损坏。截至 2008 年 6 月 21 日, 汶川特大地震共计形成一定规模的堰塞湖 105 处。其中安县高川乡的大光包, 是 "5·12" 地震造成的最大规模的崩塌体, 体积达 7.42 亿立方米, 是中国已知最巨大的地震滑坡体, 690 米高堰塞坝体成为目前全世界最高的堰塞坝体。[②]

此外, 汶川特大地震还造成许多衍生灾害。衍生灾害是指由地震灾害引起的各种社会性灾害, 如瘟疫、饥荒、社会动荡、人的心理创伤以及经济损失等。据有关资料记载: 汶川特大地震发生后, 灾区民众普遍存在紧张、焦虑、哀伤、沮丧、抑郁等情绪, 以及产生头痛、头晕、全身乏力等症状。少数亲历地震的幸存者、地震灾害现场的目击者还存在绝望情绪。汶川特大地震给灾区青少年学生心灵带来了重大创伤, 他们的信念、情绪和行为都发生巨大变化, 焦虑、恐慌、畏惧夜晚、不爱上学、上课不专心、情绪和行为反应不稳定且容易情绪失控等许多心理、生理性的变化, 逐渐表现出来。伤残者在震后出现心理危机的概率约 67%, 很多人不是被地震直接夺取生命, 而是长时间沉浸在地震的心理阴影中不能自拔。伤残者的心理危机出现以后, 短时间解决难度很大。

(5) 救灾难度大

汶川特大地震给川、甘、陕三省灾区救灾工作带来了诸多难题。

一是陆路交通中断救灾难。此次地震极重灾区、重灾区位于龙门山构造带的汶川至北川地震一线, 东西长约 300 公里, 南北宽约 80 公里。这一地带高山峡谷纵横, 地形地貌十分复杂。陆路交通主干道——都汶公路 (都

---

① 参见《汶川特大地震抗震救灾志》卷四《地震灾害志》, 方志出版社 2015 年版, 第 83 页。

② 参见刘伊曼:《地震一年后的龙门山断裂带》,《瞭望东方周刊》2009 年第 18 期。

江堰至汶川）、都金公路（都江堰至小金）完全中断，其他山区公路［即重灾区的彭州、绵竹、安县、北川、文县（甘肃）、宁强（陕西）等通往灾区公路］也遭到严重摧残，有个别路段数月或数年都不能通行。陆路交通大面积瘫痪致使集结在都江堰市区大批救援队伍、救援物资在抢险救灾最初两三天根本无法抵达极重灾区。

二是水路交通阻塞通行难。众所周知，汶川地震以前，岷江上游航道有数段小船可以通行。地震发生后，一些河段因山体崩塌堵塞，特别是因岷江主流和支流形成30多个堰塞湖，河道被切断。① 除都江堰紫坪铺至映秀镇段10公里水路外，其余地段连冲锋舟都不能通行，救灾人员和救灾物资企图从水路前往地震极重灾区——汶川县城的计划被迫搁浅。

三是空中飞行障碍多救灾难。川、甘、陕三省灾区（无论是重灾区还是轻灾区），多数地处群山环绕，道路崎岖的山区，平均海拔在1000—2000米之间，局部高山海拔可达4000—5000米，几乎达到救援直升机飞行的极限高度。然而这一季节，龙门山—岷山峡谷和河谷地区阴雨连绵，早晚温差大，加之气流瞬息万变，云雾缭绕，诸多不利因素直接威胁着直升机的飞行安全。例如2008年5月31日，年过半百的羌族飞行员邱光华（机组4人）驾机返航途经汶川映秀附近上空，突遇低云大雾和强气流，造成机毁人亡。②

四是灾区空间狭小营救难。在汶川地震灾区，有的城镇或居民点位于河流和山峰之间的狭长地带，很难找到一块较大的平地，有的地处半山坡，救援空间场地十分有限。例如极重灾区映秀镇、汶川县城地处岷江峡谷，几乎找不到一块较大的山间平地，只能依山堆放货物。极重灾区北川县城的地

---

① 据资料记载：汶川特大地震共形成105处大小堰塞湖，主要集中在四川省，有104处，甘肃省有1处。参见《汶川特大地震抗震救灾志》卷四《地震灾害志》，方志出版社2015年版，第131页。

② 参见《汶川特大地震抗震救灾志》卷四《地震灾害志》，方志出版社2015年版，第7页。

形更是如此，也找不到一块较大的平地，又因地处地震断裂带，重建时被迫寻找新址。极重灾区地势空间狭小在一定程度上给当地营救伤员、抢救财产，以及灾后恢复重建等，带来了极大困难。

五是次生灾害频繁救援难。地震以前，龙门山—岷山构造带因地质构造活动强烈，山高谷深、土石疏松、暴雨频繁、植被脆弱、人类活动频繁等诸多因素，本身就是山地灾害易发区和危险区。汶川特大地震突然剧烈抖动，瞬时间造成山体崩塌、地裂、地陷、滑坡、堰塞湖等。随后，频发的余震又不断加剧这一广大地区次生灾害的规模与数量，再加上当地降雨多、云雾浓，山洪和泥石流接踵而至。因此，地震直接灾害与次生灾害叠加在一起，给当地救援工作造成极大难度。

六是极重灾区通信中断指挥难。在抢险救灾初期，汶川、茂县、北川等灾区固定通信和移动通信设施遭到严重损毁，一度与外界无法获得联系，而成为信息"孤岛"。其他灾区也因交通、通信、水电中断或半瘫痪，在一定程度上造成救灾现场与后方指挥间因情况不明，难以发挥组织协调作用。

七是救援力量难以及时到位。由于灾区面积大、人口多，灾情不明、部分交通、电力中断等，加上大型机械设备一时无法进入救援现场，电动设备难以启用，各种救援力量难以及时到位，灾区伤员转送后方医院在一定程度上也受到很大阻碍。

八是救灾工具不足抢救难。在汶川抢险救灾初期，人们经常通过电视画面可见，由于缺乏大型挖掘机、液压钳等，救灾人员用手或铁锹、铁杠等，很难将伤残者从大片残垣断壁中解救出来；又由于缺少搜救犬、生命探测仪和夜间照明设备，一些伤残者因错过救人 72 小时黄金时间而丧失了生存机会。

以上诸多困难充分说明，汶川特大地震是新中国成立以来我国救灾难度最大的一次地震，它给四川、甘肃、陕西三省灾区，特别是四川汶川至北川一线极重灾区和重灾区抢险救灾和灾后重建工作带来了极大困扰。

第二节　我国救灾制度概况及特点

要弄清和阐明汶川特大地震对我国救灾制度造成的大冲击、大考验、大转型和大升级等，有必要先对"救灾"、"救灾机构"、"救灾体制"、"救灾机制"等概念，作一初步界定。

1. 什么是救灾、救灾机构、救灾工作

救灾（provide disater relief）是指在救灾过程中，政府部门、企事业单位和公民个人采取有效的组织管理方式，运用经济技术手段以减少灾害对灾区和灾民所带来的生命财产损失，尽快恢复当地工农业生产以及社会生活秩序等活动。

"救灾"一词，有狭义、广义之别。狭义的救灾，是指在灾害发生过程中或发生后，政府及有关部门、企事业单位或公民个人向灾区和灾民提供紧急救助，包括人员抢救、物品发放、生活安置等。广义的救灾，是指将救灾内容和过程拓展到防灾、抗灾、救灾各个环节，即从灾害发生前需要进行灾情监测与预报、应急物资的准备；在灾害发生过程中需要调集人力、物力、财力与灾害进行抗争，控制其危害程度，尽力减少生命财产损失；在灾害之后需要尽快开展恢复重建，重塑新的社会生产生活秩序等。

二者在表述上虽有所不同，但在内容上却极为相似，均指救灾主体在救灾过程中所从事的各种活动。从人类与灾害斗争的历史来看，前者较多地反映古代社会的救灾思想、方法与活动，后者较多地反映现代社会的救灾思想、方法与活动。

本研究使用"救灾"一词，并非指狭义救灾，而是指包含"防、抗、救"三者在内的广义救灾。

救灾机构（the institution of relief）是指中央及地方政府设置专门管理救灾事务的工作部门。

在漫长的古代社会，我国历代政府都把为减少、防止、抢救灾害而采取的各种措施等叫"荒政"，并留下了一些关于荒政、救荒的著述。中国历史上第一部系统论述救荒政策的专著是南宋董煟著《救荒活民书》。全书共分三卷。卷一记述了救荒史迹，主要记录了宋以前救荒议论与历史。卷二论述了具体的救荒政策与措施。卷三引述了宋代学者有关救荒理论和事迹。其中，卷二是本书的主要部分，列出了 20 种救荒措施，重要的有：常平、义仓、劝分（指诱使富户出售存粮）、禁遏籴（即禁止限制粮食出境的狭隘主义做法）、不抑价（反对官定粮价）等五种。其余还有检旱、减租、贷种、遣使、弛禁、鬻爵、度僧、优农、治盗、捕蝗、和籴、存恤、流民、劝种二麦、通融有无、借贷内库等，可视具体情况采用。[1] 本书提出的讨论救荒政策全面，在我国古代救荒理论的发展史上具有较高的地位。明嘉靖八年（1529 年）山西大饥饿，参政王尚絅上救荒八议：一曰愍饥馑，乞遣使行部问民疾苦；二曰恤暴露，乞有司祭瘗消释戾气；三曰救贫民，乞支散庾积，秋成补还；四曰停征敛，乞截留住征，以俟丰年；五曰信告令，乞劝分菽粟；六曰推籴买，乞令无闭遏；七曰谨预备，乞申旧例措处积贮勿使廪庾空虚；八曰恤流亡，乞所过州县加意存恤，勿使聚思乱。[2] 清同治八年（1869 年）汪志伊《荒政辑要》收录《户部灾伤蠲赈办法》，其中规定了灾情上报时限、勘察灾情、减免税赋、钱粮赈济等。赈灾中发现有假冒者，将会受到严厉处分。"凡灾地应赈户口印委正佐官分地确查，亲填入册，不得假手胥役，其灾户内有贡监生员赤贫应赈者，责成该学校教官报入赈，倘有不肖绅衿及吏役人等串通捏冒，察出革究，若查赈官开报不实，或徇纵冒滥，或狭私妄驳者，均以不积参治。"[3]

新中国成立以来，随着行政区域和灾种灾情的变化，我国各级政府都设有主管救灾工作的专职机构。就地震管理机构而言，中央及地方省、市、县四级分别设有地震领导小组和地震局，具体负责地震监测、预报、调查、

---

① 参见郭强等主编：《灾害大百科》，山西人民出版社 1996 年版，第 494 页。
② 参见郭强等主编：《灾害大百科》，山西人民出版社 1996 年版，第 494 页。
③ 高建国：《中国减灾史话》，大象出版社 1999 年版，第 372—373 页。

科研等日常工作；就救灾管理机构而言，分别设有救灾委员会和民政部、局，具体办理救灾救济的日常工作。此外，按灾害种类、灾情大小或救灾工作的实际需要，还分别设有防洪抗旱、森林救护、采矿安全等机构。

联合国于 1972 年 3 月为协调遭受自然灾害或其他灾害国家和地区的救济活动，设立了联合国救灾协调专员办事处，专门办理受灾国家和地区的救灾事务。近年来，我国政府许多救灾工作与该办事处有着密切联系。

救灾工作（the work of providing relief）是指政府机关及企事业单位为抗击某一自然灾害和人为灾害所造成的生命财产损失而开展的救灾活动。

自然灾害和人为灾害长期存在于人类社会之中，人类社会生存活动的历史就是与各种灾害长期斗争的历史。新中国成立以来，我国救灾工作的基本原则是：抢救人民群众生命财产，把灾害损失降到最低程度；广泛开展生产自救活动，增加收入，克服灾后困难；妥善安置灾民的生产与生活，对克服灾后生产、生活有困难的，国家与社会予以必要的救济与扶持；管好用好救灾款物，把有限资金用在最能发挥作用的地方；发扬优良传统，开展互助互济、邻友帮助活动；尽快恢复交通、邮电、输电、通信路线和水利设施，为发展灾后经济，重建家园做好准备；调动人民解放军、武警部队和民兵在抢险救灾工作中的积极性，发挥其攻坚力量；接受、发放、使用好国内外救灾捐赠和援助；克服单纯救济观念，强调救灾与防灾、治标与治本、救灾与扶贫、救灾与保险以及无偿救济与有偿、有借有还相结合的方针，进一步革新救灾工作体制，发挥救灾工作最佳效益。

2.什么是救灾制度、救灾体制与救灾机制

救灾制度，通常是指国家立法机关和行政机关为其形成发展而制定的行动准则或办事规程。

按功能作用，救灾制度大体上可分为基本制度与规章制度两个层次。基本制度是指由国家机关制定救灾方针、政策、目标、原则等。规章制度是指救灾机构所制定的行为模式和办事规程，如监测预报程序、组织决策指挥、经费发放管理、物资监管办法等。

救灾体制，是指救灾系统内部诸多要素的组织方式。如组织体制、决策体制、指挥体制等。一国的救灾体制既可以采取举国救灾体制（又称"政府救灾主导制"）的组织方式，也可以采取社会救灾体制（又称"市场化救灾体制"）的组织方式。在一定的条件下，二者是可以相互交叉转化的。

救灾机制，是指救灾系统内部诸多要素的运行方式，通常是指救灾组织机构的行动方案和工作部署。救灾机制是从属于救灾体制的，只有通过体制系统内部要素按照一定的规则进行实施，才能实现其特定的功能和效能。在一定的体制下，救灾机制的运行规则具有强烈的社会性和可操作性。如救灾协调机制、救灾市场机制、救灾竞争机制、救灾激励机制等。

救灾体制与救灾机制是一个整体。前者指有机体组成要素，即国家机关、企事业单位的机构设置，具有上下级间职能分工和隶属关系；后者指有机体组成要素间的相互关系和运作机理，具有前后左右的功能转换和效能变化，即国家机关、企事业单位在职责分工、功能转换和效能发挥等方面的执行力度。

从总体来看，救灾制度、救灾体制和救灾机制，三者既相互联系，又有所区别。从联系来看，三者密不可分，构成一个整体。救灾制度，犹如汽车的整体部件；救灾体制，犹如汽车的核心部件，即发动机；救灾机制，犹如汽车的驱动部件，即车轮。三者构成一个整体，缺一不可。

从区别来看，含义不同。救灾制度通常是指由国家机关制定的各种法律、条例、规章等文件来体现。救灾体制是指救灾机关的组织方式，即救灾机构设置、职责任务、管理权限等。救灾机制是指救灾部门、企业和个人的运行方式，即要素间相互联系和作用的制约关系及其功能，又被称为救灾运行机制。

表现形式不同。救灾制度以国家机关法律、条例、规章形式出现，具有长期稳定和固定的本质特征；救灾体制本身含有救灾制度的许多内在原则，且要求相关部门和人员遵守；而救灾机制一般表现为救灾方式、方法，往往体现为机构或个人做事的一种经验或偏好，且要求依靠多种救灾方式、方法来共同起作用，而单一的救灾方式、方法所起作用往往是十分有限的。因此，当某种救灾制度和救灾体制确立后，各级救灾组织机构还应采取相应的救灾机制与之配合，共同确保救灾工作规划或方案的落实、推动、纠错和评估等。

功能作用不同。救灾制度以国家机关法律、条例、规章形式出现，反映救灾最本质的特征，具有驾驭全局和控制方向的功能。救灾体制和救灾机制本身一般不具有独立的特征，只是在其基本构成要素与一定的救灾制度相结合时才能表现出不同的救灾特征。例如，救灾主体、救灾受体以及救灾手段及其各自包括的众多因素是一个有机整体，它们并不是分散孤立地起作用，而是相互联系、相互配合地发挥作用。各要素间如果协调、默契、建立起相互促进的良性关系，将会直接地促进和保证着救灾工作的成功；相反，如果互相抵制，产生内耗，形成一种恶性关系，将成为救灾工作成功的阻力。因此，我们在组织救灾工作及活动中，要充分发挥救灾工作管理体制各内在要素的相互配合，从而保证救灾工作运行机制的正常运转。

总之，弄清以上几个救灾基本概念、内部构成及功能作用，对于正确理解和掌握新中国成立以来我国救灾制度的发展，特别是地震救灾管理体制和运行机制在汶川抗震救灾中所发生的巨大变化，具有学术研讨和问题导向意义。

3. 我国救灾制度的形成和发展

新中国成立初期，我国政府极为重视防震减灾救灾工作，初步确立了"依靠群众，依靠集体，生产自救，互助互济，辅之以国家的救济和扶持"的救灾工作方针。改革开放以来，随着党和国家的路线、方针、政策以及社会环境的不断变化，我国逐步形成了"政府统一领导、部门分工负责、上下分级管理"的救灾制度，即包括救灾的法律法规体系、行政管理体制和工作运行机制等。

新中国成立以来至今，我国地震救灾管理工作是分别由两个部门（即地震震情灾情管理工作由国家地震局负责；灾情救灾救济管理工作由国家民政部负责）和众多相关部门协助共同完成的。下面，仅就民政部和国家地震局的机构沿革及职责作一概述，以便研究分析其相关问题。

民政部的由来：1949 年，新中国成立时，政务院设立内务部，规定内务部社会司主管社会救济（包括救灾在内）工作。

1950 年年初，中央救灾委员会成立，日常工作委托内务部办理。各地方政府也相继成立生产救灾委员会。

1957 年，中央救济委员会下设办公室，具体工作由内务部农村社会司承担。

1958 年，中央救灾委员会被撤销，协调全国各地救灾的任务划归内务部，同时各地方政府救灾工作任务大都由民政部门承担。

1969 年，内务部被撤销，原由内务部农村社会救济司承担的救灾工作任务分散到中央农业委员会、农业部、财政部等部门。

1978 年，民政部成立，下设农村社会救济司主管全国农村救灾工作。其他救灾业务仍由中央多个部门承担。

1989 年，中国国际减灾十年委员会成立，由民政部等 32 个部委、局和中国人民解放军有关部门的负责人组成，办公室设在民政部救灾救济司。2000 年，根据我国开展减灾工作的需要和联合国有关会议的精神，更名为"中国国际减灾委员会"，2005 年又更名为"国家减灾委员会"。

同年，部分省区市设立抗灾救灾办公室，有的设在省区市政府办公厅，有的设在省计委、民政厅或省农委。

2003 年，国务院明文规定由民政部承担全国救灾业务，负责"组织、协调救灾工作；组织核查灾情，统一发布灾情；管理、分配中央救灾款物并监督使用；组织、指导救灾捐赠；承担中国国际减灾委员会日常工作，拟定并组织实施减灾规划，开展国际减灾合作"。①

国家地震局的由来：新中国成立初期，中央人民政府——政务院并没有

---

① 《民政部主要职能详解》，人民网（教育），2006 年 10 月 23 日。

设立专门的地震管理机构。地震灾害虽然年年有，但有关地震观测、现场考察、科学研究等工作，交由中国科学院内设地质研究所以及分布各地的地震台站等部门承担，地震灾害救济工作交由政务院生产救灾委员会和内务部具体负责办理。

1953 年 11 月，为了适应相关工作需要，中国科学院成立了"中国科学院地震工作委员会"，下设地质组、历史组、综合组，主要任务是为国家计委审核重大工程建筑项目提供相关地质资料和防震救灾咨询服务等。

1966 年 3—4 月，河北邢台地震发生后，国家科委和中国科学院根据周恩来总理的指示，正式组建了地震办公室，负责各省区地震预防和救灾等业务工作联系。1967 年年初，国务院决定在国家科委设立"京津地区地震办公室"，主管京津地区地震监测预报工作。1969 年 7 月 18 日，我国渤海湾地区发生 7.4 级大地震。为了应对这一突发事件，周总理下令组建中央地震工作小组，统一负责全国地震监测、科研调查和救灾协调等工作。

1971 年 8 月，国务院决定撤销中央地震工作小组，正式组建国务院地震局（先由中国科学院代管），统一管理全国地震监测预报、防震减灾以及科研调查等工作。中国科学院下属地球物理研究所、工程力学研究所、兰州地球物理研究所、兰州地质研究所、昆明地球物理研究所、地质研究所、中南大地构造研究室等单位，整建制划归国家地震局统一领导。从此，我国地震事业开始步入正规化、科学化轨道。

1975 年 12 月，国务院常务会议讨论决定将国务院地震局由中国科学院代管改为国务院直属机构，统辖全国地震监测预报、科研调查、救灾协调等业务工作。

1977 年 11 月，国务院常务会议审查通过国务院地震局《关于加强地震预测预防工作几项措施的请示报告》，批准各省、市、自治区（台湾省除外）均设立地震局，具体负责本辖区地震灾情监测预报、科研调查、救灾协调等工作。

1983 年，全国机构改革时，国务院常务会议批准了《国家地震局关于省、市、自治区地震工作机构和管理体制调整改革报告》，同意对各省、市、自治区地震局(办）的隶属关系，实行国家地震局与地方政府双重领导，即行政职能归当地政府管辖，专业技术归国家地震局指导；经费开支由国家地震局和当地政府协商后，由财政部门统一划拨。

1998 年，全国人大制定了《中华人民共和国防震减灾法》，国家地震局更名为"中国地震局"，其行政职能和业务指导等职权不变。

新中国成立以来，我国地震管理工作逐步形成从中央到地方省、市、县四级为主体的行政管理体制和工作运行机制。

4. 我国地震救灾制度的特点

新中国成立以来，特别是改革开放以来，在中央和地方各级政府的领导下，我国地震救灾制度逐步形成并产生以下特点。

特点之一：救灾行政由政府统一领导。

新中国成立以来，特别是改革开放以来，我国地震救灾管理工作逐步实行政府统一领导，分级管理体制，即中央设立国家地震局，又称"国务院地震局"，负责全国地震监测预报、震后现场调查、制定救灾方案等工作；地方设立各省、市、县地震局，负责本辖区地震监测预报、现场调研、抢险救灾、恢复重建等工作。

分级管理的前提是划分灾害等级，即明确中央、省、市、县四级地震主管部门所承担的管理权限和职责任务。改革开放以后，我国对地震灾害一般划分为特大灾、大灾、重灾和小灾四个等级。与此相适应，地震救灾预案也分为四个等级。其中特大灾，由国务院及相关部门负责，启动一级（又称国家级）救灾预案；大灾、重灾由地方省级负责启动二、三级救灾预案；小灾由地方市县级负责，启动四级救灾预案。

为此，我国地震管理机构从中央到地方均设立地震局，上下可分为中央、省、市、县四级。

事实上，中央防震救灾管理机构有两个：一是中央防震减灾领导小组；二是国家地震局。

中央防震减灾领导小组是全国防震减灾最高决策领导机构，下设办公室，由国家地震局局长任主任。中央防震减灾领导小组是一套人马，两块牌子。无地震发生时，称中央防震减灾领导小组；地震发生后，称国务院抗震救灾总指挥部。该指挥部由国务院领导任指挥长，国家地震局、民政部、总参谋部负责人任副指挥长，相关部门成员有：外交部、科技部、国防科工委、公安部、财政部、国土资源部、建设部、铁道部、交通部、信息产业部、水利部、商务部、卫生部、教育部、海关总署、质检总局、环保总局、民航总局、广电总局、食品药品监管局、旅游局、港澳台办、保监会、新闻办等部门以及中国人民解放军总参谋部、武警总部。

国家地震局是我国防震减灾工作的业务主管部门，主要职责：分析、判断全国地震趋势和确定应急工作方案；发布震情，汇总、上报灾情及抗震救灾进展；贯彻指挥部的指示、命令及工作部署，并督促检查；会同有关部门对地震现场监测和震情分析，掌握灾情及其发展趋势，并提出相关对策方案；负责各类资料的准备、整理和归档；承办指挥部交办的其他事项等。

地方防震救灾管理机构可分为省、市、县三级地震局，负责领导、指挥和协调本辖区防震救灾工作，分别设有防震减灾领导小组、防震救灾联席会议或救灾指挥部。

地方各级防震救灾领导小组和救灾指挥部，机构设置与中央抗震救灾管理机构相配合，由当地政府行政负责人兼任，下设办公室。地震业务工作交由当地地震局负责，救灾业务工作交由当地民政部门承担。主要职责有：及时抢救人民生命及减轻国家、集体、个人的财产损失；防止和控制有害气体泄漏等次生灾害的发生和蔓延；防止和控制大范围灾害性的疾病发生和蔓延；负责救灾物资、经费的统一调拨、发放；安置灾民，解决灾民的吃、穿、住和学生临时就学等困难；负责抢修被破坏的生命线工程设施，恢复灾区供水、电、气和交通、通信、物资供应的通畅；加强社会治安管理，维护社会生活秩序稳定；组织安排生产自救、恢复正常的生产经营活动；等等。

地方各级防震救灾工作，除地震、民政两部门牵头外，涉及部门众多，如财政、公安、消防、交通、水电、建设、物资、卫生、邮电等。必要时，还可请求上级调动军队、武警和预备役民兵等直接参与救灾。当地震灾害发生后，地方各级防震减灾主管部门和相关部门必须按照职责分工，各司其职，密切配合，共同做好当地防震抢险和灾后恢复重建等工作。

通过从中央到地方自上而下设立组织机构和职责分工，我国地震救灾工作逐步形成了"防、抗、救"三位一体的地震救灾管理体制和运行机制，即救灾管理工作由中央及地方各级政府统一领导。

此外，根据全国灾害种类及救灾工作需要，国务院还分别设立了一些专门性救灾机构，例如国务院防汛抗旱救灾指挥部，负责全国防汛抗旱救灾工作；国务院矿山安全生产指挥部，负责全国矿山安全生产与事故处理工作；国务院森林防火指挥部，负责全国森林安全与防火等工作。

特点之二：救灾任务由职能部门分工负责。

按照灾种性质和分类管理原则，我国政府直接承担抗震救灾工作任务的职能部门有两个：一是地震部门，具体负责地震及地震灾害的业务指导。其中国家地震局负责全国各地防震工作的业务指导；各省、市、县地震局负责本辖区防震救灾的业务工作；二是民政部门，具体负责地震救灾款物的筹集、调拨、发放等工作。其中民政部负责统一协调全国范围内救灾款物筹集、调拨等工作；各省、市、县三级民政局负责本辖区防震救灾款物的转运、分配及发放等工作。

近年来，中央、省、市、县四级地震局按照《中华人民共和国防震减灾法》、《破坏性地震应急条例》、《国家破坏性地震应急预案》以及地震部门的"四定"方案规定，形成一个垂直系统，实行双重管理体制和运行机制，即各级地震局既是本辖区内地震行政主管机构，又是地震业务主办部门。

在应对和处置破坏性地震灾害过程中，中央及地方除主管部门外，涉及相关职能部门众多，如建设、电力、水利、铁路、航运、交通、邮电、电信、商业、物资、卫生、财政、公安、经贸、银行、审计、保险公司、红十字会等。上述部门都是救灾指挥机构的成员单位，实行双向负责制，既要完成本部门所承担的各项救灾任务，又要向相关部门提供必要的救援协助。

中央及地方防震救灾主管部门和相关部门由于自身特有的业务范围、技术专长、拥有资源、设备和能力，以及主管事务的特殊性，还要担负地震应急抢险救灾的多种任务或特殊任务。例如在破坏性地震灾害中，交通部门要担负铁路、公路、水运、航运等多重任务；电力、通信部门要承担工程抢险抢修，确保灾区通电、通信等；卫生部门要承担医疗救护、卫生防疫等任务；民政、财政部门要承担提供救灾资金、贷款、实施保险理赔等任务；外事部门要承担对外联系接待，接受国际援助等任务；监察、审计部门要承担救灾款物分配使用管理中的审计监督等任务。

总之，我国防震救灾工作是一个系统工程，救灾任务涉及中央及地方各级政府主管部门和相关部门众多机构，既需要本部门独立承担，专职负责，又需要多部门协调，配合完成。

特点之三：救灾经费由中央和地方财政分担。

新中国成立初期，我国救灾经费（包括地震灾害在内）主要来源于各级政府财政预留拨款，辅以生产自救、社会捐赠等。改革开放以来，随着经济体制的转变，国家发改委、民政部、财政部等部门，根据国家经济与社会发展计划和《中华人民共和国预算法》，对救灾经费预留拨款，作出如下规定：

按照分级管理的原则，我国救灾经费每年均纳入中央和地方财政预算范围之内，实行分级负担。

中央救灾经费预算将根据上年度实际支出情况安排下年度全国救灾经费。其中大部分用于各省、区、市抗险救灾、灾后恢复重建等工作，另有一部分用作自然灾害生活补助资金，专款用于帮助解决受灾地区群众的基本生活困难。一般来说，中央政府下拨地方灾区的自然灾害生活补助资金主要用于：灾害应急救助；遇难人员家属抚慰；过渡性生活救助；倒塌、损坏住房恢复重建补助；灾害临时生活困难救助；等等。

地方救灾经费预算除了中央财政救灾补助资金、接受社会捐赠资金外，主要靠本省财政预算安排救灾资金、灾后恢复重建计划资金、救灾资金专户的利息收入等。在拨付救灾资金时，中央明确要求地方财政部门按照救灾专项资金管理规定，专款专用，强化资金管理，确保资金使用效益。

中央和地方救灾经费可分为常规经费和临时经费。常规经费由各级政府财政统一预留调拨，用于当年预算执行中的自然灾害救灾开支及其他突发事件的应急开支。这是我国财政制度长期实行的一项基本制度。这一制度要求中央与地方政府在财政预算中必须设立专项救灾拨款科目，且对其经费、物资的发放做到合理预算，专款专用。临时经费一般由受灾地区政府自筹。如生产自救、以工代赈、捐款捐物、发行公债、适度借款等方式，以弥补财政救灾经费之不足。

救灾经费的拨付实行经费包干和救灾补贴。一般来说，当某一地区发生灾害损失后，当地政府会首先动用本辖区救灾预算经费，中央对地方财政预留救灾经费实行经费包干，原则上超支不补。若发生特大、重大自然灾害后，当地震灾害损失超过本辖区财政预留经费或财政较为薄弱时，地方政府可向中央政府申报救灾经费补贴。中央政府将视其灾情大小及财政状况，给予一定的救灾专项拨款或救灾补贴。①

救灾经费的使用原则上实行有偿与无偿相结合。有偿使用的救灾资金主要用于灾后恢复重建工作等；无偿使用的救灾资金主要用于紧急抢险和救济灾民，确保受灾群众的最低生活费。这样做的目的是避免救灾经费的过度使用和浪费，最大限度地发挥其经济与社会效果。

救灾经费实行监督检查。改革开放以来，特别是近年来，对于中央下拨各种救灾资金，特别是自然灾害生活救助资金，地方各级（省、市、县、乡）财政部门要实行专项管理，专账核算，专款专用，严禁挤占、截留、挪

---

① 按常规来看，救灾经费拨付比例，对于遭遇特大自然灾害的地区所需灾害和生活救助资金，由中央与地方财政按7∶3的比例共同负担；遭遇重大自然灾害地区所需救灾资金，由省财政和当地财政按8∶2的比例共同分担；遭遇一般自然灾害地区所需救灾资金主要由当地财政承担。地方结存的当年救灾拨款和自然灾害生活补助金可结转下年度使用。

用和擅自扩大资金使用范围。

以上分析说明，新中国成立以来，特别是改革开放以来，我国救灾经费是由中央和地方按灾情、按比例划分，并统一管理使用的。

特点之四：救灾人员由政府部门统一调配。

新中国成立以来，特别是改革开放以来，根据地震灾情和抢险救援任务大小，我国相继建立了以下几支救灾队伍。

（1）地震紧急救援队伍

地震紧急救援队伍，一般由国家和有条件的省、自治区、直辖市组织调集城市公安、特警、消防部队等组成。该救援队伍拥有科技含量较高的生命探测仪以及搜救犬，对被埋人员进行搜寻定位；采取爆破拆除工具，用切割、抬升、扩展等方法，将被压埋人员迅速救出，并对伤员进行紧急处理等，被称为抗震救灾"尖兵"。

（2）地震现场监测队伍

地震现场监测队伍，一般由国家和省、自治区、直辖市地震部门组织派遣，主要任务是迅速开往地震现场流动监测、震情趋势判定、灾害调查评估、科学考察等工作。地震现场监测所获得的调查和科学考察资料既是地震应急决策指挥的依据，又可为地震预报和地震科学研究工作提供有价值的科研数据和具体资料。

（3）工程救援队伍

工程救援队伍，又称"专业救援队伍"，主要包括医疗防疫、通信、电力、交通、工程、消防、治安、特种抢险等，肩负着不同的救灾任务。分别由各自主管部门组织派遣。

此外，为了防止和处理其他灾害，中央和地方各省还专门设有城市公安消防、抗旱防汛、矿山安全、森林防火等救灾队伍。

通过以上分析可知，自新中国成立以来，特别是改革开放以来，我国防震减灾工作按照"分灾种、分部门"的基本原则，逐步设置了专门的管理机构，即中央、省、市、县四级地震局，形成了"政府统一领导、部门分工负责、人财物统一调配"为主要特征的救灾管理体制和运行机制。这种救灾管理体制和运行机制，通常被统称为"举国救灾体制"，即地震灾害发生后，在政府统一领导下，主管部门按照统一决策和分工负责的原则，相互协调配合，组织相关人力、物力、财力等，实施紧急抢险救灾和灾后重建工作。

从现代行政管理学角度来看，这种"举国救灾"管理体制和运行机制的最大优势是：中央和地方各级政府一方面把救灾职能决策和部门分工负责有机地结合起来，形成了统一组织指挥协调的管理体制；另一方面又把救灾工作所需的人力、物力、财力和智力迅速地集中起来，形成统一调拨使用的运行机制。二者的有机结合和职能发挥充分地体现了我国政治制度的最大优势是集中力量办大事，在一定程度上关系和决定着我国整个救灾事业的兴衰成败。

在初步了解和掌握救灾制度，特别是地震救灾制度的基本概况及特点后，本研究将以地震社会学和制度救灾史的基本问题为导向，分九章（即九个子系统）就汶川特大地震对现行救灾制度所产生的巨大变化及影响作用，展开专题论述，并对其存在困难和转型升级等问题，提出相应对策和改进措施，进而揭示其变化规律及特点。

第二章　汶川地震与救灾管理制度

救灾管理是指政府通过行政、经济等方式手段，将一切可用于救灾的资源——人力、物力、财力、智力等，及时投入应对和处理自然灾害或突发事件，以将其损失降到最低限度。

救灾管理内容主要包括组织机构、救灾预案、指挥协调、人员安排、物资保障等。在应对和处理自然灾害或突发事件的过程中，政府部门的行政管理工作能否达到预期目标并取得显著成效，主要取决于两个方面：一是救灾管理体制是否组织指挥得当；二是救灾运行机制是否运转顺利高效。

本章将遵循"冲击—考验—转型—升级"的基本思路，着重就汶川特大地震及危害对我国现行救灾管理体制和运行机制所带来的影响变化、面临困难以及转型升级等问题，作一系统分析论述。

第一节　救灾管理制度的变化

在汶川特大地震的巨大冲击和严峻考验下，我国救灾管理制度在救灾预案、救灾组织、救灾指挥、救灾协调、救灾动员、救灾保障以及救灾国际合作等方面，发生了一系列变化。

变化之一：首次启动国家级救灾预案。

救灾预案是指政府机关和企事业单位在自然灾害或突发事件发生之前

制定和采取的应急行动方案，其中包括救灾组织程序、职责任务以及应对措施等。

预防和处置自然灾害及突发事件，始终贯穿于人类社会历史发展进程中。《易经》："君子以思患而预防之。"《左传》："居安思危，思则有备，有备无患。"《礼记》："凡事预则立，不预则废。"上面说的"危"、"患"可以理解为包括自然灾害在内的突发事件或灾难，而"预"、"备"就是指应对办法，"立"与"废"就是指谋划决策。这些是中国古代应急管理的朴素思想。1938 年毛泽东在《论持久战》中也引用了这句话，说："凡事预则立，不预则废，没有事先的计划和准备，就不能获得战争的胜利。"由此可以得出一个简要结论：应对自然灾害或突发事件，关键就是一个"预"字，即通过对各种自然灾害及突发事件的分析总结，找出其规律和特点，再制定和实施相应的对策措施。

我国正式制定和实施应对自然灾害及突发事件的应急预案时间较晚。20 世纪 80—90 年代，中央领导人曾多次提出要制定包括自然灾害在内的公共事件应急预案，但由于种种原因，并未真正付之行动。2003 年我国突发公共卫生事件——"非典"。在抗击"非典"危害过程中，国务院有关部门将全国突发事件分为自然灾害、事故灾难、公共卫生事件、社会安全事件等四类，并按其严重程度、可控性和影响范围等因素，分为特大（Ⅰ）、重大（Ⅱ）、较大（Ⅲ）和一般（Ⅳ）四级，并对其预测预报、应急响应、应急处置等作了应急预案。

在参照"非典"等突发事件应急预案的基础上，我国地震管理部门根据防震减灾的实际状况，相继修订旧的救灾行动计划或方案，制定新的救灾预案。其主要表现在震级划分、响应级别和灾情报送等方面。

在震级划分上，2006 年 1 月国务院实施的《国家破坏性地震应急预案》按逐级递减的程度将地震灾害划分为四个级别，即特大地震灾害、重大地震灾害、较大地震灾害和一般地震灾害。[①] 其中特大地震灾害，是指发生在

---

① 参见《国家破坏性地震应急预案》，中央政府门户网站，2006 年 1 月 12 日。

人口较密集地区 7.0 级以上地震，造成 300 人以上死亡，或直接经济损失占该省（区、市）上年国内生产总值 1% 以上的地震；重大地震灾害，是指发生在人口较密集地区 6.5—7.0 级地震，造成 50 人以上、300 人以下死亡，或造成一定经济损失的地震；较大地震灾害，是指发生在人口较密集地区 6.0—6.5 级地震，造成 20 人以上、50 人以下死亡，或造成一定经济损失的地震；一般地震灾害，是指发生在人口较密集地区 5.0—6.0 级地震，造成 20 人以下死亡，或造成一定经济损失的地震。

　　针对地震震情和灾情级别大小，《国家地震应急预案》还制定了分级响应机制。其中应对特大地震灾害，启动 I 级响应，又称"国家级响应"。由国务院抗震救灾总指挥部统一组织领导、指挥和协调应急救灾工作，灾区所在省（区、市）人民政府与之紧密配合；应对重大地震灾害，启动 II 级响应。由灾区所在省（区、市）人民政府领导、指挥应急救灾工作，国家地震局负责组织、协调相关应急工作；应对较大地震灾害，启动 III 级响应。由灾区所在省（区、市）人民政府领导和支持，灾区所在市（地、州、盟）人民政府领导灾区的应急救灾工作，国家地震局负责组织、协调相关应急工作；应对一般地震灾害，启动 IV 级响应。由灾区所在省（区、市）人民政府、市（地、州、盟）人民政府和县（市、区、旗）人民政府负责组织领导应急救灾工作，国家地震局负责组织、协调相关应急工作。[①] 如果地震灾害使灾区政府和受灾群众丧失自我恢复能力、需要上级政府支援，或者地震灾害发生在边远地区、少数民族聚居地区和其他特殊地区，地方各级政府也可根据灾情和重建工作的实际需要，及时向上级报告，提高响应级别。

　　在灾情报送上，根据地震震情和灾情大小，国家地震局在划分地震重点危险区的基础上，组织震情跟踪工作，提出短期地震预测意见和建议。在短期地震预报的基础上，中央和所在省（区、市）人民政府决策发布临震预报，宣布预报地区进入临震应急期。预报所在的省、市（地、州、盟）、县

---

① 参见《国家破坏性地震应急预案》，中央政府门户网站，2006 年 1 月 12 日。

（市、区、旗）人民政府采取应急防御措施。

关于地震预报的发布：国务院负责对全国性的地震作长期预报和中期预报；省政府负责对省内的地震作中期预报、短期预报和临震预报；市县政府在紧急情况发布 48 小时内的临震预报，同时上报本级政府及其他地震工作机构，直至上报国务院地震主管部门。

从 2003 年 3 月爆发"非典"到 2008 年 5 月汶川特大地震以前，我国各级政府部门、企事业单位在应对自然灾害（包括地震灾害在内）、生产事故、公共卫生事件，以及其他危害公共安全与社会秩序的重大事件等方面，虽然积累了一些防灾减灾的经验教训，形成了一些应急管理规章和应急工作办法，但并没有形成一整套常态的应急管理体制机制，更没有形成应对特大地震灾害的前期预防预警、中期应急救灾和后期恢复重建等行之有效的救灾预案。因此，现代意义的我国地震救灾应急管理体系建设仍处于空白状态。

在应对和处置汶川特大地震灾害的过程中，我国地震救灾预案发生了两点明显变化：

一是首次启动了国家级地震救灾预案。2008 年 5 月 12 日 14 时 28 分汶川特大地震发生后 10 分钟，国家地震局在收到中国地震台网测报中心关于四川汶川发生 7.8 级（当日晚 22 时，改为 8.0 级）速报后，根据《国家自然灾害救助应急预案》，立即上报国家减灾委和国务院防震减灾领导小组，启动了地震 II 级应急预案（当晚改为 I 级救灾预案），这是我国首次启动级别最高的地震救灾预案，即国家级地震救灾预案。①

随后，国家地震局立即派出国家地震灾害救援队第一批救援人员（195人）由北京前往汶川地震灾区。成都军区领导立即启动抢险救灾指挥机制，命令驻灾区附近部队和民兵预备役人员以最快速度赶赴灾区抗震救灾，并将相关情况上报中央军委。与此同时，成都军区总医院立即抽调 22 名业务骨干组成医疗队赶赴都江堰市，成为第一支到达地震灾区的医疗队。

---

① 参见孙成民主编：《四川地震全记录》下卷，四川人民出版社 2010 年版，第 536 页。

　　四川省委、省政府主要领导在震后听取省地震局对汶川特大地震速报后，立即启动地震救灾应急预案 I 级响应，并在省委大院成立抗震救灾临时指挥中心。随后不久又在地震重灾区——都江堰市成立了四川省抗震救灾前线指挥部，召开紧急会议部署工作，统一调度、指挥抗震救灾工作，并按照救灾预案成立了十几个救灾工作小组。与此同时，省委、省政府办公厅也召开专题会议，进行紧急动员，日常工作当即转入应急救灾状态。

　　甘肃省委、省政府和陕西省委、省政府也分别启动了本省地震应急预案 I 级和 II 级响应机制，成立了抗震救灾指挥部，召开紧急会议部署落实当地抢险救灾工作。

　　四川灾区各级党委政府在第一时间也启动了地震应急预案，迅速成立救灾指挥机构，召开紧急会议布置工作，开展抢险救灾活动。例如地震后10分钟，受灾最重的汶川、北川两县立即成立抗震救灾指挥部。同时下午，绵竹、什邡、青川、茂县、安县、都江堰、平武、彭州等受灾严重的县（市）也迅速成立抗震救灾指挥机构，积极开展自救互救工作。

　　二是地震灾情信息报送和处理速度明显加快。汶川特大地震发生后不久，国家地震局从收集受灾情况到上报国家减灾委和国务院主管领导并启动应急预案，只用了十几分钟。国家减灾委员会、国家地震局和有关省（区、市）地震局依照有关信息公开规定，在地震灾害发生 1 小时内，及时通过新闻媒体向社会各界公布了汶川特大地震震情和灾情信息，并适时组织后续公告。四川省地震局在震后 8 分钟一方面向国家地震局速报汶川地震相关震情和灾情；另一方面又向省委、省政府主要领导同志速报相关震情和灾情，并在 22 分钟后派出第一批救灾人员赶赴灾区现场。成都军区所属部队从接到命令到第一批部队出动，也只用了 1 个多小时。①

　　以上事例分析说明，汶川特大地震发生后，我国地震救灾预案启动级别之高，上报速度之快，响应范围之广，在我国救灾史上达到了新的高度，

---

　　①　参见杜晓、陈丽平：《汶川地震：真相如何与谣言赛跑》，《法制日报》2008 年 5 月 14 日。

彰显了我国政府及相关部门应对自然灾害能力迅速提升，同时也在一定程度上增强了社会公众战胜震灾的坚定信心。

变化之二：救灾组织决策指挥快速敏捷。

在抢险救灾活动中，政府是最权威的决策机构，是各种力量、各种资源的指挥者、协调者、监督者，扮演着十分重要的角色。

闻讯汶川特大地震发生后，时任国务院总理温家宝在飞往四川灾区的飞机上召开抗震救灾第一次会议，宣布成立国务院抗震救灾总指挥部，紧急部署抗震救灾工作。当天晚上，胡锦涛总书记主持中央政治局会议，责成国务院抗震救灾总指挥部及有关部门，全面负责抢险救灾工作。

国务院抗震救灾总指挥部组建后，下设抢险救灾、地震监测、卫生防疫、生产恢复、基础设施保障、群众生活、灾后重建、社会治安等8个救灾组，分别负责具体指挥相关领域的紧急处置工作。随后，国家地震局、民政部、财政部、发展改革委、工业和信息化部、公安部等30多个部门，分别启动了本部门救灾应急预案，成立本系统的抗震救灾指挥机构，领导协调本系统所承担的抢险救灾任务。

解放军和武警部队等[1]也迅速建立抗震救灾指挥机构，一方面负责本系统组织指挥，另一方面与灾区救灾指挥部和其他系统指挥机构保持信息畅通、资源共享，确保灾区抗震救灾工作顺利有序地推进。

受灾较为严重的川、甘、陕三省也迅速行动起来。四川省委主要领导同志在听取地震情况汇报后，立即召开紧急会议，对抗震救灾工作进行紧急部署：决定成立四川省抗震救灾临时指挥中心，由省委、省政府主要领导亲自挂帅。当晚，四川省"5·12"抗震救灾指挥部在重灾区都江堰市正式挂

---

[1]　在汶川抗震救灾的半年期间，解放军四总部（总参谋部、总政治部、总后勤部、总装备部）、各大军区（成都军区、兰州军区、济南军区、沈阳军区、北京军区、南京军区、广州军区）、各军兵种（海军、空军、第二炮兵）、武警部队等相继出动了14.6万人参加抢险救灾活动。参见《汶川特大地震抗震救灾志》卷五《抢险救灾志》，方志出版社2015年版，第99—139页。

牌办公，下设总值班室、医疗组、交通组、通信组、水利组、救灾物资组、宣传报道组。

地震发生当天晚上，甘肃省委、省政府召开紧急会议，决定成立由省委、省政府主要领导挂帅的抗震救灾领导小组，下设工作组，分别负责抢险救灾、预报监测、医疗救治、物资调拨等。

5月13日，陕西省成立抗震救灾指挥部，由省委、省政府主要领导挂帅，设相应工作小组，统筹协调全省抗震救灾工作。①

以上事例充分说明，汶川特大地震发生后，我国各级政府及相关部门率领社会各界与时间竞跑，在救灾管理体制和运行机制方面出现了许多"第一现象"。在抢险救灾工作刚开始的4小时内，国务院抗震救灾总指挥部设在重灾区——都江堰，国务院总理坐镇指挥，创造了救灾总指挥部亲临第一线。中共中央政治局在震后当晚第一时间作出应对决策；各级新闻媒体在第一时间发布地震救灾信息；灾区各级党政主要领导亲临一线，深入灾区靠前指挥；灾区各地、各单位第一时间伸出援助之手，组织多个抢险队、医疗队赶赴灾区第一线；国务院迅速成立汶川特大地震专家委员会，第一次将汶川灾后恢复重建纳入总体规划的法制轨道；等等。

变化之三：救灾部门积极协调配合。

在国务院抗震救灾总指挥部的指挥协调下，中央及地方各级救灾部门相互配合，全力投入抢险救灾活动。

5月12日晚和5月13日上午，国务院直属部门（19个）、特设部门（8个）、直属事业单位（5个）、部委属机构（6个）②分别召开救灾工作会议，及时传达中央抗震救灾精神和部署本系统抢险救灾工作，并根据应对突发公共事件预案，分别成立了本系统抗震救灾应急机构，积极主动采取抗震救灾

---

① 参见《汶川特大地震抗震救灾志》卷五《抢险救灾志》，方志出版社2015年版，第59页。

② 参见《汶川特大地震抗震救灾志》卷五《抢险救灾志》，方志出版社2015年版，第60—69页。

的具体措施。其中国家发改委牵头组建了基础设施抢险救灾工作组，专门负责汶川灾后基础设施抢修。国土资源部启动突发地质灾害应急预案，严防灾区因地震造成的山体滑坡、崩塌和泥石流等。公安部宣布启动救灾预案，召开紧急会议，进一步部署全国抗震救灾和维护社会稳定的工作。铁道部宣布，按照国家 I 级响应，启动应急预案，成立抗震救灾指挥部，要求尽快恢复宝成铁路通车，确保救灾人员和救灾物资及时运往灾区。交通运输部宣布，启动国家公路交通运输突发事件应急 I 级预案。卫生部启动卫生应急预案，向灾区派出多支医疗队伍。环境保护部宣布连夜启动核辐射及水污染防治应急预案，并派出环境专家组赶赴灾区，严密监控核设施和化工企业情况。工业和信息化部正式宣布启动通信应急方案，要求灾区各地电信运营企业、相关通信管理局立即启动通信保障应急预案。财政部连夜开会，宣布启动财政应急保障预案，紧急下拨地震救灾资金 8.6 亿元。商务部宣布召开连续紧急会议，成立以部长为组长的抗震救灾应急领导小组，保证灾区市场供应。与此同时，农业部、水利部等也宣布启动应急预案并成立专门的救灾领导机构，积极投入抗震救灾活动。①

民政部是负责全国民政工作的业务主管部门，在抗震救灾工作中主要承担群众生活组的任务，即救灾物资的筹集、转运、分配、发放等。下面，仅以民政部和四川省民政厅所承担的救灾款物转运发放任务为例，着重说明其救济工作的艰巨和复杂程度。

汶川特大地震发生当天晚上，民政部紧急要求所属 10 个中央救灾物资储备库将库存的 14.96 万顶救灾帐篷通过铁路、公路，尽快运往灾区。5 月 13 日凌晨，民政部紧急从西安、郑州、武汉、天津等 8 个中央救灾物资储备库调动救灾专用帐篷 49730 顶、棉被 5 万条，用于解决四川、甘肃、陕西三省灾区群众的临时安置。14 日，民政部、财政部启动紧急采购程序，向

---

① 参见《汶川特大地震抗震救灾志》卷五《抢险救灾志》，方志出版社 2015 年版，第 60—69 页。

有关厂商采购救灾帐篷 13.9 万顶、手摇式照明灯 20 万个、衣裤和棉被各 20
万件（床）、简易厕所 1000 套。同日又向社会公布接受救灾捐赠号和 5 条救
灾捐赠热线电话，方便社会各界联系捐赠的相关事宜。15 日，民政部与全
国 31 家企业协议订购 13.9 万顶帐篷的生产任务。18 日，民政部部署辽宁、
吉林、黑龙江、江苏、浙江等省向甘肃省提供 50 万条棉被、毛毯、毛巾及
50 万套衣物，部署福建、江西、山东、安徽四省向陕西省援助 40 万条棉被、
毛毯、毛巾被及 40 万套衣物。① 截至 7 月 24 日，民政部共安排使用中央救
灾资金 383.32 亿元；向灾区调运帐篷 157.97 万顶，彩条布 3910.76 万平方米，
篷布 646.6 万平方米，棉衣被 1896 万件（床）及大批食品和饮用水等生活
物资，以最快的速度保障了灾区群众生活物资急需。②

　　汶川特大地震发生后，四川省民政厅遵照四川省抗震救灾指挥部的紧
急部署，迅速启动自然灾害应急预案，承担救灾物资组的任务，统一组织协
调全省民政系统的抗震救灾工作。5 月 13 日，调集省级救灾帐篷 3345 顶、
棉被 10000 床、食品 13 卡车，分别送往汶川、北川、彭州、绵竹极重灾区，
并同财政厅联合下拨省级救灾应急资金 500 万元发放什邡、绵竹和绵阳、阿
坝灾区。③5 月 14 日，省民政厅发出"众志成城，支援灾区"倡议书，在厅
机关、双流机场、太平寺机场、成都东站、成都北站等处设立 8 个捐赠物
资接收点；厅主要领导一边起草公文向民政部和各省民政厅请求代购救灾物
资，一边组成 4 个工作组分赴德阳、绵阳、广元、阿坝灾区核实灾情，现场
督导指导工作。5 月 15 日，调整充实了厅抗震救灾领导小组力量，成立综
合宣传、救灾应急、接受捐赠、物资供应、物资分配调动和后勤保障 6 个工

　　① 参见《汶川特大地震抗震救灾志》卷五《抢险救灾志》，方志出版社 2015 年版，第
60—69 页。

　　② 参见《汶川特大地震抗震救灾志》卷五《抢险救灾志》，方志出版社 2015 年版，第
66—68 页。

　　③ 参见四川省民政厅：《汶川特大地震四川民政抗震救灾志》，方志出版社 2012 年版，
第 549 页。

作组，分别负责信息上报、灾情收集汇总、捐赠款物接收发放、救灾物资供应和分配调运、救灾工作人员及志愿者的后勤保障工作；厅机关职工实行统一领导、统一指挥、统一安排，全力投入抗震救灾工作。5月16日，为满足受灾群众的应急生活需求，物资分配调运组在飞机场、火车站等处设立8个工作点筹集运送救灾物资，并在灾区2610个救助点的协助下，将首批捐赠资金2.8亿元、价值1.49亿元的物资及时分发到灾区受灾群众手中。5月17日，根据抢险救灾进程需要，厅抗震救灾工作领导小组增设遇难遗体处理工作组，加强遇难者遗体火化及深埋的组织协调和督导工作。5月18日，制定捐赠物资接收、调运管理暂行办法，确定了捐赠物资接收、调运实行统一领导、分组负责、权责分明、高效运转的工作模式，建立调运会议制度。5月24日，省民政厅召开成都、德阳、绵阳、广元、阿坝、雅安6个重灾市（州）民政局长会议，要求灾区救助金和救济粮必须在6月1日前全部发放到受灾群众手中。5月25—30日，制定并实施受灾群众紧急安置方案，采取简易棚、投亲靠友、结对帮扶、补助租房和原地与异地结合、省内与省外结合等多种方式安置受灾群众和"三孤"人员，并同省财政厅、粮食局联合发出通知，对受灾"三无"困难群众和"三孤"人员发放6—8个月临时生活补助，向遇难者家属发放慰问金。6月1—8日，厅抗震救灾领导小组多次召开会议，要求各地建立快速高效的救灾物资监管机制，配合审计工作不断完善款物接收和管理使用的全程监督手续，及时向社会公布。6月2日，省民政厅发文要求村（居）委会对款物发放实行"七公开"，即公开接收总额、发放条件、国家支持政策、享受补助标准和受助对象、定向捐赠名单、款物发放审计、涉及群众切身利益事项。①

在抢险救灾期间，四川省民政厅领导坚持深入灾区最基层、对抗震救灾工作实施面对面的指导，厅机关工作人员一直战斗在抗震救灾第一线，足

---

① 参见四川省民政厅：《汶川特大地震四川民政抗震救灾志》，方志出版社2012年版，第550—552页。

迹遍及全省 51 个受灾县（市、区）。

变化之四：民间组织立即参与救灾活动。

我国民间组织（又称"社会组织"）参与救灾活动由来已久。[①] 早在改革开放以前，中国红十字会在救灾工作中曾发挥了重要作用。20 世纪 80—90 年代，随着经济体制和政府职能的逐步转变，我国各类民间组织逐渐得到培育、发展，政府包揽救灾工作的局面开始转变。21 世纪以来，中国红十字会、中华慈善总会、中国青少年发展基金会等一大批民间组织在防灾减灾事业中发挥了独特的作用。下面，仅就部分民间组织在汶川抗震救灾中所起的作用作一分析。

中国红十字会成立于 1904 年，是我国历史最悠久、规模最大的专门从事人道主义救助的民间组织。新中国成立以来，该会配合政府做了大量赈济救灾工作，尤其是改革开放以后，其组织规模和救灾内容向纵深发展。1993年《中华人民共和国红十字会法》将中国红十字会定性为人道主义团体，其主要职责是：（1）在自然灾害和突发事件中对伤病员和其他受害者进行救助；（2）"在自然灾害和突发事件中，执行救助任务并标有红十字会标志的人员、物资和交通工具有优先通行的权利"；（3）"除接受政府或捐赠者委托外，红十字会不承担灾后的修复和重建任务"。在 1998 年的抗洪救灾中，中国红十字总会充分发挥了国际联络的优势，接受了港、澳、台同胞和国外非政府组织对中国灾民的援助。

汶川特大地震发生当日下午，中国红十字总会立即响应国家一级救灾预案，当晚通过中央电视台等媒体向社会各界发出救助汶川特大地震灾区的紧急呼吁，并公布了抗震救灾募捐账号及捐款方式。次日，总会在北京市成立本系统抗震救灾指挥部，第三天又在成都市成立"抗震救灾驻川前线指挥

[①]　民间组织，在我国官方文件上称为社会组织，在国外被称为非政府组织，英文简称"NGO"。据考证，这一词汇最早出现在 1945 年联合国成立时的一份重要文件里，当时主要指那些在国际事务中发挥中立作用的非官方机构，如国际红十字会、国际儿童救助会等，后来成为一个官方用语被广泛使用，泛指那些独立于政府体系之外，具有一定公共职能的社会组织机构。

部";此后，总会相继派出六个工作组分赴都江堰、德阳、绵阳、广元、阿坝、雅安等重灾区，协助开展抗震救灾工作。

截至 8 月 6 日，中国红十字总会共向灾区紧急调拨和采购帐篷 13 万余顶、棉被 12 万余床、衣物 35 万多件、蚊帐 170 万顶和粮食近 6480 吨；紧急派遣 6 支医疗队和 2 支心理救援队赶赴灾区。据不完全统计，紧急救援队累计治疗伤病人员 2 万余人次。巡诊 3 千余人次，进行各类手术 180 余台。此外，各省级红十字会共派出 107 批紧急救援队，37 批心理救援队，为灾区近 23 万群众提供了紧急的医疗救援服务……

5 月 13 日，中国红十字总会与四川省红十字会、香港红十字会、澳门红十字会和红新月会组成抗震救灾联合工作小组，分赴都江堰、北川等地考察灾情。5 月 15 日，总会通过红十字会与红新月会向国际社会发出紧急救助呼吁，并协调安排德国红十字野战医院和俄罗斯、日本、意大利等国家医疗队 180 余人来华开展救援工作。5 月 19 日，总会再次发出紧急呼吁，呼吁境内相关组织为灾区医疗提供人血白蛋白、止血药、多烯磷酰胆碱注射液、去甲肾上腺素、帐篷、棉被、衣裤等急需物品。①

中华慈善总会成立于 1994 年，是全国最大的人道主义慈善机构。曾先后开展 1998 年张北地震、1998 年抗洪、内蒙古和新疆雪灾等紧急援助，作为政府救灾的重要补充力量而发挥了积极作用。

在汶川抢险救灾初期，总会于 13 日成立了本系统抗震救灾领导小组，下设宣传组、物资接收组、资金接收组，开通捐赠电话、公布银行、网络、邮局及现场捐赠 4 个渠道，半个月内募集款物（包括日常捐款和救灾募捐）"折合人民币共计 40.87 亿元，其中资金 12.53 亿元，各类慈善物资折合人民币 28.33 亿元"②。为支援和帮助四川地震灾区部分灾民的生产生活，"总会紧

---

① 参见《汶川特大地震抗震救灾志》卷八《社会赈灾志》，方志出版社 2015 年版，第 51 页。

② 王君平：《中国红十字事业实现新跨越 特色凝聚人道的力量》，中国新闻网，2009 年 10 月 27 日。

急调拨 400 顶帐篷和 100 万元应急善款，随后又购置了价值一亿元人民币的活动板房、四万多顶帐篷、几百万元的食品和轮椅、5 万条毛毯等灾区急需物资，并积极参与灾后重建"①。5 月 17 日，总会派专人进驻四川赈灾一线，负责各地慈善组织运抵四川捐赠款物的接收发放工作。

中国儿童少年基金会成立于 1981 年 7 月，是全国性非营利性的社会团体。2008 年 5 月 12 日晚，基金会研究决定向四川灾区紧急拨付救灾款 200 万元，用于灾区群众的紧急救援。5 月 15 日，基金会开展"中国儿童紧急救助基金"，并以捐建"抗震春蕾学校"、"永久春蕾学校"等公益项目为载体，开展劝捐、义卖、义演等形式的活动，并开辟网上捐赠、手机捐赠、邮局汇款、银行汇款、固话捐赠等渠道，短信款物。6 月 5 日，基金会与搜狐网合作开展"4000 元一对一资助灾区伤残儿童计划"；6 日又与全国妇联、中国国际广播电台华语广播联合举办"天地有爱·撑起'绿伞'行动"。截至 8 月 25 日，这一计划共资助四川灾区伤残儿童 1315 名，资助金额达 526 万元。截至 10 月 14 日，基金会募集资金和物资折价共 17451.09 万元，拨付灾区资金和救灾物资折价共 7264.96 万元。结余资金 10186.13 万元按照捐赠人的意见和灾区政府的需求，用于灾后重建。②

中国残疾人福利基金会成立于 1984 年 3 月，是全国性非营利的社会团体。汶川特大地震发生后，中国残联党组、理事会召开紧急会议，部署残联系统抗震救灾工作。5 月 13 日，中国残联下属通知，要求各地残联紧急行动起来。截至 5 月 19 日，全国省级残联捐赠资金和物资共计 634.26 万元；5 月 22 日，中国残联调拨雨靴 4000 双、帐篷 150 顶、轮椅 299 辆、消毒液等物资，经铁路运给成都市残联；5 月 23 日，中国残联领导率工作组抵达都江堰、彭州灾区，捐赠 20 万元，并赠送《地震伤残的康复与护理》；9 月 10 日，

---

① 王君平：《中国红十字事业实现新跨越 特色凝聚人道的力量》，中国新闻网，2009 年 10 月 27 日。

② 参见《汶川特大地震抗震救灾志》卷八《社会赈灾志》，方志出版社 2015 年版，第 58—61 页。

中国残联、中国红十字总会、四川省政府在北京签署援建项目备忘录，投资6500万元，为四川灾区援建阿坝康复中心、德阳康复中心和5个辅助器具服务中心以及基层医疗与康复服务网络重建；11月底，中国残联同中国残疾人福利基金会在北京举办"纪念国际残疾人日·集善嘉年华北京2008"大型公益演出，募集资金2000万元，用于资助地震灾区残疾儿童假肢装配和截瘫残疾人康复训练。[①]

汶川特大地震发生后，我国还涌现出大批新建的民间组织，积极参与汶川抢险救灾活动。

例如"成都5·12抗震救灾民间救助服务中心"。该中心是由成都本地以及分布在北京、上海等的20多个民间组织于2008年5月14日共同成立的。地震发生后，在京的多家民间基金会（如爱德基金会、友成企业家扶贫基金会、华民慈善基金会、西部阳光基金会、万通公益基金会、南都公益基金会等），发表联合声明，呼吁各民间组织联合积极行动起来，共同支援灾区。

又如"民间组织四川地区救灾联合办公室"。该办公室是40多家来自四川本地及贵州、云南等地的民间组织于2008年5月14日发起成立的。当时，很多到成都参与救灾的民间组织都聚集在这里联络，其他外地的民间组织则把所筹集到的资金和物资统一发往此处等待调配。该办公室成立当天有专职人员16人、本地志愿者30人左右、外地志愿者8人，每天可调配救灾物资转运车辆30—35辆，通过这个网络平台可以向灾区输送大批急需物资。例如，广东狮子会价值千万元的捐赠物资，就是通过NGO川办负责输送或通过他们的车辆直接送到受灾群众手中的。

据不完全统计，以上两个民间机构曾组织上万志愿者进入灾区一线，为灾区群众提供了多种援助服务。[②]

---

① 参见《汶川特大地震抗震救灾志》卷八《社会赈灾志》，方志出版社2015年版，第198—201页。

② 参见杜受祜等：《民间组织在灾后重建中的作用、困境与发展》，《中国民间组织报告》，2008年12月，第92页。

其他地区的民间组织也不约而同地积极行动起来。6 月 25 日，香港苗圃行动、世界少数民族语文研究院东亚部、国际专业服务机构、英国救助儿童会、美国福华国际、港澳救世军、香港乐施会等非政府组织，也以多种形式对地震灾区进行了紧急援助，共计投入资金约 3621.86 万元。主要用于紧急救灾物资、中小学恢复重建，共计派出 6 支医疗队、6 支工作队，建立了 3 个儿童活动中心，派出 92 人次为灾区培训了一批志愿者。①

另外，一些私人举办的基金会也通过各种募捐活动支持汶川抗震救灾。例如由著名影星李连杰发起成立的壹基金，截至 5 月 21 日，为灾区筹集善款 5654.57 万元人民币，先后有 66 万人次参与了捐款捐物活动。②

志愿者参加汶川抗震救灾是我国当代救灾史上的一大亮点。汶川特大地震发生后，全国各地各部门各行业各单位纷纷派出志愿者，参加抗震救灾志愿服务活动。他们之中有党政机关公务员，有军队和武警部门的军官士兵，有国有企业干部职工，有非公有制企业业主员工，有农民和农村在外务工人员，有大学、中学、小学老师和学生，还有众多的灾区非受伤的群众。为了宏观了解国内外志愿者来源情况和进一步分析相关问题，现将汶川抗震救灾期间国内外志愿者来源情况列一简表。

汶川抗震救灾国内外志愿者来源统计简表

志愿者来源系统	个数	志愿者派遣单位
中央部门单位	3	民政部、共青团、全国总工会
中央部门下属单位	3	体育系统、质检系统、邮政系统
中央企业单位	3	灾害救援、医疗救护、应急通信

---

① 参见《驻滇国际民间组织在汶川大地震救援活动中积极发挥作用》，中华人民共和国商务部驻昆明办事处网，2008 年 7 月 3 日。

② 记者从中国红十字会李连杰壹基金计划获悉，从 12 日汶川地震截至 15 日 10 时，壹基金共募集救灾善款 2405 万元，将全部用于四川省抗震救灾工作。参见新华网，2008 年 5 月 22 日。

续表

志愿者来源系统	个数	志愿者派遣单位
民主党派、工商联	8	中国国民党革命委员会、中国民主同盟、中国民主建国会、中国民主促进会、中国农工民主党、中国致公党、九三学社、中华全国工商业联合会
人民团体	5	中华全国总工会、中国共青团、中华全国妇女联合会、中华全国归国华侨联合会、中国残疾人联合会
社会组织	3	中国红十字总会、中华慈善总会、中国儿童少年基金会
宗教界	3	佛教界、伊斯兰教界、基督教界
省（区、市）及兵团	33	四川、甘肃、陕西、重庆、云南、北京、天津、河北、山西、内蒙古、辽宁、吉林、黑龙江、上海、江苏、浙江、安徽、福建、江西、山东、河南、湖北、湖南、广东、广西、海南、贵州、西藏、青海、宁夏、新疆、新疆生产建设兵团
港澳台	3	香港同胞、澳门同胞、台湾同胞
海外侨胞	6	俄罗斯侨胞、加拿大侨胞、美国侨胞、马来西亚侨胞、日本侨胞、印度尼西亚侨胞

注：根据《汶川特大地震抗震救灾志》卷八《社会赈灾志》，方志出版社2015年版，第691—810页相关资料而制表。

通过上表可以看出两点：一是许多志愿者来源于中央、地方、民主党派、人民团体、社会组织、宗教界，以及海内外十大系统；二是有80个部门单位向川、甘、陕三省灾区派遣志愿者服务队。少者数十人，多者数百人，且多次派遣。例如，为了帮助受灾青少年渡过难关，团中央决定组建"12355"灾区青少年心理康复援助专家志愿团，分三批赴灾区开展工作。其中第一批专家50名；第二批专家215名；第三批专家377名。[1]

---

[1] 参见《汶川特大地震抗震救灾志》卷八《社会赈灾志》，方志出版社2015年版，第715—716页。

与此同时，共青团中央还举办《大学生志愿服务西部计划抗震救灾专项行动》和《大学生暑期"三下乡"活动》。其中西部计划，第一批 6 月 4 日至 20 日，选录 1143 人；第二批 6 月 29 日至 7 月 13 日，选录 1000 人。据记载：截至 7 月底，实际到岗 2116 人。到同年底，在岗人数 1753 人，其中四川省 6 个市（州）的 36 个受灾县（市、区）1553 人，重庆梁平县 60 人，陕西省宁强县、凤县 50 人，甘肃省陇南市武都区、文县、舟曲县 90 人。①

另据有关资料记载：来自全国 22 个省（区、市）168 所高校的 189 支服务队和来自四川高校的 350 支服务队共计 8500 余名大学生参加"三下乡"活动，奔赴四川、甘肃、陕西灾区第一线，深入开展支教培训、医疗服务、心理援助、灾区规划、灾区调研等多项志愿服务。其中北京市 55 支团队赴汶川、成都、绵阳等地开展多种形式的灾后志愿服务；四川大学等 55 支团队深入都江堰、彭州、什邡等地开展文教、灾后重建评估、疫病预防等服务。②

此外，国内一些车友、无线电爱好者等也自发组织起来，第一时间赶赴灾区，参与抢险救灾活动。这些自发、分散的志愿者到灾区后，有的直接加入当地志愿者队伍，有的单独进行救灾服务活动，事迹生动感人。

以上事例充分说明，在汶川抢险救灾过程中，"从城市到乡村、从部队到厂矿、从机关到基层、从街道到学校，规模空前的生命大营救，历经险阻的千里大驰援，处处涌动的爱心大奉献，共克时艰的社会主义大协作，汇聚成全民族风雨同舟的强大合力"③。

变化之五：救灾合作主动广纳外援。

汶川特大地震发生后，我国外交部、国务院新闻办等，一方面主动地向国际社会介绍我国地震灾情和救援情况，以争取其对中国抗震救灾的关

---

① 参见《汶川特大地震抗震救灾志》卷八《社会赈灾志》，方志出版社 2015 年版，第 716—717 页。

② 参见《汶川特大地震抗震救灾志》卷八《社会赈灾志》，方志出版社 2015 年版，第 718—719 页。

③ 孙成民主编：《四川地震全记录》下卷，四川人民出版社 2010 年版，第 487 页。

注、同情和帮助；另一方面又积极接待外国救援队和医疗队到灾区参与救灾，办理航空器向灾区运送物资等，以加强中外救灾合作交流的顺利开展。

在汶川抢险救灾初期，我国先后接受日本、俄罗斯、韩国、新加坡 4 支国际救援队和中国香港、中国台湾 2 支救援队进入四川灾区，投入救灾活动。这是新中国救灾史上第一次接受国际和境外救援人员。据载："5 月 15 日至 19 日，4 支国际救援队 213 人在灾区连续奋战 120 多小时，共搜救出 68 具遇难者遗体和 1 名被埋幸存者。其中韩国救援队 47 人在四川什邡市搜出 26 具遇难者遗体；日本救援队 60 人在四川青川、北川开展救援，挖出 19 具遇难者遗体；俄罗斯救援队 51 人在四川都江堰、绵竹市开展救援，挖出 17 具遇难者遗体，1 名受伤者；新加坡 55 人的救援队在什邡市开展救援，挖出 5 具遇难者遗体。与此同时，中国香港救援队 20 人、中国台湾救援队 22 人也赶赴灾区展开了各种救援活动。"[①] 随后不久，我国又先后接受 10 支国际医疗队陆续来到中国地震灾区。

在汶川抗震救灾期间，我国政府除接受了来自国际社会（即外国政府、国际组织和民间团体、个人）各种礼节性慰问电、慰问团考察等，还接受了来自国际社会 170 多个国家和地区、20 多个国际组织的大批救灾援助，合计达 44 亿人民币。[②] 这是我国救灾史上一次性获得最大规模的国际救灾援助款项。

与此同时，我国还和国际社会成员在减灾救灾领域建立双边和多边交流合作机制。例如科技部所属中国科学技术研究院与挪威有关机构合作开展汶川地震受灾群众需求快速调查，形成《汶川地震灾后重建居民政策需求快速调查报告》，报送国务院抗震救灾总指挥部和有关部门，为制定重建规划提供参考；又如中国驻外使领馆科技处（组）相继收到美国、英国、意大利、欧盟、日本、澳大利亚、葡萄牙、乌克兰、智利、捷克等国家提供的大批抗

[①] 邓绍辉：《汶川地震与国际援助》，《今日中国论坛》2013 年第 17 期。

[②] 参见李琼：《国际社会向中国地震灾区提供了四十四亿现金援助》，中国新闻网，2009 年 5 月 11 日。

震救灾调研报告、卫星图片等资料，为我国抢险救灾及地震科研活动提供了大量有价值的信息来源和科学数据。其中，中英科技合作成果——"北京一号"小卫星在汶川地震灾情监测、灾情分析评估等方面发挥了积极作用（该卫星是由中国与英国萨里卫星技术公司合作研发，2005年10月在俄罗斯成功发射升空）；再如2009年12月，中国21世纪议程管理中心与联合国人居署签署合作协议，启动"中国四川省名山县涌泉村抗震小学恢复重建暨能力建设项目"。该项目于2010年4月开工，联合国人居署提供22.6万美元用于教学楼建设和抗震能力培训，当地政府投资32万元用于操场建设和教学设备配置，同年12月底竣工。①

我国政府从改革开放前拒绝外国救灾援助发展到今天主动接受外国救灾援助，一方面得益于改革开放三十多年我国综合国力不断提高，极大地增强了民族自信心和国家自豪感，另一方面也表明对外交往日趋活跃，在一定程度上提升了中国政府在国际事务中的影响力。

总之，在汶川抢险救灾初期，我国救灾管理体制和运行机制虽承受了重大冲击与严峻考验，但灾区各级政府及有关部门的快速反应能力、决策指挥能力、部门协调能力、社会动员能力、国际合作能力得到了进一步锻炼和提升，表现得"更加稳健、更加成熟、更加开放"，整个抗震救灾工作呈现出有序、有力、有效地向前发展。

第二节　救灾管理制度存在问题

在充分肯定我国救灾管理在汶川抗震救灾过程中发生一系列变化，取得巨大进步的同时，也应客观地看到其管理体制和运行机制仍面临或存在许

---

① 参见《汶川特大地震抗震救灾志》卷九《灾后重建志》，方志出版社2015年版，第1130—1134页。

多困难、问题和不足。

问题之一：救灾行政管理存在问题。

众所周知，汶川特大地震之前我国应急管理体系是在计划经济模式上建立起来的，并分散在公安消防、森林消防、抗洪救援、地震救援、水上救援、铁路救援、民航救援、危化品救援和矿山救援等几十个行业或部门。

在这一管理体制下，当发生重大灾情后，国务院立即成立全国抗震救灾总指挥部，统一部署指挥灾区抢险救灾工作，财政部负责救灾拨款，民政部负责救灾款物的接收、转运和发放等。该指挥部虽然能够在一定范围内迅速调集一切人力、物力和财力，投入抗震救灾活动，但在应急响应、组织指挥、部门协调等方面仍存在一些问题。

应急救援机构设置不统一。汶川特大地震以前，四川省、市（州）、县三级主管防震救灾的工作机构内部，名称、级别、属性、人员配备并不统一。21 个市（州）中设防震减灾局的有 13 个，其中副厅级 1 个、正处级 11 个、副处级 1 个；设防震减灾办的有 7 个，均为合署办公，其中副处级 1 个、正科级 6 个。全省 181 个县（市、区）中只有 167 个县（市、区）设立了防震减灾工作机构（称谓叫防震减灾局的 132 个，称谓叫防震减灾办的 35 个），其中独立机构 76 个、合署办公的机构 64 个、专人负责的机构 24 个、部门内设的机构 3 个。以上统计数据表明：四川应急救灾机构设置不统一，人员配备参差不齐，很难适合应急管理工作的实际需要。

应急救援指挥协调困难较多。事实证明，汶川震灾发生之初，四川灾区各市（州）、县（市、区）应对灾害的行政能力较弱，办事人员较少，加上各地抗震救灾指挥机构临时组建，部门间、军地间、上下级间等行政协调工作繁多，很难在短时间内实施科学有序、坚强有力的应急救援工作。

应急救援措施一时难以到位。汶川地震以前，我国地震主管部门对防灾的各种力量事先准备不足，震后又遇到灾区基础设施（交通、供电、供水等）一时难以修复，救灾物资运输极为困难，加上灾区面积扩大，一般性的行政救灾措施（如人力、物力和财力的筹集调拨等）一时难以到位，急需探究新的解决办法。

由上可见，灾区一线应急机构设置不统一，人手少，困难多，这是我国救灾行政管理方面存在的主要问题。

问题之二：救灾预警能力较为薄弱。

救灾预警是指自然灾害或突发事件发生之前，政府部门预先向社会公众发出预警或警报，以便在思想、组织和物质上做好准备，防止或消除其危害可能导致的不良后果。

从总体来看，我国救灾预警管理在汶川抢险救灾过程中虽有一定的进步，但也暴露其仍存在许多问题。

一是防大灾的预警意识不强。例如，在汶川抢险救灾初期，国家减灾委和中国地震局的响应级别是二级响应，这在一定程度上反映出当时防大灾的意识不足。又如，民政部设在成都、西安、天津等中央仓库储备物资一两天就调拨一空。这证明我国政府部门在物质和精神两个方面都缺乏防大灾的预警意识。再如，我国社会民众对地震灾害的防范意识不高。当特大地震发生时，有的灾区民众表现为惊慌失措，导致有效的自救和互救无法顺利展开，甚至还因混乱引起一系列的社会问题。如抢购某些食品、听信谣言等。究其主要原因：在相当长时期内，政府部门为了摆脱贫困，提高人民的生活水平把发展经济看得重于一切，从而忽略了提高整个社会的防灾意识，导致部分社会民众的防灾意识淡薄，防灾知识贫乏。

二是救灾预案存在许多不足。（1）可操作性差。在应急预案的编制时，有关部门一方面对预案准备（如物质准备和精神准备等）工作不足；另一方面也未能结合具体灾情的客观需要，以及自身救灾能力的实际，对一些关键信息，如潜在危险源分析、紧急出动、指挥与协调、应急处置等问题，缺乏具体而系统的措施；有些预案框架与层次条理不尽合理，目标、责任与功能不够清晰准确，包括分级响应和应急指挥在内的运作程序等缺乏标准化规定，从而导致应急预案在一定程度上因缺乏针对性和可操作性而失效。

（2）缺乏组织落实。救灾预案中所需的各种措施，如开展预案培训、进行定期演习等，缺乏具体落实。有的预案内容没有向相关工作人员宣传，出现预案和应对"两层皮"，导致预案的实际效果大打折扣。

（3）缺乏动态管理。救灾预案一般是由应急救援中心或办公室牵头制定，在制定时，有关部门就没有与这些保障部门（单位）进行沟通，制定后又没有及时把预案转发给这些部门，结果在应急处置时根本达不到预案要求。因此，多数预案的通病是缺乏动态修改与管理。

（4）基层组织预案建设薄弱。汶川特大地震发生前夕，我国县乡等基层组织的救灾预案建设非常薄弱，导致有些农村、社区等一遇到自然灾害及突发事件，往往出现救灾行动不及时、处置难以到位等现象。

三是缺乏震情灾情的预测预报。众所周知，"5·12"汶川特大地震是一次没有事先预测预报的突发地震。在此之前，我国地震监测预报和预警体系虽已初步形成，但却没有从防大震的角度制定中长期的应对各种风险的战略部署和应急计划，这使得地方政府部门在突发事件来临之际应急预警能力和组织协同能力大为降低。

四是救灾物资准备不到位。如前所述，在汶川抢险救灾初期，灾区各地普遍存在救灾所需生命探测仪、警犬、破除器材、担架、医疗设施等均不够用，有些救灾人员在救灾现场仍然是用铁锹、木棍甚至用手刨，与当时国际救援组织带来的先进搜救工具相比，仍靠原始的人海战术，暴露出必要的救灾物资准备工作不到位。

另外，在通信设备上也缺乏必要准备。在汶川抢险救灾初期，阿坝州政府与汶川县城联系主要渠道只有靠一部海事卫星电话。许多受灾地区因通信基站遭到破坏，通信中断，成为"孤岛"，极大地影响了当地救援工作的开展。

五是缺乏必要的救灾演练。从现存汶川地震前夕部分省区所发布的地震应急预案来看，多数仅是几页纸的政府文件，其中对应急救援的有关组织机构和职责、法律责任等方面做了一些常规性规定，未能体现出应急管理的核心内容，也未能对应急预案的分级分类作出有针对性规定。最重要的是在汶川特大地震之前十余年间，我国没有发生太大的地震灾害，各级政府部门的应急预案多数束之高阁，既缺乏政府部门间的平时演练，也缺乏全社会（包括与地震救灾极为有关的企事业单位及公民个人）进行有组织的大规模演练演习。

问题之三：民间组织救灾作用发挥不足。

在汶川抗震救灾过程中，政府部门发挥应急管理主渠道的作用无疑是正确的，但在如何组织社会力量（包括民间组织在内）参与应急管理，以实现政府救灾和社会救灾优势互补、良性互动等方面，还缺乏有效的具体措施。

一是民间组织缺乏自治性。与国际上非政府组织相比，我国民间组织多数挂靠于政府部门，官方化倾向严重。如中华慈善总会、中国红十字总会完全借助各级民政部门开展工作。中国青少年发展基金会、"希望工程"等也依赖共青团系统开展工作。在汶川地震救援工作中，许多民间组织除其自身能力和经验不足的限制外，更深层次根源于缺乏非政府性和自治性。有的民间组织在救灾中明确表示：愿意接受政府部门的指挥和调配。由于长期没有解决与政府的隶属关系问题，因而在关键时刻，民间组织缺乏主动性，许多救援行动难以独立开展，只得听命于政府部门调遣。

二是民间募捐肥瘦不均，公信力不强。在汶川抗震救灾过程中，有官方背景的民间组织，如中国红十字总会、中华慈善总会，因为有庞大的政府资源支持，在运作项目时可通过与当地政府及相关部门的配合来解决募捐宣传乃至免税等难题，社会募捐数额较大。而普通的民间组织（如基金会、学术团体等）因缺乏公信力，不能公开募捐，导致社会募捐数额极为有限。

三是实践经验不足，相互协调缺乏。在汶川救灾期间，一些规模较大的民间组织，如共青团、工会等，很快组建救援队伍，显示出我国公民意识蓬勃兴起的新气象，而规模较小的民间组织，特别是临时自发组织起来的民间团体，由于缺乏统一协调，造成所组织的人力、物力资源大量浪费。

四是民间参与程度有限。5月13日，即汶川特大地震发生的次日，多家民间组织在成都成立"NGO四川地区联合救灾办公室"，作为救援行动的前线指挥部。截至5月17日，在四川当地工作的十多家民间组织已在都江堰向峨乡、彭州白水河等地建立起若干较为固定的救助点。但多数志愿者因受多种条件所限，只能参与一般性服务等，救灾参与程度有限。

五是缺乏经费来源。目前，我国许多民间组织（少数有官方背景的中国红十字会、中华慈善总会、中国共青团、中华全国总工会、全国妇联等除外）还在夹缝中求生存，缺乏人员、缺乏资金的情况普遍存在，除了接受来自财政补贴和项目资金支持外，并没有其他资金来源，相关人员多是兼职，参差不齐。①

问题之四：救灾保障机制存在缺陷。

从汶川抗震救灾和其他减灾救灾活动可以看出，我国救灾物资、救灾交通、救灾信息等方面，还存在保障机制运转不足等问题。

一是缺乏必要的市场调节措施。在抢险救灾初期，灾区市场供应不够顺畅，政府部门需要从灾区外调运大批生活物资。一旦灾民转移到安全且市场供应正常运转的地区后，政府就可以采取向灾民发放救济款的办法，鼓励受灾群众到当地市场上购买日用必需品，以减少生活物资周转时间和周转费用。特别是随着救灾时间延长，灾区生活物资和建筑材料的供应重点应由当地市场来解决。然而在汶川抗震救灾期间，对于灾民救济安置点的生活物资供应，政府长时间仍采用行政手段，指示商业部门、粮食部门向灾区运送各种生活用品和药品，一些建筑材料，也没有采用招投标、招聘办法和手段，让灾区市场发挥应有的调节作用，这一情况值得政府有关部门从中吸取应有的教训。

二是缺乏必要的交通管制。汶川地震发生后，各级救灾部门第一反应是尽快恢复灾区道路交通，然而此时灾区道路交通往往陷入困境：一些救灾

---

① 参见谢宝康：《汶川地震：NGO的生长与艰难突破》，《中国经济时报》2008年6月3日。

车辆亟须向灾区进发，而灾区的车辆又亟须向外撤出，这给当地交通运输造成巨大压力。因此，交通管理滞后应成为汶川抢险救灾和灾后重建期间亟须重点解决的一大难题。

三是缺乏必要的信息保障。汶川抗震救灾现场灾害信息收集，是个薄弱环节。地震发生突然，短时间内作出详细评估是困难的，只能进行初步评估，利用大量的航空侦拍、卫星图片、实地侦察图片等各种手段迅速获取图像，组织众多专业人员进行判别，重点判断道路是否畅通、建筑是否垮塌，以人口集中区为重点，力争在最短时间得出灾情的大体判断，这样才能为合理调配救援力量打下基础。各种救援力量进入灾区后，一方面需要对灾情进行详细的实地勘查和统计；另一方面在获取详细的灾情信息后，要为后援物资和力量的调配做好准备。如果没有专门人员规范地传递现场灾情和救援进展，指挥部门成员间就很难协调工作，紧急动员起来的各种社会力量也不能形成应急联动和资源共享，主管部门给相关部门布置的任务也很难顺利完成。

第三节　救灾管理制度转型升级

针对汶川抗震救灾管理体制和运行机制中存在的诸多困难、问题和不足，我国救灾管理部门应遵循"新思路、新机制、新办法"等基本原则，在决策指挥、预测预警、协调联动、社会动员、资源保障等方面，实行改革创新和转型升级，逐步形成一套指挥有力、结构完善、功能齐全、行动科学的救灾管理体制和运行机制，提高各级政府应对各种自然灾害和突发事件的能力，以增强救灾管理的时效性、协调性和科学性。

转型之一：理顺救灾管理工作机制，提高各级政府指挥协调能力。

1. 调整现有防灾减灾救灾机构

汶川抗震救灾期间，一些专家、学者纷纷呼吁：中国应仿效欧美、俄罗斯等救灾模式，成立一个全国重大灾害和紧急状态的处理中心[①]，主要理由：（1）目前，美、俄、法、日、韩等国都建立了一个部长级别的常设应急管理部门[②]，专门处理突发事件，即这个部门具有协调各个部门、地区和组织的能力，可调动一切应急资源，以保证各种信息畅通，反应迅速。下设消防、反恐、防汛抗旱、破坏性地震、公共卫生、动植物疫情、安全生产、核化事故救援、森林防火等各类专业指挥部。（2）面对各种灾难（包括重大自然灾害在内），这个应急部门拥有动用一切可用资源的权力。如收集各类风险和安全隐患情报；加强和提升公务员的应急管理能力。（3）经常开展应急救灾演练，训练应急救援人员，对社会公众进行应急救援教育。（4）设立一个实体型专门机构——"国家防灾部"或"灾害对策委员会"，专门从事防灾减灾的综合管理建设，并在此基础上，进一步建立国家危机管理指挥系统，综合协调提高各部门应对自然灾害或突发事件的能力。

汶川抗震救灾活动既体现出我国举国动员体制的一些长处，但也暴露了救灾专业化程度低、战备不足和横向协调能力差等问题。从国家防灾救灾职能角度来看，中央及地方政府加强和改现有防震减灾机构的职能，特别是强化国家减灾委员会等部门职权，在一定程度上有助于促进我国抗震救灾进一步发展和工作效率的提高。这是因为：我国是一个灾害多发频发的国

---

① 2008 年 8 月，《学习时报》就发表文章，提出了成立综合性的危机治理机构的设想。文章提出：应该充分整合现有的风险预警信息管理系统和应急救援队伍，成立一个具有调动各种资源、具有大部委性质的"减灾部"或者"应急部"，规避"多龙治灾"的种种弊端，开展对重大灾害的预测评估、辅助决策和紧急救援等工作，从而形成现代化、综合性的危机治理系统。

② 日本早在 20 世纪 90 年代初就成立了防灾中心，作为防灾行动指挥部，针对随时可能发生的地震等灾害采取有效的应急行动。美国也是自然灾害频发的国家，上世纪 70 年代，美国建立联邦紧急事务管理署（FEMA），专门管灾害和突发事件，在各部门之间进行协调，发展到现在，FEMA 已有 2300 人，并有专门的培训基地。如果预测到灾害将发生或是面对重大灾害，FEMA 可以直接报告总统，由总统发出总统令，总统令一旦下发，FEMA 将拥有很大的权力，可以调动资金，可以调动州政府，甚至可以通过总统调动军队。俄罗斯成立应急管理部，英法等有内务部的民事管理局。在防灾减灾方面，美国是起步最早的，其他国家基本都是向美国学习。目前全球 140 多个国家都成立了相似机构。

家，为防范化解特大安全风险，健全公共安全体系，整合优化应急力量和资源，推动形成统一指挥、专常兼备、反应灵敏、上下联动、平战结合的中国特色应急管理体制，有助于提高防灾减灾救灾能力，确保人民群众生命财产与社会稳定。

对此，本书认为有必要建议国务院有关部门认真研究：在条件适合情况下，应尽快组建新的国家应急管理部门，将国家安全生产监督管理总局的职责、国务院办公厅的应急管理职责、公安部的消防管理职责、民政部的救灾职责、国土资源部的地质灾害防治、水利部的水旱灾害防治、农业部的草原防火、国家林业局的森林防火相关职责、中国地震局的震灾应急救援职责以及国家防汛抗旱总指挥部、国家减灾委员会、国务院抗震救灾指挥部、国家森林防火指挥部的职责等，归纳整合组建"应急管理部"，作为国务院组成部门。

2.救灾指挥权适度下移

救灾指挥权，即救灾行政权，是指政府部门在救灾过程中对人力、财力、物力及其他资源的支配权和控制权。

通过汶川抗震救灾及其他救灾活动，我国救灾指挥权，应根据震情变化和灾情大小，以及救灾工作难易程度，适度下移地方，实行救灾指挥权"属地管理，属地指挥"。这是汶川抗震救灾工作取得的一条重要的管理经验。因为灾区所在地各级政府对当地各种情况（如灾情、人情、社情等）比较了解熟悉；对各种救灾力量（如人力、物力、财力等）便于统一指挥协调。

在汶川抢险救灾初期，国务院迅速组建全国抗震救灾总指挥部，是因为这一震情灾情过大，急需统一指挥协调全国人力、物力、财力，并将其投入抢险救灾工作。当这一抢险救灾工作（大约一个月左右）即将完成转入灾后重建阶段，国务院有必要将救灾行政权适度下放给灾区地方政府。救灾行政权下放后，中央政府应根据灾区地方政府是责任主体、工作主体和实施主体的要求，努力做好以下几方面的工作：一是将救灾直接指挥变为间接指挥监督，即将救灾指挥权下放给灾区地方政府恢复重建政策工作领导小组，由其具体组织实施灾区恢复重建和发展；二是继续加大中央财政对灾区各地的支持力度；三是确保对口支援省份对灾区各地的支援力度；四是加强恢复重建工作过程中的干部考核选拔任用机制建设，适时选拔和配备了解灾后恢复重建工作，任用懂相关法规和政策，善于做群众工作，党性和责任心都比较强的领导干部，加强基层政权的组织建设，提高政策执行能力，对抗震救灾中群众反映的"不作为"干部要及时处理调整；五是加强对灾区整个救灾工作的定期和不定期的业务指导和专项检查；等等。

灾区地方政府在得到救灾行政授权后，主要任务是狠抓落实：一是要根据本地灾后重建工作形势及特点，进一步建设好本省救灾指挥中心，完善指挥技术系统，确保高效有序组织指挥灾后重建工作。二是要结合当地实际，对本辖区恢复重建工作进行详细规划，细化灾后重建方案，确定数量和规模，分阶段组织实施，确保按时、按质完成工作任务。三是要将恢复重建的组织体系向基层政权和工矿企业延伸，督导相关部门和地区要切实负起责任，密切配合，在过渡性安置、规划编制、经费保障、社会稳定等方面各司其职，各负其责，形成推进恢复重建工作实施的工作合力。

3.明确上下级救灾财权

在长时期内，我国按灾情大小分为四个等级，即特大、重大、较大和一般，救灾款项由政府统一调拨支付。但从1994年起，我国救灾款项随整个财政管理体制的改革，将政府救灾款项由中央分解到地方，实行救灾经费包干制，即中央政府对救灾款物实行计划管理，每年一次性划定到地方政府，作为固定的救灾款项，由当地政府统一掌管，专款专用，丰年节余积累以备灾年之用。通俗一点来说，就是实行救灾经费包干制，即"统一管理，分灶吃饭"。

实行救灾经费包干制后，常规灾害救济应由地方财政负责，超常规灾害救济，地方财政不够用，则需向上级申请增拨。上级核查相关灾情后，再决定增拨专款或核定分担办法。

这一改革措施利弊兼有。其利：一是有利于灾区政府实事求是地报灾救灾，以节约救灾款项的使用，防止其浪费或挪用。救灾款项实施分级管理后，中央和地方可根据灾情大小，明确各自的救灾权责，该哪一级负责或就哪一级拿钱，既可以有效地遏制跑上级要钱的现象，同时上级也可以有效地监督下级救灾款项的合理使用。二是有利于地方各级政府将当地救灾及灾民生活救济等问题摆上议事日程。救灾款项包干制实施以前，地方救灾工作主要是靠当地民政部门向上级要救灾款项，要来多少，使用多少。而实施救灾款项包干制后，上级要求下级财政增列救灾款项预算，避免大小灾情都向上级要救灾款项。

其弊：每逢遇到特大灾害，灾区政府总是存在"等、靠、要"等现象。无论是汶川特大灾害以前，还是以后，有些地方领导为了给本地群众多争取点救灾资金，往往层层向上级汇报要钱，有的地方甚至拉关系、找门路、越级向上边要钱，扰乱了正常的分款秩序，助长了不正之风的发生。

这里有一个财政管理执行上的问题需要澄清。救灾款项实施包干制后，灾区政府是财政救灾的直接责任者，只有当尽了自己最大努力仍无法完成自己的任务时，才能向上级政府申请财政救助。上级政府是否给予支持，除看申请者的灾情外，还应该看它是否根据自己的财力支出了自己应该承担的救灾费用，如果没有，就应该拒绝支援。也就是说，中央政府的救灾拨款，不是针对某一地区灾民的，也不是针对救灾工作的某一项目的，而是对地方政府的救灾补助，通过对地方政府的救灾补助而使其有能力帮助下级政府完成救灾任务。应该在这种认识的基础上，来完善救灾工作分级负责的管理体制。

在救灾款项具体分配上，中央和地方各级政府应通过认真、仔细地测算和研究，按灾害级别的不同进行救灾责任和救灾数额的划分。实行小灾由县级政府负责，中灾由地市级政府负责，大灾由省级政府负责，特大灾以省级负责为主，中央政府给予适当补助。每一级政府都明确领导职责，再加上各有关部门都有详细的分工，各种救助对象都有可靠的解决办法，各项救灾费用都有合理的开支渠道，从而保证救灾工作的有条不紊，规范地处理灾区的一切事务。

4.切实落实救灾行政责任制

在新的救灾管理体制和运行机制下，中央政府的职责主要是督导检查地方政府掌好用好救灾行政权和财权。地方各级政府一方面要增强救灾工作的主动性、计划性，克服依赖思想（尤其是地方政府大小事情都要向中央政府要权等），狠抓救灾工作任务落实，提高救灾工作效率，有效地减轻自然灾害给灾民生命财产造成的损失。另一方面也可根据分级管理体制机制的要求，按计划动用中央下拨资金和自筹资金，转移安置灾民，妥善安排灾民生活，迅速组织灾区群众开展生产自救，重建家园。

灾区各级党委和政府要加强领导，敢于担当责任，狠抓救灾落实。对于没有落实抗震救灾任务的责任人，对于工作失职造成重大人员伤亡及财产损失者，要按政纪和相关法律追究其责任。

转型之二：建立健全救灾预案机制，提高各级政府的预警能力。

救灾预案是防震减灾工作的重要一环。在广泛吸收汶川抗震救灾和其他抗震救灾经验教训的同时，我国地震救灾预案应采取以下几方面措施：

完善政府救灾预案。政府救灾预案是进行地震应急准备和实施救灾活动的总体应急方案。这一方案应根据同级政府的组织原则、工作内容、目标任务而制定。同时，要通过一定的法律程序，强化其权威性和执行力。

细化部门救灾预案。部门救灾预案要根据部门的职能、目标、任务而定。制定时，应考虑以下几个问题：一是本部门在地震中所承担的具体目标任务，即不出重大损失（即人员、财产损失）；二是本部门在防震减灾中存在哪些问题；三是本部门如何响应上级向灾区紧急支援；四是本部门如何对下属单位进行救灾指导。

改进企事业单位救灾预案。一般企事业单位（包括城镇街道社区在内）救灾预案应以政府及部门救灾预案为前提，同时根据本单位的性质、特点、目标、任务以及可能出现的情况或问题而定。如遇到地震灾害或突发事件应如何处理？如何才能减轻地震或突发事件带来的不利影响或损失？基层单位救灾预案，应由城市街道、居委会和农村村委会制定，包括社区应急基本预案、自救互救预案、人员疏散预案、重要目标岗位预案，以及居民家庭预案等。

制定人员密集场所救灾预案。城市，特别是人员密集的特大型城市，一旦发生破坏性地震，大型商场、影剧院、车站、码头、机场、医院、学校等人员密集场所，就会因恐慌拥挤而造成人员伤亡。对此，政府部门及相关单位应制定地震救灾预案或人员疏散预案。制定时，应特别注意：地震发生时如何采取措施，引导人员避震疏散？如何避免不出现伤亡事故？安全避震区域疏散通道的设置、疏导人员职责和疏导秩序是否明确等。

制定重点目标救灾预案。我国承担防震救灾重点目标任务的单位可分三类：第一类是指生产、储存、易燃、易爆、有毒、有害物品的单位；第二类是指通信、电力、道路、燃气、供水等单位；第三类是指救灾指挥、医疗卫生、生活保障等救灾保障单位。当地震发生时，以上三类单位要根据自身专业特点而制定救灾预案，包括重点生产岗位、职守岗位等。

在完善救灾预案的基础上，政府部门及相关单位还应采取以下强有力措施将其落到实处：

一是加强救灾预案的可操作性。救灾预案是应急救援工作的指导性文件，应具有一定的权威性。相关单位对其条款内容不得任意修改或拒绝执行。对救灾预案中所暴露出的诸多缺陷，政府部门和相关单位要按相关程序进行更新和完善，以确保其组织、职责、保障、措施等落实。

二是确保救灾预案制度化、法制化。救灾预案设计容易，但操作起来容易走样。政府部门有必要将其程序规范化、法制化，以确保自然灾害及突发事件应对处理措施的有效性。同时，还要进一步完善配套措施，切实强化基层单位狠抓落实，努力把各种救灾预案内容，以及有关法律知识、应急救灾方法技术等落实到基层单位及个人。

三是经常组织预防各种灾难训练。为了预防各种灾难的发生，政府主管部门一方面应加强相关管理人员的业务知识培训，不断提高自身救援协调能力，另一方面应加强专业救援队伍的选拔培养。对于灾害多发地区的消防队员可适当增加编制，或延长其服役时间。对于那些从消防队中退下来的消防官兵，应充分利用他们的业务专长，争取让他们成为所在社区的民众自救训练的指导员，使更多的社会组织或民众可以学到有用的救援知识和技能。为了检验防灾减灾工作的实际效果，政府部门可利用全国防灾日或节假日，定期或不定期地举办本辖区的防灾减灾演练演习活动。

四是明确救灾管理责任。救灾预案应明确主要领导是本辖区救灾工作的第一责任人，加强各级政府领导机关和办事机构的建设，这是应急预案能够实现的组织保证。各办事机构要明确职责：提供灾害损失快速评估，及时向抗震救灾指挥部提供灾情信息，是政府部门做出应急救灾部署和决策的重要前提和依据；加强抢险救援人员的组织和资金、物资的准备，这是应急行动正常有效开展的物质基础；确保应急信息畅通和应急救助装备到位，在一定程度上决定着应急救灾的实际效果；加快应急行动方案的紧急部署，这是应急预案的核心内容，在一定程度上决定着整个救灾行动的成败。

各级政府要通过落实以上诸项措施，达到以下目标：（1）救灾管理与救灾执行的分工责任明确；（2）统一指挥和协调部署及时到位；（3）各部门分工和行动紧密配合；（4）有关救灾信息及时上传下达。

转型之三：建立健全救灾协调机制，提高各级政府的执行能力。

从防震减灾的全过程来看，救灾协调机制的主要内容，一是协调人与组织的关系，即按照减轻震灾的任务要求和一定的原则、形式，把各种救灾队伍组织起来，并协调其内部的关系，包括领导者与实施者之间、各专业人员之间以及其他方面人与人之间的关系；二是协调人与物之间的关系，如明确救灾物资经费的接收、转运、分配、发放和使用等；三是建立和落实各种责任制，明确岗位职责任务等。

在结合汶川抗震救灾经验教训的基础上，这里将重点探讨一下中央与地方、军队与地方、政府与社会公众、政府与新闻媒体间的救灾协调问题。

1. 中央与地方的救灾协调问题

在汶川抗震救灾初期，胡锦涛总书记在四川绵阳机场召开紧急会议一再强调，面对重大自然灾害需要坚持科学应对，"要根据灾情级别实行分级负责。总结多年经验，抢险救援和应急救助工作一般以地方为主，便于就近统一指挥、提高效率，中央给予必要的帮助。灾后过渡安置和恢复重建，中央要根据情况给予必要支持"。温家宝总理在都江堰等灾区视察时，也多次要求国务院抗震救灾总指挥部领导同志与有关部门要帮助当地政府进一步做好抢险救灾工作。

在应对汶川地震灾害的进程中，中央政府与地方政府相互联动的救灾新机制虽得到初步检验并发挥了一定的作用，但指挥协调方面还存在许多需要改进之处。以汶川特大地震第一阶段抢险救灾为例，因灾情重、范围广，中央政府需要动员全国一切力量投入救灾活动，救灾行政指挥权理应归属全国抗震救灾总指挥部。而在第二阶段，即灾后重建阶段，则需要充分发挥灾区各级政府的作用。因为灾区地方政府熟悉当地情况，大量的具体救灾工作应由地方一线同志承担。由此可见，救灾行政指挥权不是一成不变的，要根据救灾工作的实际需要和工作重心的转移而随时发生变化。经过一段时间的探索，中央政府将救灾指挥权下移地方灾区，在一定程度上有利于减少指挥救灾的层级，有利于提高救灾工作效率，能在灾害的第一时间保护人民的生命财产安全，促进灾区各项救灾工作的进展。以上分析有力说明，决策指挥机制的转型，即救灾指挥权的下移，效果很好。中央立足全局，更好地把握了抗震救灾工作的节奏，立足于国家发展的实际情况，充分动员国家能力，适时出台了许多至关重要的决策和政策，如对地震灾区困难群众的临时生活救助政策，等等。四川省及6个重灾市州则立足于灾区政府，充分发挥了熟悉灾区情况的特长，灵活高效地决策指挥抗震救灾具体工作。

在今后应对重大自然灾害和公共突发事件中，随着工作重心的转移，以及各自所承担的职责任务不同，中央与地方政府间的相互关系需要进一步协调，充分发挥各自的功能和作用。在强调发挥中央和地方两个积极性的过程中，要特别注意充分发挥地方政府在抗震救灾中的积极性和主动性。

2. 军队与地方的救灾协调问题

在汶川地震抢险救灾过程中，我国共计动用 14 万军队和武警，涉及多个军兵种。军队救灾范围大，任务艰巨，即分散于极重区、重灾区和一般灾区 50 万平方公里范围。

针对汶川抗震救灾进程中出现的新情况、新问题和新任务，我国军地救灾协调应注意解决以下几个方面的问题：

（1）从法律上对军队和地方的权责作出制度性规定。我国相关法规只规定军队有参加抢险救灾的责任和义务，但对救灾过程中军队救灾指挥权问题没有明确规定。对此，我国应作出明确规定。

（2）建立联合救灾机制，即在救灾组织机构中要由军队首长参加。"在汶川抗震救灾指挥体系中，当地驻军的首长参加了所在地政府救灾指挥部，一般任副指挥长。从救灾的具体行动来讲，被上级机关指令进入某灾区参加救灾的军队，需要到当地政府指挥部报到和受领任务；在具体任务实施过程中，军方人员的现场指挥则仍由军方指挥。"①

（3）整合军地救灾通信资源，建立军地互联互通、信息共享的应急指挥自动化平台。

（4）整合军地物资资源，建立动员与应急一体化的物资储备和中转中心。

（5）整合军地交通资源。地方政府对军队车辆、物资等，要提供优先或方便条件。

（6）地方政府要确保军队救灾时期的后勤供应。如生活食品、药品等。

（7）要继续发挥军地、军民双拥机制，搞好军民团结、军政团结。

3. 政府与社会公众的协调问题

通观汶川抗震救灾全过程，政府与社会公众有许多关系需要进一步协调。

一是各级领导干部要亲临灾区第一线，树立亲民形象。汶川地震发生

---

① 光善福：《国防动员体系与应急管理体系整合问题初探》，《国防》2008 年第 6 期。

后，党中央、国务院极为关心，高度重视，及时向灾区广大干部群众发来了慰问电。国务院总理温家宝迅速赶往地震灾区，并成立全国抗震救灾总指挥部，亲自领导抗震救灾工作。地方政府接到震情报告后，立即进行了紧急动员和部署。灾区各级干部在严重灾害面前，要处变不惊，指挥不乱，积极组织力量，抢救伤员，指挥群众疏散到安全地带，带领群众日夜奋战在抢险救灾第一线，搭起防震棚让伤员和受灾群众居住，运到的救灾食品和衣被首先分发给受灾群众。各级领导干部这种亲民、务实的工作作风，给当时灾区民众乃至全国各族人民留下了深刻印象。

二是灾区各级政府要迅速组织当地民众自救互救。地震发生后，政府部门，特别是灾区基层组织（主要是县、乡、村三级）需要及时组织当地群众积极开展自救互救工作。因为在汶川特大地震的处置过程中，灾区基层组织第一时间组织当地群众开展自救互救，对于减少伤亡、争取救援时间起了很大作用。

三是在灾害发生的危急时刻，政府需要通过各种媒体向社会公众，特别是灾区民众，告知危机发生中的各种情况，这对增强社会公众及当地村民克服危机的信心，有着非常直接的效果。例如，在汶川特大地震发生当晚，基于与相关地震专家的会商结果，成都市市长发表电视讲话，指出地震对于成都市区不会造成破坏性影响，只要不是危房，市民可以在家睡觉，这对于稳定、安抚广大市民，消除恐慌情绪起了很大作用。后来部分市民听信谣传：都江堰市出现水源污染、成都市还有大震等，一度出现饮用水、食品抢购风潮，成都市政府发布电视公告，及时制止了此类事件的蔓延。

四是在救灾款物的发放上，政府部门不仅需要及时发放救灾款物，而且还要通过村务公开制度，实行"一卡通"救灾服务。对灾区特别困难群众的生活补贴、土地占用、财产损失（如灾民房屋重建补贴）问题，政府部门要通过第三方组织机构进行调查研究，对不同地区不同的受灾群众采取切实有力的救助措施。

4. 政府与新闻媒体的救灾协调

在汶川抗震救灾过程中，中央及地方各级政府与新闻媒体的协调合作总体上值得称赞，留下了一些宝贵经验：一是确立了介入的信息机构，包括建立了事件处置的新闻联络站和设立了信息汇集处理中心；二是确立应急处置中媒体管理人员以及新闻发言人（如在抗震救灾中，由四川省委宣传部副部长担任）；三是定期向社会举行新闻发布会；四是实行采访许可证制度；五是通过网络，设置和开通社会公众咨询平台，通过媒体向公众宣传有关地震的科学知识和救灾信息。例如，在汶川抢险救灾期间，成都市曾及时澄清本市将要发生强烈地震、都江堰化工厂爆炸引起水源污染等谣言。

但也留下了一些不足值得协调改进：一是政府要制定和遵守新闻传播原则，加强对各类媒体的有效管理，特别要注意避免各种谣言刺激受灾群众心理，保护受害人的隐私。同时，还要充分利用媒体的宣传功能，广泛传播党政部门救灾政策措施的实施效果。二是在公正的大背景下，政府部门要实行政务公开，及时发布官方信息，正确引导相关社会舆论。在当前网络媒体时代，各种信息舆情形成、发酵、形成沸点的时间很短，政府部门要利用好自己网站，对网络上提出的相关问题及时作出反应，表明政府的态度。三是政府部门要和各种媒体交朋友，认真倾听媒体的声音，特别是听取来自媒体的杂音，以取得社会公众信任。四是随着网络、手机等通信工具的发展，政府部门要利用新闻媒体等信息反馈机制，积极认真地改进和提高自身的工作效率。

转型之四：建立健全救灾动员机制，提高各级政府的社会协调能力。

众所周知，要战胜地震灾害带来的各种困难，只有进行广泛、深入的动员，集中全社会力量，激发广大民众临危不惧、团结协作的强大精神，才能促成政府部门与社会力量协同作战、形成合力，才能有效控制灾情和次生灾害，及时开展并完成灾害救援与灾后重建工作。

一是要做好社会动员应急预案。社会动员是一项动员广大群众参与而开展的一种群众性的社会运动。如果将社会动员仅仅理解为在出现紧急状况时才进行动员，未免过于狭隘。多地震的日本，通过立法在平时加强演练、救援组织培训等方式，形成了较强的灾害应对能力，这一做法值得学习。对于我国许多城市而言，政府部门及早准备社会动员应急预案，通过立法在平时加强企事业单位演练演习，以及相关人员组织培训、建设相应的预防性工程等方式，应当成为其社会动员的重要内容。

二是要动员协调好灾区各种救灾力量。特大或重大地震灾害发生后，各级人民政府要尽快组织专业队伍、企事业单位和相关人员开展自救互救。灾区所在的省（区、市）人民政府要积极动员非灾区力量，对灾区提供各种救助；邻近的省（区、市）人民政府也要根据灾情组织动员社会力量，对灾区提供救助；其他省（区、市）人民政府可视情况开展为灾区人民捐款捐物的活动。因此，各级人民政府只有建立健全应对自然灾害及突发重大事件的社会动员机制，才能将灾区和非灾区的各种力量积极动员起来，及时投入到抗震抢险和灾后重建斗争中去。

三是要动员协调好科技救灾力量。我国科技救灾队伍一般是由相关领域专家、工程技术人员及业务骨干组成的。在地震监测和趋势判断、灾害损失评估、地震烈度考察、房屋安全鉴定等方面，政府部门需要组织动员国家地震局、中国建筑设计研究院等相关专家和工程技术人员进行研究分析并提出相应对策；在地震灾害紧急救援、应急指挥辅助决策、应急处置、搜索险情等方面，政府部门需要专门召集地震专家和工程技术人员参与制定抢险方案和现场抢险，以取得明显成效。在动员军队、武警等人员进行抢险救灾时，政府部门应依靠主管领导、科技专家，以及企事业单位业务骨干等参与决策落实，以促进人、财、物等各种资源发挥最大的配置效益。

四是要动员协调好企事业单位力量。企事业单位是社会救灾的基层组织，需要抛弃各种歧见，建立共同应对灾害的广泛共识。在灾害面前，全社会每个个体都不是"打酱油的"。《中华人民共和国突发事件应对法》中规定："公民、法人和其他组织有义务参与突发事件应对工作。"对此，在应对突发事件时，发生地的城镇社区、村委会和其他组织应当及时组织群众开展自救互救活动。政府主管部门在平时应积极引导社会组织成员参与各种公共议题的决策、执行过程，以增强其主人翁意识。这种主人翁意识是一个强大的社会动员机制所必需的。

五是要充分动员发挥民间组织力量。实践证明，民间组织历来是我国防震减灾不可缺少的重要力量。通过汶川抗震救灾的实践活动，政府部门在进行社会动员时，（1）要充分利用公益性民间组织的社会基础，将其下属成员组织动员起来参与救灾活动。例如，全国从上到下共青团、工会、妇联、青少年、红十字会，以及科协、科普等组织拥有广泛的社会基础，这些组织平时就有自己的教育、培训、慈善等业务活动，如果加以救灾培训指导，一旦战时需要，立即可转入抢险救灾活动。（2）要充分利用民间志愿者的力量，从平时的一般公益性接待活动转向专门从事灾害救助行动。一些街道社区或城镇消防、医疗卫生等基层组织可以专门培训志愿者，一旦需要，这些受过专业培训的志愿人员就可以马上参与各种救援活动。（3）要充分利用民间科普力量，将救灾社会教育、学校教育和个人教育整合起来。例如，学校可采取知识讲座和科普演练等方式，让各类青少年，尤其是中小学生，从小就懂得如何进行自救、互救和他救知识，以降低地震灾害带来的损失。

转型之五：建立健全救灾保障机制，提高各级政府的救灾能力。

救灾保障机制是政府部门宏观掌握调控救灾资金和物资的重要手段。要提高政府的救灾能力，必须建立和健全救灾保障机制。

一是要确保救灾物资和资金的及时供应。汶川地震以后，国务院在原有8个中央级物资储备仓库的基础上，又扩建了10个中央级物资储备仓库，一些省、市、县也建立了地方级物资储备仓库，确保救灾物资可在震后48小时内到达灾区。对此，中央及地方各级政府部门应进一步实行救灾物资仓储责任制，保证救灾物资及时、足额调拨到位，为灾区救灾工作提供强有力的物资保障。同时，在加强救灾物资储备库现代化的基础上，还要适度增加救灾物资储备的种类和数量，建立救灾物资的应急采购和调拨机制，拓宽应急救灾期间物资的供应渠道，确保应急期间救灾物资的及时供应。

二是要确保救灾人员的后勤供应。在历次抗震救灾，特别是汶川抗震救灾过程中，灾区各级政府一方面要动员各种人力、物力和财力投入抢险救灾活动；另一方面也要组织相当大的人力和物力，确保救灾人员的后勤供应。此类工作既多又繁重。对此，政府部门应改进现有工作方法，采取社会招聘或招标办法，把确保救灾人员后勤供应工作转交给相关企业或公益性社会组织，由他们来解决救灾人员的后勤供应，不失为提高抗震救灾物资供应的好方法。

三是要建立国家灾害专项基金。通过多次抗震救灾的实践，政府可利用财政资金作为种子基金，通过财政拨款、发行特定巨灾公债、社会融资、银行贷款等方式，建立国家灾害专项基金，以提高各级政府应对巨灾风险的能力。

四是要建立巨灾保险制度。政府可借鉴巨灾保险制度的经验，认真扎实地调查研究实际情况，积极协调各部门，特别是公民个人，完善我国巨灾保险法治环境和社会环境。通过此次汶川抗震救灾活动，国家应给予一定的政策支持，适度推进巨灾保险试点，并在此基础上制定巨灾保险的法规，引导企事业单位和社会公众参与巨灾保险，以建立适合我国国情的巨灾保险体系。

五是要提供必要的应急避难场所。《中华人民共和国突发事件应对法》第十九条明确规定："城乡规划应当符合预防、处置突发事件的需要，统筹安排应对突发事件所必需的设备和基础设施建设，合理确定应急避难场所。"在汶川抗震救灾初期，汶川县城、绵阳九洲体育馆、成都天府广场等地应急避难场所发挥了接待、安置受灾群众的重要作用。[1] 在预防和减轻未来地震灾害和其他灾害造成的损失时，政府部门应考虑向社会公众提供更多的应急避难场所和应急通道，力争将城市人口密集区的公园、广场、体育馆和其他

---

[1]　参见周建瑜：《绵阳九洲体育馆应急安置震灾群众的成功经验》，应急管理国际研讨会论文集，2010年。

休闲区等，建成保护当地居民生命财产的"安全岛"。

转型之六：建立健全应急指挥系统，提高各级政府的救灾决策能力。

应急指挥系统，又称"应急指挥自动化系统"，由探测系统、指挥中心、通信系统三个部分组成。探测系统是指地震应急指挥系统的情报源，包括震情速报、烈度速报和灾情速报、震害评估以及震情会商系统等。指挥中心是指挥员及其机关指挥作战的处所，是地震应急指挥自动化的"大脑"，负责对输入信息进行分类、比较、筛选并综合判断，最后由指挥员作出决策，实施具体指挥。通信系统是指地震应急指挥自动化系统的神经网络，其任务是快速、准确、保密、不间断地把分散在不同空域、不同地域的各种情报信息，实时传输到指挥中心，供给指挥员使用，或将指挥员的指令通过网络再传递到各个信息接收点。

通过汶川抗震救灾及其他救灾活动的重大冲击和考验，中央政府和省级政府都相继建立了应急指挥技术系统（包括防震减灾在内），即大型救灾网络平台，拥有灾害预估、辅助决策、信息通告、基础数据调用、救灾物资调配等功能，一旦发生地震或其他灾害，能快速、自动进行预判、处理，迅速对地震可能造成的影响范围、损失破坏程度以及伤亡情况作出大致估计。在建立和实施地震应急指挥系统时，有关部门应特别注意以下事项：

一是尽快建立指挥中心平台。这一平台主要包括指挥中心机房、大屏幕投影显示系统、网络和通信系统、数字会议和声像系统、可视电话会议系统、辅助设施及基础数据库、应用开发软件等。设在灾区前线的各种抗震救灾指挥部可以通过这一平台，及时了解和掌握救灾现场提供的各种数据和信息，加以综合分析判断决策，发布准确有效的行政命令。

二是尽快恢复救灾现场通信联络。在汶川抢险救灾初期，由于大量通信基站设施被摧毁，灾区内手机、电话信号一度中断，各种信息很难互通。这在一定程度上导致灾区的受灾群众不知外界情况，而外界救援人员也不知灾区内部的具体灾情，一时很难实施迅速有效的救援指挥。为了吸取这一教训，在灾前预防准备阶段，政府部门、企事业单位应该提前准备多种通信工具和手段，比如适当储备海事卫星电话、微波通信等通信设备工具，以确保灾难发生时，尽快恢复与救灾现场的通信联系。只有这样，政府主管部门才能及时掌握灾区的各种情况，迅速采取相关措施展开救援。

三是尽快建立救灾决策咨询平台。这一平台建立后，各级政府可实现集中式办公，使各救灾部门之间、各救灾企业之间的沟通更加便捷、顺畅，增强相互间的协同配合，这对提升政府的整体管理效率和降低成本，也将起到积极的促进作用。

四是建立救灾调研平台。建立救灾调研平台，有助于各级政府事先了解灾前情况，做好灾前各种准备工作。如在灾难尚未来临时，各级政府可对辖区内可能发生重大地质灾害的道路区段、居民点进行摸底，建立资料档案，有针对性地储备些救灾物资和设备。对于辖区内的公共建筑，也可通过救灾网络平台，加强其质量检查和运行状况的检查，尤其要加强对可能会发生重大群体伤亡的单位，如医院、学校等主要建筑的结构安全性和建筑质量水平的检查，并建立相关档案资料库。有关部门通过救灾网络平台资料档案查询，可对城乡建筑危房旧房提出相关改造和修葺方案，尽力避免类似此次大地震房屋倒塌造成众多人员伤亡的悲剧。

五是建立救灾物资管理平台。在应对未来抗震救灾过程中，政府部门应通过救灾物资管理平台将现代物流公司企业诸多功能，有效地运用于救灾物资的接收、转运、分配、发放、监督等环节，以提高救灾款物的调控管理能力和救灾工作效率。

总之，救灾管理制度的好坏在一定程度上决定着整个救灾事业的成败。经过汶川抢险救灾和灾后重建的巨大冲击和考验，各级政府应从自身肩负救灾决策指挥协调重任的战略高度，采用地震社会学的基本理论与管理方法，进一步完善救灾治理体系、健全协调机制、提升综合能力、夯实技术保障，努力使整体防灾减灾救灾的管理能力和管理水平再上一个新台阶。

第三章　汶川地震与救灾队伍建设

救灾队伍是对一切可用于救灾活动的人力资源总称，按其功能作用可分为人员抢救队伍、工程抢险队伍、医疗救护队伍、地震现场应急队伍、次生灾害抢险队伍等。

实践证明，迅速组建和发挥各种应急救灾队伍所具备的功能作用，是夺取抗震救灾斗争全面胜利的关键。如果没有一支反应快捷、实战经验丰富、装备精良的应急救灾队伍，救灾规划或方案的落实、救灾决策指挥协调、抢险救灾以及灾后重建任务的完成，就是一句空话。

本章将着重对汶川抢险救灾和灾后恢复重建进程中我国救灾队伍的构成变化、存在问题及改进措施等，作一分析论述。

第一节　救灾队伍建设的变化

在汶川抢险救灾和灾后恢复重建进程中，我国救灾队伍在人员构成、装备技术、队伍建设、基地设施、培训演练等方面，均取得一系列变化和进步。

变化之一：专业救援队伍是抢险救灾的突击队。

众所周知，在相当长时期内，我国虽有多次地震抢险救灾活动，但并没有系统地建立专业救灾队伍。从 2001 年起，我国在地震多发省区开始启动国家和省（自治区、直辖市）两级地震紧急救援队伍建设。到 2008 年汶川特大地震前夕，我国相继建立 8 支地震专业紧急救援队伍。其中中国国家地震灾害紧急救援队（2001 年）、四川省地震灾害紧急救援队（2003 年）、云南省地震灾害紧急救援队（2003 年）、甘肃省地震灾害紧急救援队（2003 年）、天津市地震灾害紧急救援队（2003 年）、辽宁省地震灾害紧急救援队（2003 年）、黑龙江省地震灾害紧急救援队（2003 年）、新疆维吾尔自治区地震灾害紧急救援队（2004 年）。另外，还有一些省级专业性的地震灾害紧急救援队正在组建或筹建之中。

汶川特大地震发生后，中国国家地震灾害紧急救援队，以及四川、云南、湖北、河南、湖南、辽宁、山东、海南、江苏、山西、广东、上海、安徽、福建、黑龙江、河北、浙江、内蒙古、宁夏、天津等省级地震灾害紧急救援队（其中有些是临时组建）共计 4926 人，相继赶赴川、甘、陕三省灾区参加抢险救灾工作。

下面，本书将选取中国国家地震灾害紧急救援队和四川省地震灾害紧急救援队在汶川抢险救灾中的相关活动，作一简要述评。

中国国家地震灾害紧急救援队成立于 2001 年 4 月 27 日，主要由解放军部队、部分地震技术专家、急救医疗专家和警犬搜索专家组成，总人数为 230 人左右。[1] 下设三个支队，每个支队均可独立完成救援任务。

汶川特大地震发生后十几分钟，中国国家地震灾害紧急救援队 195 人，开始在北京机场集结，迅速奔赴四川灾区。

救援队到达灾区后，先后转战都江堰市、汶川县映秀镇、绵竹县汉旺镇、北川县城 4 个城镇 48 个作业点，历时 15 天，成功营救幸存者 49 人（其中专家 6 人、学生 30 人、居民 13 人），清理遇难者遗体 1080 具，协助指导其他救援队营救出幸存者 12 人，帮助定位 36 人，同时还帮助四川武警部队抢救枪支 76 支、匕首 35 把。[2]

---

[1]　参见葛强等主编：《〈救灾捐赠管理办法〉贯彻实施与抗震抢险救灾应急预案及现场救援操作方案工作手册》，中国民政出版社 2008 年版，第 370—373 页。

[2]　曹国厂、林立平：《中国国际救援队在汶川地震救援中成功营救 49 名幸存者》，人民网，2008 年 6 月 12 日。

　　四川省地震灾害紧急救援队于 2003 年 12 月 11 日在成都市消防支队特勤大队 2 中队挂牌成立，主要由消防官兵及地震专家组成，配备了搜索、破拆、救生、通信等抢险救生器材。该队成立后曾多次承担四川乃至其他省区地震灾害现场灭火，参与处置地震灾害引起的化学事故，协助处置因地震灾害引发的重大电力事故等任务。

　　汶川特大地震发生后，该队从 5 月 12 日到 19 日，先后在成都市金牛区、都江堰、彭州、绵阳等地 40 多处救援点，独立救出幸存者 69 人，协助其他救援队救出 47 人，从废墟中挖出遇难者遗体 549 具。①

　　此外，全国还有 50 多支非专业救援队参与了交通、通信、电力等抢险救灾工作。其中北京、上海、山东等 20 个省市公安特警（第一批 10280 人、第二批 5006 人、第三批 2682 人）、公安消防总队还派出 11000 多人也参与灾区救援活动。截至 5 月 22 日，全国各地派往四川、甘肃、陕西等灾区一线参与抢险救灾工作的消防、交通、治安民警达到 5.2 万人。②

　　以上分析充分表明，国家级和省级地震专业救灾队伍，以及公安特警、消防、交通为主体的专业救援队伍（因救灾经验丰富、装备精良、技术先进等）在汶川抢险救灾中发挥了突击队作用。

　　变化之二：军队武警是抢险救灾的主力军。

　　汶川特大地震发生后，国务院和中央军委迅速调动中国人民解放军、武警、民兵预备役等部队，火速赶往灾区。实践证明，军队武警不仅是抢救压埋群众的主力军，而且是深入"孤岛"解救被困群众的中坚力量。

　　为了对军队、武警参加汶川抢险救灾有一个全貌了解，现将中国人民解放军、武警部队救援人员及主要装备列简表如下。

---

　　①　参见吴今生、陈达、牟良权：《为了家乡的父老乡亲——四川省地震灾害紧急救援队汶川地震救援纪实》，道客巴巴，https://m.cloc88.com/p-1468988424709.html。

　　②　参见吴晶：《中国公安部：约有 5.2 万民警在一线参与抢险救灾》，凤凰资讯，http://news.ifeng.com/special/0512earthquake/rollnews/200805/0522-3410-557166.shtml。

中国人民解放军、武警部队救援力量人员及主要装备统计表①

单　位	参加人数	各型车辆、机械（台）	单　位	参加人数	各型车辆、机械（台）
沈阳军区	338	59	海　军	3428	—
北京军区	501	—	空　军	20823	2500
兰州军区	7708	1050	第二炮兵	2118	705
济南军区	45875	4166	总部直属	1388	—
南京军区	350	—	小　计	123187	10347
广州军区	192	—	武警部队	22970	1618
成都军区	40466	1579	合　计	146157	11965

　　由上表可见，共计参与汶川特大地震救援行动的军队、武警人数达14.6万余名，动用各型车辆、机械11965台，涉及多个军种兵种，创下中国人民解放军和武警部队参加抗灾的最高历史纪录。

　　另据记载：在抢险救灾期间，成都军区部队共出动兵力40466人，各种车辆1496辆次，大型机械83台，直升机31架，抽调医务人员751名组成40支应急救援医疗队，主要在四川都江堰、阿坝、绵阳、德阳、彭州等重灾区参加抢险救灾；兰州军区部队派出7708名官兵，出动各种车辆1002辆次，大型机械48台，直升机7架，主要在甘肃省文县、康县、礼县、盘曲、武都和陕西省宁强、略阳、勉县、陈仓、宝成铁路109隧道等执行抢险救灾任务；济南军区派出45875人，汽车4039辆次，大型工程装备127台，直升机32架奔赴四川汶川、茂县、理县、彭州、青川、平武、广元等12个重灾地区，执行抢险救灾任务；沈阳军区派出338名官兵，分别部署在北川、青川、绵竹、茂县、德阳、绵阳等城镇，主要担负医疗救治、防疫和心理救援任务；北京军区共派501人，主要在四川灾区参加医疗救治、防疫和心理救

①　《汶川特大地震抗震救灾志》卷五《抢险救灾志》，方志出版社2015年版，第150页。

援；南京军区出动 350 人，在四川执行医疗救治、气象水文保障任务；广州军区共出动 192 人，直升机 9 架，参加医疗卫生、气象水文保障等任务。①

与此同时，武警部队共计出动 22970 名官兵，各种车辆 1618 台奔赴灾区各地参加抢险救灾。其中武警四川省总队派出救援力量，主要部署在极重灾区汶川（水磨、映秀、耿达、漩口镇）、北川、绵竹、什邡、青川、安县、平武、都江堰，重灾区理县、松潘，以及广元、德阳等 16 个县（市）65 个乡镇 288 个村寨。武警甘肃省总队派出兵力分别部署在陇南市 8 个受灾县（区）；武警陕西省总队派出救援力量，分别部署在汉中、宝鸡、安康等地灾区；武警重庆市总队出动的救援力量，分别赶赴四川茂县灾区执行任务。与此同时，江苏、浙江、广西、宁夏等省（自治区）武警总队，先后派出运输分队向四川广元、绵阳、德阳以及陕西汉中等灾区运输救灾物资。②

另外，国务院、中央军委还先后组织 7.5 万名民兵预备役人员参加抢险救灾活动。其中四川省军区在震后迅速从全省范围内先后组织数万名民兵参加紧急救援。11 个受灾严重的县（市、区）人武部在 78 个乡（镇）抽调民兵 14711 人就地、就近投入抢险。21 个军分区、150 个人武部分 3 批快速动员，在中后期和灾后重建中发挥了主力军作用。其中成都警备区先后组织 30168 名民兵参加救援。甘肃省军区组织上万名民兵，组成 23 个抢险队奔赴甘东南地区参加应急救援活动。陕西省军区组织 5750 名民兵投入宁强等地抢险救灾活动。与此同时，总参谋部从河南、山东、湖南等 11 个省（自治区、直辖市）抽调 300 余支民兵救援队，参加四川灾区抢险救灾、医疗防疫、运送救灾物资、抢修道路、通信、电力等救灾工作。

四川、甘肃、陕西、重庆四省（直辖市）组织预备役部队 8600 余名官兵参加本省或他省救灾活动。四川省军区 5498 名预备役人员始终战斗在抢

---

① 参见《汶川特大地震抗震救灾志》卷五《抢险救灾志》，方志出版社 2015 年版，第 150—154 页。

② 参见《汶川特大地震抗震救灾志》卷五《抢险救灾志》，方志出版社 2015 年版，第 160—161 页。

险救灾第一线，执行抢修道路、清理废墟、搬运遗体、治理堰塞湖、转移群众等救援任务。甘肃省军区 1230 名预备役人员参加本省灾区清理被埋财物、拆除危房、抢修道路、安置群众等任务。陕西省军区组织 1646 名预备役官兵，动用运输车 48 辆，承担从西安到广元、成都运送物资任务。重庆市抽调 257 名预备役人员，在市辖灾区进行抢险救灾任务。①

以上诸多事例证明，军队、武警、民兵预备役部队是汶川抗震救灾的主力军，调动速度和参与人数以及所发挥作用在新中国救灾史上都是空前的。

变化之三：社会力量广泛参与抢险救灾。

汶川特大地震发生后，全国各地社会力量迅速奔赴地震灾区，实施紧急救援活动。

1. 行业系统救援力量

汶川特大地震发生后，全国各行业系统部门迅速组织救援力量奔赴灾区抢险。中国石油、中国石化派出消防、抢险、医疗救护队 300 余人投入抢险救灾的同时，又派出 1500 多人，237 台装载、挖掘设备，以及棉被、食品、帐篷、药品等，配合地方政府和解放军、武警、公安民警等抢险救灾。

中国冶金建筑集团派出 200 人及大型吊车、挖掘机、装载机、推土机、拖车等 65 台设备和后勤生活保障车 10 辆参加都江堰、彭州、汶川（映秀）、北川等县市救援，执行抢运生产设备、拆除危险房屋、清运废墟渣土、平整活动板房用地等任务。

国防科工局利用 11 个国家的 20 颗卫星为抗震救灾和灾情评估提供图像及分析数据；国防军工派出 301 名计量专家赴四川、陕西灾区参加救助。中国航空集团系统先后出动各种型号飞机 105 架次、直升机 129 架次、无人机 1 架以及通信车 46 辆，在绵阳、广元、成都、德阳和陕西、重庆灾区执行抢险救灾任务。

---

①　参见《汶川特大地震抗震救灾志》卷五《抢险救灾志》，方志出版社 2015 年版，第 162—164 页。

此外，电力、环保、安监、质检、交通运输、通信、教育卫生等系统，也纷纷派出救援力量投入灾区参与抢险救灾活动。①

2. 灾区省市救援力量

汶川特大地震发生后不久，四川地震紧急救援队和地震局专家组一行因都江堰至汶川道路受阻，即就地在都江堰市展开抢救。5月13日，四川省经委迅速组织机关34人赴灾区救灾，又从下属单位抽调115人组成抢险救灾机动队，再从各地抽调200余名钳工、电工、焊接工等，携带切割机、液压剪等破拆工具，组成抗震救灾技术救援队，奔赴彭州、安县及汶川等重灾区救援。5月12日下午，中国电信四川省分公司向灾区紧急派遣1000人，组成53支抢修队进行紧急抢修，成都分公司派出4500人，绵阳分公司1000余人、德阳分公司1000余人、阿坝分公司1000余人，分赴灾区各地进行抢修。抗震救灾期间，中国电信四川省分公司共投入抢险人员17918人，投入抢险、运输车辆1041辆次，各种应急设备5177台（次）。中国联通四川公司组织150支抢修队计3000人，携带设备2100台、卫星地面站设备150套、应急通信车21辆、海事卫星电话40台参加救援。与此同时，四川省安全监管局调集彭州矿山救护队、内江煤矿救护队、广元生产安全应急救援大队、广旺集团公司救护队、乐山市矿山救护队赶赴灾区抢险救援。随后，四川省安监局还调集泸州、广安、达州、宜宾等地矿山救护队驰援汶川重灾区。此外，四川电力系统、环保系统、农牧系统等也紧急支援灾区。从5月13日至10月14日，四川省累计投入公路抢险人员3万余人和大批机械车辆，抢通国道、省道干线公路以及254个乡镇公路和2114个建制村的通村公路。截至6月2日，四川省共组建3679支防疫分队、2万名基层防疫队员和部分志愿者、部队官兵，参加死亡动物无害化处理。

5月12日至19日，中国联通甘肃公司组织18支抢修队、2033人赶赴

---

① 参见《汶川特大地震抗震救灾志》卷五《抢险救灾志》，方志出版社2015年版，第164—180页。

陇南抢修通信设施。截至 6 月 5 日，甘肃省通信行业累计出动 32399 人、动用车辆 6743 辆次、发电机 2501 台、其他应急设备 727 台等，开展通信抢通、保通工作。5 月 16 日，甘肃省路桥建设集团抽调 50 人、30 台机械设备，赶赴松潘县抢修国道 213 线。6 月 14 日，甘肃省累计 400 余人、70 台大型机械增援四川抢通公路。在抢修公路中，甘肃省市交通部门共投入机械 1.35 万台次、50 万人次。抗震救灾期间，甘肃省卫生防疫部门累计派出 29 支医疗防疫队、539 人深入灾区进行医疗、防疫、心理治疗等。甘肃省广电系统省、市、县三级共出动 15661 人次、车辆装备 4052 辆次，对本省受灾被毁设施进行抢修。甘肃省水利系统共出动 226 支、4160 人，对全省灾区水利设施进行抢修维护。

5 月 13 日，中国移动陕西公司紧急调拨 60 台柴油机、60 顶帐篷及部分食品，连夜赶往汉中、四川灾区。15 日，陕西电力公司 23 人乘 11 辆越野车赴灾区抢险四川灾区，后又组建 25 个电力应急抢修队赴四川灾区、4 个抢修队前往汉中、宝鸡灾区进行电力抢修。5 月 21 日，陕西省交通厅抽调 105 人，携带各种机具设备 339 台（件），对口支援广元灾区。同时，省级公路部门派遣 1350 人，携带设备 283 台(辆)、客车 100 辆支援广元灾区。截至 6 月 27 日，中国联通陕西公司累计出动抢修人员 4978 人次，累计调用发电机 492 台次。[①]

3. 其他社会救援力量

汶川特大地震发生后，全国各地社会团体积极行动起来，迅速组织救援队伍，奔赴灾区参加抢险救灾活动。5 月 12 日，四川省红十字会连夜派出 25 名志愿者奔赴灾区。13—15 日派出 13 支医疗队、602 名红十字急救员和专家奔赴都江堰、北川、绵竹、青川、彭州等地。至 18 日，四川省红十字会又派出 4000 名急救人员和志愿者组成 40 支医疗救援队赶赴灾区各地。

与此同时，中国红十字会从全国各地调拨帐篷、药品、食品支援灾区，

---

① 参见《汶川特大地震抗震救灾志》卷五《抢险救灾志》，方志出版社 2015 年版，第 180—184 页。

紧急组建红十字会上海华山医院、武警总医院和北京市红十字会、河北省唐山市红十字会、安徽省红十字会、湖南省红十字会6支120人专业医疗队，于13日先后到达四川地震灾区救援。

5月13—14日，四川省各级团组织招募近5万名志愿者，分400支青年突击队投入抢险救灾。截至7月，四川省各级共青团组织共接受报名志愿者18万人投入抗震救灾行动。甘肃省各级共青团组织医疗救护、道路抢险、电力抢修、通信保通突击队500支1万人，在省内地震灾区抢险救援。

截至5月22日，四川省红十字会共调集车辆5200车次、运送物资2.9万吨、派往灾区一线的应急救援队达75支、5600人，其中专家医疗队250人、8支专业救护队200人、12支心理干预队540人；在灾区建立40个医疗救护站和30个受灾群众安置点，调配和运输灾区应急特效药品58车次，有15万名志愿者为四川省红十字会提供各项服务。

甘肃省红十字会动员红十字志愿者6000余人参加灾区救援队、服务队。其中陇南市红十字会组建志愿者服务队110支、2400余人，在灾区进行清理垃圾、环境消毒、张贴防疫宣传品、搭建帐篷、搬运救灾物资、交通协管、治安巡逻等工作。

变化之四：志愿者广泛参与救灾。

汶川特大地震发生后，全国各地各部门各行业各单位的志愿者，纷纷参加抗震救灾志愿服务活动。据不完全统计，国内先后以各种方式参加抗震救灾的志愿者达上千万人。他们之中有党政机关公务员，有军队和武警部队的官兵，有国有企业干部职工，有非公有制企业业主员工，有农民和农村外出务工人员，有大学、中学、小学的教师和学生，还有众多的社会群众。

一是搜救作用。5月12日至14日，攀枝花钢铁公司（集团）招募450名青年志愿者赴成都青白江区医院参加救护工作。中国中铁团委先后19次组织青年志愿者1200多名，参与彭州市小渔洞大桥架设和彭州火车站站台搭建等救灾工作。河南胖东来商贸集团公司组织的救援队在七天七夜的救援中，先后为灾区搭建了300多顶帐篷，帮助疏散了5000多名被困群众，共救出被困者 16 人；江苏黄埔再生资源利用有限公司董事长陈光标带领 120 名操作手和 60 台大型机械的救援队，千里赴川救灾；冀东油田公司退休员工魏学明、吴云波等 12 人，于 5 月 15 日从河北唐山自驾 3 辆汽车赶往四川灾区，17 日凌晨赶到都江堰后立即投入抢险，先后参与开展紫坪铺水库大坝现场搜救、帮助抢挖被埋汽车、搜寻受灾群众、搬运救灾物资、搭建帐篷等工作，于 21 日返回唐山。①

二是后勤保障作用。成都晋林工业制造有限公司先后组织 5 批 200 人的青年志愿者，参与公司生活区捐赠衣物、捐款、搭建避震帐篷、搬运发放物资等活动。同时又先后派遣 1800 名青年赴彭州抗震救灾。在绵阳九州体育馆，每天为受灾群众服务的志愿者多达数千人，其中有一位志愿者连续照顾灾民 50 多小时，15 日不幸因脑溢血而不幸病逝。

三是献血和医疗救护作用。13 日凌晨，成都市血液中心门前，自发前来献血者已排起长队。随后几天，在北京、南京、上海、杭州等多个城市红十字血库站设立的街头采血点前，都站满了献血的志愿者。中国华电四川发电有限公司攀枝花分公司共有 229 名职工参加了救援（72 人）、关爱（63 人）和义务献血（94 人）志愿者行动。在绵竹救灾期间，现役军人王光把 6 名刚退役的老兵和 15 名正在休假的官兵组成志愿者队伍奔赴灾区，一组主要负责搜救死伤人员，二组主要负责绵竹市区消毒，三组主要由在救灾过程中负伤的老兵就地配合武警总医院对受灾群众及伤员开展心理疏导工作。② 辽宁锦州石化公司职工赵强，带着自己购买和募捐的 10 箱药品，与一位护士朋友坐火车到四川安县晓坝镇灾区群众安置点，调配医疗器械、药品和生活用品，为受灾群众提供医疗服务。

四是网络舆论声援与寻亲作用。随着救援工作的开展，全国各大门户

① 参见梁志全：《青年志愿者：抗震救灾中的组织类型与功能分析》，《中国青年研究》2008 年第 10 期。

② 参见《汶川特大地震抗震救灾志》卷五《抢险救灾志》，方志出版社 2015 年版，第 192 页。

网站（如百度、搜狐、腾讯、新华网等）纷纷挂出为灾区人民祈福的画页。至 5 月 18 日晚，参与 QQ 祈福的网友多达 570 万人。成都各大门户网站还推出寻亲搜索平台。成都市 8 大医院委托搜索网站挂出数千名伤员的名单供亲友联系。成都理工大学传播科学与艺术学院的数名老师和学生发起建立寻亲网，短短 1 小时，就有 10 多名灾区寻亲者通过这个网站找到亲人。[①]

5 月 20 日，中国电信在成都以及各灾区安置点招募志愿者 1200 多人，深入医院、各大安置点，收集受灾群众信息，传达给他们的亲人。中国移动四川公司先后组织 1460 名志愿者深入彭州、都江堰、北川等灾区。中国移动甘肃公司组建 300 人志愿者队伍，赴陇南灾区开展流动服务达 6.7 万人次。中国移动陕西公司志愿者在通往四川灾区高速公路沿线服务区设立 32 处服务站。

五是心理抚慰作用。灾后第三天，四川省民政厅组织协调省内外 226 名心理医生组成心理医疗救援队，深入受灾乡镇和受灾群众安置点，对受灾民众出现焦虑、恐慌等不良心理症状，及时提供心理危机服务。[②]

四川省部分一般受灾市州和非灾区市州志愿者服务情况一览表[③]

市　州	志愿者赈灾活动
自　贡	市委组织 34 名志愿者先后赴北川、安县、江油等地，救治病人 2352 人次、转运伤员 665 人次、义诊 1300 余人次、心理安抚 3 万余人次；市卫生系统分两批派出应急队员 143 人，赴北川、安县等灾区。
攀枝花	团市委组织志愿者 1650 余人；市机电技术职业学院 100 名大学生赴灾区开展心理辅导工作；攀枝花大学 100 名志愿者募捐 50 万元及衣物支援灾区；100 名志愿者陪同灾区儿童开展结对帮扶活动。

---

① 参见梁志全：《青年志愿者：抗震救灾中的组织类型与功能分析》，《中国青年研究》2008 年第 10 期。

② 参见梁志全：《青年志愿者：抗震救灾中的组织类型与功能分析》，《中国青年研究》2008 年第 10 期。

③ 参见《汶川特大地震抗震救灾志》卷八《社会赈灾志》，方志出版社 2015 年版，第 738 页。

续表

市　　州	志愿者赈灾活动
泸　州	团市委组织泸州医学院、市卫校 20 多名志愿者照料到泸州治疗的 55 名伤员；龙马潭卫生局组织 9 支 54 人赴北川等地；泸县红十字会招募 40 名志愿者赴灾区开展医疗救治、疾病防控和卫生监督工作。
遂　宁	团市委招募 35 人，到绵阳开展医疗和心理救护、四川职业技术学院 20 名青年教师到灾区开展为期一周的赈灾求助活动；市红十字会派出志愿者卫生防疫队赴北川擂鼓镇、陈家坝乡开展赈灾工作。
内　江	团市委先后派出 50 余名志愿者赴安县灾区为永安镇、晓坝镇转交 10 万元救灾物资；市红十字会组织志愿者设点募捐；隆昌县红十字会组织 19 人志愿者医疗队赴都江堰、北川救治伤员 7000 余人。
南　充	团市委组织 30 名青年志愿者赴灾区群众安置点服务 7 天；顺庆区团委组织 280 余名青年志愿者向灾区献血；阆中市团委组织志愿者赴灾区开展房屋维修、垃圾清理等，义务劳动支援服务 2000 人次。
宜　宾	团市委组织"青年黄丝带志愿者"招募活动，3 万余青年志愿者登记献血；翠屏区组织志愿者车队向灾区运送救灾物资。
广　安	团市委招募献血志愿者 500 余名、医务人员 180 名、关爱志愿者 1220 余名、救援志愿者 560 余名，先后分三批赴绵阳、什邡等灾区；市红十字会组织 220 多人参与灾区募捐宣传与物资清理活动。
达　州	365 名义工分组协助市红十字会开展募捐活动，筹资 8 万元、矿泉水 200 件、方便面 200 件；地震当天在映秀镇医院工地务工的 30 名达州农民组成志愿者队伍，从医院救出 100 多名病人和 30 多箱药品。
眉　山	市红十字会组织 100 多名志愿者分发搬运救灾物资；丹棱县红十字会志愿者印制、发放宣传资料 2 万份，并派出 13 名疾控、卫生监督技术员到青川灾区开展防病工作。
资　阳	团市委组织 40 名青年志愿者为医院搬运医疗设备，救治伤病员；派出 9 名卫生防疫人员到汶川开展防病救援工作。
甘　孜	州团委"黄丝带"志愿者向灾区捐款 34 万元；泸定县青年志愿者岳霞、杨定建等 12 人，向茂县灾区捐赠 33 万元救灾物资；康定县志愿者医疗队为茂县灾区诊治病人 500 余人次。
凉　山	州团委组织 8 批近 1000 名志愿者赴成都、德阳、绵阳、广元、雅安、阿坝灾区参与物资运送、伤员护理、义务献血、心理抚慰等志愿服务；冕宁县志愿者陈兆江带领 20 余人自费到汶川县映秀镇等灾区开展救援，并捐赠价值 5 万元的救灾物资。

变化之五：灾区民众奋起自救互救。

自救互救一般是指救灾现场或周边地区未受伤民众（包括受轻伤者在内）对被压埋在废墟中的受伤者所进行的营救行动。从整体上讲，一个地区发生了灾害，都需要救援。但受灾程度千差万别。就个人而言，未受伤者或受伤较轻者，均可成为当地自救互救的力量。因此，在抢险救灾初期，特别是在外来救援力量尚未到达救灾现场的情况下，灾区民众自救互救行动是最有效的救灾途径和救生方式。实践证明，灾区现场或附近地区未受伤的民众具有抢救、转移和安置受灾民众的便利和优势，既可以自发组织或有计划地组织起来，采取自救互救方式，直接抢救被废墟压埋的幸存者，可以为受灾民众提供吃、穿、住、医等基本生活条件，这在以往历次地震灾害及其他灾害中都曾起过积极作用。

灾区民众既是受灾的救助对象，也是救灾活动的主体。从救灾过程来看，灾区民众的自救互救活动可分为抢险救灾和恢复重建两个阶段。在第一阶段，灾区民众的生命和财产受到灾害的直接威胁，其工作重点是救人，避免人员伤亡，在条件许可下抢救财产，也可减少经济损失。在第二阶段，灾民回到自己的住地，需要通过自己的劳动，实行生产自救，重建家园，也可减轻灾害造成的损失。

从汶川抢险救人黄金时间72小时来看，灾区现场营救行动多数是由当地民众自救互救和社会力量完成的。如北川县城近乎全毁，5月12日晚间，绵阳市委、市政府迅速动员灾情较轻的三台、盐亭等地派出救援队伍赶赴北川灾区。当夜，大部分乡镇派出的救援队伍自备简单工具赶赴北川，由于道路遭到严重破坏，救灾队伍最后一段路程是步行完成的。又如平武县响岩镇灾情较轻，12日下午4时就组织100多人、8台挖掘机和4台装载机支援临近灾情较重的平通和南坝两镇。这说明灾区基层组织在第一时间能够动员组织大量的救灾人力和物力。

截至5月13日24时，在四川、甘肃、陕西、重庆、云南五省(直辖市)237个受灾县（市、区），挖掘出被压埋人员19759人、遗体3012具、解救被困人员 5.4 万人，转移、疏散群众 57 万人，救治、运送受伤群众 3.9 万人。① 以上数据表明，灾区民众自救互救是破坏性地震初期抢救生命的主要力量。在救人黄金时间 72 小时之内，对专业救援队伍在地震现场完成抢救任务，特别是人员抢救效果方面，有关部门不宜定位估计过高，要特别重视和发挥一线灾区政府、企业、民众自救互救的作用。

另据有关资料记载，灾区民众奋起自救互救，遍地是英雄。

自救互救案例 1：教师救学生。

汶川特大地震发生时，映秀小学校长谭国强一边指挥几位女老师将幸存的 100 多名学生安置在沙坑边的草地上，一边指挥男老师和乡亲们拼命用手刨、扒，使被埋在废墟浅层的 50 多名学生重获新生。②

都江堰新建中学特教老师谢罡在地震发生时将校内 17 个智障学生和 26 个聋哑学生全部救出。其他老师有的挺身而出，张开双臂护住学生；有的义无反顾，用血肉之躯顶住断壁残垣；有的舍生忘死，一次次返回险境救人……老师们用自己的双手刨出了 147 位学生，其中 72 位获救，而新建中学三位年轻的教师却永远离去了，他们用生命捍卫了教书育人的尊严。都江堰向峨学校的教师付蓉和聚源中学的校长谷胜聪满含泪水一个一个地念出了那些在地震中为救学生而牺牲的老师的名字，向大家讲述了这两所学校在抗震救灾时老师群体的故事，他们用生命诠释了"学高为师，身正为范"。

德阳东汽中学特级教师谭千秋正在给高二（1）班上课。突然地震，谭千秋大喊："地震了，赶快跑！"整个教学楼下沉。在生命的最后一刻，谭千秋将身边已经不可能逃离的学生塞进课桌下。5 月 13 日晚上，救援人员在东汽中学坍塌教学楼搜救时，发现谭千秋双臂张开趴在课桌上，身下护着的

---

① 参见《汶川特大地震抗震救灾志》卷五《抢险救灾志》，方志出版社 2015 年版，第 247 页。

② 参见《汶川特大地震抗震救灾志》卷五《抢险救灾志》，方志出版社 2015 年版，第 286—303 页。

学生有的还活着，而谭老师却离开了人世。①

自救互救案例 2：学校组织救学生。

汶川县漩口中学教学楼、实验楼倒塌，宿舍楼下沉，困在废墟里的孩子在痛苦呼喊。学校书记兼校长张舜华立即召集楼前行政人员分组进行抢救，组织老师指挥学生向开阔地带疏散。面对震后缺粮缺水的严重局面，学校与当地村委会协商，挖土豆、烤土豆给学生们充饥，点篝火为学生们御寒。后因道路、通信中断，没有饭吃、没有水喝、没有衣被，学校被迫组织师生向都江堰市转移。第四天早上，转移师生才步行到达都江堰。

地震发生时，北川中学校长刘亚春、书记张定文、副校长马青平，迅速组织教职工，投入抢险救人。到救援人员来到之前，该校自己组织救出师生达 200 多名。

平武县平通中学的教师迅速展开自救。男教师、女教师，只要没受伤，都冲上教学楼和综合楼。没有工具，就用双手搬、肩扛、棍子撬，只想把废墟下的学生救出来。很快，附近的村民和一些学生家长也赶到学校救援。自救工作持续到次日下午 3 时，等救援部队赶到时，已救出被埋学生 93 名，272 名学生被紧急疏散到安全地带，有两名老师为救学生而献出生命，许多教师身负重伤。

地震发生时，甘肃省文县范坝中学的学生们慌乱地往楼下跑。"同学们，不要挤，一个接一个下楼！"校长许伟一边喊，一边和教师把学生带到操场上，并清点人数。"怎么只有 211 名，还少 27 名，赶快分头去找！"老师们对每个教室、学校周边搜寻了一遍，才知 20 名学生被班主任疏散到其他地方，另外有 7 名学生因病请假不在学校。

自救互救案例 3：学生救学生。

汶川地震当日晚上，北川中学部分高中学生在校领导的组织安排下，打着手电连夜搜索被埋在废墟下未脱险的同学，直到凌晨三点半余震频发才

---

① 参见《汶川特大地震抗震救灾志》卷五《抢险救灾志》，方志出版社 2015 年版，第 286—303 页。

停下来。第二天早晨，一部分同学协助武警救援队搭帐篷，维持现场秩序，另一部分同学从倒塌的校舍中救出了几十位幸存者，仅高三（3）班生活委员申龙所在的小组就救出十几名同学。同学袁垒一人就救出 6 名同学，而他自己则因劳累过度，在 13 日凌晨集合时昏倒在地。14 日转移至绵阳后，袁垒又和另外 5 名同学成为救灾志愿者，为安置点领取分发物品。

汶川特大地震发生时，青川县木鱼中学初一女生何翠青本已跑出宿舍，当意识到房间里还有同学又返回宿舍，将十多名还在午休的同学从床铺上摇醒让她们逃生，但自己却失去了最佳逃生时间，50 小时后才被救援人员从废墟中救出，因重物挤压时间过长，肌肉组织坏死而失去右腿。[①]

自救互救案例 4：群众救群众。

汶川县雁门乡萝卜寨村 229 户房屋被夷为平地，群众死伤 129 人，900 余名群众被困半山腰。村党支部书记马前国组织青壮年党员、干部、村民组成 18 个搜救组，分头抢救群众。马前国率村委会成员自制简易担架，将危重伤员送到县城医院进行救治，又从自家危房中抢出腊肉，送到救灾的人员手中；许多党员干部和群众自发把家里的粮食、肉和衣服分发给急需的村民。在村党支部带领下，村民全部得到妥善安置。

彭州市银厂沟村民贺洪建在地震中左腿受伤，听说有 23 名游客被困小龙潭，生死不明。他打着手电在第二天早上找到 23 名游客和小龙潭林场招待所员工。在给其中两名受伤者做了简单处理后，他点起篝火让大家御寒。第三天又用自制担架，率领游客及伤员找到了前来救援的官兵。

自救互救案例 5：灾区军人救群众。

地震发生时，沈阳军区某部二级士官余成海正在老家盐亭安家镇购物，他顾不得照顾家中有病的母亲，就地抢险，一口气找到 10 余名受伤的乡亲，将其转移到安全地带；某部三级士官曾太友探亲期间陪同父亲在成都市第三人民医院

[①]　参见《汶川特大地震抗震救灾志》卷五《抢险救灾志》，方志出版社 2015 年版，第 290—292 页。

看病，地震突然降临，电梯不能使用，他背起身旁一位 60 多岁的老人，从 14 层转移到楼外一块空旷地。之后，他又一边救人，一边组织大家有序地撤离。

以上诸多事例表明，在汶川抢险救灾过程中，灾区民众虽遭受极大打击，但救灾现场未受伤者在第一时间仍可自身投入或加入临时互助组织，参与自救互救活动（如教师救学生；学校组织救学生；学生救学生；群众救群众；灾区军人救群众等），以挽救更多幸存者的生命。同时也能使受伤人员建立自信，相互支持，避免再次受到次生灾害和心理疾病的打击。

变化之六：救灾装备工具有所改善。

在汶川抢险救灾过程中，我国一大批实用而灵巧的救援装备工具，在挽救被废墟掩埋的生命财产、打通灾区的道路等方面，发挥了重要作用。

1. 小型救灾工具

液压钻岩机：一种以高压油为介质的强力钻岩设备，可用于清除路障、拆除危房等工作。具有体积小、重量轻、钻速快、振动小、操作灵活等特点。

液压劈裂机：一种以液压油为介质的强力破碎设备，利用液压装置可预先确定分裂方向，进行强力震破物体，是一种替代手工分解物体的最佳抢险救灾工具。

液压钳：在钢筋交错的灾区废墟现场，这种液压钳的体积并不大，但是通过应用液压原理，却能把粗硬的钢筋一根根剪断，为营救赢得宝贵的时间。常用的液压工具是利用电带动的，在灾区没有电的情况下，救援人员可采用手摇式液压钳。

2. 人员搜救工具——生命探测仪

汶川特大地震发生后，生命探测仪为挽救被掩埋在废墟下的幸存者发挥了重要作用。[1]5 月 15 日凌晨，厦门消防救援队到达灾情严重的青川县城，

---

[1] 参见邓绍辉：《汶川地震与科技救灾》，《中国科技信息》2013 年第 20 期。生命探测仪是通过探测呼吸、心跳等生命体征微弱信号，快速搜寻被埋于倒塌建筑物、废墟等复杂环境中的幸存者，具有体积轻巧、携带方便、操作简单、性能优越等特点。生命探测仪按其探测传感器原理，可分为光学生命探测仪、热红外生命探测仪、声呐生命探测仪、雷达生命探测仪等类型。

利用生命探测仪在 3 个倒塌废墟里发现 4 名幸存者。5 月 16 日，该搜救小组利用生命探测仪，在受灾严重的北川县城搜寻 20 多处大型倒塌建筑物，发现 5 个区域有生命信息，未发现生命信息的区域有 15 处。截至 5 月 16 日晚 8 点，该仪器为成功救出 35 名被埋人员提供了重要信息。

3. 搜救犬

据载，狗的嗅觉灵敏度居各兽之首，是人类 40 倍。搜救犬凭借嗅觉既可发现压埋在废墟下的幸存者，又可以灵活的身体钻进废墟中，为幸存者送去必要的食物和水，延续受伤者生命。

汶川地震抢险救灾期间，国家地震灾害紧急救援队和 15 支省级地震灾害紧急救援队，携带几十只搜救犬，为搜救幸存和遇难者发挥了重要作用。例如 5 月 15 日，北京军区某工兵团在都江堰废墟中抢救出 38 名幸存者，全部先由搜救犬嗅觉发现，后经专业搜救人员定位救出。①

以上许多救灾装备工具和搜救犬在以往抗震救灾活动中虽也有所使用，但其使用的广度和知名度却远比不上汶川抢险救灾。新的救灾设备工具广泛使用，这是汶川抢险救灾中的一大亮点。

变化之七：救灾基地建设初见成效。

在汶川抢险救灾和灾后重建进程中，我国救灾队伍在队伍扩充、基地建设、人员培训等方面，取得了新的进展。

一是扩建和新建了一些省级地震紧急救援队。如前所述，汶川特大地震发生以前，我国只有少数几个省、自治区建立了省级地震灾害紧急救援队，限于当时各级政府重视程度不够，人员配置、经费拨款都不到位。此后，这一情况有了较大改观。截至 2009 年 10 月，全国已有 27 个省、自治区、直辖市设立了防灾减灾委员会，31 个省级救援队得到扩建或新建，143 个城市建设了地震应急避难场所。四川省新组建了一批专业性强的应急救援队伍。其中四川省卫生厅组建了由 242 名医疗专业人员组成的卫生应急

---

① 参见邓绍辉：《汶川地震与科技救灾》，《中国科技信息》2013 年第 20 期。

总队；省电力公司组建了 106 人的应急救援特种大队；自贡市新建了 6 支共 250 名队员的专业应急救援队伍。

二是陆续新建一批地震专业培训基地。2008 年 6 月，国家地震紧急救援训练基地（又称中国地震紧急救援中心）建成并进入试运行阶段，为全国地震紧急救援专业队伍和社会志愿者骨干提供了培训场所。该基地于 2005 年在北京西郊凤凰岭破土动工，占地近 13 公顷。汶川地震以后，该基地在中央领导同志大力支持下，进行了场地扩建和设备完善，对全国各地地震紧急救援人员、应急管理人员和志愿者开展不同类型的培训和演练活动。

2009 年 4 月 21 日，联合国副秘书长约翰·霍尔姆斯专程参观该基地时给予高度评价："基地崭新、恢宏的培训设施将为整个国际救援界设定一个新的标准。今后在中国和世界其他地方的灾害救援行动中，毫无疑问，基地将为生命的救援发挥重要的作用。"同年 5 月 12 日，汶川地震周年纪念暨防灾减灾应急演练和加强防灾减灾工作座谈会在国家地震紧急救援训练基地隆重举行。[①] 国务院领导与 13 个部委、北京市、总参谋部、武警总部 50 多位领导同志出席。

同年 11 月 14 日，中国国家地震灾害紧急救援队（对外称"中国国际救援队"）在北京获得联合国颁发的资格认证，成为全球第十二支、亚洲第二支得到联合国认可的国际重型救援队。为此，该队救灾人员由二百三十人扩编到五百人，拥有管理、保障、搜索、营救、医疗救护和灾害评估等六大功能，并配有八大类三百多种救援装备及二十余只搜救犬，是我国第一支符合联合国重型救援队标准的专业地震灾害紧急救援队。

四川地震紧急救援训练基地于 2008 年下半年在都江堰市崇义镇崇义村 3 组动工，2010 年 10 月建成，占地面积约 211 亩，总建筑面积 2.2 万平方米，总投资达 1.9 亿元，是四川省首个综合性防震减灾救援训练基地。[②]

---

① 参见肖杰：《"5·12"防灾救灾应急演练》，《城市与减灾》2009 年第 4 期。
② 参见肖晓：《四川首个综合性防灾减灾训练基地开建》，《四川日报》2009 年 9 月 27 日。

　　以上两个地震救援培训基地的相继建立，标志着我国地震救援队伍的培训与演练工作进入一个新的发展时期。

　　三是救灾人员培训步入制度化。汶川抢险救灾期间及以后，国家地震局和各省地震局抓住汶川地震后的有利时机，展开了抗震救灾的各种人员培训活动。仅举几例加以说明。

　　2009 年 11 月 23 日，四川省眉山市防震减灾局对全市 100 余名青年志愿者进行了地震救援培训，着重讲解了地震救援中志愿者的作用和应当具备的技能要求，同时结合汶川地震实例，详细讲解了地震发生时的自救互救以及震后心理健康等相关内容。

　　2010 年 3 月 25 日至 4 月 1 日，山东省地震局、省公安消防总队联合举办了全省应急救援队地震救援骨干培训班，来自省政府应急办、全省 17 市地震局、公安消防支队的 40 名业务骨干参加了培训。

　　2011 年 3 月 29 日，四川省凉山州地震局举办了地震应急救援专业技能培训会。全州 17 个县市防震减灾局局长、州地震灾害紧急救援队成员、州局相关人员参加了培训，四川省地震局应急救援处调研员应邀到会授课。培训会上，有关专家就"地震现场搜索与救援"开展了专题讲座，并结合多年开展地震应急工作的经验，图文并茂、深入浅出讲解了建筑物倒塌及其形成的生存空间，地震现场搜索的原则、搜索的策略、搜索的方法，地震现场营救的原则、营救的方法，地震避险与农村民居抗震设防指南等专业知识。通过培训，大家进一步掌握了基本的地震应急知识和应急救援经验，提高了地震应急救援与处置能力，为做好今后的地震应急救援工作打下了坚实的基础。

　　2012 年 9 月，北京市海淀区 50 多名地震应急救援志愿者在中国红十字会总会训练中心培训基地，接受了为期两天的应急救援技能培训。此次培训分理论知识讲授与实际操作两部分，包括灾难常识、国际搜救与救援的一些基本技术、方法、基本的创伤急救技术等。学员们在听课之后，自己还要亲手操作。演练现场分地震救援和车祸现场急救两组进行。随着现场被困人员发出求救的呼声，志愿者们立刻投入搜索、救援当中。经过一番快速而有条不紊的施救，被困的伤员被转移到安全地带。正在进行的是模拟一起车祸的现场，两名伤者在这起车祸当中脊柱受到损伤，地震救援志愿者正在对其进行施救。在演练现场，志愿者们利用课堂所学，对伤者进行救治。培训结束后，还进行了志愿者宣誓和授旗仪式。

变化之八：救灾队伍演练演习逐步制度化。

我国地震救灾演练演习始于20世纪80年代以后。在应对1990—1996年间甘肃3次6级左右、1996年2月云南丽江7.0级、5月内蒙古包头6.4级、1999年11月辽宁岫岩5.4级、2003年2月新疆巴楚—伽师6.8级等地震的过程中，我国分别派遣了国家级和省级地震救援队，取得了一些防震救灾经验。

汶川特大地震以后，我国防震救灾演练演习逐步常态化、制度化。这里仅就近年来四川省开展的防震减灾演习活动作一简要介绍。

2009年5月11日（即全国第一个"防震减灾日"到来之际），四川省人民政府在成都市体育中心举行抗震救灾应急演习。当日，成都市及周边地区多支救援队伍在模拟"5·12"抗震救灾救援场景的应急演练拉开帷幕。据悉，此次参加应急演练的队伍都是汶川特大地震发生后第一时间赶往灾区救援的相关人员。①

2010年7月30日，四川省防震减灾综合演习在都江堰市崇义镇应急救灾培训基地举行。这是四川省首个综合性防震减灾演练基地。四川省市领导、相关部门以及成都市防震减灾局、公安局、市消防支队等应急联动队伍，以及各区、市、县应急、消防部门、志愿者数千人参加了落成仪式并展开了救灾演习。②

2011年11月22日，四川省地震应急综合演练在成都市崇州举行。崇州5个乡镇9个演练点近万名干部和群众参加演练，共出动救援车22辆，

---

① 参见缪琴：《今年科技节 主推防震减灾科普展》，《成都日报》2009年3月12日。

② 参见刘海：《四川建成首个综合性灾害应急救援基地》，中央政府门户网站，http://www.gov.cn/jrzg/2010-07/30/content_1668236.htm。

乡镇应急救援队 5 支共 100 人，消防、医护、电力、交通、公安、水务、通信等专业救援队伍抢险人员 120 人。①

第二节　救灾队伍建设存在问题

在充分肯定我国各地救援队伍参与汶川抗震救灾活动取得巨大进步的同时，也应客观地看到其发展进程中，仍存在一些问题和不足。

问题之一：专业救灾队伍人数太少。

从汶川地震应急救援的全过程来看，我国参与救灾的人数可谓众多，但受过专业训练的救灾人员却相对缺乏。据统计，在汶川抢险救灾初期，我国共出动解放军、武警部队 14 万余人，公安民警、消防官兵和特警 2.8 万余人，民兵预备役人员 7.5 万余人，而国内地震专业救援队伍仅有 5257 人，仅占总救援队伍的 2%。② 仅就解救转移被困群众 146 万余人，从废墟中抢救被掩埋人员 84017 人的救援任务而言，5257 人的专业救援队伍显然是远远不足的。

另据不完全统计，汶川抗震救灾前夕，我国各类应急救援人员多达 50 余万，长期分散在全国各地城市消防、防汛抗旱、矿山安全、森林防火等多个行业部门，平时缺少综合性训练，存在着"多队单能"的弊端。有人感慨地说：我们从不缺乏救灾热情，缺少的往往是专业人员。"中国的应急体系已经有了跨越式的转变，但专业队伍的建设没有跟上，这么大一个国家，（地震）专业救援队只有几百人，少得可怜。"地震专业救援队伍和综合演练演习的缺失，在一定程度上制约了我国地震应急救灾能力的整体

---

① 参见《成都市 2011 年应急地震演习》，新华网四川频道。

② 参见邓绍辉：《汶川地震与我国救灾队伍建设》，《法制与社会》2014 年第 7 期。另见《国务院关于四川汶川特大地震抗震救灾及灾后恢复重建工作情况的报告》，中国人大网，http://www.scspc.gov.cn/html/rdzt-70/gzfz-75/zuixindogtai/2009/0302/47645.html。

发挥。

问题之二：专业救灾队伍整合困难。

长期以来，由于各地区经济、社会发展不平衡，中央与地方各级政府部门对非专业应急队伍的组建、处置、管理、培训、保障等缺少规划统筹，使其在管理、使用、发展等方面存在诸多问题。

一是地区发展不平衡。一般经济相对发达的省市，专业应急队伍建设发展比较靠前。如北京、天津、上海等特大城市对城市消防、街道社区的应急救灾管理较为重视，建立了相应的救灾工作机制；居中省市由于受到各种条件制约，专业队伍建设发展较为迟缓，缺乏必要的培训演习；一些经济条件较弱省区，专业应急队伍往往形同虚设，人员装备参差不齐。近年来在矿难、危化、火灾等突发事件中因管理不规范、救援不及时而造成死伤率上升的事故屡有发生。①

二是部门管理条块分割。新中国成立以来，特别是改革开放以来，我国曾依靠一些部门行业相继建立了应对自然灾害或突发事件的救援队伍。例如水利部门和农业部门根据自身工作需要组建了防汛抗旱队伍。林业部门组建了森林防火队伍，能源部门组建了矿山安全救护队伍。这些应急救援队伍多数依靠部门行业组建，实行条块管理，因隶属关系不同，经费来源各异，其发展程度、发展水平参差不齐。

三是行政管理存在缺失。这里特别需要提及志愿者管理缺失问题。据四川省红十字会的一位官员说，如果没有志愿者，我们这次工作将无法完成。然而，志愿者的管理却存在着许多潜在危险。如志愿者在参加活动和执行任务之前既没有签署必要的责任书以明确自己的工作职责，也没有给志愿者购买相应的保险（一般情况下生命安全问题由志愿者自负）；志愿者的食宿及其他经费开支存在着一定的压力；志愿者管理使用缺乏长效激励机制；等等。

---

① 参见邓绍辉：《汶川地震与我国救灾队伍建设》，《法制与社会》2014年第7期。

　　四是平时培训演练较少。汶川特大地震以前，地震、民政等主管部门对防汛抗旱、森林防火、矿山救护等救灾队伍，因其隶属关系不同，并不能直接指挥，只能强调使用，平时很少进行专业培训演练，致使部分应急人员综合素质不高，战斗力不强，难以形成救灾合力。

　　问题之三：救灾队伍功能作用较为单一。

　　相当长时期，我国救灾管理体制和运行机制始终存在一个明显的缺陷，即专业救援队和非专业救灾队分别隶属于不同的职能部门和行业，救援功能作用较为单一。例如国家地震灾害紧急救援队隶属国家地震局；防汛抗旱救灾队伍隶属于水利部门；矿山救援队伍隶属能源系统；森林消防队伍隶属林业系统；港口消防队、海上救援队隶属交通系统；城市消防队伍隶属公安系统；机场消防队伍隶属民航系统；医疗救护队伍隶属国家卫生系统；等等。①

　　上述救援队伍因多局限于各自专业领域，应对较为单一的灾害事故，通用性较差。而地震灾害往往具有连带性和叠加性等特点，各种风险常常发生耦合（如地震灾害引起次生灾害、衍生灾害等），仅靠单一部门应急救援力量，是难以应对的。

　　经过汶川抢险救灾和灾后恢复重建的实践活动，我国各种救灾队伍的功能作用虽得到一次综合性的大演练，发挥了一定程度的突击队作用，但体制性障碍仍旧存在。

　　一是缺乏救灾整体合力。在救灾预案制定中，有关部门对救灾组织指挥如何运行？应急救援队伍的职责如何划分？应急救援队伍如何联动？规定得较为具体。但在实际应对中，我国涉及救灾内容的主管部门和协办部门以及企业单位众多。由于事发突然，主管部门对协办单位一时难以拿出有效办法。加之非专业救援队伍在人事管理上互不隶属，一时难以有效地实现应急联动。以上诸多不利因素的存在，在一定程度上制约着救灾整体合力的

---

　　①　参见邓绍辉：《汶川地震与我国救灾队伍建设》，《法制与社会》2014年第7期。

发挥。

二是缺乏必要的制度保障。汶川特大地震发生前夕，国家地震应急救援队装备工具虽已达到国际先进水平，但地方地震紧急救援队由于重视程度和经费投入等限制，队伍建设、装备工具参差不齐。个别省、自治区尚未建立起综合性救援机构和人才队伍，专业人才面临数量不足、培养机制不健全、高中级救援人才严重缺乏、人才管理体系不科学和队伍不稳定等诸多问题。同时，应急救援队伍的培训演练也缺乏必要的制度保障。

三是问责制往往形同虚设。在救灾过程中，由于受本位主义和部门所有制的影响，加上参与机构众多，职能交叉，职责不明等因素，一些管理部门和企业单位间互相推诿、扯皮现象层出不穷。如果救灾队伍某一链条环节出现问题，所谓"问责制"往往成为虚设，难以找到真正的责任主体。

问题之四：救援装备工具数量不足。

如前所述，在汶川抢险救灾的过程中，我国救灾队伍的现代装备工具虽得到一定程度的更新，但其数量非常有限。

一是缺乏必要的救灾工具。我国地震紧急救援队员在救灾过程中虽使用了一定数量的现代救灾工具，如液压劈裂机、液压钻岩机、液压钳、生命探测仪等。但此次汶川特大地震山区抢险救灾面积太大，大批楼房倒塌严重，现有的一些救灾设备工具不仅数量太少，而且远水解不了近渴（有些场面镜头反映专业救灾人员相互等待生命探测仪、破拆工具等）。一般救灾人员依然是使用撬棍、抱钳、切割机、灭火器、铁锹、自制担架等。灾区民众的救灾工具更加原始，主要是家用农具等。

二是缺乏重型救灾设备。汶川地震抢险救灾初期，由于通往唐家山堰塞湖等处的道路阻断，许多大型施工设备无法通过公路运送到施工现场，有关部门不得不租用一架俄制米–26重型运输直升机多次往返向唐家山堰塞湖坝顶吊运20吨重的挖掘机、自卸车等救灾物资。①

---

① 参见邓绍辉：《汶川地震与我国救灾队伍建设》，《法制与社会》2014年第7期。

三是缺乏现代救灾工具的研发生产。汶川特大地震以前，我国应急救援队伍，一般救灾设备尚且自备，而应对救灾的特殊工具，如生命探测仪、液压钳、升降机等，大多来自外国生产。经过此次特大地震的严峻考验，政府主管部门应督导相关科研部门加大现代救灾设备工具的研发、生产力度，以确保大型救灾工作的急需。

问题之五：救援队伍运行成本较大。

长期以来，我国救灾队伍一直是按部门、行业、系统来分设或组织管理，这在一定程度上势必加大救灾队伍的运行成本。

据相关资料记载：汶川特大地震前夕，我国各类应急救援人员50余万人，分散于几十个行业部门，由于缺乏必要整合措施，现代化管理水平较低。这种按地区、部门、行业、灾种而分别建立的应急救援队伍，长期存在功能单一、各自为政、资源浪费等现象，尤其是各类未经专业训练的民办救援队，装备简陋，缺乏专业知识和技术，其救灾作用是可想而知的。

在汶川抢险救灾和其他救灾活动中，我国许多救援队伍（特别是社会力量和相关企业集团）相互间沟通协作能力虽有所加强，但仍存在诸多问题。

专业救援力量配置分散、缺少联动。"如果有更多消防员乘直升机进入重灾区的话，人员生还的数量还会更多。"有消防人士事后总结道。毕竟，消防部队经历多年实战检验，有能力有装备进行快速人员搜救。但缺少运送人员装备的直升机。而先期乘直升机进入灾区的官兵缺乏专业技术装备也难以施救，这就留下了可以改善的空间。汶川地震救援中，消防官兵以不足现场总救援力量10%的警力，搜救出26%的生还者，是所有救援队伍短时间内救助生命率最高的一支队伍。

与专业救援队伍相比，作为救灾主力的部队只好开展"人海战术式的救援"，由于缺乏专业的救援工具和救援训练，军人们多是徒手挖掘废墟，甚至因为缺乏工具束手无策，只能轮流坐在小木凳上陪被埋的孩子聊天直到她死去……带队冲进汶川县映秀镇灾区现场的一位军人表示：如果有相应机械，抢救及时，救出来的生还者至少要多出几倍。

专业为主、协调有效、资源共享、各司其职，才能让救灾更有效率。但是之前中国的救援力量分散于各个部门，更遑论与军队、外国救援队等展开联动。这些队伍局限于各自专业领域，只能应对较为单一的灾害事故，通用性差，一旦发生重特大灾害事故，尤其是涉及多种灾害事故同时发生时，仅依靠单一部门应急救援力量难以应对。而在应急救援过程中，管理部门临时组织、调动应急救援力量之间因职责不明、协同不够等因素还会产生巨大的运行成本。比如有消防人士指出，受本位主义驱使，有的队伍容易片面追求自身利益最大化和责任最小化，互相推诿的现象很难杜绝，这在有些地方导致救灾行动缺乏协调，在局部形成了混乱，延误了最佳抢救时机。也有人指出，救灾现场"职责任务划分不明确，有的地方一天消毒7次，有的地方好几天没一人去消毒"。

分散组织应急救援队伍，会造成重复投资、重复建设的问题，资金分散，导致大多数应急救援队伍装备配备不足、技术落后，应急救援手段原始。在汶川抢险救灾的初期，四川的民兵预备役应急救援队伍只有压缩饼干，一床军用被，装备简陋。救援人员甚至眼看活生生的人压在下面，但手中只有几根棒棒，无法撬开水泥板。

部分社会救援力量闲置：汶川特大地震后，成千上万志愿者从全国各地赶赴灾区，参与紧急救援、物资发放、医疗救助、伤病陪护、心理援救、卫生防疫、儿童教育等救援工作，灾区聚集了各个救灾领域的机构和个人，给救灾工作带来了很大支持。但也有一些地方既不知道如何管理社会救援组织，也不知道如何引导，甚至采取排斥态度，导致一些志愿者"被气回去了"。可以想见，在大地震后短暂的混乱里，社会组织应该去找谁成了一个巨大的问题。汶川地震中有的志愿者带着奶粉和纸尿裤开车前往映秀，但却不知沿途的都江堰有市民求奶粉而不得。通往映秀镇的道路刚刚抢通实行车辆管制，志愿者只好拉着物资返回。此前，协调社会力量的救援部门并不统一，有时是共青团，有时是工会，有时是民政部门，这使政府部门与社会救援的协调一时出现了混乱。有的志愿者间因物资转运、交通阻塞而产生冲突，也有 NGO 与政府间形成隔阂，相互埋怨。

以上事例分析说明，在汶川抗震救灾进程中，社会力量参与救灾还存在与政府部门衔接不畅、缺少准确的信息来源、缺乏统一的协调、缺少专业的技术能力和标准规范指引等一系列问题。在这种复杂的救灾环境中，如果有关部门缺乏必要的指挥和协调，就会出现人满为患、救灾效率低等现象。事实上，这种现象并非是此次汶川抗震救灾过程中出现的特殊现象，而在其他救灾工作也同样存在此种难以解决的顽症。实践证明，当发生重大灾害事故时，如果没有一个"职责明确、结构完整、功能全面、反应灵敏、协调高效"的应急救援体系，势必会造成人力、物力、财力上的浪费，政府及主管部门不得不采取临时性行政措施来实施应急救援。相关部门都放下本身的职能工作去做一件事，势必导致过高的行政成本。

从总体来看，我国地震灾害紧急救援队伍的建设与使用还处在探索和实践阶段，很多思路和基本关系还没有真正理顺。诚然，在抢险救灾过程中，我们不必过多地考虑救灾队伍的运行成本，但在某一救灾工作结束以后，我们就不能不考虑救灾队伍管理上存在的诸多问题。例如大灾面前，谁指挥总体救援行动？各支救援队的行动听从谁的命令？现场救援行动由谁指挥？非专业的应急救援组织发展不够完善，志愿者组织比较混乱，怎样进行统一培训提高？灾区民众缺乏救援知识，在地震到来时如何开展自救互救活动？等等。

以上诸多问题表明，由于震情灾情突发，加之管理、交通等方面的诸多问题困扰，汶川抢险救灾和灾后重建工作仍存在着大量人力、物力和财力资源浪费或使用不当等现象，在一定程度上都加大了整个救援成本开支。

第三节　救灾队伍建设转型升级

灾害的发生往往具有突发性。一旦发生，如何积极组织灾后施救，以尽可能减少损失程度，就成了灾后应急管理的中心任务。这不仅要取决于应急处置计划方案的科学与否和领导决策能力的强弱，而且还与救灾队伍自身作用发挥的好坏以及灾区民众自救互救的参与程度密切相关。

经过汶川抢险救灾和灾后重建的实践活动，各级政府部门应采取以下改进措施，使之尽快转型升级，努力健全多层次多功能的救灾队伍体系。

转型之一：努力整合现有救灾队伍。

众所周知，汶川特大地震灾害属于小概率事件，建设一支功能多样的应急救援队伍符合国家和人民利益。

1. 整合地震专业救援队伍

汶川特大地震以前，我国地震系统的救援队伍有一个国家级救援队和十几个省级救援队，估计人数在 5000 人左右。人数虽不多，但亟须加强培训，实现"一队多能"。

2010 年，国家地震局应急搜救中心制定了《地震灾害紧急救援队伍建设规范》，其中对救援队伍的组建、功能、岗位设置及装备配置和能力分级要求等进行了具体规范。这一规范对整合我国地震系统救援队伍，具有重要的指导意义。对此，国家地震局应按灾种先整合地震系统的国家级救灾队，使其一专多能，然后在每个省、自治区、直辖市建立一支专业抢险救灾队伍，并做到机构、编制、人员、经费、装备"五落实"①，全部实施军事化管理，配备优良先进的机械装备和空中运输直升机，平时进行专业训练，养兵千日，用兵一时。哪里有震情灾情，由国家地震局或省级地震局统一指挥调配部署到第一线抢险救灾。

2. 整合公安系统救灾队伍

我国公安系统现有公安特警、消防救护、交通治安三支救灾力量。对此，公安部应建立全国应急救援管理机构，统一管理和调度指挥公安系统应急救援队伍。地方公安部门也应按照省、市、县分级，依托当地公安部门，

---

① 参见邓绍辉：《汶川地震与我国救灾队伍建设》，《法制与社会》2014 年第 7 期。

成立应急救援办公室，灾害事故发生后转为应急救援指挥中心，在当地政府领导下，统一协调、调度和指挥各部门、社会单位应急救援队伍，高效处置灾害事故。

事实上，我国公安系统的三支救援队伍，在应对各种自然灾害和突发事件中具有通用性作用，既可以应对各种突发事件，又可以用于防灾救灾。因此，在对其整合过程中，政府部门应给予高度重视，并制定相关法规、配备一定数量的人员、装备及工作经费。

3.整合行业系统救灾队伍

如前所述，长期以来我国行业系统救援队伍功能单一、人数众多。政府部门要整合行业系统救灾队伍，必然会遇到体制机制、经费人员等诸多障碍。

为了降低行政成本、整合行政资源，提高行政效率的管理要求，中央及地方各级政府不宜按部门行业再重复建设应急救援队伍，尤其是不宜建立功能单一的应急救援队伍，应当整合现有应急救援力量每个省级保留一定数量的行业救援队，优化力量配置。行业救援队伍建设，既可以单独设立，也可以根据当地实际情况与其他灾种救援队伍相结合共建（如消防、矿山、海洋、化工、电力等救援队），这样做有利于整合现有行业队伍，实现一队多能，减少重复投资，实现资源共享。

4.整合企事业单位保安队伍

我国企事业单位，几乎都拥有保安组、保安科、保安处等，人数多少不等（除部分大型事业单位外，多数都是自筹经费，自雇自用），其职能主要是维护本单位治安和应对突发事件。对此，各级政府部门虽不能直接指挥调动这些自雇自用的保安队伍，但可以根据全国救灾工作的整体需要，对各企事业单位的保安队伍实行联网管理，及时了解掌握有关情况，一旦发生重大灾情，可以让其一方面应对本单位的灾害，即"看家护院"；另一方面又可以抽出一定力量，支援其他地方防灾救灾工作的需要。

整合以上四大系统救灾队伍的目标任务：

一是真正做到"一队多能"。公安消防部队在抗灾救灾中的重要作用不需多言，但要真正组建一支用得上、留得住的救援队伍，必须处理好当前与长远、现实条件与未来需求之间的关系。有关部门要探索专兼结合、一队多用的模式，既要组建专职救援队伍，又要充分发挥社会力量和志愿者，尽力让一支队伍发挥多种职能和作用，以提高工作效率，节约相关资源，现在许多地区强化消防救援队伍建设并使之成为综合性救援队伍的做法（既可以城镇消防，又可以防灾救灾，还可以防暴制乱等），不失为一种很好的尝试。

二是进行救灾培训工作，主要内容包括：心理训练；危机处理的知识培训；危机处理的基本技能培训。通过以上培训内容，最终达到以下基本要求：（1）要有极强的敏感性。对专业救灾人员进行危机意识的培训教育，特别要培养他们在紧急状态下敏锐的判断能力，如果专业救灾人员对危机环境的敏感性程度不够，判断失误，动作拖拉，将会贻误时机，扩大灾害的危害程度。（2）要有比较广博的专业知识。灾害的种类较多，爆发的形式各异，有些还会并发诸多次生灾害和衍生灾害，导致一系列的灾害隐患。这就要求救灾人员必须了解专业救灾知识并善于使用各种救灾设备，以保证救灾过程的顺利进行。（3）要有较高的应变能力。作为救灾人员必须克服和消除心理上的恐惧意识，做到头脑清醒、临危不乱，及时进入救灾角色，以应付可能发生的各种灾难，争取控制危机的主动权。

三是加强救灾装备建设。政府有关部门应当根据各类灾害事故处置的需要，着眼于"抢大险，救大灾"基本原则，"加强城市消防部队的人员防护、生命探测、起重起吊、撑顶、破拆挖掘、供电照明、医疗急救等装备配备，以提高其救人、排险等实战能力。同时还要根据区域灾害事故特点，选择适当地点储备洪涝、地震、山体滑坡、冰冻雨雪、危险化学品等灾害事故所需的装备物资，以满足区域应急救援的实际需要"。

四是加强救援训练演习。灾害的发生往往是不可避免的，一旦发生灾害，如何积极组织灾后施救，尽可能减少损失程度，就成了灾后危机管理的中心任务。这一任务的顺利完成，不仅取决于灾害危机处理计划的科学与否和领导决策能力的强弱，还与应急救援队伍的训练演习、功能作用发挥，以及灾区群众自救互救的程度密切相关。对此，政府部门应利用全国防灾日或节假日，对各级各类救灾队伍实行单项或综合性训练演习。

五是重视救援人才培养。在加强专业救灾队伍建设过程中，政府主管部门应加强对紧急救援人才职业标准化研究，加大救援人才教育培训工作的力度，发挥组织优势建立广泛的紧急救援人才队伍，以适应救援综合评估、救灾科学规划、救援人力资源管理等实际工作的需要。

转型之二：组建以路桥公司为核心的企业救援队伍。

众所周知，我国从中央到地方都有自己的工程建设队伍，不仅人数众多，而且还拥有较为齐全的救援装备和技术力量。

在抗震救灾进程中，政府部门在大中城市中遴选几支有资质的路桥公司，既能建桥修路，又能防洪抗震救灾，还可以拆除废旧建筑物，足以达到抗震救灾的多、快、好、省的多重目标。因为我国路桥公司遍布全国各大城市，既懂得工程建筑结构又拥有相关大型机械设备，有时比军队武警更加熟悉工程抢险任务。以路桥公司为主体的工程救援队伍，平时不给补贴，参加抢险救灾后，国家可发给补贴，所用物资，实报实销。因此，在加强救援队伍建设的进程中，各级政府部门亟须组建以路桥公司为核心的企业救援队伍。同时，还可采取相同办法，组建电力、通信、供水等企业救灾队伍。

转型之三：构建以社会力量为主体的社会救援队伍。

在抗震救灾进程中，社会力量一般指政府机构之外的工会、共青团、妇联等组织。同时，也包括一定数量的救灾志愿者。汶川抗震救灾实践证明，这两种力量都参与其中，并成为不可缺少的救援力量。这里侧重论述一下构建救灾志愿者的组织管理问题。

我国志愿者活动可以追溯到20世纪80年代，开始在城镇社区服务的层次上，逐步形成社区志愿者服务组织。随后又逐步扩大，在共青团系统中形成全国性志愿者组织。

每逢重大庆典以及商贸旅游活动,政府机关和企事业单位都要广泛组织招募青年志愿服务队伍。据有关资料记载:2008 年北京奥运会期间,我国有数百万志愿者投入各种服务活动;汶川抗震救灾期间,深入灾区的国内外志愿者队伍达 300 万人以上,在后方参与抗震救灾的志愿者人数多达 1000 万以上。① 另据 2009 年 5 月 11 日,国务院新闻办发布的《中国的减灾行动》白皮书:"截至 2008 年底,中国社区志愿者组织数达到 43 万个,志愿者队伍规模近亿人次,其中仅共青团、民政、红十字会三大系统就比上年增加志愿者 1472 万人,年增长率达 31.8%。"②

面对突如其来的重大自然灾害和突发事件,我国志愿者队伍的管理面临最大的瓶颈就是"谁来管"和"如何管"两大问题。一方面,志愿者活动就其实质而言是一种非政府组织行为,在我国公民社会尚有待发育成熟的条件下,政府的推动、支持与扶植,对志愿者服务活动的开展有着决定性意义。另一方面,众多志愿者也希望有机会、有场所用自己的知识、技能回报社会。

对此,政府部门应及时出台相关政策法规,将组建社会群团、志愿者以及相关服务活动交给中国共产主义青年团。因为共青团是广大青年向往的群众性组织,存在近百年,拥有广泛的全国性组织机构作为组织基础,拥有人数众多的团员青年作为社会基础。实践证明,在汶川抗震救灾期间,各级共青团组织出色地完成了构建、管理和使用我国志愿者救灾队伍的重任。

各级共青团组织在宣传、发动和组织各类志愿者队伍(如社区青年志愿者服务队伍、大学生志愿者服务队伍等)时,应采取以下管理措施:

一是要制定严格的规章制度。因为志愿者的服务行为是自由的,工作

---

① 邓绍辉:《汶川地震与我国救灾队伍建设》,《法制与社会》2014 年第 7 期。另见国务院新闻办公室《中国的减灾行动》白皮书,中国网,http://www.china.com.cn/news/txt/2009-5/n/content_17754515.htm。

② 国务院新闻办公室《中国的减灾行动》白皮书,中国网,http://www.china.com.cn/news/txt/2009-5/n/content-17754515.htm。

任务是无报酬的,如果没有一定的规章制度,是很难管理志愿者服务队伍的。所以,各级共青团组织要建立一定的规章制度,创新机制建设,有利于激活志愿服务团体,能够使志愿者在团队的集体活动中得到关怀和温暖。同时,还要制定相关手续,确保每位志愿者参与集体活动,特别是参与带有危险性的救灾活动时,能够得到人身安全保证。

二是要进一步完善其运行机制。例如,在抗震救灾工作中,给他们配发统一的工作证、工作手册;对在服务工作中有突出成绩和贡献者,应进行大力表扬;特别对青年学生志愿者,荣誉能够提升他们的自信,促进他们更好地成长。另外,还可帮助他们寻找工作岗位、帮助他们参加各种优秀先进的评选活动,以及职业培训和职务晋升等。也许有人会觉得为了得到荣誉而参加志愿服务是动机不纯,但作为青年学生,共青团组织应该尊重每一个志愿者的正当需求,社会相关部门也应该为他们的健康成长提供必要的条件和场所。

三是要开展主题鲜明的志愿服务活动。例如:(1)在公共场所为普通群众提供导医、导诊、健康咨询、环境卫生、文明礼仪等服务。(2)在社区和乡村提供诊疗、健康、咨询等志愿服务。(3)利用节假日,开展有针对性的活动。(4)组织各类志愿者参与政府重要会议、大型赛事等活动,提供报到引领、秩序维护、医疗救援等服务。(5)组织各类志愿者参加自然灾害、突发事件等应急救助服务。(6)组织各类志愿者对特殊对象服务。如开展康复辅导、送温暖、献爱心志愿活动。

四是要加强对社会群团和志愿者的组织领导。无论是平时还是战时,各级共青团组织应将社会群团和志愿者建设纳入总体格局,统一规划、统一部署、统一检查、统一考核,并从思想建设、组织建设、队伍建设、项目建设、作风建设五个方面明确工作路径,从领导责任、沟通协调、运行保障、考核评价四个方面完善工作机制。

转型之四:构建以灾区民众为主体的后勤救援队伍。

如前所述,灾区民众是我国防灾减灾工作的主力军。地震灾害发生后，为了加强社会抗震救灾能力，减少灾害造成的损失，有关部门不仅需要建立高效的专业救灾队伍，而且还需要组织灾区民众开展自救活动，实行"两条腿"走路的方针。这是灾害危机管理成败的关键。因为地震、水涝旱灾、污染等重大灾害的发生一般都波及面大、受灾人多、影响地域广，仅靠专业救灾队伍显然是远远不够的，只能治标而不能治本。组织灾区民众自救互救，不仅能够动员全社会的力量抗击灾害，减少自然灾害带来的损失，还可以通过救灾活动增强灾区民众的自信心，为灾后恢复重建工作打下良好的基础。

那么，怎样才能构建以灾区民众为主体的救灾队伍呢？

一是要紧紧依靠灾区党政基层组织。党政基层组织主要是乡村、街道等。这些基层组织在遭到特大灾害时会有破坏，有些需要临时组建，没有遭到破坏的基层党政组织要迅速组织当地民众进行自救互救。其具体组织方式：第一要建立临时互助组织。这种临时性互助组织的主要职能和组织方式，旨在实现对灾后救援工作的统一领导，及时进行灾情的评估分析，防止因灾情的进一步扩大而可能造成的不必要的损失，为从危机阶段过渡到正常阶段做准备。其具体任务包括：在灾害危机爆发后立即进行职责分工，引导群众投入到救灾之中，并与上级组织及有关部门取得联系，协调社会各方力量，以最快的速度抢救受伤人员和寻找正处在危难与紧急状态下的人员，等等。

依靠当地基层党政领导机关构建灾区民众救灾队伍，在抗震救灾初期，显得十分重要。有几项重要工作急需当地基层党政领导机关加以落实。

（1）对当地灾情做出清醒的估计，诸如灾害危机发生的准确时间、地点和强度，灾情还会不会扩大，灾情会向哪个方向发展等，做到胸中有数。如当地震灾害发生后，灾区临时领导机构迅速判断出震中位置、影响范围及其基本强度，可进行救灾部署，减少人员伤亡，并通过对灾情的正确估计制订相应的行动方案和具体措施，尽快稳定和恢复社会的生产、生活秩序，从而减少因为恐震而引起的大面积停工停产。

（2）发动群众进行自救互救。在灾害危机的爆发阶段，能否分秒必争地迅速组织力量抢险救灾，是衡量灾害危机管理成效大小的重要标志。因为在此阶段，抢救时间往往决定着物质损失的大小尤其是人员伤亡的比例。据某部队在汶川大地震中的抢救情况看，地震发生后半天内扒出的人员救活率达95%；第一天扒出的为81%；第二天扒出的降到53%；第三天扒出的又降至36.7%；第四、第五天扒出的则分别降到19%和7.4%；第六天以后扒出的就很少有活人。由此可见，3天之内（即72小时）是抢救地震压埋人员的关键时间，而震后半天之内则是最佳抢救时间。然而，由于主客观条件的诸多限制，外部救灾人员在地震灾害爆发后又很难立刻到达危机现场实施抢救，从而产生救灾迟缓现象。这一方面是因为救灾队伍的集结、救灾物资的准备都需要一定时间；另一方面则在于许多灾害的发生都会造成通信中断和交通阻隔，从而阻碍了救灾人员的进入。如大地震等重大自然灾害爆发后，外部救援人员最快也得半天左右才能到达，山区可能需要更长的时间，其结果势必延误抢险救灾的最佳时机。故此，减轻伤亡、加快恢复家园应立足灾区民居居民众的自救互救。对灾区民众来讲，他们不仅拥有抢险救灾的最佳时间，而且比较熟悉自己周围的地理环境、人口居住状态、重要设施位置以及各种内部和外部条件，容易开展救灾工作。因此，灾区基层党政机关要充分发挥灾区居民自救互救的主动性，组织民众尽快地投入到救灾活动中去，以赢得时间争取主动，减少灾害造成的损失。

（3）建立临时避难所和医疗所，为开展灾区群众性自救互救创造重要条件：转移安置大批受灾群众；转送、救助受伤幸存者；对有心理障碍的患者进行心理危机干预。

（4）要充分发挥灾区民众救援队伍的后勤保障作用。例如，照顾受灾群众生活；为外来救援人员提供居住、生活条件；协助政府部门转运和分发救灾款物；等等。

二是要充分发挥当地预备役民兵的重要作用。灾区预备役民兵是救灾的重要力量。这是因为预备役民兵有严格的纪律，且身强力壮，命令下达后行动迅速，便于统一指挥，有利于对最紧急灾区和重点地段的救援工作。其主要任务是：抢救人员，医疗救护，清理尸体，安置群众生活，恢复灾区组织，维持交通治安秩序等。

在灾后初期，灾区救灾队伍尤其是民兵组织，应归属部队统一协调指挥，以便集中力量，确保救灾重点。灾后迅速组织民兵开展家庭自救、邻里互救、岗位自救与互救，这是争取时间、减轻伤亡和减少损失的根本措施。如唐山大地震时约有近 60 万人被埋压在废墟中，其中约有 70% 的人就是由灾区民兵和当地群众通过自救互救脱险的。据有关资料统计显示：汶川特大地震发生后，灾区群众和预备役民兵早期自救互救脱险人员约占被抢救脱险人员的 80% 以上。由此可见，灾区群众和预备役民兵在汶川抗震救灾中的作用是十分明显的，应当引起政府部门高度重视。

三是要依靠当地的民间组织。就汶川抗震救灾而言，灾区民间组织主要是省、市、县三级红十字会和慈善会等。事实上，在地震救援的各个环节，包括生命救援、伤员救治、生命线恢复、转移安置、心理救助等，以红十字会、慈善会为代表的灾区民间组织发挥了不可或缺的重要作用。

从汶川特大地震和其他救灾活动来看，灾区民间组织有多重作用。（1）帮助政府部门完成许多救援物资的接收、转运、发放等工作。（2）在灾区救灾现场，实行生命救援、伤员救治、转移安置、心理救助等。（3）在灾区内外，实行募捐、筹款等活动。（4）成立临时救灾机构，接待来自四面八方的救灾志愿者，将其安排到灾区最需要的工作岗位。因此，各级政府在构建本辖区救灾队伍的过程中，应充分高度重视、利用红十字会和慈善会等民间组织的地区优势和群众基础。

此外，国外的救灾做法和经验也证明，由民间组织构建的志愿者救援队经过专业培训和精良的装备完全可以胜任各种救援任务，最大限度地减轻各级政府的救灾负担。所以，灾区各级政府有责任对有意愿和有素养的民众组成的救援队实施专业训练，提高他们的专业化水平，进而在救援活动中发挥更大的作用。

总之，要构建灾区民众为主体的救灾队伍，说到底是政府要采取适当方式和措施，积极防范，抵御自然灾害对民众的伤害和困扰，这是政府的法定责任。只有立足于对民众权利恢复和保障的防灾减灾才有坚实的基础，只有确立了这样的指导思想，并在此基础上形成制度安排，才能把各级政府关于建立防灾减灾体系、防范抵御自然灾害的任务落到实处。

转型之五：建设一支高素质的救灾管理队伍。

近年来，我国城镇化进程加快、人口高度集中、财富快速积累，网络信息传递极快，一方面为防震减灾事业的发展奠定了坚实的物质基础；另一方面，各种灾害，特别是地震灾害，表现形式更加多样，破坏效应更加广泛，财产损失也更加巨大，并对经济社会发展和公共安全构成的威胁更加严重。

汶川抗震救灾期间，党中央、国务院对防震减灾工作提出了新要求，全社会希望地震预报取得成功以最大限度减轻地震灾害的愿望空前高涨。痛定思痛，深刻反思汶川地震的经验教训，我国防震减灾队伍在应对此次特大地震过程中的能力水平与任务的急、难、险、重、强度大的矛盾仍然十分突出，暴露出自身能力建设和社会综合防御能力方面存在诸多薄弱环节和不足之处。对此，在现行防震减灾管理体制和运行机制下，我国救灾队伍建设还要特别注重以下几支队伍建设。

1. 培养一支业务精通的管理干部队伍

事业成败，关键在人。事实证明，建设一支政治坚定、素质过硬的救灾管理干部队伍，是党和人民的重托，也是防震减灾工作的迫切需要。对此，政府主管部门应当：

（1）建立防震减灾领导干部理论学习和业务培训制度。通过完善培训制度，充分发挥地震部门领导干部的主人翁地位，在当好党委政府参谋助手的同时，牵头引领政府其他部门共同做好防震减灾工作。

（2）加快防震减灾公务员队伍职业化进程，完善公务员准入制度，提升公务员的执行水平和专业化的管理水平，通过防震减灾公务员这一特殊职业所赋予的使命感、荣誉感、职业心理、职业规范等方面的自觉认同，努力构建防震减灾职业文化。

（3）建立完善的防震减灾工作目标责任制，培养树立防震减灾管理干部的忧患意识和责任意识，要求时刻具备学习能力、观察能力、协调能力，做好各项本职工作，完成由"权力主体"向"责任主体"转变，从而建设一支"靠得住、有本事、能干事、干成事"的防震减灾管理干部队伍。

2. 建设一支规范高效的行政执法队伍

近年来，各级地震工作部门内强素质、外树形象，狠抓基础、强化措施，积极探索、大胆实践，开展了卓有成效的地震行政执法工作。

地震行政执法权力来自于《中华人民共和国防震减灾法》等国家法律法规、地方法规、部门规章为框架的防震减灾法律法规体系。通过汶川抗震救灾和其他救灾活动的多种考验，灾区各级党委政府高度重视地震工作，健全了地震工作机构，增加了事业编制。因此，要以此为契机，突破地震部门只选择地球物理、地震等相近专业人才的框框，按照地震行政执法岗位的需要，接受一批思想素质好、敢创敢干的军转干部和行政管理干部，招录一批法律专业的本专科学生，通过岗位培养和训练，逐步建立一支作风正派、懂法守法、精通执法程序的地震行政执法队伍，以加强建设项目抗震设防管理，保证新改扩建重大建设项目和建（构）筑物的地震安全，并进一步规范地震行政审批程序，简化审批手续，缩短审批时间，提高办事效率，树立地震部门的新形象。

3. 建设一支反应迅速的地震现场科研队伍

众所周知：监测预报、工程防震和灾情研判是我国防震减灾三大专业性很强的技术工作，均离不开科技人员。其中监测预报是防震减灾工作的基础和首要环节，是做好震灾预防和紧急救援的前提，它的突破依赖科技的创新；工程防震是防震减灾工作的重点和重要途径，其成效取决于防震减灾法律法规执行力度和社会地震安全意识的提升；灾情研判是直接减轻地震灾害损失的关键和最后防线，其处置成功与否，一方面取决于主管领导的决策能力和责任意识，另一方面也取决于地震专家和相关科技水平的发展。

汶川 8.0 级地震后，国家地震局和各省级地震局地震现场工作队在第一时间赶赴现场，是震后第一时间赶到灾区的第一支国家级应急队伍，也是十多年来国家地震局出动专家最多、携带装备最全、反应速度最快的一次行动，并按照技术规范开展了流动监测、震情分析、烈度考察、灾害损失评估、科学考察等工作，取得了丰富的观测资料和灾害调查数据，为我国抗震救灾和恢复重建等工作作出了贡献。

要建设精干高效的地震现场工作队伍，就必须充分发挥地震系统的优势，建立区域应急协作联动工作机制，很好地整合配置资源，形成合力，继续推行少震省份技术人员赴地震现场锻炼工作制度，加大地震现场技术人员的应急实战经验，充分发挥"传、帮、带"作用，使其能通过一两次的锻炼熟悉现场工作，从而带动整个系统地震应急现场工作队伍整体能力的提高。

要建设精干高效的地震现场工作队伍，还必须经常开展地震应急演练。近年来，为检验预案可行性，强化干部职工应急意识，提高地震应急处置能力，按照"宁可备而无震，不可震而无备"以及"召之即来，来之能做，做之有效"的要求，四川地震局结合四川区情、震情、灾情和民情，通过地震前后方指挥部各应急工作组内部成员角色互换、小组间交叉演练、前后方指挥部协同、应急指挥部与地市地震局之间配合组织开展了包括短信集合、桌面推演、专项梯次演练、群众避震逃生演习和多部门综合演练在内的一系列地震应急演练，全面磨合和检验地震现场应急工作队伍的协调配合，锻炼和培养应急人才，显著提升了全局的应急素质和反应能力，逐步形成了一支业务精、素质高、能战斗的队伍。

要建设精干高效的地震现场工作队伍，还必须有针对性地开展对应急救援人员的培训，着重培养能够熟练掌握或自主开发地震灾情信息快速收集发布技术、地震灾情快速评估技术、重要工程设施预警与紧急处置技术、地震应急管理理论的应急人才，组织安排优秀年轻科技人才到应急救援部门学习或到相关单位进行短期培训，培养一批能够胜任处理突发地震事件的技术骨干，并充分利用国内外资源，创造条件，安排优秀中青年骨干人才到相关应急救援部门学习锻炼或聘请国外专家来华讲学、执行合作项目，派遣骨干力量出国学习等不同方式提高地震现场工作队伍的工作能力。

转型之六：全面提高救灾队伍的实战能力建设。

通过汶川和其他抗震救灾活动，我国救援队伍建设应在制度管理、培训使用、指挥协调等方面狠下功夫，全面提升其基本素质和实战能力。

在制度管理上，政府部门应采取以下具体措施：

一是要围绕"一队多能"打造救灾队伍。如前所述，在近期建设目标上，政府部门要努力打造五支救灾队伍。（1）建立以国家地震灾害紧急救援队为核心的地震专业应急救援队伍（包括现有省级地震灾害紧急救援队）。（2）建立以公安特警、公安消防、公安交通为骨干的公安系统救灾队伍。（3）建立以工程建筑为代表的行业救援队伍（包括防汛抗旱、矿山、煤田、石油、森林消防救护等）。（4）建立以共青团组织为核心的社区志愿者救援队伍。（5）建立以灾区民众（包括当地民兵在内）为核心的后勤救援队伍。①

对于以上五支救灾队伍，政府部门要切实贯彻"一队多用、资源共享、专兼结合、平战结合"的原则，进一步完善地震应急救援救助体系，形成具有广泛社会基础、协调统一的救援力量。

二是要临时动员与常态组织相结合。在各级政府部门的支持下，我国有些非专业应急队伍组织体系相对完备，有相对固定的办公机构、队伍、装备、资金等要素。如有政府资金支持、实际接受公安部门领导的合同制消防队伍，有军分区领导组织的预备役民兵队伍等，也有在突发事件来临时依靠城镇基层社区临时动员组织的志愿者队伍。对此，有关部门应将常态组织和临时动员有机结合起来，灵活使用。

三是要提供足够财政经费支持。对于以上多支救援队伍，政府部门应通过行政、经济等手段，直接地确保专业救灾队伍和公安系统救灾队伍的经

---

① 参见邓绍辉：《汶川地震与我国救灾队伍建设》，《法制与社会》2014年第7期。

费拨付；同时，还要通过行政、法律等手段，间接地指导企事业单位和社区
基层组织加大救灾资金投入力度，确保临时救灾队伍的组建运行，并配备相
应的救灾装备及器材。在抢险救灾期间，政府部门还要适度寻求社会各界对
应急救援队伍（包括志愿者在内）提供相关条件的大力支持。

四是要健全救灾人员奖罚机制。从此次汶川抗震救灾的参加者来看，
既有公务员、军人、武警和公安干警等公职人员，也有普通的农民、工人、
大学生及社会志愿者。怎样才能继续发挥他们在抗震救灾中的积极性和主动
性呢？政府部门除了大力表彰先进人物和先进事迹等外，还应建立和实施长
效的激励惩罚机制。

公职人员参加救援行为属于正常执行公务，对于有突出贡献者，政府
主管部门理应从荣誉和物质两方面进行适当奖励；对于有渎职行为的公职
人员，轻者要撤销或免除其公职，造成重大损失者，还要依法追究其法律
责任。

对于非公职人员，特别是对普通民众参与救援，作出突出贡献者，政
府主管部门既可给予荣誉奖励，也可给予一定的物质奖励。例如，有一批来
自四川达州的建筑工人正在汶川县映秀镇工地上干活，闻讯地震后，及时抢
救了被压埋者50人。这些普通民工，虽需要社会荣誉，但对他们而言，物
质奖励可能比荣誉奖励更能解决实际问题。

北京、上海、天津等大城市，有些单位在招聘公司员工、保安，录用
公务员时，同等条件下优先聘用、录取有良好记录的志愿者。其他一些省区
对在参与抢险救灾和突发事件中立功的志愿者也出台了一些优惠办法。以上
优惠办法的制定和实施，值得在全社会大力推广。它有助于进一步激励社会
普通人员和志愿者参与防灾减灾和其他公益活动的积极性。

在培训使用上，政府部门要采取以下具体措施：

（1）要制定和实施相关培训计划。如编制培训教材、落实培训经费、
组织培训工作。地震灾害和公安系统等紧急救援队伍要加强平时基本训练，
以提高在各种困难复杂情况下的紧急救援能力。社区救援志愿者要开展应急

培训，按照预案要求，适时组织地震应急演练，提高和检验地震应急反应能力。对社会公众要经常进行防震减灾科普知识宣传，进行地震灾害时自救、互救技能的培训和演练，努力提升其防震减灾能力。

（2）要提供必要的安全保障。无论是专业救援人员，还是非专业救援人员，在发生突发事件的紧急时刻，都担负着抢救人民生命财产、处置突发事件的重要职责，是一项高风险的工作。仅就地震而言，余震塌方、滑坡、泥石流等危害随时降临，有的救援人员还要付出生命代价。对此，有关部门应为这些救援人员提供必要的安全保障，减少其参加应急救援时的人身风险，使其全身心投入应急救援工作。

另外，政府部门要加强对救援队伍的心理危机干预。地震应急救援队伍有时要面对死亡等一系列悲惨情景，平时训练及救援过后都要对救援人员进行心理危机干预，必要时，政府部门可采用物质和精神上双重激励办法，以确保其身心健康。

（3）要进一步整合社会救灾力量。例如整合企事业单位应急救援人员。近年来，我国大中型国有企业已建成建筑、电力、危化、船舶、通信等应急队伍，分别承担本单位的综合应急救援、应急抢险、应急保障等任务，在企业组织自救、互救或他救等方面发挥了重要作用。

又如整合基层社区治安联防队伍。各地公安机关通常都采用筹建辅警、联防队伍的形式来解决基层警力不足的问题，并构建了城镇社区群防群治机构体系。在应对自然灾害和突发事件时，基层社区治安联防队伍也可发挥应有的作用。

再如整合非专业卫生人员。非专业卫生人员虽无从医资格，但在医疗救助、卫生应急救援中可为抢救生命、减少伤者痛苦等赢得抢救时间。对此，政府部门应给予重视和支持。

在指挥协调上，政府部门应采取以下具体措施：

（1）强化应急指挥中心的管理职责。地震灾害具有综合性、突发性、一次性等特点。在这方面专业和非专业救援队伍有着丰富的抗震救灾经验，应急指挥中心要充分发挥项目管理职能，统一配置人力、物力等作用。当今，我国大中城市都有"110"、"119"等不同应急信息平台，可用现代化信息网络手段对其进行整合，构建各种救灾信息平台，为灾害处理提供准确的信息。

（2）要合理配置救灾队伍。一般情况下，发生在城市人口稠密地区的地震，其破坏面会涉及交通、通信、生命线工程、工矿企业设施、市政工程、大众传播工具和各类居民生活设施等，因而救灾活动必须要有一定数量的专业技术人员参加。例如，汶川抗震救灾就具有很高的技术要求，我国政府提出了全国各专业系统对口包干救援战略，积极组织电力、通信、公路、铁路等部门和有关省区，分别承担了所属系统工矿企业及市政公用设施的抢修和恢复重建工作。

（3）要充分发挥各自特长。众所周知，专业救援队伍的特长是攻坚克难，要重点将其使用在抢救被压人员、抢救重要物资等方面；公安系统救援队伍的长处是维护交通线畅通、防止火灾、防化学物质泄露、防污染等方面；建筑工程救援队伍的长处是维修、抢修生命线（如供电、供水、修路）等基础设施方面；共青团组织的志愿者队伍用途较为广泛，主要用于现场抢险、急救伤员、分发物资、维护公共秩序等方面；灾区民众（包括民兵在内）主要用于自救互救、后勤生活保障等方面。对于每支队伍的管理使用，政府有关部门应保持救灾工作"一盘棋"，充分发挥其长处。

在抢险救灾现场，专业和非专业人员的使用有所不同。非专业的救援人员对坍塌的建筑物内是否存在幸存者缺乏辨别经验，因而可能导致一些受伤人员失去最佳抢救时间。而专业搜救人员掌握正确的搜救知识和技巧，拥有专业的搜救工具和丰富的搜救经验，能将有关危险降至最小，并提高受伤人员的生还率。对此，政府部门应尽量派经验丰富的专业人员承担一线抢险救灾任务，而让非专业人员尽力承担运送伤员、提供生活用品以及安排安置点等工作。

（4）要合理配置军民救灾队伍。在抢险救灾中，我国现有武装力量——常备军主要担负现代战争的主要任务，武警部队则主要负责国内治安。若将部分武警部队转化为救灾部队，配备必要装备，承担一些自然灾害和突发事件的抢险任务。既不会因为天灾而损害国防建设，又可发挥自身的优势特长。相比大规模运用精锐常备军，武警、预备役民兵多在本地，距离近，地形熟，可以快速到达和部署。实践证明，在救灾过程中实施常备军与武警、预备役民兵三者相结合的救灾队伍配置，好处较多。

（5）要确保现场救灾与后勤保障的合理配置。现场救灾是抗震救灾主战场，既离不开物质救灾，也离不开精神救灾。在震灾破坏造成救灾现场封闭的状况下，救灾队伍所需要的各类物资、能源，都必须由外部输入。因此，是否具备强大的后勤供应系统，就成为现场救灾成败的关键。

诚然，在实现救灾现场与后勤保障的有机配合过程中，必然要受到许多制度性障碍和具体工作因素的影响，其中最重要的是救灾款物的筹集、转运和分配。在现行举国救灾管理体制和运行机制下，我国政府动员与社会动员能够最大限度地动员全国的人力、物力、财力和智力投入救灾活动，足可为救灾现场提供强大的后勤支援保障。

总之，救灾队伍建设是整个救灾事业的重要一环。通过以上诸多问题的系统分析论述，政府部门要从地震社会学和救灾制度转型的战略高度，努力打造由政府直属、社会力量和志愿者三者组成的构成合理、分工明确、装备精良、行动迅速、一队多能的救灾队伍，同时还要重视灾区民众在抢险救灾和后勤保障中的作用，以适应救灾管理工作的实际需要。

第四章　汶川地震与救灾医疗制度

　　救灾医疗是指医护人员对自然灾害及突发事故挤压、创伤、急症等伤病员进行紧急救护处理，以抢救其生命、减少其痛苦的行为过程。

　　救灾医疗是抢险救灾工作的重中之重。从汶川抗震救灾全过程来看，救灾医疗工作大致可分为两个阶段：第一阶段是以抢救灾区伤病员为主；第二阶段则是对灾区群众和居民区进行卫生防疫以及防止次生灾害、瘟疫等发生，尽快恢复灾区正常生产和生活秩序。

　　汶川特大地震烈度高、灾区面积大，生命救援面临的任务重、困难大。本章着重就汶川抗震救灾期间我国医疗卫生救护工作所发生的巨大变化、存在问题以及改进措施等，进行具体分析论述。

第一节　救灾医疗制度的变化

　　在汶川抢险救灾和灾后恢复重建过程中，我国医疗卫生救护工作在医疗组织、医疗抢救、医疗设备、医疗技术、卫生防疫、国际医疗合作等方面，与以往救灾活动相比，发生了一些新变化。

　　变化之一：救灾医疗组织指挥高效有力。

　　汶川特大地震发生当日下午，国务院抗震救灾总指挥部责成卫生部牵头组建医疗卫生防疫组，"具体负责医疗救助和卫生防疫；紧急部署组织医疗救护队伍，调集医疗器械药品，开展对受伤人员进行救治；检查、监测灾区饮用水源和食品状况；防范和控制各种传染病等疫病的暴发流行等"①。

随后，卫生部一面迅速组建医疗卫生防疫组，紧急部署和指挥中央各系统卫生力量，开展医疗卫生救援工作，一面从北京、天津、山东、江苏、重庆等14个省（市）卫生系统紧急抽调361人，组成38支医疗队携带医疗救援物资，相继赶赴四川灾区协助当地救治伤员。

随后几天，卫生部先后从全国各省（区、市）和新疆生产建设兵团调派17695名医疗防疫人员，组成近千支救灾医疗队，调集救护、防疫和监督车辆、血液、消毒药品、疫苗、食品和水质检测设备，支援地震灾区医疗防疫工作。其中卫生防疫组成员单位农业部、质检总局、食品药品监管局、中医药局以及电监会等有关部门，均派出各自系统的医疗卫生专业救援队，参与地震灾区医疗救治和卫生防疫等工作。据记载：国家质检总局组织总局和直属单位及全国各地检验检疫局组建39支卫生防疫队，国家电网组建13支抗震救灾医疗分队，中国水电建设集团组建12支医疗队，农业部与四川省联合9支部、省级联合动物防疫应急分队，安全监管总局矿山救护中心派出14支医疗分队，中国民航总医院派出2批医疗分队，公安边防部队派出4支医疗救援队，相继赶赴灾区各地参加医疗救治工作。②

解放军总后卫生部先后派出397支医疗卫生救援队伍共7061人赶赴地震灾区参加医疗救治、卫生防疫和心理救助，有39所军队医院参加地震伤员的接收救治。与此同时，总后卫生部还组织医学专家指导团，分赴28所收治灾区伤员的军队医院进行救治技术指导。武警部队后勤部卫生部在地震发生当天，立即成立抗震救灾卫勤保障领导小组，先后派出四川、甘肃、陕

---

① 参见《汶川特大地震抗震救灾志》卷七《灾区医疗防疫志》，方志出版社2015年版，第3页。

② 参见《汶川特大地震抗震救灾志》卷七《灾区医疗防疫志》，方志出版社2015年版，第44页。

西、重庆等 14 个武警系统医护人员 655 名，组成 38 支医疗防疫队，赶赴灾区各地参加救护工作。①

汶川震后 1 小时，四川省属急救中心的第一支医疗救援队按照四川省委省政府"全力救治伤员"的重要指示，迅速赶赴灾区。灾后 2 小时，四川省卫生厅派出 28 支医疗和防疫队伍赶赴灾区；灾后 6 小时，卫生部领导、分管省领导、省卫生厅领导赶赴重灾区现场指挥救治伤员；灾后 12 小时，省卫生厅紧急从全省抽调 400 余名医护人员分 96 支医疗队赶赴灾区各地；灾后 24 小时，部省级卫生联动指挥体系正式启动；灾后 72 小时，四川省实现了 11 个重灾县医疗救援的全覆盖，3.58 万名医务工作者大集结灾区各地。②

5 月 14 日下午，四川省"5·12"抗震救灾指挥部下设医疗保障组，由省卫生厅、省政府办公厅、省经委、省中医药管理局、省食品药品监督管理局、省医药公司等单位组成，负责统一指挥全省医疗卫生救援工作。

与此同时，甘肃省卫生厅在地震发生后，紧急通知各市州卫生局和省属各医疗卫生单位做好救援准备。灾区各医疗机构积极开展自救，及时抢修设备，搭建临时病房和手术室，全面开展伤员救治，截至 6 月 12 日，累计收治伤员 9940 人。

陕西省卫生厅紧急部署本省灾区医疗救治工作，一面迅速组建医疗救援队伍，奔赴重灾区宁强县；一面又向四川省广元灾区派出医疗救援队，并将四川伤员转至陕西省医院救治。

以上事例充分表明，汶川特大地震发生后，中央与地方救灾指挥部相继组建救灾医疗卫生组，调派大批医务人员赶赴灾区各地，为灾区医疗卫生救灾工作的顺利开展，提供了坚强有力的组织领导和人力保证。

---

① 参见《汶川特大地震抗震救灾志》卷七《灾区医疗防疫志》，方志出版社 2015 年版，第 4 页。

② 参见《汶川特大地震抗震救灾志》卷七《灾区医疗防疫志》，方志出版社 2015 年版，第 55—56 页。

变化之二：救灾医疗转运成效显著。

在汶川抢险救灾过程中，灾区各地大批伤员的急救、治疗、转运工作曾按三个层次进行。[①]

第一个层次是把灾区现场的伤员简单急救后尽快转到灾区医院。这一时段，四川省抽调医务人员 3.5 万人奔赴灾区，共收治地震伤员 68700 余人，其中重伤员 14400 余人。[②] 在"救人黄金 72 小时"，一些伤员在经过现场急救处理后，被快速转运到灾区医疗机构和省内各大医院进一步治疗。极重灾区县、乡、村三级卫生机构在道路和通信中断、无法外转的 72 小时内，共收治伤员 28340 人。

第二个层次是把灾区医院的伤员向省内医院转运。据有关资料记载：这一期间，"四川灾区收治地震伤员的医院 350 余家，其中卫生部直接管理和省直属医院 19 家、市州级医院 42 家、县级医院 150 余家、乡镇卫生院 90 余家、解放军和武警部队医院 5 家、工矿和民营医院 40 余家，以及一些在极重灾和重灾县（市、区）建立的野战医院，参加院内伤员救治的医务人员达到 10 万人左右。截至 10 月底，四川 19 家部（省）级直属医院（不含成都军区总医院）共收治地震伤员 11681 人，住院伤员 7271 人，其中重伤员 2434 人；施行手术 3763 台次，出院 6564 人，院内死亡 57 人"[③]。

第三个层次是向全国各大医院远途转运汶川地震重伤员。这个层次的转运工作具体是由卫生部负责指挥协调。为了减轻四川省救治伤员工作压力，同时使伤员获得更好的救治，卫生部制定了《四川省汶川地震伤员转运工作方案》。从 5 月 17 日至 31 日，卫生部与四川省卫生厅、灾区医疗卫生

---

① 参见四川省卫生厅：《关于做好地震受伤人员转诊转院工作的通知》，川卫办发〔2008〕21 号。

② 参见《汶川特大地震抗震救灾志》卷七《灾区医疗防疫志》，方志出版社 2015 年版，第 198 页。

③ 《汶川特大地震抗震救灾志》卷七《灾区医疗防疫志》，方志出版社 2015 年版，第 245 页。

组密切合作，"通过21次专列、99架次包机和万余次救护车，出动5000多人，向北京、天津、河北等20个省（区、市）375家医院转送了10048名危重伤员，同时安置陪护家属9099人"①。

以上三个层次的伤员急救、治疗、转运工作都动用了大量的先进手段设备，现场医务人员约有55000名医生护士，120系统的救护车有1500辆，其他系统参与救治的救护车有6000辆。② 无论是从急救治疗区域广度，还是从转运伤员数量，都创下了我国非战时伤员转运的最高历史纪录。

为了抓好地震伤员康复工作，卫生部调集53名专家来川指导，先后对600余名康复从业人员进行了技术指导和培训。"地震后4个月累计收治康复伤员1370人，开展医学心理治疗72970人次，安装义肢、矫形器及辅助器具556人，完成安装义肢、矫形器及辅助器具测试的残疾伤员708人。"③

5月17日至31日，四川省卫生系统领导按照胡锦涛总书记关于"及时将部分能够安全转移的伤员送往外省市条件较好的医疗机构救治"的重要指示和省委、省政府统一部署，先后向全国20个省市转送10048名重伤员。后来，随着伤员病情的逐步好转，又将其转回省内，实现了我国历史上非战状态下最大规模的伤员转移救治。

本次地震伤员转运工作是一次全国各个系统大协作的结果，既有解放军在第一时间用直升机进行大量伤员的转运，也有民航部门的转运，还有铁路公路调运部门的转运。另外在转运过程当中，许多志愿者做了大量的工作。

截至10月13日，"四川省累计住院伤病员419.5万人次，累计住院伤员91177人，其中重伤员16563人；治疗出院伤员88135人；开展手术

---

① 《汶川特大地震抗震救灾志》卷七《灾区医疗防疫志》，方志出版社2015年版，第294页。

② 参见陈维松：《灾区伤员转运分三层次是危重症抢救史宝贵财富》，中国网，www.china.com.cn/news/2008-07/18/content_16033254.thml，2008年7月18日。

③ 四川省卫生厅：《四川抗震救灾医疗卫生工作概述》，《成都医学院学报》2008年第4期。

39689 台次；巡诊服务 73 万人次；开展医学心理治疗 97969 人次；累计抢救危重伤员 10533 人"①。其中四川大学华西医院、省人民医院住院危重伤员极低的死亡率曾受到中央和地方领导的高度赞扬。世界卫生组织驻华代表韩卓升说："我亲眼见证了医疗工作者的英勇气概和职业道德。我被他们的奉献精神深深打动，即使自己遭受了严重损失，他们仍坚持履行义务。"②

鉴于汶川地震灾害的特殊性，灾区各地还普遍采取了对伤员免费救治的措施。

变化之三：首次大规模采用心理危机干预技术。

心理危机是指当事人的身体和精神状况由于突然遭受严重灾难、重大事件的打击而发生恐怖性变化，即出现用现有的生活条件和经历阅历都难以克服的困难，以致陷于痛苦不安状态，常伴有绝望、麻木不仁、焦虑，以及植物神经症状和行为语言障碍。③

汶川特大地震使八万多同胞罹难，百万家庭流离失所，两千多万人直接受灾，给灾区许多居民带来了严重的心理危机。据有关部门调查：在灾区居民中，"有高达 67% 的成年人具有恐惧感，33% 的受伤者具有较高的忧郁哀伤情绪。尤其是自己和亲人受伤以及失去亲人的成年居民的情况更为严重，约有 62% 的人具有更为严重的'创伤后综合征'。而在 17 岁以下的未成年人中，42.3% 的人处在地震发生的心理冲击影响中，22.1% 受到地震的影响比较大，应当给予特殊的长期的关照"④。另据记载：中山大学第三附属医院医疗队通过走访、调查问卷、面对面访谈等调查手段发现："将近 48% 的灾区群众存在明显的心理问题，有 13.39% 的灾区群众有创伤后应激障碍，其中有至亲丧失的占 42.86%，高于整个走

---

① 《四川地震致残 7000 余人大部分伤病员治愈出院》，新浪网，2009 年 5 月 7 日。
② 《世卫官员高度评价地震灾区医疗体系重建工作》，新华网，2008 年 6 月 20 日。
③ 参见邓绍辉：《汶川地震与科技救灾》，《中国科技信息》2013 年第 20 期。
④ 陈丽：《关于构建灾后心理救助综合体系的思考》，《社会科学研究》2009 年第 4 期。

访人群的发病率。"①

针对汶川特大地震造成大批受灾群众（特别是受到伤残较为严重的群体或个体）产生的心理危机，我国救灾医疗首次大规模采用心理危机干预技术。

1.部署心理卫生服务工作

5月13日，四川省精神卫生中心招募志愿者70余人，经短时培训后，奔赴绵阳市九洲体育馆、南河体育馆、长虹培训中心、市医院等灾区群众安置点和伤员救治点，开展心理卫生服务工作，同时利用当地广播媒体，全天候滚动播出心理健康科教宣传节目。

5月17日，卫生部委托中国疾控中心精神卫生中心（北京大学第六医院）派出第一支心理危机干预队伍7人到达绵阳和成都，负责收集信息和配合当地工作。18日卫生部专家对各省心理危机干预骨干300人进行为期一天的培训，筹备支援灾区的人员力量。19日，卫生部发出《紧急心理危机干预指导原则》，明确心理危机干预的组织领导、干预原则、工作内容以及相关的工作程序，要求心理救援医疗队按照一定的专业构成组建心理医疗救援队和救援地点心理危机干预队伍，到达指定救灾地点后，及时与救灾地的救灾指挥部门取得联系，统一安排救灾地点的紧急心理危机干预工作。

5月20日，中国红十字会总会心理救援队、中科院心理所心理救援队相继抵达四川绵阳，针对地震给人们造成的心理创伤进行心理干预。

5月22日，卫生部成立心理危机干预医疗总队统筹协调已入川的各省心理危机干预医疗队。总队组建8支省外心理危机干预医疗队，成员来自北京、上海、天津、广东、辽宁等省（区、市）的200余名精神卫生和心理卫生专业人员，招募志愿者600多人，分批赶往灾区各地。

---

① 梅智敏：《近半数灾民存在心理障碍，跟踪观察将达3到5年》，《南方日报》2008年6月3日。

2. 培训心理卫生服务人员

卫生部除 5 月 18 日初次培训后，又于 7 月 10 日至 13 日在成都市举办中澳心理危机干预医疗队长与志愿者骨干培训班。培训学员 258 人，费用由澳大利亚政府提供。截至 12 月底，四川省卫生厅先后培训卫生服务人员 600 余人。四川大学华西医院组织 5 期心理危机干预培训班，培训人员 1150 人。成都、德阳、绵阳、广元、阿坝、雅安等灾区各地也举办多期培训班，培训了大批心理卫生服务人员。其中成都市举办灾后卫生知识培训 48 场，培训 6368 名专职人员、社区卫生服务中心（站）和乡镇卫生院的相关人员。据不完全统计：5 月 13 日至 7 月 26 日，四川灾区参加心理危机干预培训的人员有 9800 多人，其中包括医务工作者、心理咨询工作者和志愿者。

5 月 24 日，甘肃省卫生厅、甘肃心理卫生协会在兰州举办首期灾后心理危机干预培训班，培训学员 300 余人。同时派出甘肃省心理卫生救援队 6 人到达天水，100 多名医务人员接受了培训。26 日，甘肃省卫生厅在武都、舟曲等地举办 7 期医疗培训班，培训人员 800 多人。

3. 开展心理卫生辅导工作

从 2008 年 5 月下旬开始，卫生部心理危机干预总队在德阳、北川、什邡、青川、都江堰等几十个临时居民点开展工作，覆盖人口约 14 万。另外，200 多名专业人员在灾区从事心理援助时，还承担了 8 项重要国际及国内灾后心理危机干预项目，项目基本覆盖了四川省所有极重灾县以及陕西省宁强、甘肃陇南灾区，直接受益人数约 500 万。

5 月 16 日至 19 日，华西医院先后派出 8 支队伍到德阳、北川、都江堰、什邡等地学校，为从灾区转移出来的师生 3000 余人进行了心理卫生服务；5 月 13 日至 10 月底，中国红十字总会、香港无国界组织等派出的心理救援队、专家在绵阳、安县、梓潼等学校，开展心理援助工作，受益者达 5000 多人；成都市精神卫生中心采取家庭访问的方式，多次前往都江堰市主要城镇的遇难学生家中，对 2000 余名学生家长开展心理危机干预心理治疗工作。其中对 23 名存在焦虑、抑郁等严重情绪症状的遇难学生家长，采取结合支持治疗、认知疗法及家庭治疗等综合心理治疗方式，并配合适当的药物治疗，进行了 108 人次的重点心理危机干预，使多数家长心理状况显著改善与基本稳定。①

6 月 21 日至 24 日，济南军区第 91 医院仅在汶川抗震救灾期间，开设讲座 40 余场，心理干预 1100 余名官兵，为部队注入了一支"强心剂"。心理科组建 54 年来，他们治愈患者上万人，为社会创造了和谐环境，为家庭带来了欢乐，为个人找到了生活信心。②

4. 发放心理健康宣传资料

2008 年 5 月底，天津师范大学心理与行为研究院举办"汶川地震心理健康专家研讨会"，与会的心理学家将组织力量在一线救援人员中开展"如何了解灾民心理"、"灾难后应激障碍的干预策略和方法"等专题培训，同时对参与救援的军人、医护人员、志愿者等进行心理健康宣传和教育。在会议期间，专家们还共同编制完成一本高质量的《心理救援手册》，分别面向灾区群众和抗震救灾人员录制了两套《心理救援和自助指南》光盘。③

变化之四：灾区卫生防疫工作逐步正常化。

从 5 月 15 日起，四川、甘肃、陕西三省各级卫生防疫部门采取多项措施，强化灾区各地卫生防疫工作。

1. 构建灾区联动卫生防疫机制

至 5 月 27 日，四川灾区实现对 21 个极重灾和重灾县（市、区）、446 个乡（镇）、4183 个村卫生防疫全覆盖。至 8 月底，四川省 21 个市（州）共派出卫生防疫人员 6000 余人、卫生监督人员 5000 余人，到灾区各地参与

①　参见《汶川特大地震抗震救灾志》卷七《灾区医疗防疫志》，方志出版社 2015 年版，第 378—382 页。

②　参见阮煜琳：《揭秘军队心理医护汶川地震心理干预 1100 余官兵》，中国新闻网，2010 年 11 月 19 日。

③　参见阮煜琳：《汶川地震三周年：中国成功展开大规模心理救助》，中华人民共和国国务院新闻办公室网，www.scio.gov.cn/m/ztk/xwfb/33/11/Document/909433/909433.htm，2011 年 5 月 10 日。

卫生防疫工作。[①] 与此同时，甘肃、陕西、重庆、云南、宁夏等省（区、市）受灾地区，也采取多项措施，启动卫生防疫机制，实现了重点县、乡、村卫生防疫工作的全覆盖。

2. 开展群众性爱国卫生运动

9月17日，四川省政府召开电视电话会议，要求灾区各级政府部门迅速开展"秋季爱国卫生运动"，并在极重区和重灾区分别开展受灾群众安置点、城乡居民区、学校机关、公共场所等地重点卫生整治。在开展爱国卫生运动期间，四川灾区各地出动防疫宣传人员82703人次，发放各类宣传资料1591万余份，以通俗易懂和喜闻乐见的形式，普及卫生防病知识，引导群众养成良好的卫生习惯。[②]

3. 严防疫情疾病传播

在抗震救灾期间，灾区各级卫生防疫部门在乡村居民点、过渡安置点实行了严格的巡查制度，对发烧、咳嗽、腹泻、皮疹等症状进行适时监测和预警预测，对可疑病症进行追踪检查，及时排查病例有无聚集性；建立了重点疾病日分析、周分析和月分析机制，对发现的苗头性问题，及时派出专家现场指导；对问题比较集中的地方及时下达整改通知书，督促落实卫生防疫措施。

4. 保障饮用水和食品安全

有关部门单位派出相关专家蹲点重灾县具体指导饮用水、食品监督监测；对灾区群众安置点，开展饮用水卫生监督监测，并实行通报制度，督促追踪解决发现的问题；对安置点集中供餐、灾后恢复餐馆（包括学校食堂）

① 参见《四川省人民政府新闻办公室8月18日抗震救灾新闻发布会》，中华人民共和国国务院新闻办公室网，www.scio.gov.cn/xwfbh/gssxwfbh/xwfbh/sichuan/Document/317448/317448.htm，2008年8月19日。

② 参见《四川省人民政府新闻办公室8月18日抗震救灾新闻发布会》，中华人民共和国国务院新闻办公室网，www.scio.gov.cn/xwfbh/gssxwfbh/xwfbh/sichuan/Document/317448/317448.htm，2008年8月19日。

等进一步强化餐饮环节监督检查，严防食物性中毒事件的发生；针对学校开学复课，加强对学校的饮用水、食堂供餐监督检查；针对灾后恢复重建工地大量施工人员进入，监督人员驻点对集体用餐和饮食卫生监督监测。①

5.适时恢复正常医疗卫生工作秩序

7月底，四川省卫生厅要求灾区过渡期临时医疗卫生机构要根据过渡期进度情况实行周报制度。截至9月15日，灾区卫生系统规划建设活动板房31.64万平方米，已建成30.87万平方米，占规划总数的97.56%。100%的县级和95%的乡村医疗卫生机构通过加固维修、新建活动板房、租用临时业务用房等方式解决了业务用房。在卫生部和全国卫生系统的支持下，四川灾区已累计调配各类医疗设备、器械、耗材17万余件，医疗药品46.98万余件，灾区各级医疗卫生单位的医疗救治、卫生防疫和监督执法检测等设施设备装配和使用基本恢复到震前水平。②

6.加强医疗卫生队伍的补充配备

据统计：灾后1个月，在四川省重灾区开展工作的医疗卫生人员共44511人。省外、省内各支援人员已于7月初和8月初全部部署到位并与部队交接完毕，共有3127人，是重灾区原有卫生技术人员数的15%，是因灾减员人数的14倍。③

7.切实保障医疗卫生补助款落实到位

灾区各地形成制度按月及时结算灾区伤员紧急医疗救治费用，到7月已结算补助到位4.2亿元。④7月17日，省财政及时下拨了重灾区县乡村公

---

① 参见四川省卫生厅：《四川抗震救灾医疗卫生工作概述》，《成都医学院学报》2008年第4期。

② 参见四川省卫生厅：《四川抗震救灾医疗卫生工作概述》，《成都医学院学报》2008年第4期。

③ 参见四川省卫生厅：《四川抗震救灾医疗卫生工作概述》，《成都医学院学报》2008年第4期。

④ 参见四川省卫生厅：《四川抗震救灾医疗卫生工作概述》，《成都医学院学报》2008年第4期。

共卫生专项经费和灾区困难群众过渡性医疗照顾措施补助经费 2.3 亿元。同时还向 18 个重灾县下拨了 24 亿元地方财力补贴,要求县级政府将其中部分资金应用于县、乡、村三级医疗卫生机构补助。8 月 27 日,全省召开灾后恢复重建培训会议,明确要求市、县卫生局准确掌握经费缺口情况,积极向当地政府汇报争取支持。①

以上诸多事例表明,灾区各地卫生防疫工作取得了阶段性成果。

变化之五:灾区医疗卫生服务能力显著提升。

1. 借助援建提高灾区医疗服务能力

汶川特大地震发生后一个月,四川省卫生厅先后接受来自全国各地和解放军、武警部队超过 120 支医疗队,9000 余人的医疗支援。6 月中旬至 8 月中旬,四川省对口支援医疗防疫监督人员到位 2612 人。其中省内对口支援到位 353 人,省外对口支援到位 2259 人。到 8 月底,在四川极重灾区和重灾区开展医疗卫生援助工作的医疗卫生人员有 44821 名。

当时,承担对口支援任务的各省市也派出相关人员,帮助恢复灾区县、乡、村三级医疗服务网络,指导基层医疗卫生服务和巡回医疗,全力协助当地医疗卫生恢复重建工作。

2. 充实基层医疗卫生队伍

抗震救灾期间,四川省卫生厅选派 12 名卫生防疫技术干部到重灾区挂职;省内部分市州选派相关干部 19 名到灾区基础医疗卫生机构挂职;成都市卫生局选拔 3 名优秀人才到基础单位担任院长。对口援建省市也选派卫生干部基层挂职。如北京市卫生局派 4 名医疗卫生干部到四川什邡市卫生局及什邡市人民医院等单位挂职;山东省卫生厅选派 5 名卫生干部赴北川县对口乡镇卫生院挂职;深圳市抽调 10 名专业技术人员到甘肃陇南市第一人民医院和武都区医疗卫生机构,指导帮助灾后医疗恢复重建工作。

---

① 参见《汶川特大地震抗震救灾志》卷七《灾区医疗防疫志》,方志出版社 2015 年版,第 610—612 页。

灾区招聘卫生人员。抗震救灾期间，四川省 18 个极重灾和重灾县（市），新招聘医疗卫生人员 1100 余名，在一定程度上缓解了灾区急需卫生人员的状况。

3. 培训基层卫生人员

抗震救灾期间，四川省卫生厅在极重灾区和重灾区，先后举办急诊抢救与心肺复苏、产科急救与新生儿窒息复苏、中医适宜技术、心理卫生与传染病防治等方面的业务培训，启动"健康中国工程"四川地震重灾县基层卫生人员培训项目，培训超过上万人次；对口支援省市（如北京—什邡、河北—平武、辽宁—安县、吉林—黑水、上海—都江堰、安徽—松潘、浙江—青川等）都把加强基层卫生人员的培训列入项目计划；与此同时，解放军各大军区医院也积极为川、甘、陕三省灾区培养卫生人才。

4. 引进医疗技术项目

抗震救灾期间，四川省、甘肃省灾区各地借助对口援建省市和解放军各大医院的医疗技术，引进了许多医疗技术项目，开展了数以万计的临床指导，提高了当地医院和医务人员的医疗综合服务能力。略举几例：

都江堰市各医疗机构借助上海市华东医院、上海市曙光医院、上海市仁济医院、上海市申康医院、普陀区医院、松江区医院、杨浦区医院等，开展了几十项新技术新业务临床治疗，提高了当地卫生院的医疗应急水平。

彭州市医疗机构借助福建省卫生医疗队的优势，引进血液透析、血液灌流、心导管介入治疗等 60 项新技术，医疗卫生服务质量明显提高。

德阳市人民医院借助第三军医大学第一医疗队开展或指导推进包括腹腔镜胃癌治疗、冠状动脉搭桥、骨关节微创手术等 16 项新技术新业务。

抗震救灾期间，兰州军区总医院帮助甘肃省陇南地区开展新技术新业务 15 项，提高了陇南市第一人民医院、武都区医院医务人员的综合救治能力。[①]

---

① 参见《汶川特大地震抗震救灾志》卷七《灾区医疗防疫志》，方志出版社 2015 年版，第 610—612 页。

变化之六：救灾医疗物资监管力度加强。

在汶川抗震救灾期间，为确保地震伤病员得到及时救治和卫生防疫工作的规范有序开展，中央财政迅速拨付抗震救灾医疗救治和卫生防疫专项资金；国家发展改革委紧急调用和采购药品和医疗器械；卫生部紧急组织和调拨医用物资、血浆和代血浆；质检总局紧急调集防疫和监督车辆、消杀药品、食品和水质快速检测设备；农业部调拨消毒药品、机动喷雾器、防护服；解放军和武警部队调集药品、卫生先进设备（如野战医院、野战帐篷医疗所、远程医疗会诊车、野战手术车等）；交通、民航和铁路等部门为医用物资运输开辟绿色通道，全力保障抗震救灾医疗防疫物资的供应。截至 9 月 15 日，四川灾区共收到救灾药品 42.84 万件、医疗器械 19.65 万件（台）、消毒杀菌物资 5999.45 万吨。甘肃省卫生厅累计下拨医疗救治经费 4950 万元、调拨价值 6676.11 元急救设备、药品和防疫疫苗、消杀器械。陕西省卫生厅投入 1000 万元为灾区市县 115 个卫生监督机构配置 154 套饮水、食品和食物监测设备、增配监督专用车辆，向汉中、宝鸡灾区紧急调拨漂白粉 65.45 吨、杀虫剂 38.8 吨、消毒液 900 箱、预防性药品 1305 箱等卫生防疫物资。[①]

与此同时，为加强对救灾药品和资金的全程监督管理，四川抗震救灾物资资金监督组要求：（1）灾区相关部门自查自纠和接受监督检查，针对存在的问题及时完善制度并进行规范和纠正。（2）通过政府网站公布药品流向和使用情况，确保救灾药品款物的接收、储存、调配、转运实现"及时、高效、公开、廉洁"的目标。（3）要求救灾药品款物接收使用单位强化内部监管，自觉接受监察、审计、财政和新闻媒体、社会各界的监督，管好用好救灾药品款物，交一本明白账。

变化之七：接受港澳台地区和国际医疗救援。

汶川特大地震发生后，我国香港、澳门和台湾地区卫生行政部门和

---

① 参见《汶川特大地震抗震救灾志》卷七《灾区医疗防疫志》，方志出版社 2015 年版，第 615、630、631 页。

红十字会迅速派出专业救援力量，赶赴四川、甘肃、陕西等灾区进行医疗救援。

5月15日至30日，香港医管局先后派出5批医疗队共57人，医疗物资2229公斤，到四川大学华西医院参加公务员救治工作。从6月初到10月上旬，香港康复会、香港理工大学、香港华裔骨科学会、香港医管局先后组织康复专家、康复医疗队，共87人，在华西医院开展康复医疗工作。7月至12月，由世界华裔骨科专家组织的香港"站起来"行动组织，向四川省人民医院派出短期志愿者医疗康复队员30多人，开展康复医疗工作。①

5月23日至6月3日，澳门卫生局和镜湖医院派出10名医生和10名护士飞抵四川灾区，主要在成都市第三人民医院的重症监护室、骨科、肾内科、手术室、急诊科、普外科和内科等，为灾区民众提供医疗服务。6月10日到23日，澳门派出第二支医疗救援队10名专家、10名护理人员到四川南充市川北医院和南充中心医院开展救援工作。7月21日，澳门红十字会与澳门卫生局派出由15人组成的医疗队飞往成都，在都江堰市中德红十字野战医院，参与临床医疗工作，并在内科、外科、妇科、儿科、急诊科等为当地市民服务。同时，澳门红十字会还紧急购置一批医疗器械于6月1日包机送到野战医院，提高了医疗救治能力。②

5月20日至25日，台湾红十字会组建由47名外科、骨科、感染科、麻醉科、中医科以及护理、紧急救护等专家级后勤志愿者组成的医疗队，携带5000剂破伤风疫苗和优碘、止痛药、消炎药等3.5吨紧急医疗物资飞抵成都，赶赴德阳开展医疗救治工作。6月29日至30日，台湾红十字会组织专家组一行多人考察陕西省勉县地震灾害灾后重建项目，帮助四

---

① 参见《汶川特大地震抗震救灾志》卷七《灾区医疗防疫志》，方志出版社2015年版，第184页。
② 参见《汶川特大地震抗震救灾志》卷七《灾区医疗防疫志》，方志出版社2015年版，第185页。

川、甘肃、陕西地震灾区恢复重建学校 44 所、卫生院 43 所及残疾的康复中心 1 所。①

在汶川抗震救灾期间，我国还接受了日本、俄罗斯、德国、法国、英国、意大利、巴基斯坦、印度尼西亚、古巴等 10 余支国际医疗救护队。5月 20 日至 6 月 18 日，共有 10 支 227 人的外国医疗队和 13 人无国界医生②，在四川、甘肃地震灾区开展救援工作。

国际医疗救援队开展救援情况一览表③

国 家	人 数	起止时间	救援地点
俄罗斯	67	5.20—6.2	彭州"帐篷医院"
日 本	23	5.20—6.2	四川大学华西医院
意大利	15	5.22—6.5	绵阳市孝德镇
德 国	12	5.23—6.18	都江堰中德红十字会
古 巴	36	5.23—6.6	四川省人民医院
英 国	7	5.24—5.30	绵阳市中心医院、成都市第二人民医院
法 国	14	5.25—6.4	广元市中心医院
巴基斯坦	28	5.27—6.11	陇南市武都区
印度尼西亚	20	5.30—6.7	文县人民医院
美 国	5	6.7—6.16	四川大学华西医院
无国界医生	13	5.29—6.11	德阳市人民医院
合 计	240		

① 参见《汶川特大地震抗震救灾志》卷七《灾区医疗防疫志》，方志出版社 2015 年版，第 186 页。

② 参见邓绍辉：《汶川地震与国际援助》，《今日中国论坛》2013 年第 17 期。

③ 《汶川特大地震抗震救灾志》卷七《灾区医疗防疫志》，方志出版社 2015 年版，第 193 页。

由上表可以看出：共计有 10 个国家和一个无国界组织派出 240 名医护人员来华支援灾区。其中：

俄罗斯队，由 67 名医护人员组成，20 日乘两架专机到达成都，成为首支抵达灾区的外国医疗队。该队携带了 B 超机、X 光机等设备，在彭州市职业中学操场搭起几十座大型医用帐篷，建起流动医院，每天不停地忙碌，救治数百名病人。

日本队，23 名队员带来了包括灾区急需的便携 X 光机和超声波诊疗仪在内的医疗救援器械，进驻成都华西医院救助地震伤员。

意大利队，由 15 名医疗技术人员组成，在绵竹搭建起 5 个大型充气医疗帐篷，可以一次接纳 50 名左右的病人就诊住院。他们自带发电机、手术照明灯，有全套心脏纤维颤动 / 心电图仪、电动 / 充电呼吸机、血液化验设备、高压消毒设备、全套麻醉设备、担架等医疗设备，可实施胸腔穿刺、气管切开等复杂救治手术。

德国队，12 名医护人员带来一个能满足 25 万人日常需要的移动式综合医院，在都江堰市安营。这个医院包括门诊部和住院部，可进行手术、化验与 X 光检查等。住院部有 120 张床位，后扩展到 250 张床位。

古巴队，由 36 名医护人员组成，23 日晚抵达成都市内的四川省第一人民医院。引人注目的是，每位队员都佩戴着中古两国国旗组成的徽章。

英国队，7 名医护人员先后在绵阳市中心医院和成都市第二人民医院开展救治工作。他们还以讲座的形式，传授灾后疫病防治常识，深受当地医护人员的欢迎。

法国队，14 名队员是来自法国各地的志愿者，在四川广元灾区中心医院治疗灾区伤员。

巴基斯坦队，28 名医护人员 27 日携带大量医疗器械、药品和食品，乘巴国空军两架运输机飞往中国灾区。

印度尼西亚队，20 名医护人员拥有灾害救援实战经验，27 日从雅加达启程飞赴中国灾区，于 30 日抵达。

美国队，5名医生于6月7日至16日在四川大学华西医院开展医疗就诊活动。①

此外，来自世界卫生组织，韩国、巴基斯坦、西班牙、约旦、奥地利红十字会，法国梅里埃公司，美国洛杉矶华人组织等国际组织、企业集团及个人，也纷纷向四川、甘肃、陕西等灾区捐赠大批医疗药品和医疗器械，充分体现了国际人道主义精神。

第二节　救灾医疗制度存在问题

在充分肯定汶川抗震救灾期间我国医疗救护和卫生防疫工作取得显著成效的同时，也应客观地看到由于地震灾区过于广大，现场救护人员、相关训练知识、灾区现场到医疗机构转运、药品器械保管使用，以及救灾人员后勤保障等制约，仍存在一些问题。

问题之一：现场救护人员相对缺乏。

汶川抗震救援初期，特别是救人"黄金72小时"，灾区一线医疗救援人员因多种原因明显不足，无法覆盖所有灾区，有些救灾药品器械一度缺乏，直接或间接地影响了对伤病员的救治。后来自军队、武警和其他省市的医疗支援力量分批到达灾区，逐渐构成灾区的主要医疗力量。但当时所派的医生大多来自骨科、普外科、脑外科、重症监护病等，而缺少妇科、儿科、皮肤科和传染科的医生，造成这些专科医生在灾区"供不应求"。

因一时交通中断，当地医疗卫生指挥机构未能及时全面了解灾情和伤亡情况。有些医疗机构初期设在较偏僻的地方，明显影响到各医疗救援队与指挥机构的联系，难以全面了解医疗救援队的人员组成、技术水平和携带装

---

① 邓绍辉：《汶川地震与国际援助》，《今日中国论坛》2013年第17期。另见《汶川特大地震抗震救灾志》卷七《灾区医疗防疫志》，方志出版社2015年版，第187—192页。

备、药品、器械等情况，难以实施有效的医疗指挥。医疗指挥机构与一线所有医疗救援队间一时缺乏主动联系，未能及时向其下达医疗救援区域、任务、时段等命令及做好督促和落实工作。由于组织协调不够，指挥机构也未能根据灾情，各时期的任务及医疗救护队伍的技术水平合理配置救援力量。此外，指挥机构工作人员轮换过于频繁，有时工作交接不清，工作缺乏灵活性，也在一定程度上影响到其职能作用的发挥。

中后期，当救灾队伍大量涌入交通相对便利的灾区，一些救灾药品物资相对缺乏；而偏远的乡村，医疗救护力量不足，部分灾情严重的偏远地方，甚至较长时间没有医疗队到达。各路医疗救援队伍缺乏统一协调，各自为政，良好的医疗技术和设备没有得到应有发挥。

汶川特大地震造成大量房屋倒塌，交通、通信、水、电、气中断，山区所特有的山体移位、滑坡、飞石、河流改道、堰塞湖，给及时了解、上报灾情和医疗救援工作带来了极大困难。面临上述困难，部分医疗队处理不灵活，有的一连数天都堵塞在灾区外，有的到了灾区不知道到哪去救援，还有的数天失去与指挥部的联系。由于缺乏突发事件应急救灾预案，加之交通、通信中断，重灾区的人员无法及时上报灾情，某县卫生局负责人虽了解到这次地震造成的巨大破坏性，也派出了3支医疗队，但为了确保医疗队的安全，相约集中一同前往，相互等待占用了较长时间，直到距地震发生30小时才到达重灾区，痛失重伤员的黄金救治期。

汶川抗震救灾过程中，派往许多医疗救护人员，绝大部分是治疗身体损伤的，缺乏真正懂行的心理医生，面对大量的患有地震恐惧症的心理病人，一些医护人员或志愿者只能进行简单的说服安慰，起不到心理治疗的真正效果。

汶川特大地震发生后，各地志愿者虽在伤病员抢救中发挥了重要作用，但由于不是有组织的团体型群体，组织不力。有的单打独斗，自行其是；有的无所适从，焦虑而茫然，使得救援工作显得混乱无序。其结果一是加重了灾区交通压力及食品、饮水等日常生活物资的负担；二是挫伤了志愿者的积极性，使其不能充分发挥作用。此外，据了解，灾区卫生医疗机构人员也

153

存在程度不同的离岗外出情况。突发强烈地震时，因当地缺乏足够的医护人员，有些地方很难组织有效的医疗救援工作。碰到重伤员一时难以处置，就往医院救治点转送，结果耽误了许多宝贵时间。

问题之二：救灾药品器械储备不足。

在汶川救灾早期，大部分伤员需要现场进行手术，而救灾现场缺乏无菌手术、器械的消毒灭菌(早期大多数医疗救护队的手术器械经过浸泡消毒，少数浸泡后水煮消毒，个别条件好的采用便携式高压消毒，简称"消杀")，均难达到技术操作常规要求，现场操作成为无据可依的违规操作，存在法律和医疗隐患。救灾后期，皮肤科、小儿科、妇科、精神科药品供应不足，品种单一，无药可选；某些创伤医疗药品缺货，如破伤风、免疫球蛋白奇缺，增加了对这部分伤员的救治难度。

部分医疗救护队在出发之前，对地震可能造成的人员伤亡估计不足，手术器械、止血、包扎、固定器材、抗休克抗感染以及创伤治疗药品携带不足。有的到达救灾现场后，不适应极端条件下的抢救工作，不能因陋就简创造性展开工作，造成部分重伤员因得不到有效救治而死亡。

在汶川抗震救灾过程中，一些药品、器械因各种因素也存在问题。截至7月25日，四川省抗震救灾指挥部医疗保障组共抽验药品54批，涉及15个国家和地区，其中抽验不符合中国药品标准的7批；共抽验医疗器械76批，有2批不合格产品。另外在抗震救灾医用物资监管过程中，也发现进入灾区的应急消杀药品、涉水产品等物资没有履行卫生监督程序，相当一部分属于无生产厂名、无生产卫生许可证编码的"三无"产品。

截至10月13日，四川省共处置剩余的境外捐赠药品3428件、医疗器械8499件、其他物资31件，其中销毁境外不合格药品1164件、医疗器械923件、消杀物资2.38吨。①

---

① 参见《汶川特大地震抗震救灾志》卷七《灾区医疗防疫志》，方志出版社2015年版，第645页。

问题之三：救灾药品保管使用机制尚不完善。

在汶川抗震救灾过程中，灾区部分地区存在消杀用药过量问题。在汶川卫生防疫过程中，有关部门单位对灾区的交通工具仍过量喷洒消毒水。据有关媒体报道：灾区"对道路和过往车辆、人员喷洒消毒剂和杀虫剂"、"实施全城消毒"、"灾区地毯式消毒不留死角"、"每天喷洒敌敌畏和消毒液12次"、"防疫人员每天要进行5次以上的消毒"、"记者从平武县前往绵阳时车辆经受5次消毒"等。这些把灾区当作疫区的做法是不值得提倡的，因为将敌敌畏等杀虫剂当作消毒剂则是一个常识性错误，过度消毒与杀虫可能会带来二次污染，对周围的生态环境会产生消极影响，严重时会造成人畜中毒，浪费救灾药品等不良效果。[1]

针对灾区一些地方消毒不彻底，使用一些不合格消毒药品、杀虫剂的选择和使用不当，个别地区存在消杀过度等情况，四川省抗震救灾指挥部医疗卫生组于5月24日下发《关于合理使用消杀灭药剂的通知》[2]，要求灾区各地科学合理地选择消毒药剂、杀虫剂和灭鼠药剂，规范杀灭工作的要求，并做好环境和水质的监测，确保环境、水源和生态的安全。

在汶川抗震救灾期间，四川灾区存在一定数量的抗震救灾医用物资供应不足、使用不当、管理不善等问题。

5月25日，卫生部提出要尽快组织相关专家科学测算救灾医用物资，特别是消杀药品需求，并根据灾区各地需求情况，合理制订配送计划，避免出现有的地方不足，有的地方过剩现象，认真研究过剩医用物资调剂处理措施，坚决杜绝药品和器械的浪费现象。与此同时，卫生部多次要求灾区各级卫生防疫部门要切实保障医疗卫生人员的自身防护，调配足够的防暑降温服务和防蚊虫叮咬药品，并储备一定量的狂犬病疫苗以

---

[1]　参见《汶川特大地震抗震救灾志》卷七《灾区医疗防疫志》，方志出版社2015年版，第645页。

[2]　参见《汶川特大地震抗震救灾志》卷七《灾区医疗防疫志》，方志出版社2015年版，第639页。

备急需。①

6月20日，四川省抗震救灾指挥部医疗保障组发出通知，决定对成都、德阳、绵阳、广元、雅安、阿坝等市（州）抗震救灾医用物资安全管理和使用等有关情况进行一次大清查。7月3日，又下发《关于库存抗震救灾药品、医疗器械处置意见》，明确提出抗震救灾药品、医疗器械的使用必须确保安全有效、质量第一；做到物尽其用，合理调配，防止人为浪费；对灾区积压的在有效期内使用不完的药品、医疗器械，在确保质量安全的前提下，予以多渠道分流处理。对于有效期在12月31日后的救灾药品、医疗器械，要求受灾市州经统计并确认未污染、安全有效后，统一调配到有医疗救援任务的其他重灾区和次重灾区医疗机构，以免造成负面影响。②

12月3日，四川省卫生厅对审计署成都特派办《汶川地震救灾资金物资审计报告》征求意见稿中关于"采购价格明显偏高"问题，作出说明：经与审计署成都特派办核实，四川省医药公司采购的优氯净、泡腾片两个品种，分别比成都奥凸公司当年3—4月平均销售价格高16%和32%③，现将责成有关部门对此问题进行调查，待查清后做出适当处理。

问题之四：救灾医疗后勤保障机制不够完善。

汶川特大地震对我国救灾医疗卫生救护工作是一场重大考验。抗震救灾初期，极重灾区和重灾区的各种市政设施因这场特大地震的毁坏，水、电、气等一时无法得到供应，商贸和农贸市场处于瘫痪状态，大批医疗卫生救援队员在住宿、饮食、饮水、洗澡、交通、通信等方面都遇到不同程度的困难。有时，一些医护工作人员还要冒着滑坡、泥石流等安全隐患，奔波在

① 参见《汶川特大地震抗震救灾志》卷七《灾区医疗防疫志》，方志出版社2015年版，第639页。

② 参见《汶川特大地震抗震救灾志》卷七《灾区医疗防疫志》，方志出版社2015年版，第643页。

③ 参见《汶川特大地震四川抗震救灾志》卷五《医疗防疫志》，四川人民出版社2018年版，第52页。

灾区第一线。以上问题的存在说明在汶川抢险救灾期间，我国医疗卫生人员的工作条件和生活条件还存在许多值得改进之处。

在汶川抗震救灾初期，由于诸多因素限制，灾区救灾医疗经费、工作补贴不足等问题普遍存在。众所周知，发生灾害后的医疗救助与普通的医疗救助相比，具有许多特殊性。医疗卫生防疫经费是专款专用的，任何单位和个人不得随意动用。在救灾情况下，上下机关对医疗队的组织调动、人员和设备配备、医疗资源的公平分配、医疗费的支付、抢救方案的选择、放弃抢救的标准、对抢救对象的选择标准、简陋条件下的医疗质量标准等情况，都是知情同意。但对医疗卫生工作人员出差补贴的待遇问题上，经济条件好的单位，相关人员拿到了生活补贴。相反，经济条件差的单位，相关人员却没有拿到相应的生活补贴。

第三节　救灾医疗制度转型升级

事实上，上述所列举救灾医疗卫生中出现的诸多问题，并非汶川抗震救灾活动所独有，而在此前许多救灾工作中也不同程度地存在。对此，我国各级政府主管部门及医疗救护单位应采取以下转型升级措施，以确保现有救灾医疗卫生管理体制和运行机制的有效运转。

转型之一：理顺灾区医疗卫生管理体制。

1. 高度重视灾区医疗卫生机构的恢复和重建工作

灾区医疗卫生保健机构与设施的恢复和重建工作，要在当地人民政府的统一领导下纳入地方政府灾后重建整体计划，统一规划，优先安排，确保医疗救护与卫生防疫防病工作的正常运转。对于不同阶段医疗卫生防疫工作任务，要组织相关人员加以切实整改落实，以确保取得阶段性成果。派往灾区的医疗救护队在完成医疗救护任务撤离灾区前，须做好与灾区医疗机构的交接工作，确保灾区伤病员医疗工作的延续性。

2. 实施分级管理和目标责任制

由于此次汶川特大地震灾情重、危害大，川、甘、陕三省灾区，特别是极重灾区和重灾区，基层医疗机构和设备遭到毁灭性破坏。对此，中央及地方省市抗震救灾指挥部紧急调动全国各地救灾医疗卫生力量迅速奔赴灾区，建立了受灾县、乡、村三级救灾医疗目标责任制，取得了抢险救人、转运伤员、预防传染病、垃圾处理等诸多成效。

面对自然灾害，特别是地震灾害，灾区医疗救护与卫生防疫防病工作要实施分级管理办法。对于一般破坏性地震发生区域，各级卫生行政部门，包括所设立的救灾防病领导小组在内，应紧急启动，根据所制定的预案，安排部署本行政区域内的医疗救护与卫生防疫防病应急工作。

对于严重破坏性地震发生区域，各级卫生行政部门应根据国务院的要求和灾区的实际需要提供紧急支援。其中卫生部救灾防病领导小组，要从全国各地组织协调相应的卫生资源，为灾区医疗救护与卫生防疫防病提供支援。省级人民政府卫生行政部门要负责组织本行政区域内的非灾区对灾区进行医疗救护与卫生防疫防病的援助。灾区县市卫生行政部门应重点抓好本行政区域内医疗救护、伤员转运和卫生防疫、药品监管等工作。

3. 充分发挥灾区医疗相关部门的职能

在汶川抗震救灾和灾后重建期间，灾区救灾防病工作领导小组在上一级卫生行政部门的指导和同级人民政府抗震救灾指挥部的领导下，应迅速开展以下工作：（1）对地震灾害进行快速医学评估，确定灾害所引发的重点卫生问题，调配相应的专业救援队伍。（2）开展医疗救护和卫生防疫防病工作。（3）广泛开展社会动员，并接受社会各界为地震灾区医疗救护与卫生防疫防病捐助的资金、防治药品器械等，为地震灾区提供医疗救护与卫生防疫防病紧急救援。对地震灾害进行快速医学评估，确定灾害所引发的重点卫生问题，调配相应的专业救援队伍。（4）建立健全卫生部与国务院有关部门、受灾省市区，以及解放军、武警部队间的通信网络系统，确保信息传递的高效、灵敏、畅通。

4.确保灾区大灾之后无大疫

事实上，无论是汶川特大地震发生之前还是发生之后，国家立法机关都制定了"依法救灾、依法行医"的基本原则和具体规定。如《中华人民共和国防震减灾法》(1998年颁布)、《破坏性地震应急条例》(1995年颁布)、《国家破坏性地震应急预案》(国发办〔1996〕54号)。

对此，各级卫生行政部门要紧密结合汶川抗震救灾医疗卫生工作出现的新情况、新问题、新任务，认真贯彻"抗震救灾实行预防为主、防御与救助相结合"的方针，积极做好地震灾害前的医学准备，保证地震灾害发生后医疗救护与卫生防疫应急工作高效、有序地进行，最大限度地保护受灾民众的生命安全，减少伤残和死亡，预防和控制传染病的暴发、流行，确保大灾之后无大疫。

转型之二：健全救灾现场医疗救护机制。

灾情发生后，对于救灾现场伤残人员的抢救转运工作，各级医护人员应力求达到：

（1）现场抢救。到达现场的医疗救护人员对伤员，特别是危重伤员，要及时将其转送出危险区，并按照先救命后治伤、先治重伤后治轻伤的原则对伤员进行紧急抢救。现场抢救的主要措施是止血、包扎、固定和合理搬运，准备转运至适宜的灾区医院。

（2）早期救治。灾区医院对接收的伤员进行早期处理，包括纠正包扎、固定，清创、止血、抗休克、抗感染，对有生命危险的伤员实施紧急处理。同时，还要积极做好救治伤员的统计汇总工作，及时上报有关部门。

（3）伤员后送。灾区医院对于超出救治能力的伤员，要写好病历，在卫生部救灾防病领导小组或省级救灾防病领导小组统一安排下，及时将其转往就近或指定的后方医院，并妥善安排转运途中的医疗监护。

对于留在灾区治疗与康复的伤病伤残人员，各地医护人员要求做到：

（1）继续做好灾区留治伤病员的治疗工作。可以采取门诊、巡回医疗、家庭病床等多种形式，对伤病员定期进行检查、治疗，同时还要对发现漏诊伤病员及时治疗。

（2）对于转送至后方医院的伤病员，要进行系统检查，优化治疗措施。对需要长期治疗的伤员制订出相应的康复治疗计划。根据灾区恢复情况，后方医院也可按照卫生部救灾防病领导小组或省级救灾防病领导小组的统一安排，将基本痊愈的伤员分批转送回当地，并与当地医疗机构做好衔接工作。

（3）对于伤愈出院的伤病员，要及时进行回访、复查；对有功能障碍的伤员，要指导他们科学地进行功能锻炼，促进康复；对因地震造成精神疾患的病人，要给予心理康复治疗，使其早日转入正常。

转型之三：健全灾区卫生防疫工作机制。

灾区卫生防疫工作是抗震救灾时期医疗卫生工作的重要一环。灾区卫生防疫部门要迅速组建抗震救灾卫生防疫防病队伍，承担指定区域内的卫生防疫防病工作，健全灾区卫生防疫工作机制。具体措施是：

1. 迅速恢复和重建疾病监测系统

要尽快恢复县、乡、村三级医疗预防保健网，加强对传染病监测和疫情报告各个环节的督导检查，落实各项防病措施；继续加强灾区重点传染病的预防与控制工作，防患于未然；临时组建的疾病监测系统的工作要逐步移交给恢复重建后的卫生防疫防病机构。

2. 实行灾区疫情专报制度

在灾区工作的医疗卫生人员按要求向指定的卫生机构报告疫情，对重点传染病和急性中毒事故等实行日报和零报告制度，一旦发生重大疫情和特殊医学紧急事件，各级卫生行政部门要及时报告同级人民政府和上一级卫生行政部门，并应同时上报卫生部，以便及时组织力量开展调查处理，迅速控制和扑灭疫情。报告内容包括法定报告传染病、人口的暂时居住和流动情况、主要疾病的流行动态、居民临时居住地周围的啮齿动物和媒介生物消长的情况等。特别要采取有力措施，加强流动人口的卫生管理，防止疫病的传播与蔓延。

3.加强食品与饮水卫生监督管理

强化对食品的生产、加工和经销卫生监督管理以及从业人员的健康体检和食品卫生知识的培训；对灾区的食品要进行抽检，及时发现和处理污染食品，消除食物中毒的隐患，预防食物中毒和其他食源性疾患；尽快恢复和重建饮用水供应系统，加强饮用水源和临时供水设施的卫生监督管理，定期监测水质，保障供水安全。

4.开展环境卫生的全面清理

环境卫生是灾民安置地布局中必须考虑的重要因素。重点要加强对灾民聚集地的厕所及垃圾场的设置和管理，尽量利用尚存的储粪设施储存粪便，选择合适地点搭建临时应急厕所，并及时对粪便进行卫生处理或掩埋。肠道传染病病人的粪便必须进行消毒处理。做好人、畜尸体的掩埋，对患传染病死亡的尸体应依据有关规定进行处理。

同时，灾区医疗卫生单位还要积极配合当地政府和有关部门，进一步做好工业企业、公共场所、城市规划的卫生监测工作。如提供安全的饮用水，对人类的排泄物、废水和垃圾的正确处理，控制蚊蝇和啮齿类动物，安全的食物处理；加强对蚊、蝇、鼠等病媒生物的监测，安全合理使用杀虫、灭鼠药物，采用多种措施，及时有效开展杀虫、灭鼠等工作。若发现有毒有害化学物质泄漏或放射性污染时，要组织专业人员迅速研判其危害程度范围，开展环境卫生监测，并做好清理善后工作。

5.适时开展医疗卫生技术培训和应急演练

灾后为了提高医疗救护与卫生防疫的技术水平和整体应急能力，各级医疗卫生部门及相关单位要抽调相关业务骨干，有针对性地进行个人或集体防护知识与技能的专业培训和宣传教育，定期或不定期组织不同规模的模拟演练，以检验和提高其实际操作技能，发现问题及时予以解决。

转型之四：健全灾区医疗药品器械保障机制。

针对汶川抗震救灾期间灾区医疗药品器械所存在的许多问题，灾区各级卫生行政部门既要汲取经验教训，又要采取以下对策：

1. 做好灾区所需药品器械的组织规划

要根据预测地震可能波及的范围，提出抗震救灾医疗救护与卫生防疫防病所需经费的测算，药械和物资的储备方案，报同级人民政府安排落实。组建应急献血队伍，建立安全的血源储备。特殊医学紧急事件（有毒有害化学物品的泄漏、放射性污染等）应急监测及处理设备的储备。对抗震救灾医疗救护与卫生防疫防病的防治药品、设备和消杀灭药械等物资应建立网络化管理机制，保障应急供应。

2. 尽快恢复和重建计划免疫设施和冷链系统

要大力开展有针对性的预防接种或普服药物工作，提高人群保护能力，预防相应传染病的发生。尽快恢复受灾地区计划免疫的常规接种，尤其要加强对流动人口的查漏补种，保护易感人群、消除免疫空白，防止计划免疫所针对的疾病的暴发、流行。

3. 加强医疗救护与疾病控制机构设施和设备的抗震能力

对于地震重点监视防御区和可能发生破坏性地震的地区，要提高医疗救护与疾病控制机构设施和设备的抗震能力，要对重点的医疗救护与疾病控制机构的重要的建筑物、药械储存场所、重要仪器设备和有毒有害物品保藏设施等进行抗震能力检测，对不符合抗震要求的要提出解决方案，报请当地人民政府采取有效措施，以保障其在震后的正常运转和避免发生次生灾害。

4. 提高灾区现有药品和器械的利用率

对汶川抗震救灾和其他救灾活动中存在有关药品器械管理和使用不当的问题（即有些地方药品发放过多，不合理；有些药品已过期或即将到期，不利于使用等），灾区医疗卫生部门应认真加以调查研究，提出具体的整改意见办法（如救灾期间，国内外捐赠捐献大型的或电动的医疗治疗器械，应集中在大中城市使用等），以避免资源浪费，提高其利用率。

5. 建立医疗卫生信息资料库

该库应包括以下内容：人口分布和生命统计资料；卫生资源配置、疾病动态、传染病监测资料；急救中心（站）的应急能力及医院的专科特色和编制床位资料；传染病医院和综合医院传染病科、病原微生物保藏和研究单位；重点传染病的动物宿主和病媒生物的分布资料；有毒有害化学物品的生产、储存资料；放射性物质、照射源及核设施分布资料；饮用水源及食品储藏分布资料；水库、河流、湖泊、水井的分布资料；污水、垃圾和粪便处理场所；医疗救护和卫生防疫防病药械的储备资料；其他相关资料。

转型之五：健全灾区医疗卫生宣传教育机制。

经过汶川抗震救灾和其他防灾减灾活动的巨大冲击和考验，各级卫生部门应汲取心理干预和精神治疗等好经验好方法，采取多种方式向灾区群众宣传灾区卫生防疫知识、传授自我防疫技能，以增强其卫生防疫意识和能力。

1. 编印健康教育材料

针对地震后容易发生的常见病及饮水、食品、环境卫生等问题，各级卫生部门应组织相关人员编印健康宣传教育材料，要求各地高度重视群众的卫生防疫知识宣传，利用各种快捷渠道，力争在最短时间内将国家、省市印发的各类卫生防疫宣传材料分发到基层群众手中，并广为张贴宣传，实现卫生防疫宣传材料灾区城市社区、农村乡镇、村社的全覆盖。另外，有关部门应将防灾减灾健康资料制作成视频、光盘等，在媒体上广泛传播。

2. 开展医学自救互救知识教育

在地震发生之初，灾区各级卫生部门要与同级宣传部门和红十字会密切配合，充分发挥新闻媒体和现场宣传的积极作用，对社会公众及受灾群众应进行有针对性的震时医学自救、互救知识教育，以减轻震灾带来的各种负面影响。对于即将进入特定地区的各类人员，要委派专业人员进行毒物防护、放射防护等方面的知识教育，以提高自我防护意识和心理应激承受能力，避免受到伤害。针对处于心理危机状态的个体或群体，要采取心理危机干预办法，及时给予适当的心理援助，帮助其处理迫在眉睫的问题，使之尽快摆脱困难，恢复心理平衡，从而安全地渡过危机。

3. 开展环境卫生健康宣传教育

在救援应急阶段，灾区各地卫生防疫工作不仅要严防发生传染病流行与暴发，而且要预防控制夏秋季的肠道传染、虫媒传染病和冬春季呼吸道传染病不发生重大疫情，有效预防一氧化碳中毒、火灾和冻伤等。特别要反复强调把好病从口入关，认真做好饮水卫生和食品安全，不食用变质的食品和不洁净的饮用水，确保灾区各地大灾之后无大疫。①

转型之六：构建全国性医疗卫生救援队伍。

经过汶川抢险救灾和灾后重建斗争的严峻考验，中央及地方各级医疗卫生部门对灾区医疗卫生部门进行紧急救援是十分必要的，但长久之计还在于努力构建一支全国性医疗卫生救援队伍，力争做到"召之即来，来之能战，战之能胜"。具体措施如下：

1. 重用灾区现有医疗卫生人才

灾后重建时期以及以后，有关部门应从大中城市医院选拔一批业务骨干和领导干部，充实灾区县市一线岗位，尤其到农村卫生院定期开展服务，以帮助提高业务技术水平；定期从灾区县市选派一批优秀中青年卫生业务人员到上级医疗机构或医学高等院校进修学习，促使其快速成长；加强灾区县市医疗卫生单位的人才交流与合作，实现人才的合理流动，增强卫生系统医务人员工作活力。

2. 强化灾区专业医务人员的培训培养

针对不同的灾种灾情，有关部门对灾区急需医务人员要进行重点培训和工作储备。以汶川抢险救灾为例，外科止血、挤压扭伤和骨折断肢康复等方面的专门医生，需要特别培养和储备。当重大灾情病情来临之际，使之能派得出、用得上。另外，对志愿者从事医疗卫生救护工作要进行短期专业知识培训，以提高其医疗救护、卫生防疫和药品器械的使用技能。

3. 加大灾区医疗卫生经费投入

灾区县市医院在用好现有医疗经费的同时，对防灾减灾医疗卫生费用

---

① 参见卫生部：《加强卫生防疫队伍，严防灾区传染病的发生》，中国新闻网，www. chinanews.com/jk/kong/news/2008/05-15/1250441.shtml，2008 年 5 月 15 日。

要实行政策倾斜，特别要加强对急用医生的培养和急用药品的储备，以适应各种灾情发展和基层单位的需要；进一步加大对农村卫生事业的投入。在保证乡镇卫生院业务用房、医疗设备、公共卫生服务经费的同时，要加大对农村卫生人员经费的投入，并根据财力情况逐年增加；对县、乡（镇）两级医疗卫生机构要逐年增加差额拨款的比例，全面实施公共财政保障医疗经费。

4. 构建全国性救灾医疗卫生网站

该项工作应由各级卫生主管部门负责，其目标是为全国防灾减灾工作提供医疗卫生所需的相关资料。该网站应录入：参与历次防灾减灾医疗卫生单位、业务骨干、专业特长；近年来医疗卫生战线救灾先进人物和先进事迹；社会、企业及个人防震自救互救办法及成功逃生案例；救灾药品器械的筹备与使用；等等。对此，各级卫生主管部门应通过该网站重点掌握相关灾种灾情所需的专业人才和药品器械，做到未雨绸缪。

总之，医疗卫生是抢险救灾的重要内容。经过汶川抢险救灾医疗卫生工作的巨大考验，我国政府部门及救灾医疗单位应采取地震社会学和救灾制度转型的基本理论与管理方法，充分发挥救灾医疗专业和非专业人员的积极性和创造性，努力使救灾医疗管理工作达到体制机制运行高效、器械药品及时到位、伤员转运救治及时、卫生防疫效果良好等管理目标。

第五章　汶川地震与救灾物资制度

　　救灾物资是指救灾所需的生产生活物资以及观测设备工具等，是夺取抢险救灾和灾后重建胜利的物质基础。

　　在抢险救灾过程中，如果没有相应的救灾物资（如救灾设备、工具等），救援人员很难找到被压埋者，即便是找到了，面对钢筋水泥废墟，也会束手无策。如果没有必需的医疗设备和药品，医护人员到了现场，就很难紧急处理伤员，或者很难达到好的抢救效果。如果缺乏必需的食品、饮用水、饮料、帐篷或简易住房材料，受灾群众就会没有饭吃、衣穿和房住。在灾后重建时期，如果没有救灾资金和救灾物资，原生灾害以及次生灾害（如交通、通信、供水、供电等）就无法进行抢修恢复。

　　本章着重就汶川特大地震发生后我国救灾物资制度所发生的巨大变化、存在问题以及转型升级等，作一专题论述。

第一节　救灾物资制度的变化

　　在汶川抢险救灾和灾后恢复重建过程中，我国救灾物资在组织管理、接收、储备、转运、发放、监管等方面，均发生了一系列变化和进步。

　　变化之一：迅速组建救灾物资管理机构。

　　汶川特大地震发生后不久，国务院抗震救灾总指挥部下设抢险救灾、群众生活、地震监测等 9 个工作组，全面负责组织开展抢险救灾工作。① 其中群众生活组由民政部牵头，由外交部、发展改革委、民政部、财政部、住房和城乡建设部、农业部、商务部、中国红十字会等组成协办单位。

该组的主要职责：掌管受灾地区的灾情、灾区群众生活困难、灾区需求及综合抗灾救灾等相关情况；保障灾区基本口粮、棉衣被、帐篷等生活必需品供应；制定实施受灾群众求助工作方案及相应的资金物资保障措施，协调解决抗震救灾和灾区物资保障；指导受灾地区做好因灾倒房群众的紧急安置，组织、指导受灾地区开展群众倒房恢复重建工作；保障灾区群众基本生活，保障灾区市场供应，接受和安排国内捐赠、国际援助，处理和救灾有关的涉外事务等。

按照部门联动和分工协作机制，该组各成员单位应全力保障灾区群众的基本生活。其中民政部根据国务院抗震救灾总指挥部的部署，认真履行群众生活组牵头部门的职责，负责生产、调拨、采购帐篷、衣物、棉被等生活物资，组织开展社会捐赠活动，统筹管理、分配国内外捐赠资金和物资；组织对遇难者遗体火化、埋葬及遇难者家属抚慰工作；做好灾区"三孤"人员安置。外交部负责对外协调并代表中国政府统一接收外国政府和官方机构的捐赠资金和物资，转交民政部调配，负责做好外国救援队伍的接待工作；发展改革委、粮食局、物资储备局负责组织向灾区调动粮食、食用油等物资；财政部与民政部研究制定保障灾区群众生活的具体措施；住房和城乡建设部负责组织生产、安装活动板房和简易房；农业部和商务部负责灾区食品、饮用水、食用油等物资的市场供应；中国红十字会负责组织发动红十字会系统捐赠工作，并组织救灾相关资金物资的发放。

随后，四川、甘肃、陕西、重庆、云南等地震灾区各级党委、政府也迅速贯彻执行中共中央、国务院的决策部署，成立本省市抗震救灾指挥机构，下设群众生活组，专门负责灾区救济款物调拨、发放、转移伤病人员、

---

① 参见《汶川特大地震抗震救灾志》卷六《灾区生活志》，方志出版社 2015 年版，第 19 页。

安排群众生活等工作。

变化之二：救灾物资迅速下拨灾区各地。

汶川特大地震发生当晚，财政部、民政部立即向川、甘、陕三省灾区安排中央救灾应急资金。据有关资料记载：在5月12—31日灾区群众应急生活救助期，财政部、民政部共向灾区各地下拨中央救灾应急资金10.2亿元；在6—8月群众困难生活救助期，共向灾区各地发放中央临时生活救助金82.63亿元，中央救济粮62.63万吨；在9—11月群众后续生活救助期，共向灾区发放中央救助金25亿元，救助受灾群众398.52万人；在2008年12月至2009年5月的冬春生活救助期，中央财政下拨40亿元。[①] 与此同时，还采取物资采购、社会捐赠等方式，对灾区各地生活困难群众展开救助。

在中央和地方各级政府及救灾部门的组织安排下，全国各地支援的大批救灾物资迅速运往灾区各地。据有关部门统计：2008—2010年间，四川省民政厅共计接受中央划拨民政救灾资金395亿元；接收社会各界捐款41.71亿元；接受、调运救灾专用帐篷126.1万顶，棉被714.6万床，棉衣裤643.4万件，取暖用品70.2万件；各类救灾物资24.7万吨，总价值43.26亿元。[②] 现将四川省民政系统接受救灾款物总额列表如下：

四川省民政系统接受救灾款物总额统计表[③]

单　　位	接受资金	接受物资
省级民政部门	中央划拨民政救灾资金395亿元；接受社会各界捐款41.71亿元	救灾专用帐篷126.1万顶，各类救灾物资24.7万吨，总价值43.26亿元。

① 参见《汶川特大地震抗震救灾志》卷六《灾区生活志》，方志出版社2015年版，第17页。

② 参见四川民政厅编纂：《汶川特大地震四川民政抗震救灾志》，方志出版社2012年版，第551页。

③ 参见四川民政厅编纂：《汶川特大地震四川民政抗震救灾志》，方志出版社2012年版，第549页。

单　　位	接受资金	接受物资
重灾市州	25.81亿元	帐篷34.86万顶、棉被789.65万床、衣物199.65万件、食品13.88万件、饮用水10.77万件、板房560套、照明器件6823件，总价值7.29亿元。
非灾和一般受灾市州	28.81亿元	帐篷32030顶、棉被9.36万床、衣物163.53万件、食品4233万件、饮用水7147件、谷类90吨、小麦20吨、其他物资20吨，总价值1.23亿元。

另据有关资料记载：成都市民政部门，截至2008年10月30日，累计接收救灾帐篷6.81万顶、方便面10.42万件、饼干5434万件、矿泉水6.67万件、其他食品3.88万件，接收雨伞6.03万把、雨衣1.33万件、鞋1.94万双、衣物100.84万件、棉被6.03万床、药品6778件等，总价值1.98亿元。

德阳市民政部门在抗震救灾中，共接受帐篷25.66万顶，篷布、帆布、彩条布600.73万平方米，棉被35.41万床，衣物143.53万件，防护用具61.83万只，方便食品5300吨，饮用水1.36万吨。

绵阳市民政部门，截至2008年12月，累计接受救灾帐篷55万顶、毛毯10万床、衣物160万件、棉被64万床、食品14万件、药品8万余件、机具4.8万件、日用品22万件，总价值4.97亿元。

广元市民政部门，截至2008年12月31日，共接受食品1.43万吨、帐篷7.95万顶、活动本板房560套、棉被和衣物42.22万床（件）。

雅安市民政部门，截至2008年5月28日，共接收食品11.93万件，饮用水9.41万件、帐篷1.27万顶、棉衣8.8万件、棉被1.24万床、照明用品6823件。11月28日，市慈善总会接收市级机关单位捐赠棉衣1.11万件。

阿坝州民政部门，2008年5月12日至11月24日，接受捐赠帐篷和棉被等救灾物资 753 车；州慈善总会接收捐赠物资价值 1133.32 万元。①

为了确保全国各地救灾物资的接收工作顺利进行，四川省民政厅在双流机场、成都火车东站、民政厅机关等地设置救灾款物接收点，派驻物资接收和调动工作人员，以确保灾区各地所需物资的接收转运工作。

变化之三：救灾物资投送能力显著提高。

对于救灾设备工具缺乏和救灾物资投送方式落后带来的苦痛，我国人民深有体会。早在 1976 年 7 月唐山地震救灾中，我国救灾设备工具出现最多的是铁锹、木棒、吊车、担架……多数幸存者都是当地群众和解放军官兵用血淋淋的手，从废墟中挖出来的。震后 24 小时，人民解放军带着发电机、抽水机、推土机、通风机、运水车、救护车等机械到达唐山灾区，迅速展开救灾工作。

汶川地震发生后的第二天，即 5 月 13 日凌晨，在都江堰灾区现场，国家地震灾害紧急救援队（148 名救援队员、22 名武警医院医护人员）携带了各种生命探测仪、12 条搜救犬、两台地震救援车、一台应急指挥车。

与唐山地震抢险救灾相比，汶川抢险在救灾工具及救灾物资有了数量和质量上的巨大变化。如抗震物资：钢材、木材、水泥及民用建材等；救人物资：救生器材、医疗器械、急救药品等；抢险物资：车船、飞机、灭火工具及防辐射、防污染用具等；生活物资：粮食、燃料、衣被、蔬菜及生活日用品等，纷纷通过公路、铁路、飞机等运载工具运往灾区各地。救灾物资品种除了帐篷、棉被、救生衣、应急包等传统用品外，还有发电机、挖掘机、装载机等各种救援工具。此外，一些救灾创新科技成果及其相应的高科技救援产品、设备，如卫星电话、遥感飞机、生命探测仪、野战医院、野战方舱、直升机等，也首次投入汶川抢险救灾工作。

在汶川地震抢险救灾过程中，我国救灾物资的投送能力也有新的提高，

① 参见四川民政厅编纂：《汶川特大地震四川民政抗震救灾志》，方志出版社 2012 年版，第 551 页。

即充分利用公路、铁路、水运和航空等运输方式，将大批救灾人员、救灾物资和器材装备等投送灾区各地。

公路方面：5月12日下午，交通运输部下发紧急通知，要求四川灾区附近省市的交通主管部门紧急调集运力，随时前往地震灾区。13日上午，交通运输部下发《关于对抗震抢险救灾物资免缴车辆通行费的紧急通知》，要求川陕甘渝交通厅（委）对运送抗震抢险救灾物资运输车辆一律免缴通行费，并确保快速、优先通行。15日，交通运输部下发通知，要求各地交通部门主管部门、公路管理机构和调整公路运营单位对各地向灾区运送救灾物资的车辆，开通"绿色通道"。各地公路、运输管理机构组织充足运力，加强运输高度指挥，保障各类救灾物资和救灾人员及时运往灾区。各受灾地区相邻的省市道路运输管理机构省市客货应急备用运力，准备应急动力支援灾区。为此，交通部还开辟从成都、兰州和西安方向进入灾区的三条陆路救灾物资运输线路。

铁路方面：5月12日下午，铁道部召开全国铁路系统紧急电话会议，启动地震灾害应急预案，要求地震灾区各铁路局检查所有线路，确保列车安全运行。当晚该局从武汉、兰州、成都铁路局及广州铁路局调集46台机车，赴四川地震灾区参加救灾物资抢运。宝成线109号隧道是宝鸡至成都铁路线上的一条重要隧道，地震中受损严重。铁路部门加快修复受损设备，组织大型机械稳固路基，到5月24日，基本上恢复宝成线的运输能力。①

水运方面：汶川特大地震发生后，交通部启动应急预案，要求有关部门和灾区交通运输部门迅速启动水路运输，保证运输的畅通。5月15日，交通部开辟长江至岷江经重庆、泸州、宜宾、乐山港进行集散的水上运输线路，长江三峡船闸开辟水上"绿色运输通道"，对运送抗震救灾物资船舶实行"优先签证、优先引航、优先过闸、优先装卸"的原则。21日，交通部

---

① 参见《汶川特大地震抗震救灾志》卷五《抢险救灾志》，方志出版社2015年版，第11页。

根据重庆、泸州、宜宾均有专门集装箱港口，宜宾至乐山航道能通行 500
吨级船舶，乐山经成都灾区调整公路畅通的情况，建议采取水陆联运方式。
5 月 27 日，交通部又发布 4 条救灾物资水路联运线路，利用综合运输体系，
缓解救灾物资公路、铁路运输压力。①

　　航空方面：5 月 13—29 日，中国民航局组织 23 家航空公司，先后调集
20 余架运输飞机，从全国各地向灾区紧急运送救灾人员和救灾物资，各航
空公司及时调整飞往灾区的机型和架次。东航调集 220 架飞机，承担抗震救
灾包机运输任务。南航调集多种机型 245 架运输救灾物资。深航调集 70 架
客机，调整 5000 个航班，并将 10 架客机改装成货机进行航运。西南空管局
应急指挥中心地震后 5 小时开台组织运行，7 小时后成都双流机场重新开放，
并坚持 24 小时通航。②

　　以上事例分析充分说明，汶川特大地震救灾工具和投送能力与 1976 年
唐山抢险救灾以及其他救灾相比，均发生了巨大变化和提高。

　　变化之四：救灾物资收发转运程序规范。

　　在救灾物资的接收方面，四川省民政厅抽调了近 100 名干部员工，招募
了 50 多名注册志愿者，组成 5 组（资金组、政府捐赠组、境外捐赠组、大
宗物资捐赠组、零散物资捐赠组）6 站（成都火车东站、双流机场、太平寺
机场、凤凰山机场、龙潭寺物资储运站、绵阳机场）分别负责相应的救灾物
资接收和分配调运工作。

　　四川省民政厅领导分别在机场、火车站和厅机关等物资接收点靠前指
挥、组织协调。各站组负责人经常开碰头会，交流信息，总结工作，调整措
施，建立和完善规范的工作流程和工作制度。

　　双流机场是境外救灾物资接收调运的重要阵地，该站制定了"境外物

---

　　①　参见《汶川特大地震抗震救灾志》卷五《抢险救灾志》，方志出版社 2015 年版，
第 11 页。

　　②　参见《汶川特大地震抗震救灾志》卷五《抢险救灾志》，方志出版社 2015 年版，
第 808—816 页。

资接收工作流程"、"境外物资办事公开"、"境外物资统计报表"工作规则，先后接收了57个国家和地区的420批次救灾物资计5300余吨，保持无差错。其他机场，如太平寺、广汉、绵阳等机场，累计向灾区各地空运和转运救灾物资达2.2万吨。

成都火车东站是汶川抗震救灾期间最主要的铁路运输救灾物资中转站。该站制定了救灾物资分配原则和工作流程，使救灾物资的接收、分配有序规范，灾后10余天向德阳、绵阳、广元等重灾区发运1000多个车皮，6万多吨的救灾物资。同时，还派出汽车2300多台次，通过公路运输救灾物资3万多吨。①

在救灾物资的转运方面，建立了严格的收发程序。据有关记者跟踪报道：（1）救灾物资出库有出货单；（2）运输队有志愿者押运；（3）紧缺物资审核严格控制；（4）发放数据每天出清单；（5）救灾物资发放实行登记；（6）军人运送救灾物资也要打收条。②

以上分析说明，四川省民政厅对来自全国各地的救灾物资设站收发、转运，同时又采取了"6种监管方法"，确保了当地救灾物资的收发转运工作得以规范有序进行。

变化之五：救灾款物发放及时到位。

汶川特大地震发生初期，四川省先后设立临时安置和救助点5100余个，紧急转移受灾群众1200余万人次。

1.发放临时救助款

根据国务院抗震救灾总指挥部的指示，民政部、财政部、住房和城乡建设部等部门在中央临时生活救助、后续生活救助、倒损房屋恢复重建等方面制定了一系列新政策。③据记者从民政部、财政部获悉：截至2008年年底，

① 参见四川民政厅编纂：《汶川特大地震四川民政抗震救灾志》，方志出版社2012年版，第125、267页。

② 参见《灾区救灾物资严格受监控接收发放均有据可查》，中国网，2008年5月25日。

③ 参见潘跃、李丽辉等：《临时生活救助金基本完成发放九百多万群众受益》，新华网，2009年1月5日。

中央财政共下达汶川地震受灾群众生活救助资金 417.94 亿元，共救助受灾困难群众 922.44 万人，包括"三无"人员 891.33 万人和"三孤"人员 31.11 万人。①

在 6—9 月临时生活救助期，四川省共发放受灾困难群众临时生活救助资金 38.9 亿元，救济粮 18.6 万吨，救助困难群众 700 余万人（其中"三无"人员 700 万人、"三孤"人员 20 万人）。②

与此同时，甘肃省有 130.25 万"三无"人员、6.47 万"三孤"人员需要救助。2008 年 5 月底、7 月底、8 月底，甘肃省分三次下拨了中央救助资金 27 亿元。③后来又分两次将中央救济款下拨给陇南、甘南等地震灾区。在临时生活救助期，陕西省有"三无"人员 45.3 万人、"三孤"人员 3.7 万人需要救助。省财政厅按照"急事急办、特事特办"的原则，启动紧急拨款程序，向灾区下拨中央救济款 4.6 亿元。④

在临时生活救助期，重庆市有困难群众 6.51 万人，其中"三无"人员 4.91 万人、"三孤"人员 1.6 万余人需要救助。重庆市民政局、财政局分两批将 8000 多万元中央救灾款下拨万州区等 40 个区（县）。⑤在临时生活救助期，云南省对昭通地区受灾的"三无"人员 44583 人、"三孤"人员 450 人，按每人每月 200 元、连续补助两个月的标准，给予临时生活救助。省财政厅、民政厅分两批将中央救济款 4100 万元下达昭通市灾区各地。⑥

---

① 参见邓绍辉：《从汶川地震看我国救灾物资储备制度的变化》，《科技创新导报》2013 年第 28 期。

② 参见《汶川特大地震抗震救灾志》卷六《灾区生活志》，方志出版社 2015 年版，第 30 页。

③ 参见《汶川特大地震抗震救灾志》卷六《灾区生活志》，方志出版社 2015 年版，第 30 页。

④ 参见《汶川特大地震抗震救灾志》卷六《灾区生活志》，方志出版社 2015 年版，第 31 页。

⑤ 参见《汶川特大地震抗震救灾志》卷六《灾区生活志》，方志出版社 2015 年版，第 31 页。

⑥ 参见《汶川特大地震抗震救灾志》卷六《灾区生活志》，方志出版社 2015 年版，第 31 页。

在临时生活救助期，发展改革委、财政部、粮食局、中国农业银行分3批向受灾省市下拨中央救济粮。其中四川省接收中央救济粮45.12万吨；甘肃省9.25万吨；陕西省2.5万吨；重庆1.3万吨；云南0.22万吨。

2. 关心城镇低保户

在汶川抗震救灾期间，民政部对城镇低保、五保户养老和倒塌房屋农户等补贴作了一些新规定：其中全国城市低保对象月人均补助标准130元，农村低保对象月人均补助标准41元；农村五保供养标准大幅提高，分散供养人员已达每人每年1691元，集中供养人员已达每人每年2229元。

3. 发放住房重建补贴

汶川抗震救灾期间，民政部发文规定：对因灾倒塌房屋农户重建住房平均每户补助1万元。①2007年，民政部门曾将因灾倒塌房屋重建补助标准由每间300元提高到1500元；2008年初因南方各省低温雨雪冰冻灾害，对倒房重建重点户补助5000元，一般户补助3000元；汶川地震后又将住房重建补贴提高到每户补助1万元（事实上，有的地方政府对重建倒房农户又追加补贴1万至2万元）。由此可见，中央和地方政府在短时间内对因灾倒房农户的资金补贴力度是相当大的。

变化之六：救灾物资储备条件大为改善。

我国救灾物资的储备工作始于新中国初期，改革开放以后，特别是到20世纪90年代末，随着自然灾害或突发事件不断增多，国务院有关部门提出建立中央级救灾物资储备仓库。1998年张北地震后，民政部、财政部出台了《中央级救灾储备物资管理办法》，正式确定在灾情多发省区建立中央级救灾物资储备库。其中规定中央救灾物资储备由民政部购置、储备和管理，专项用于紧急抢救转移安置灾民和安排灾民生活，同时又委托有关省级人民政府民政部门定点储备救灾物资。

---

① 参见《汶川特大地震抗震救灾志》卷六《灾区生活志》，方志出版社2015年版，第31页。

　　随后十年间，民政部分别在天津、沈阳、哈尔滨、合肥、郑州、武汉、长沙、广州、成都和西安10个省会城市相继建立了中央级救灾物资储备仓库，交由当地省民政厅（局）代管，同时又在全国一些地方建立了237个社会捐助接收工作站及其网络，并实施了8省4市对口支援中西部10个省（区）的省级援助方案。

　　到汶川特大地震前夕，全国建成物资储备库建筑面积137943平方米（含中央级救灾物资储备库），库容368623立方米。其中建库中央级10个，地市级157个，县级447个。中央级救灾物资帐篷157990顶，其中，单帐篷92240顶，棉帐篷65750顶；省级救灾物资专用帐篷，合计212560顶。①

　　汶川特大地震发生以后，民政部针对中央级物资储备存在的问题，计划将中央级救灾物资储备库重新布局，数量由原来的10个规划增加到24个，即扩大1倍多。这里重点概述一下四川省物资储备库扩建和新建的情况。

　　四川省物资储备仓库成立于1999年。该库位于成都市机投镇，当时挂有三块牌子："民政部西南物资储备库"、"四川省民政厅救灾物资储备库"和"成都市捐赠物资接收站"。

　　在汶川抗震救灾初期，这一仓库所承担的救灾任务，远远超过了它的承受能力。最大问题是仓库面积太小，总面积仅2721平方米，库容量为12490立方米。后来随着全国各地的救灾物资涌入，该库不得不以27万余元的价格，在机投镇租用了3300平方米的仓库应急。另外，人员编制也是个问题，发运高峰的时候，在编的10个人完全没有办法应付接收、搬运、发放等繁重工作，需要聘请搬家公司和当地村民300多人。

　　2008年下半年，民政部和四川省人民政府决定共同投资在双流县航空物流园区筹建西南地区最大的救灾物资储备库——成都中央级救灾物资储备

---

　　① 参见高建国等：《国家救灾物资储备体系的历史和现状》，《国际地震动态》2005年第4期。

库。① 该储备库既是国家汶川特大地震恢复重建防灾减灾专项规划建设项目，也是民政部布点建设的 14 个中央级救灾物资储备库之一。

"该储备库位于双流县航空物流园区，临近大件路等多条交通要道，交通非常便利，可缩短救灾物资的转运时间。按照民政部编制的《救灾物资储备库建设标准》，该库的构成包括库房、生产辅助用房、室外货场、观察场、晾晒场、停车场等。还设有专门的加工用房、清洗消毒用房，可以对回收物资进行清洗、烘干、缝补、维修和消毒。为避免潮湿引起救灾物资霉变造成损失，在物资储备库房还要做防潮处理。另外，该库还配备有海事卫星电话、对讲系统等通讯调度设备，即使发生重大灾害等紧急情况，也能保证其及时与外界取得联系。"②

经过一年多的建设，"成都中央救灾物资储备库于 2010 年 4 月正式建成。该库规划占地面积 158.23 亩，建筑面积 2.65 万平方米，总投资 2.41 亿元，有效库容 3.7 万立方米。可储备帐篷 5.41 万顶、棉被 10.83 万床、棉衣裤 21.65 万套等各类救灾物资和冲锋舟、橡皮艇、救生圈、发电机、挖掘机等各类应急救援工具。主要面向四川、辐射西南，可以满足紧急转移安置人口 86.6 万人、直接救助 21.65 万人所急需的救灾物资储存、紧急调运任务"③。

与此同时，四川省在重灾区、一般灾区和非灾区规划的 57 个省级救灾物资储备库也陆续开建，届时将与成都中央级救灾物资储备库一起构成全省应急救灾物资储备体系。④

---

① 参见四川民政厅编纂：《汶川特大地震四川民政抗震救灾志》，方志出版社 2012 年版，第 516—517 页。

② 邓绍辉：《从汶川地震看我国救灾物资储备制度的变化》，《科技创新导报》2013 年第 28 期。

③ 邓绍辉：《从汶川地震看我国救灾物资储备制度的变化》，《科技创新导报》2013 年第 28 期。

④ 参见邓绍辉：《从汶川地震看我国救灾物资储备制度的变化》，《科技创新导报》2013 年第 28 期。

由上可见，随着汶川抗震救灾工作的需要和中央与地方救灾物资基地的新建或扩建，我国救灾物资储备格局和存储条件，比震前有了较大改善提升。

变化之七：救灾物资监管力度得以加强。

汶川特大地震发生后，中央和地方各级抗震救灾指挥部都相继建立了由纪委监察、民政、财政、审计、质检等部门组成的救灾资金物资监管小组，同时明确各自的监管职责和任务。

1. 明确救灾款物监管职责

5月下旬，中央纪委、监察部按照胡锦涛总书记关于"尽早出台管理制度"的指示，相继制定并完善抗震救灾资金物资监管规章制度，①组成专项检查组赴国家机关有关部门、单位及接收社会捐赠的群众团体、社会组织和地震灾区，检查抗震救灾资金物资管理使用情况。

民政部门通过建章立制，开展监督检查，进一步规范了救灾物资的接收、转运、分发以及捐赠款物的管理和使用等社会各界高度关注的环节。

财政部门在做好资金筹集、调拨和财政政策研究制定的同时，全力做好抗震救灾资金物资管理使用的监督检查。

审计部门针对救灾资金物资来源广泛、使用分散、环节繁多等情况，改变以往事后审计的模式，采取"关口前移、提前介入"的审计方法，对汶川救灾资金物资筹集、分配、管理、使用的全过程进行审计。

2. 认真开展专项检查工作

从5月至7月，中央纪委监察部先后派出多个专项检查组，分赴四川、甘肃和陕西三省和中央有关部门、社会组织、群众团体，对抗震救灾款物管

---

① 2008年5月20日，中央救灾资金物资领导小组各成员单位共同印发了《关于加强对抗震救灾资金物资监管的通知》。5月29日中央纪委监察部颁布了《抗震救灾款物管理使用违法违纪行为处分规定》，进一步明确了抗震救灾资金物资监管的纪律要求。同时，还出台了四个比较急需的规范性文件。此后，一些受灾地区的纪检监察机关协调有关部门结合本地实际，陆续出台了一些配套规定。这段时间，国务院也颁布了《汶川地震灾后恢复重建条例》和一系列的制度，这些文件出台很及时，布局也十分清晰。这样就为抗震救灾资金物资的管理和监督提供了明确的依据。

理使用情况进行了专项检查。

6月1日、6月23日、8月13日，四川省抗震救灾指挥部和成都、绵阳、德阳、广元、雅安、阿坝6个灾区指挥部，分别对39个极重灾区和重灾区救灾资金物资等使用情况进行监督检查；甘肃省纪委、监察厅于5月21日对陇南地震灾区派出4个专项督察组检查救灾资金物资接收、转运、发放等情况；6月初又派出5个检查组对上述地区进行检查；5月26日，陕西省纪委监察厅派出4个检查组对汉中市灾区进行了为期一周检查。

9月17日，中央纪委监察部在四川成都召开对口支援资金物资监督检查工作座谈会，督导19个承担对口支援任务的省市与受援县市的监督检查部门之间建立密切配合的工作协调机制，为开展对口支援资金物资监督检查工作奠定了基础。

3.快速查处各种违纪违法行为

截至6月20日，中纪委、监察部和四川、甘肃、陕西等省的纪检监察机关共收到群众举报10804件，反映违法违纪行为的1178件，其中绝大多数是反映在抗震救灾初期违规搭建帐篷的和食品等物资发放不够规范的。按照分级负责的原则，各级纪检监察机关对查实有违纪问题的43个人给予党纪政纪处分，其中撤职以上的重处分有12人。①

另据记载："四川省各级纪检监察机关至11月23日，接到有关抗震救灾资金物资管理使用问题信访举报5045件，核查3809件，查证属实或部分属实575件；给予党纪、政纪处分116人，组织处理71人；甘肃省各级纪检监察机关至10月13日，受理群众信访举报1910件，核查1763件，核实111件，给予党纪、政纪处分9人，组织处理52人；陕西省各级纪检监察机关至7月14日，受理群众反映776件、核查643件，属实或部分属实162件，给予党纪、政纪处理47人，组织处理23人。"②

---

① 参见《新闻发布会介绍抗震救灾物资监管情况》，民政部网站，2008年6月23日。
② 《汶川特大地震抗震救灾志》卷六《灾区生活志》，方志出版社2015年版，第609页。

4.招聘社会监督员

2008 年 5 月 26 日至 30 日，为了加强对抗震救灾物资的监督检查工作，四川省纪委、监察厅向社会各界发布招聘抗震救灾社会监督员的公告，并按照"优先从受灾严重和安置受灾群众任务较重地区的志愿者中聘请"的原则，从 2000 多报名者中筛选出 308 名作为受聘对象。①

6 月 1 日，四川省抗震救灾指挥部在成都市举行大会，正式聘请 308 人为省级抗震救灾社会监督员、德阳市公开招聘 47 人为市级社会监督员、阿坝州政府公开聘请 214 名社会监督员，其他受灾地区也依照此办法聘请了当地的社会监督员。② 按相关规定，上述受聘的社会监督员受同级抗震救灾指挥部委托，以义务志愿者的身份参与灾区抗震救灾工作，并按照国家相关法律法规和政策规定，直接了解抗震救灾款物的管理使用情况，向发放聘书的抗震救灾指挥部监督组书面反映各种情况并提出建议，接受社会群众投诉举报并向受聘抗震救灾指挥部监督组转交举报。受聘的社会监督员原则上以个人自主开展工作，有关部门也可适当组织其活动，并为其履行监督职责提供方便条件。社会监督员制度尽管还存在许多可改进的地方，但从"依法行政，阳光赈灾"的角度来看，它是汶川抗震救灾资金物资监管实施的一个新举措，对于促进灾区各地阳光赈灾发挥了积极作用。

5.实行跟踪审计检查监督

从 2008 年 5 月 14 日至 11 月底，国家审计署组成多个检查组分别对 18 个中央部门和单位、31 个省（自治区、直辖市）和新疆生产建设兵团的 1289 个省级部门和单位、5384 个地级部门和单位、24618 个县级部门和单位进行了救灾款物审计。同时还对四川、甘肃、陕西、重庆、云南等 5 个省（市）的 3845 个镇、9526 个村、76709 户受灾群众进行了实地调查评估。在

---

① 参见《四川公开征集抗震救灾社会监督员》，新浪网，2008 年 5 月 26 日。

② 参见邓绍辉：《从汶川地震看我国救灾物资储备制度的变化》，《科技创新导报》2013 年第 28 期。

审计过程中，虽未发现重大违法违规问题，但对一些违反相关规定的具体案件提出了整改意见。①

6. 实行新闻媒体监督

汶川抗震救灾期间，国务院新闻办先后组织召开新闻发布会，邀请中央抗震救灾资金物资监督检查领导向社会通报财经监督检查工作的进展情况。②

民政部专门开发了"5·12 汶川地震抗震救灾捐赠信息管理系统"，利用现代信息技术手段，向社会各界公示捐赠资金物资管理使用的相关信息；财政部通过新闻媒体向社会公布救灾资金管理使用情况，就相关政策解疑释惑；国家审计署定期公告阶段性审计情况；灾区各级政府及有关部门也充分运用公开网站、电视报刊、政务公开栏、村务社区公开栏等，及时公示抗震救灾资金物资管理使用情况，取得了比较好的社会效果。③

汶川抗震救灾期间，我国政府部门还主动邀请国内外新闻媒体对川、甘、陕三省灾区救灾资金物资收集、转运、发放等进行采访报道。据成都市外事办透露，"截至 7 月 19 日，共有包括美联社、法新社、俄新社等在内的来自 28 个国家的 150 多家媒体、600 余人次前往灾区采访报道"，多数媒体对我国救灾工作做出了正面评价。

以上事例分析表明，与新中国成立以来，特别是改革开放以来历次抗灾救灾斗争相比，我国救灾款物的接收、转运、分配、使用在整个汶川抢险救灾和灾后重建过程中，由于政策到位、措施得当、监管环节公开透明，总体运行较为平稳，取得了新的变化和进步。

---

①　参见《汶川特大地震抗震救灾志》卷十《附录　索引》，方志出版社 2015 年版，第 338—358 页。

②　参见《四川汶川地震抗震救灾资金物资监督检查工作综述》，中国政府网，2009 年 1 月 9 日。

③　参见《四川汶川地震抗震救灾资金物资监督检查工作综述》，中国政府网，2009 年 1 月 9 日。

第二节 救灾物资制度存在问题

在充分肯定我国救灾物资管理在应对汶川特大地震过程中出现了许多新变化的同时，也应客观地看到在仓储管理、存储种类、收发转运、发放使用、监督管理等方面，仍存在一些亟须改进之处。

问题之一：救灾物资仓储严重不足。

汶川特大地震发生以前，中央与地方救灾物资储备由于管理信息不通，造成一些物资重复储备，而另一些物资又储备不足，甚至空白，给救灾工作带来了诸多困扰。据高建国等2005年在《国家救灾物资储备体系的历史与现状》一文，我国中央级物资储备制度长期存在七大不足：（1）救灾物资仓储建设较为分散；（2）救灾物资仓储容量小；（3）救灾物资管理经费不足；（4）救灾物资管理环节烦琐；（5）救灾物资储备种类数量不足；（6）基础设施和装备较为落后；（7）物资储备自动化水平低；等等。①

这里，本书仅就汶川特大地震给我国物资储备制度带来的巨大冲击和考验等问题，再做进一步分析。

据有关资料记载：汶川特大地震发生后仅6天，全国向四川等灾区调运救灾帐篷约18万顶。储备物资规模、种类、数量与巨灾需求相比明显不足。如位于成都市机投镇的成都中央救灾物资储备库在地震发生下午4时接到四川省民政厅下达的救灾命令，马上组织运送车辆和人员，向汶川、都江堰、绵阳、德阳、彭州等重灾区装运帐篷。从12日下午到13日中午，该库利用30多辆市交委的车辆，就把近8000顶库存帐篷都清空了。而绵阳储备库仅存棉被200多床、帐篷不到200顶。

随后，民政部向合肥、郑州、武汉、南宁、沈阳、西安、天津7个物

---

① 参见高建国等：《国家救灾物资储备体系的历史与现状》，《国际地震动态》2005年第4期。

资储备库紧急调拨救灾帐篷等物资。^①据记者从各地仓库了解的情况：南宁库5月13日发出1万顶帐篷，14日发出9100多顶，共计19100顶；合肥库紧急调运2.12万顶救灾帐篷；郑州库发出10000顶；沈阳库发出4000顶；武汉库13日调运帐篷15300顶；5月14日，西安库运送了5000顶帐篷；天津库于16日和17日分两批发送12000余顶棉帐篷和8000多顶单帐篷。另外，哈尔滨库用飞机运输发出9995顶帐篷。^②以上八库共计向汶川灾区各地运送救灾帐篷104595顶。

另据新闻报道有关数据显示：自汶川特大地震发生至5月28日，全国已有44.7万顶帐篷下拨四川灾区，但灾区各地仍需帐篷157万顶。

关于汶川地震救灾帐篷短缺的问题，民政部救灾救济司司长曾表示："按照以往的经验，每年全国较大的灾害，一般会调动3万至5万顶帐篷，像这样需要上百万顶帐篷的情况，以往从未遇到过。如果我们的库存储备能够多一些，比如达到80万顶，甚至哪怕40万顶，情况也会好很多。"事实上，汶川抗震救灾初期一线所缺物品，绝不仅限帐篷，其他救灾物品，如活动板房、救灾设备、工具等也存在着较大缺口。

有人质疑："我们10年前就启动了中央级救灾物资定点储备，国家物资储备体系也存续了50多年，为什么救灾物资还这么匮乏？"这一"质疑"虽有点直率，但是确有一些问题值得相关人士及部门领导深思和探讨。事实上，汶川抗震救灾之前，我国救灾物资储备某些品种数量的严重不足，既有当时灾情过大的外在原因引起，又有库存不足的内在制度所致。

孙绍骋在《中国救灾制度研究》一书第十章"救灾资源流动过程分析"直言不讳地指出我国救灾物资储备制度长期所存在的三大内生弊病和能力缺陷：

在救灾资金流动上，既存在拨放环节政府层级间、同级政府中部门间

---

① 《48小时10库调空：中央救灾物资储备大考》，新华网，2008年5月23日。

② 《48小时10库调空：中央救灾物资储备大考》，新华网，2008年5月23日。

的博弈，也存在下发利用环节的跑冒滴漏。孙绍骋书中坦承"基层救灾款发放使用过程中存在的主要问题是挤占、挪用、不及时转拨、分配不公"，应该讲，灾后在民间快速出现的对捐赠资金（物资）可能被滥用的猜度、批评以及要求详细信息实时公开的声音，来源于较长时间的情绪积累，甚至可以说该种情绪主要来源于对民政部门及官方背景慈善社团的怀疑。

在救灾物资流动上，我国救灾物资储备长期存在：中央救灾物资储备品种单一、数量不足；中央储备点的布局不太合理（广大西部地区只有成都、西安两处）、救援运输成本较高；地方救灾物资储备工作进展缓慢；救灾物资储运方式（如官储官运），管理手段落后。

在救灾信息流动上，我国灾害种类繁多，分别隶属于不同的管理机构，如旱灾归农业部门负责，水灾由水利部门负责，森林火灾又隶属于林业部门。由于"多龙治灾"，互不统属，部门间信息难以共享、人力财力严重浪费。至于灾情信息需层层上报，过滤过多、效率较慢。

以上三大弊端（资金缺乏、储备不足、信息不灵）指明了我国救灾物资储备管理制度长期存在的能力缺陷。此次汶川救灾物资储备严重不足等问题，之所以能够迅速上报、公开，一方面固然有 2008 年 5 月起施行的《政府信息公开条例》作用显现的因素；另一方面是本次救灾超大规模，国家高层和社会民众双重的巨大压力。二者迫使我国救灾物资储备制度（无论是中央物资储备，还是地方物资储备）长期以来所存在的诸多弊端和问题，终于暴露在社会公众面前。

问题之二：救灾物资筹集渠道较为单一。

长期以来，我国民政部门对救灾物资的储备主要采取以下三种形式。

一是实物储备。主要指中央及地方政府所建立和管辖的仓库存储的物资或救灾物资，又称"战略储备"。为了应对地震灾害发生，中央及地方政府对一些急需、需求量大、专用的救灾物资应提前准备，如帐篷、活动板房、专用设备工具等。国家储备大量的实物，防止灾害发生后不能及时调动救灾物资而引起灾民恐慌、动乱等。救灾物资的储备在一定程度上可以解决灾区和困难群众的生活困难，能够在较短时间恢复生产和生活秩序。

二是合同储备。是指政府与企业签订协议，将事后行政命令改为事前合作。这样做的好处是将部分储备物资交由企业保管。提前签订物资储备品种、数量，制定储备品种质量及标准，在一定程度上可以降低国家储备实物的成本。

三是生产力储备。救灾物资储备管理部门与相关专家研究确定储备企业，由企业自愿申报储备产品及其数量，根据企业申报的产品及数量，再决定储备品种及规模，下达年度储备计划，并签订生产能力储备协议。在发生突发事件时，迅速生产应急物资。从多年抗震救灾的实际来看，我国政府实物储备严重不足，合同储备、生产力储备有点偏向纯理论研究。事实上，汶川地震前夕，我国各地储备物资的分类、品种和数量相对缺乏，某些应急物资的储备量不足。[①] 如前所述，设在成都市机投镇的成都中央物资储备库只存 8000 顶帐篷，地震后一天就被一扫而光。至于中央设在西安、郑州、天津等地仓库所储帐篷，也难抵大用。四川绵阳民政局所属仓库库存，一个令人惊愕的现实是：物资储备仅有棉被 200 多床、帐篷约 200 顶，该市上百万人受灾、400 余万人需要转移。[②] 这一情况表明当地库存遇到大灾，形同虚设。

问题之三：救灾物资收转环节存在问题。

在汶川抢险救灾初期，通过电视画面可以看到成都机场、火车站等地堆积如山的物资等待转运发放，似乎表明：地方各级赈灾组织和物资调配系统尚不完善，大批物资药品难以及时运往灾区第一线。如此大规模的灾难确实是人们始料未及的，赈灾中出现一些混乱也是可以理解的，只是希望在防范未来灾害中有关部门能够更加明晰地进行分工，扎扎实实地做好预案准备，事先计划好未来可能用到的灾民安置点和物资集散点，能够将这些物资以最快最有效的方式送抵灾区最需要的地方。事实上，汶川抗震救灾过

---

①　参见邓绍辉：《从汶川地震看我国救灾物资储备制度的变化》，《科技创新导报》2013 年第 28 期。

②　参见《应进一步重视搞好救灾物资储备》，新浪网，2008 年 6 月 18 日。

程中产生的许多新情况在一定程度上也给当时救灾物资收转工作造成了诸多困扰。据有关媒体报道：一是救灾物资接收程序难以到位。[①] 二是部分物资转运分配程序不符合规定。三是部分物资送到灾区后难以取得"送货回执单"。[②] 另据网上报道，汶川抗震救灾期间，个别地方还出现部分救灾物品过剩的现象。如有些地方对于旧衣物、矿泉水、方便面等物品堆放过多，而对于帐篷、活动板房等物品的供应发放又略显不足。

问题之四：救灾物资使用单位虚报灾情。

国家审计署 2008 年 8 月 4 日至 10 月底对四川救灾款物的审计公告指出：尽管没有发现重大违规问题，但个别地区、单位在救灾款物管理使用中仍存在许多问题。一是个别地区灾情上报不准确。"如四川省崇州市旅游局、交通局损失上报数据汇总重复，多列受灾损失 12.34 亿元。甘肃天水市报表反映的'三无'人员数大于县乡两级汇总数。"二是少数地区救灾资金拨付、使用不及时。"四川省财政厅将收到财政部安排的地震引发次生地质灾害调查评估评价经费 2000 万元未及时拨付到位，造成项目实施单位不得不自行垫支经费。截至 9 月底，陕西省财政厅下拨给市县的救助金 40.25% 未发放。安康市收到省财政厅下拨的灾民救助金大多数未发放。截至 9 月 20 日，四川省茂县尚未兑付 3863 名遇难人员家属抚慰金。四川省阿坝藏族自治州财政局 5 月和 6 月拨给黑水县的抗震救灾资金至 8 月 4 日存在县财政局。彭州市建设局 6 月和 7 月收到财政拨给的抢险救灾资金至 8 月 4 日仍未使用。"三是个别单位救灾物资管理不规范。"8 月 20 日，四川省彭州市抗震救灾抢险指挥部、市公安局接受捐赠的 302 万元移动电话充值卡收、发、余情况，未纳入救灾物资统计，也未对外公示和上报。8 月 16 日，四川省彭州市人民医院、中医院等 31 家医疗机构接受了捐赠和上级调拨的 320 台（套）X 光机、监护仪、越野车等物资，绵阳市交通局、建设局、水务局等单位接受了捐赠的 124 台设

---

① 参见《浅析加强救灾款物管理的对策》，中大网校，2013 年 5 月 30 日。

② 参见《浅析加强救灾款物管理的对策》，中大网校，2013 年 5 月 30 日。

备、260辆汽车、78台（套）精密仪器，上述固定资产均未及时入账核算。"四是少数单位救灾物资采购价格偏高。"四川省卫生系统截至7月31日库存消毒杀菌药品1700余吨、喷雾器7800余台。在此情况下，四川省动物防疫监督总站于8月13日又采购消毒杀菌药品300吨、喷雾器12500台；四川省医药公司在根据省卫生厅通知对省内8家企业生产的消毒杀菌药品实行临时统购措施时，仅按照生产企业报价进行结算并支付价款2044万元。天津市红十字会和陕西省民政厅于5月分别向蓝通工程机械（天津）有限公司采购照明灯车45台和100台，其价格比该公司2008年1至6月同型号产品平均售价高40%以上。"五是个别单位擅自改变救灾资金用途。"四川省茂县卫生局将县财政拨入的捐赠资金2.02万元以会务费的名义列支，用于抗震救灾先进个人和集体奖励；共青团甘肃省委将上级拨付给以及自行接受的救灾捐赠资金下拨至基层单位用于工作经费86万元；甘肃省陇南市交通征稽处将省交通征稽局下拨的抗震救灾专项补助款用于奖励、发放职工补助和防暑费4.96万元。"六是部分行业募集本系统内职工捐款大量结存。"例如四川省电力公司、成都铁路局等7家中央在川单位组织本系统职工为灾区群众和本系统内受灾职工捐献的救灾资金，截至8月底，尚有2640.43万元存放在这些单位。"①

以上6点是从官方渠道得知我国救灾款物管理使用在汶川抗震救灾期间所存在的诸多问题。尽管没有发现重大违规问题，但仍值得深思深挖其体制上所存在的积弊。

问题之五：救灾物资管理使用存在不足。

1.个别救灾款物分发执行不到位

在汶川抗震救灾款物发放过程中，中央纪委监察部等三令五申地通告严禁违反相关规定，但在实际运行中仍不免发生个别救灾款物发放执行不到位等现象。2008年8月4日，国家审计署官方网站发布了《关

①　审计署办公厅：《抗震救灾资金物资审计情况公告》（第1—4号），转引自《汶川特大地震抗震救灾志》卷十《附录　索引》，方志出版社2015年版，第353—358页。

于汶川地震抗震救灾资金物资审计情况（第3号）公告》，公布了相关救灾款物筹集、使用和结存的基本情况，也披露了审计中发现的与救灾款物相关的5类主要问题，即社会捐赠款物结存于多个部门、单位操作；个别地区抗震救灾物资存在积压或不适用的情况；少数地方和个别单位在发放补助时存在搭车收费、自行提高标准的现象；个别地区活动板房建设与灾区实际要求衔接不够；在救灾款物使用中，少数地方和个别单位存在上缴不及时、挤占挪用救灾资金等违规问题，个别基层干部存在优亲厚友现象，发现36起，21名责任人被给予了党纪处分。对此，审计署谨慎地表态：关于救灾款物，"目前，审计尚未发现重大违法违规问题"。但令人困惑的是，这5类问题难道就是小事一桩吗？不言自明，它们分别涉及了救灾款物使用过程中全局统筹与整合、区间信息沟通与品类调剂余缺、相关标准尺度的规范性和适用性，以及对违规违纪的预防与整治等多个重要方面。如果这些环节竟相出现了问题，将直接影响到救灾款物使用的实际效果，比之于重大违法违规问题，其破坏性未必容得小觑。

2. 救灾物资回收制度缺乏有效执行

从汶川抗震救灾物资的使用过程来看，中央级救灾物资主要是救灾帐篷、救灾设备、防灾工具等，对于这些可回收并可重复使用的物资，按规定：救灾工作结束后，理应回收、清洗、消毒和整理，并逐级上交到中央或地方代储点。但在实际工作中，这一回收制度的执行却遇到了一些新问题。一般灾民都认为政府发放的救灾物资是救济灾民的，不需要收回，更不需要偿还，由于国有资产回收意识欠缺，造成回收难度大。还有一些灾民认为既然要归还，使用时就不注意爱惜，个别灾民甚至使用完毕后，将一些帐篷的构件挪作他用。从基层干部来讲，首先有嫌麻烦的思想，发放物资显然比发放资金费事，而且还要回收，加大了工作量。此外由于可回收并重复使用的救灾物资清洗、整理和调运，都需要一定的费用，而受灾地区大多财政困难，日常工作经费尚难落实，更无力承担上述费用。因此，相关部门及单位不愿意做这种物资的回收工作。因此，在汶川抗震救灾期间，许多救灾可回收物资，如帐篷、板房等，有的任凭风吹雨淋，逐渐废弃；有的就被少数人占用或流入当地交易市场。

3. 救灾物资管理体制积弊过深

事实上，国家审计署查出的所谓 5 类问题，未必就是汶川地震赈灾所独有。从中可以依稀地看到：近在咫尺的 2008 年那场南方雪灾，并不遥远的 2003 年"非典"，以及年年不乏的洪涝灾害中都暴露出诸多赈灾问题，怎样会一次又一次地惊人巧合、历史重演着，并逐渐叠加、扩充、膨胀为一种年久失修、熟视无睹的体制之弊。一则以体制之弊为先导，只有解决不完的旧问题，没有遇不到的新问题。二则体制之弊制造着不断重演的历史，不断重演的历史也会以其惰性加剧着体制之弊继续恶化的冲动。换言之，即便我们以汶川救灾款物问题为个案——反思了多少司空见惯的现象，警告了多少部门或处理了多少责任人，假如不思对体制本身动刀子，并彻底厘清其积弊的话，无非就是在做一轮走过场。国家审计署公布这 5 类似乎"长生不老"的典型问题为契机，超越具体事件，从根本上对我国赈灾体制运行进行一番主观好评。社会公众不忧汶川救灾款物问题彻底解决，只忧在告别汶川震痛之后，许多同类问题（例如水灾、旱灾、雪灾等）仰赖赈灾体制积弊之功，阴魂不散的"汶川救灾款物问题"依旧会与其他灾难相伴，卷土重来。

问题之六：社会监督员制度不完善。

如前所述，在汶川抗震救灾期间，灾区各地市（州）都相继招聘了一批社会监督员，对救灾款物的接收、转运、发放等工作进行社会监督。纵观这一制度实施的全过程，仍旧存在以下问题：

一是社会监督员工作缺乏经济和安全保障。按规定：抗震救灾阶段的社会监督员是志愿者，是在"自行安排时间，没有任何酬劳、经费处理，在余震不断的灾区，安全自负"的条件下开展工作的。尽管社会监督员自身有一定的公职收入，自愿承担到灾区工作而产生的各种费用，但时间一长，其经济负担势必加重。

二是社会监督工作对工作困难与阻力估计得不够。社会监督员在工作中往往会遇到了不少困难和阻力，如工作环境恶劣、缺乏群众基础、基层干部阻挠和不理睬等。想让他们在费用自理的情况下克服重重困难到灾区长期担负社会监督员的使命是不现实的。

三是社会关注度不够，缺乏精神激励与支持。社会监督员在刚开始投入工作的时候，有关媒体，如报纸、杂志、网络和电视等有过一些报道，但随着抗震救灾深入，媒体对社会监督员的相关报道渐渐消失了，政府对社会监督员感人事迹的宣传也几乎没有了。据一份调查显示：6月初社会监督员开始工作时为308人，到7月初实际开展监督工作的社会监督员人数不到200人，8月初只有100个社会监督员还在继续工作，到8月底只剩下20人。[①]这说明在没有物资保障的情况下，又缺乏必要的精神支持，社会监督员的爱心和社会责任感逐渐减退，从而逐步失去工作的热情与动力。

以上诸多事例分析论述表明：在汶川抗震救灾期间，我国救灾物资制度，无论是管理内容——库存品种数量，还是管理形式——行政法规措施，甚至是制度监管——纪律监察审计等方面，都面临着以往历次救灾形势未曾有过的困难、问题和挑战，亟待进行管理体制和运行机制等方面的彻底改革与创新、转型与升级。

第三节　救灾物资制度转型升级

面对以上所列的诸多问题，结合现阶段基本国情和具体灾情，我国救灾物资管理制度转型应采取以下改进措施。

转型之一：建立健全救灾物资的储备机制。

经过汶川抢险救灾和恢复重建活动可以看出，我国救灾物资来源主体

种类繁多。既有国有救灾物资、又有社会救灾物资，还有海内外捐赠救灾物资。对此，我国建立健全救灾物资筹集、转运、发放、使用、监管一体化的管理体制与运行机制。[1]

一是救灾物资储备库建设要科学规划、规模适度、合理布局。汶川抗震救灾期间，民政部针对应急物资储备短少、距离较远等情况，结合我国国情、生产力布局、经济建设和国防建设的实际，积极筹建新的物资储备库或物资储备中心。这一规划和实施具有重要意义，既有利于较快地改变原有储备仓库不均衡、不合理的状况，又因地制宜，统筹兼顾，与时俱进，周密规划，特别要避免重复建设，造成不必要的资金设备浪费，加快新旧仓库存储调整的步伐。

二是调整补充救灾物资储备品种和规模。通过汶川抗震救灾的社会实践，国家物资储备系统要根据国民经济的发展变化，确定储备的内容、方式和数量，更新储备的目录和标准，不再储备已经失去战略意义的物资，提高储备品种的科学性和有效性。同时，还要根据各个地方的特点，全面结合自然灾害等公共需求，继续建立适应各地需求的应急物资、战略物资混合储备库，丰富储备品种，储备一批能长期保存的救灾物品。特别要关注增加处置突发公共事件的专业应急物资，以及与人民生产生活息息相关的重要物资储备，如粮食、石油、煤炭等。[2]

三是加强救灾物资的管理经费投入。中央及地方各级救灾物资储备库的建设、各类救灾物资的采购和维护都需要大量的资金做后盾。"对此，中央政府对救灾物资储备在逐步增加财政预算的同时，要明确规定和督导地方各级政府把救灾物资储备的资金纳入当地财政预算，积极利用社会捐助和企业赞助，加强与国际性组织和地区性组织之间的合作，以争取其在资金、人员、技术等各方面的支持"。与此同时，"中央和地方各级政府对救灾物资储

---

[1]　参见邓绍辉：《从汶川地震看我国救灾物资储备制度的变化》，《科技创新导报》2013年第28期。

[2]　参见冉岚：《从汶川地震看国家物资储备建设》，《宏观经济管理》2008年第9期。

备的资金监督管理，要努力做到专款专用、违者必纠。另外，还应充分整合和利用各种社会闲置仓储资源，以租代建，租建结合的方式，用较少的投资实现现有仓储设备设施现代化水平的升级"①。

四是完善国家物资储备资金补偿机制。众所周知，每次重大的自然灾害和突发事件，都会消耗巨大的物资储备。为此，国家应该为中央物资储备或地方物资储备的巨大消耗进行补偿"买单"。在当今经济全球化的新形势下，为适应宏观经济调控、应对重大自然灾害和突发事件、维护国家国防和经济安全的要求，作为国家行为的物资储备资金投入不但不应萎缩和减少，而且还应调整加大，特别是在我国国民经济保持平稳、较快发展的情况下，更应该保证国家物资储备的资金来源，以避免因灾使国家整体利益受到更大损失。

五是构建多元化救灾物资储备体系。2008年8月，民政部等九部门联合印发了《关于加强自然灾害救助物资储备体系建设的指导意见》。其中提出要进一步完善以政府储备为主、社会储备为辅的救灾物资储备机制，在目前储备库自储实物的基础上，结合区域特点，试点运行不同储备方式，逐步推广协议储备、依托企业代储、生产能力储备和家庭储备等多种方式，将政府物资储备与企业、商业以及家庭储备有机结合，将实物储备与生产能力储备有机结合，逐步构建多元、完善的救灾物资储备体系。②

总之，针对存在的诸多问题，我国救灾物资管理制度应结合具体的灾种灾情，努力构建中央、省、市、县四级救灾物资储备体系，其中以中央级储备库为主，以省、市、县三级分库为补充。

转型之二：改进救灾物资的储备方式。

经过汶川抗震救灾和其他抢险救灾的冲击和考验，我国救灾物资储备

① 《汶川特大地震抗震救灾志》卷五《抢险救灾志》，方志出版社2015年版，第202—212页。
② 参见蔡国华：《虚拟储备：构建救灾物资储备网络的有效补充》，《中国减灾》2015年第23期。

方式要采取"双规"运行办法：既要走政府物资储备之路，又要走社会物资储备之路。

1. 分散储备与集中调运相结合

在救灾物资储备中，生活类和救生类中的伤员急救和卫生防疫物资，平时存储于社会各个单位，但政府有关部门（如商业、粮食、卫生等部门）要平时摸清其储存的单位、供应来源，制定实际可行的调集方案，一旦发生地震灾害，就可以在指挥部的统一指挥安排下，征用相关物资运往灾区。

2. 个人储备与社会救济相结合

救灾生活类物资，需要鼓励家庭和个人进行必要的储备。随着经济的发展和人民生活水平的不断提高，家庭储存少量食品和饮用水，足可预防各种突发事件。但要像应对汶川特大地震灾害，灾区生活类物资的供应还要靠其他渠道调运社会救济物品。因此，应对大规模自然灾害，应实行个人储备与社会救济相结合方式。

3. 灾区储备与周边储备相结合

地震灾害发生后，灾区应急物资如果能发挥作用，效果是最好的。但是随着地震灾害的不断扩大，应急物资不够用，那就需要周边地区储备的应急物资的支援。这种情况时常发生，各级政府主管部门应从汶川抢险救灾中吸取经验教训。按照预警机制，生活类物资平时灾情规模小，采取就地筹措本地超市、商店物资模式，速度快，效果好，在救援黄金时段，既要依靠灾区储备方式，又要调运周边储备方式，尽可能快速解决大多数受灾群众的饮食生活问题。

4. 震灾储备与其他储备相结合

地震救灾物资储备，一般来说，没有必要建立专用仓库。政府可以根据本地的实情和灾情，建立一个综合的应对自然灾害的救灾物资储备系统，不论发生何种自然灾害，都可以借助这个系统向灾区调用应急物资，以实现各种灾害应急物资的合理配置。

5.专业抢险类设备实行平震结合

专业抢险类设备众多，涉及交通、通信、供电、供水等，如专用抢险工程车、消防车，以及专用抢险类设备材料等，除必要的备用外，不需要政府部门专门储备，应实行平震结合。

6.专用应急物资实行专门保管

救生类物资中各种生命探测仪，最好保存于各级地震紧急救援队，或者是军队和武警中。这些仪器平时可在训练中使用。

指挥类物资和地震部门工作类物资应专门保管。地震部门可以建立内部专用库保管这些物资并定期检查使用，也可由政府指定有关部门代为保管和检查，以节省保管费用。

7.改进现行救灾物资管理储备方式

随着社会经济的迅猛发展和互联网经济的兴起，我国许多大型物流集团企业对物资的仓储配送能力已达到相当高的水平。各级政府部门若与这些大型物流集团企业合作，不仅可以改进自己仓储规模和品种，而且能够大大地提高自身的投送能力，相对降低救灾物资的储备成本。

在救灾物资的仓储方面，中央及地方各级政府应采取联储代储办法，与这些大型物流集团企业合作。主要内容包括：（1）双方签订救灾物资保管租赁协议，明确双方的职责和权利；（2）双方建立救灾物资的种类细目，以备政府选择；（3）政府采取租赁方式使用这些企业的存储仓库，联储代储救灾物资；（4）政府应按市场原则向大型物流企业付款（如场地费和保管费）；（5）建立救灾物资的动态数据库，以备灾情需要。

当然，政府部门采取以上改进救灾物资管理方式会涉及不同部门单位和公司企业的切身利益。在建立救援物资储备系统的同时，政府部门要利用相关制度和政策措施进行有效管理，特别要注意改变原有的救灾物资储备的单一模式，走政府储备与社会储备相结合、政府采购和与供货单位签订近期或中远期供货协议等方式，多渠道完善我国现行救灾物资储备制度。

此外，还要建立健全依托市场机制建立起庞大的物资生产能力和政府

部门高效的调配能力。在汶川整个抢险救灾过程中，民政系统和商务部向
76家厂商采购救灾帐篷90万顶。灾区政府、中央部门、其他地方政府、企
事业单位以及民间机构等还捐助、筹集和运送了大量的救灾物资。这说明汶
川抢险救灾物资获得了政府和市场双重来源，这一经验是值得认真总结并加
以推广的。

转型之三：改进救灾物资的转运机制。

在切实改进救灾物资储备机制的同时，政府部门还应大力改进救灾物
资的转运机制。从汶川抢险救灾过程来看，我国政府对救灾物资没有直接采
取征管征用，统筹兼顾的政策，是个教训。事实上，像应对汶川这样的特大
地震，各级政府，特别是中央政府完全可以采用现代国家应对重大突发事件
的方式手段，对所需人力、物力、财力，实行直接的征收征用政策措施。

对救灾转运工具，政府可以对航空、铁路、公路、水运四大运输系统
直接征收征用，以缩短救灾人员、物资周转的时间。在汶川抗震救灾的初
期，中央政府曾多次征用民航客机、铁路运输等交通工具运送救灾人员和救
灾物资。[①] 四川省民政厅也曾征用下属单位的汽车转运相关救灾物资。这些
征用措施数量虽不多，但事出有因。且这些运输部门都属于大型国企，政府
救灾征用，理所应当。

但对救灾物资的存储和转运，政府则需要进一步改进现有行政摊派管
理方式。汶川抢险救灾过程中，由于受灾人口众多，所需各种救灾物资数量
特别大，我国一些中央级储备库中各种物资种类少，数量有限，帐篷、药
品、车辆和食物等供应明显不足。这在一定程度上会直接导致救灾物资调度
慢、救援效率低等。对此，各级政府只有对现有救灾物资储备制度进行上下
彻底改革，统一合理调配各种所需物资，才能加快救灾物资的周转效率。

我国大中城市物流业发展很快。在全国重点城市，许多大型企业集团

---

① 参见《汶川特大地震抗震救灾志》卷五《抢险救灾志》，方志出版社2015年版，
第202—212页。

都建立了仓储运输体系。各级政府不仅需要通过符合物流业发展的标准仓库，用统一的标准和数据来解决 24 小时必达和物流碎片化的问题，而且需要采纳现代企业物流管理办法，将更多的社会资源纳入救灾范围。

在当今市场经济条件下，政府对救灾物资的运输管理应改变原有的行政摊派方式，采用市场化社会化的手段办法，正确处理与大型物流集团企业的经济关系。首先，在原有财政采购体制的基础上，政府应及时建立健全救灾物资采购平台；其次，采用合同制方式，委托物流集团公司联储代储、联运代运；第三，以网络为载体，采取招投标方式，及时公开招投标信息，扩大政府采购范围，降低储存采购成本；第四，采用招标、招聘、委托等现代市场运行机制，按期向物流集团公司支付联储代储、联运代运所产生的管理费用和运输成本，将救灾物资的储存、接收、转运、发放等工作交给企业去做；第五，加强对财政性资金支出、政府采购等环节的监管。特别要引入媒体、非政府组织等社会监督，严格控制资金投入的规模和用途。对于一些暂时无法监督的紧急拨付资金，采取先拨付、加强事中监督和事后审计的方式，严惩截留、挪用救灾物资和重建资金的违法违纪行为，给社会民众交出一本"明白账"、"放心账"，避免发生伤害民众、伤害企业的舆论事件。

在救灾物资的转运方面，各级政府部门应采取"联运代运"办法，吸纳国内大型物流集团公司加入救灾物资快递联盟，逐步实现救灾物资运输社会化。在新的联盟中，政府部门一方面应与这些大型物流集团公司采取签协议、建平台、按系统出标准。另一方面借助大数据进行仓配，提高救灾物资转运时效，实现仓配结合。特别要注意与大型商场、批发市场，以及车辆、工程机械经销商、所有者等签订救灾物资（租赁）协议。因为许多大型物流集团公司都拥有强大的运输工具，政府可采取就近征用和民间征用原则，平时造册登记，需要时紧急征用。相关物流企业要想扩大业务，也应遵守与政府部门的协议，尽快将救灾物资日达、次日达，以实现救灾物资快速抵达灾区各地的联运代运目标。

目前，我国已陆续建立 24 个中央级物资储备库，部分省（自治区、直辖市）也建立了地方物资储备库。其中有的通过与生产厂家签订救灾物资紧急购销协议，利用物资生产厂家名录的方式，进一步完善救灾物资保障机制和网络存储。有的正在打算与一些大型超市建立联系，探索研究应急物资储备管理中心与有关供货单位的合作关系，采取救灾物资在一定时期内不断循环的模式，以免出现物资储备过期浪费现象。这种新的合作模式和做法，非常值得在全国各地推广。①

与此同时，政府部门还可开辟救灾物资"绿色通道"。绿色通道是指在重大灾害发生时期，政府有关部门为加快受灾地区人员和物资的双向交流而建立的地区间快速通道。实践证明，建立并开通"绿色通道"，有利于救灾物资以方便快捷的方式通过机场、边防检查站、地区间检查站等，有利于让救灾物资、救灾人员及时、准确到达受灾地区，从而缩短救灾物资的周转时间。实践证明，开辟绿色通道和实现救灾物资运输社会化在汶川抗震救灾和以后防灾减灾活动中已得到初步推广。

转型之四：建立健全救灾物资的发放机制。

救灾物资的发放直接关系受灾单位和受灾群众的切身利益，要做好这一工作，灾区各级民政部门：

首先，应坚持政务公开的原则。在本行政区域内将救灾款物的接收使用情况通过报刊、广播、电视等新闻媒体向社会公布，乡（镇）、村应在政务公开栏、村务公开栏张榜公布。

其次，要建立一体化的救灾款物监督机制。从维护灾区和灾民的切身利益出发，应该建立由纪检、监察、审计等部门组成的统一监督机构，定期对救灾款物的接收、运输、分配、使用、管理等情况，实行全过程监督检查，跟踪问效。

---

① 参见邓绍辉：《从汶川地震看我国救灾物资储备制度的变化》，《科技创新导报》2013 年第 28 期。

第三，要确保监督检查制度化。对突发性的重大灾害后各级安排的救灾款物，要及时采取分级抽查的办法，市查县，县查乡镇，乡镇查村查户，将纠偏问题解决在萌芽状态。对经常性的监督，如灾后重建款物的监督，要按其项目和实施阶段，经常检查用准、用足、用途及时到位等环节，以确保其监督制度化。

第四，要严格按监督程序办事。实践证明，救灾款物的监督最重要的是将救灾款物管理使用的各个环节都纳入社会监督之下，严格按监督程序办事。

基层救灾款物的发放，特别要避免"暗箱操作"，杜绝优亲厚友等现象的发生。①

避免"暗箱操作"的具体办法有二：一是采取救灾一卡通等方式实现直接补偿。慈善机构的工作不仅仅是捐款，更重要的是将每一份捐款都发挥应有的质量和效率。许多人捐出钱，就感觉尽到自己的责任和义务了，接下来的事就不管了，这是不对的。要充分发挥自己的智慧盯住捐款，这笔捐款用到了什么地方？这笔捐款是怎么用的？这笔捐款的援助效果怎么样？这样才是真正地做了件善事。从捐款中支取一定的费用作为成本开支，应由专门慈善监事会根据捐款单位、个人在捐款慈善事业中的需要做出决定，并聘请专业会计事务所对捐款资金进行审计，实行全程监督。二是通过专用网站等方式实时公开信息。各级民政部门作为救灾生活款物和社会捐赠款物归口的管理部门，应尽快落实《国务院办公厅关于加强汶川地震抗震救灾捐赠款物管理使用的通知》等有关规定，充分利用专用网站网页等现代传媒方式，对有关部门管理救灾款物的筹集、拨付、分配、使用去向和结存状况等，要定期上网公布以备查询，对所有捐赠人或单位的捐赠信息也要及时上网公布（捐赠人不愿公布的除外），并及时解答社会公众提出的相关问题。

---

① 参见邓绍辉：《从汶川地震看我国救灾捐赠制度的变化》，《现代经济信息》2013年第 22 期。

转型之五：健全救灾物资的采购回收制度。

救灾物资的采购和回收是救灾物资管理制度的重要内容之一。对在救灾过程中政府部门安排、采购、征用、调拨物资（包括对口支援在内），以及接收和管理的社会捐赠的、可回收重复利用的其他物资，有关部门在救灾工作结束时，应加以回收利用，以提高国有资产的利用率。

为了加强救灾物资管理，提高救灾物资的使用效率，防止救灾物资的浪费，民政部根据国家现行有关政策规定，于 2008 年 7 月 24 日制定出台《救灾物资回收管理暂行办法》。其中规定：

（1）可回收利用的救灾物资是指救灾过程中由各级政府有关部门安排、采购、征用、调拨（包括对口支援在内），以及由各级政府有关部门接收和管理的社会捐赠的、可回收重复利用的救灾物资，主要分为生活、救援、医疗、通信、供电等几个类别。

（2）生活类物资移交民政部门储备管理，作为各级救灾物资储备。其中，帐篷和活动板房，回收后要分别作为中央和地方救灾储备。救援、医疗、通信、供电类等物资移交灾区原采购部门、受援单位或受赠单位，纳入国有资产管理，统筹安排使用。由各级政府和有关部门征调的救灾物资，应当在救灾任务完成后及时归还。

（3）救灾物资的回收利用"要建立健全责任制度，做到专人负责，手续完备，定点储存，专项管理，做好保养、维护（修）工作，未经县级以上人民政府有关部门批准不得挪作他用"。

（4）救灾物资的回收利用结果应当向社会公示，接受群众监督。"灾区各级政府应当公布救灾物资回收利用举报电话，并及时反馈举报处理结果。""任何单位和个人不得故意破坏、损毁、随意丢弃救灾物资。"①

这是我国救灾史上针对救灾物资的回收利用而制定和颁布的第一个管理文件，具有重要指导意义。第一，它有助于我国救灾物资管理体系的完善；

---

① 民政部：《救灾物资回收管理暂行办法》（2008 年），民政部网站。

第二，有助于节省政府财政拨款，建设节约型社会，促进社会经济的可持续发展；第三，有助于减少行政管理和运输过程中出现的漏洞，构筑和谐社会。

然而有一个不能回避的现象是许多可以重复利用的生活类物资，如帐篷、活动板房、移动厕所、净水设备、照明设备等，在汶川救灾工作结束后或被闲置，或得不到有效回收，有的被人占用，有的流入市场肥了个人，有的因无人管理而成为废品。

针对这一问题，灾区各级政府应痛定思痛，深刻吸取国有资产严重浪费这一教训，切实采取相关措施，做好救灾物资的回收利用工作。一是要爱惜国家财产，建立采购物资回收责任制，明确责任主体，谁主管谁负责；二是具体部门单位负责回收利用时要查清物品数量，转移使用或入库；三是灾区各地要建立国有资产使用管理报告制度；四是对国有资产保护不力，并犯有失职或渎职责任的相关人员，应追究其个人责任，并给予党纪政纪处分。

转型之六：加强救灾物资的保障机制。

救灾是人类的一项社会活动，无疑离不开一定的物质条件和手段，离不开一定的社会经济基础。在整个抗震救灾过程中，如何才能建立健全救灾物资保障机制，以提高各级政府的救灾效率呢？

一是要完善救灾物资储备制度。汶川特大地震后，有关部门建议在原有基础上扩大或扩建中央级救灾物资储备仓库，在一些省区，如内蒙古、新疆、四川等，建立地方救灾物资储备仓库，以确保救灾物资可在震后48小时内到达灾区。对此，中央及地方政府应进一步完善救灾物资储备制度，确保救灾物资及时、足额调拨到位，为灾区救灾工作提供强有力的物资保障。

二是建立全国救灾物资网络管理平台。随着社会经济的迅速发展和互联网经济的兴起，中央及地方物资储备仓库应实行实物储存和虚拟储存（即网络储备）相结合，即政府物资储备，建立网络管理平台，把各级政府储存物资纳入其中，平时只储备一些专用物资和社会不易储存的物资，一般物资交由社会物流公司储存。灾时，利用网络管理平台，一方面便于各级政府物资储备的调拨运行；另一方面又可根据社会相关生产企业物资储备运行情况，采取适当联采联运方式，以减少相关管理和运行成本。

三是建立国家灾害专项基金。汶川抢险救灾初期，中央政府拨款 70 亿元，紧急拨付灾区各地，后又多次向灾区拨款，累计中央专项救灾基金达3000 亿元。在应对未来特大或重大抢险救灾和灾后重建过程中，中央政府应继续采取这一做法，首先按照《突发事件应对法》的要求，尽快完善国家巨灾风险保障体系，提高国家和民众对巨灾的实际承受能力。其次要利用中央政府财政资金作为种子基金，通过财政拨款、发行特定巨灾公债、吸纳社会融资等方式，建立国家灾害专项基金，积极支援灾区各地抗震救灾。同时，还要鼓励灾区和非灾区地方政府为灾后重建筹款出力。

四是建立巨灾保险制度。目前，我国只建立了单项灾害保险制度（如水灾、洪涝、风雪、冰雹等），但对地震灾害，特别像汶川地震这种特大灾害，却没有建立企业或个人财产保险制度。对此，我国政府及主管部门应认真调查研究各种实际情况，特别要认真总结政府对汶川特大地震中重建住房农户提高补贴费（即 1 万元 / 户）和对重建住房农户发放无息或低息贷款的好办法，积极完善巨灾保险法治环境，适时推进巨灾保险试点，并在此基础上制定巨灾保险的法规，建立适合我国国情的巨灾（包括地震灾害在内）保险体系。

五是提高财政资金使用效率。我国现行的财政支出体制是"中央、省、市、县、乡镇"的五级财政管理体制。在灾区恢复重建期间，中央及地方政府应推进财政支出体制改革，加快制度创新，考虑对恢复重建资金实行从中央到省到县的三级垂直拨付体制，以提高财政性资金的使用效率。

转型之七：健全救灾物资的监管机制。

如前所述，汶川抢险救灾和灾后重建过程中涌现出来的许多监管措施是值得认真加以总结并大力推广的。

1. 救灾款物管理要制度化法制化

（1）健全救灾资金物资管理的规章制度。在抗震救灾期间，中央及地方各级政府反复强调救灾资金物资的使用是财务管理的"高压线"，任何单位和个人都不得挪用、私分，更不能贪污中饱，以权谋私；同时重点制定和执行了筹集、分配、拨付、发放、使用等管理办法，做到手续完备、专账管理、专人负责、专户存储、账目清楚，促进救灾款物管理严格规范、运行简捷有效，堵塞管理使用过程中的各种漏洞，确保救灾款物真正用于灾区、用于受灾群众。

（2）规范社会募集款物活动。针对汶川抗震救灾期间捐赠领域一度出现秩序较乱的情况，有关部门要求民政部门、红十字会、慈善总会及具有救灾宗旨的公募基金会要组织和协调好救灾捐赠活动，引导社会各界按照正规渠道进行捐赠。要求企业事业单位、社会团体、城乡基层群众性自治组织捐赠和募捐活动要公开名称、地址、银行账号以及接受捐赠情况，并将全部捐赠款物及时通过有资质的救灾部门和社会组织送往灾区，保证捐赠款物的使用符合捐赠人意愿。对于违反上述要求的募捐活动，要及时纠正。对非法募捐、骗取民众钱财的诈骗行为，要协同公安机关坚决予以打击。对各地捐赠情况，要及时进行汇总，逐级上报。

与此同时，民政部也要按国际惯例：统一发布全国抗震救灾捐赠动态，通报外国政府和国际组织援助、捐赠情况。

（3）规范灾区基层款物发放。各地区、各部门要按照《政府信息公开条例》等规定，建立救灾款物信息披露制度，把公开透明原则贯穿于救灾款物管理使用的全过程，主动公开救灾款物的来源、数量、种类和去向，自觉接受社会各界和新闻媒体的监督。物资采购要按照《政府采购法》等相关规定执行，凡有条件的都要公开招标，择优选购，防止"暗箱操作"；救灾款物的发放，除紧急情况外，都要坚持调查摸底、民主评议、张榜公示、公开发放等程序，做到账目清楚、手续完备、群众知情满意。市、县两级要重点公开救灾款物的管理、使用和分配情况；乡镇要重点公开救灾款物的发放情况。

2. 实行全程跟踪监督

在汶川救灾款物全程监督过程中，各级审计机关进行了三个工作方式转变：一是变事后监督为事前事中事后全程监督。事前监督是指审计部门要创新监督工作思路，提前入关，对救灾款物所制定政策、项目的审批、立项实施等环节进行监督；事中监督是指对救灾款物接收、转运、分配、发放等进行全程监督；事后监督是指对救灾款物已落实的政策、已拨付的资金、已验收的项目等进行核查监督。这三者是一个救灾款物监督整体，缺一不可。

二是发现问题要责令整改。在救灾款物的审计过程中，要重点查处其滞拨滞留、随意分配、优亲厚友，损失浪费、弄虚作假，截留克扣、挤占挪用、贪污私分等问题。对审计中发现的违规问题，要转交党政部门责令有关部门和单位及时整改，坚决纠正。

三是定期公布审计结果。对于审计结果，有关审计机关，特别是灾区省级审计机关，应按相关程序，每周要向审计署报告救灾款物审计情况，每月要向社会公布阶段性审计情况。救灾工作结束后，要向社会公告救灾款物管理使用的最终审计结果，使救灾款物实施真正的阳光运行。

3.加大违规行为的查处力度

在抗震救灾款物管理使用情况的监督检查过程中，各级纪检监察机关对贪污私分、虚报冒领、截留克扣、挤占挪用救灾款物等行为，要迅速查办，从重处理；对失职渎职、疏于管理，迟滞拨付救灾款物造成严重后果的行为或致使救灾物资严重毁损浪费的行为，要按相关政策严肃追究有关人员的直接责任和领导责任；对涉嫌犯罪的，要及时移送司法机关追究刑事责任。

总之，救灾物资是抢险救灾和灾后恢复重建不可缺少的物质基础。经过汶川抢险救灾和灾后重建的严峻考验，我国各级纪检监察、民政、财政、审计等部门要采用地震社会学和救灾制度转型的基本理论与方法，进一步完善救灾款物的筹措转运保障机制，充分发挥市场配置资源和社会力量参与的作用，努力使救灾款物监管工作达到管理手段先进、储备方式合理、款物保障到位、监管机制有效等管理目标。

第六章　汶川地震与救灾捐款制度

救灾捐款是指政府机关、企事业单位、社会团体及公民个人等因自然灾害或突发事件而自愿捐献钱物，以救济帮助灾区或受灾群众共渡难关的公益行为。

汶川抗震救灾期间，我国各级政府及时启动响应机制，通过电视、广播、手机、报纸等媒体，进行了广泛的社会募捐活动，筹集国内各种善款达到797亿元（包括救灾物资折款在内）①，直接鼓励各类志愿者300多万人奔赴灾区第一线，谱写了无数美丽动人的篇章，形成了我国救灾史上规模最大的一次捐款捐物热潮，充分体现了中华民族传统美德"一方有难，八方支援"的爱国主义精神。与此同时，港澳台同胞和海外侨胞，以及国际社会也向汶川灾区各地捐献了大批救援资金物资。

本章拟就汶川抢险救灾期间我国救灾捐款制度所发生的巨大变化、面临的诸多问题，提出一些改进对策措施。

第一节　救灾捐款制度的变化

在汶川特大地震的巨大冲击和考验下，我国救灾捐款制度在捐赠意识、

---

① 参见《汶川特大地震抗震救灾志》卷八《社会赈灾志》，方志出版社2015年版，第14页。

捐赠方式、捐赠重点、捐赠效果、捐赠监管、国际救灾援助等方面，发生了巨大变化。

变化之一：救灾捐款意识空前提高。

面对汶川特大地震造成的巨大损失，中央和地方各级政府率领全国各族人民，迅速开展了一场波澜壮阔、规模空前的社会募捐活动，积极支援和帮助受灾地区和受灾群众共渡难关。

一是领导高度重视。汶川特大地震发生后，党中央、国务院把社会赈灾工作作为抗震救灾的重要内容。5 月 21 日，温家宝在国务院第九次常务会议上，明确指出，要举全国之力多渠道筹集灾后重建资金。5 月31 日，国务院办公厅发出《关于加强汶川地震抗震救灾捐赠款物管理使用的通知》，其中要求：中央及地方各级人民政府、各有关部门和单位要充分认识做好救灾捐赠工作的重要性，加强组织领导，规范救灾捐赠活动，管好用好救灾捐赠款物，切实保护好捐赠人、受赠人和灾区受益人的合法权益。

二是新闻媒体广泛宣传。汶川抗震救灾期间，《人民日报》、新华社、《光明日报》、《经济日报》、中央电视台、中央人民广播电台等中央新闻媒体与各地新闻媒体，及时宣传报道中共中央政治局常委会关于抗震救灾的决策部署，及时宣传报道中共中央领导同志关于抗震救灾的重要讲话，及时宣传报道灾区人民自救互救、四面八方大力支援的动人事迹，及时报道灾情和灾区需求，为全社会赈灾工作的大力开展创造了良好的舆论氛围。

三是社会公众广泛参与。5 月 14 日，胡锦涛等党和国家领导人带头向灾区捐款捐物。解放军和武警部队争先恐后向灾区捐款捐物。各民主党派、人民团体及无党派人士、宗教界人士等通过各种形式为灾区送温暖、献爱心。全国亿万人民群众，从城市到农村，从明星到普通民众，主动地为灾区和受灾群众捐赠款物。大中城市许多人甩开胳膊去献血，直到多个城市血库爆满，有的献血点不得不提前预约；与此同时，灾区民众也纷纷行动起来，掀起自救互救、相互帮助的热潮。

汶川特大震情灾情牵动了全国亿万人民的心，"一方有难，八方支援"的传统美德，变成了亿万人民的捐赠行动；"万众一心，众志成城"的坚强意志，体现了救灾捐赠意识和热情空前提高。

变化之二：救灾捐款方式多种多样。

汶川特大地震发生以后，全国各地立即掀起抗震救灾的热潮，从政府到企业，从社会明星到普通百姓，各界人士纷纷捐款捐物，用各种方式支援灾区，上演了一幕幕抗震救灾、重建家园的感人情景。

就汶川抗震救灾捐赠款物的方式而言，既有传统的募捐方式，又有现代的募捐方式。这里仅举几种影响较大的捐赠方式，加以具体分析。

1. 晚会捐款（又称义演捐款）

2008 年 5 月 14 日晚，民政部与中华慈善总会、中国红十字总会、中华思源工程扶贫基金会在北京 21 世纪剧院联合举办大型抗震救灾义演晚会，近百名国内文艺工作者参加演出，现场捐款 1084 万元。

5 月 18 日，由中宣部、文化部、国家广电总局七部委共同发起，中央电视台承办的宣传文化系统抗震救灾大型募捐活动《爱的奉献》现场直播。这场长达 3 个多小时的募捐晚会现场募得善款 15.28 亿元，创我国历次晚会捐款之最。[1]

2. "特殊党费"

据统计，汶川抗震救灾期间，全国共有 4559.7 万名党员缴纳"特殊党费"97.3 亿元。中央组织部已从"特殊党费"专户向灾区拨付 12 亿元，其余部分（不含专户利息）已转缴到民政部中央财政汇缴专户，将用于支援四川、甘肃、陕西、重庆、云南 5 个灾区省（直辖市）抗震救灾和灾后恢复重建工作。[2]

---

[1] 参见邓绍辉：《从汶川地震看我国救灾捐赠制度的变化》，《现代经济信息》2013 年第 11 期。另见《汶川特大地震抗震救灾志》卷八《社会赈灾志》，方志出版社 2015 年版，第 38 页。

[2] 参见《汶川特大地震抗震救灾志》卷八《社会赈灾志》，方志出版社 2015 年版，第 7 页。

3. 福彩赈灾

6月25日，民政部召开全国各省民政部门负责人会议，专门研究福利彩票支持抗震救灾事宜，决定：从2008年7月1日至2010年12月31日，民政部组织全国福利彩票发行系统，以网点即开票和中福在线两种彩票，开展为期两年半的"福彩赈灾公益金"专项募集活动，所筹彩票公益金全部用于灾区恢复重建工作。

4. 社会捐款

8月31日，温家宝总理在四川召开国务院抗震救灾总指挥部会议，明确要求在全国组织开展向灾区困难群众捐赠衣被活动。9月27日，民政部会同中宣部、中直机关工委、中央国家机关工委、解放军总政治部联合发出通知，共同组织开展2008年全国"送温暖，献爱心"——向汶川特大地震灾区捐赠衣被活动。

从9月初发动至11月27日，各地区、各单位积极开展向地震灾区捐赠衣被的活动，共接收捐赠衣被1900多万件（床），资金8569万元，衣被中含棉衣被1600万件。[①]这次捐赠衣被活动，基本上满足了地震灾区群众过冬的需求。

5. 其他捐款方式

（1）银行转账。利用公共网站平台公布银行救灾专用账号及热线进行捐款。例如在汶川抗震救灾中，中国红十字总会曾联合搜狐网站公布救灾专用账号及热线。所有通过银行转账募集的捐款将直接进入中国红十字会壹基金专属账户，直接用于汶川地震救灾。

（2）邮局汇款。通过邮局汇款方式直接将捐款汇到中国红十字总会、中华慈善总会等救灾接收单位。

（3）短信捐款。中国移动、中国联通手机用户以及中国电信、中国网通小灵通用户均可编辑短信进行捐款。

---

① 参见《汶川特大地震抗震救灾志》卷八《社会赈灾志》，方志出版社2015年版，第39—40页。

（4）网站捐款。中国红十字总会网站、北京红十字基金会、国儿基会中国儿童基金会等设有网站，开展捐款活动。

（5）社会团体募捐。汶川特大地震发生后，为了扩大社会募捐范围，民政部依法明确规定：共青团中央、中国妇女发展基金会、中国宋庆龄基金会、中国儿童少年基金会、中国扶贫基金会、中国环境保护基金会等16个社团组织，拥有向社会各界直接设点设站接受捐款捐物的权力。

以上诸多捐赠方式和活动表明，汶川抗震救灾捐赠方式是多种多样的。它既是中华民族"一方有难，八方支援"传统美德的具体体现，也是全国各族人民爱国主义精神的真实写照。

变化之三：国内救灾捐款数额巨大。

在汶川抗震救灾过程中，全国各地数以亿计的群众通过多种途径向灾区各地或受灾群众捐赠款物。

5月12日晚，中粮集团北京航空食品有限公司采购7万多吨方便面、饼干、矿泉水、八宝粥等送上飞往灾区的专机；成都邮电通信设备厂于次日将价值6万元的数台光缆通信设备送往灾区。

5月13日，中粮集团调动7辆大型货车，将60万元的救灾物资运抵彭州灾区；一汽集团向成都市慈善会捐赠1000万元，捐赠10辆普拉多越野车；东风汽车公司捐赠116辆宿营车、自卸车、翻斗车，直接运往灾区。

随后几天，国家电网向灾区捐赠1.3亿元的电力设备，还向灾区捐赠7.95亿元的抢修物资。中国电信从19个省公司向灾区调运价值3.26亿元的食品、药品、生活用品，以及抢修设备6639台（套）。航天科工集团向灾区捐赠呼吸机26台、野外急救车2辆、折叠方舱1台、紧急抢险车4辆、卫生防疫车2辆、救护车2辆。山东淄博赛福橡塑有限公司紧急调集14架直升机飞赴灾区抗震救灾。南方电网向灾区捐赠容量3110千瓦的柴油机、汽车发电机311台、帐篷4995顶、应急灯590套等救灾物资。鞍钢集团捐赠灾区1000吨彩涂板。宝钢集团捐款5000万元彩板房，在灾区建成6个临时安置点，总面积48357平方米。

截至6月底，150家中央企业捐赠资金和物资折价共59亿元。其中国家电网、中国移动、中国电信、中国石油、南方电网、中交集团、宝钢集团等大型国有企业，捐赠资金和物资折价都在1亿元以上。

汶川抗震救灾期间全国捐款数额简表

（单位：万元）

捐赠部门	捐赠现金	实物折价	资料来源
中共中央直属部门	2749.26	—	卷八，第95页
中央国家机关	28900.00	—	卷八，第136页
解放军和武警部队	42778.16	—	卷八，第139页
四川省（包括接受捐赠在内）	1783700.00	394200.00	卷八，第252页
甘肃省（包括接受捐赠在内）	346900.00	181700.00	卷八，第275页
陕西省（包括接受捐赠在内）	269238.58	45246.08	卷八，第290页
重庆市（包括接受捐赠在内）	107600.00	23049.00	卷八，第308页
云南省（包括接受捐赠在内）	71306.21	5700.00	卷八，第322页
北京市	229400.00	39500.00	卷八，第337页
天津市	113300.00	16200.00	卷八，第350页
河北省	253181.17	26284.00	卷八，第368页
山西省	50009.18	8686.92	卷八，第378页
内蒙古自治区	83493.15	12640.39	卷八，第386页
辽宁省	179600.00	13700.00	卷八，第393页
吉林省	51761.00	75894.74	卷八，第401页
黑龙江省	103544.14	16406.96	卷八，第413页
上海市	252500.00	25200.00	卷八，第428页
江苏省	322012.00	82180.77	卷八，第443页
浙江省	346000.00	65000.00	卷八，第451页

续表

捐赠部门	捐赠现金	实物折价	资料来源
安徽省	105467.15	20872.50	卷八，第 460 页
福建省	181952.95	27049.29	卷八，第 473 页
江西省	126578.48	11303.45	卷八，第 483 页
山东省	379189.80	37795.56	卷八，第 497 页
河南省	121559.40	15914.16	卷八，第 506 页
湖北省	131488.52	19743.88	卷八，第 515 页
湖南省	194759.36	55872.27	卷八，第 523 页
广东省	539900.00	76100.00	卷八，第 531 页
广西壮族自治区	52787.81	6647.70	卷八，第 539 页
海南省	31399.14	2903.32	卷八，第 550 页
贵州省	63270.49	8225.50	卷八，第 558 页
西藏自治区	12043.97	1527.49	卷八，第 567 页
青海省	19338.77	1112.72	卷八，第 575 页
宁夏回族自治区	18768.72	1015.34	卷八，第 582 页
新疆维吾尔自治区	33766.73	4269.70	卷八，第 592 页
新疆生产建设兵团	9622.82	699.40	卷八，第 601 页
香港特别行政区政府	3 亿港元	500 万港元	卷八，第 606 页（不包括社会各界捐款）
澳门特别行政区政府	1 亿澳门元	—	卷八，第 611 页（不包括社会各界捐款）
台湾省	（待查）	—	—

资料来源：根据《汶川特大地震抗震救灾志》卷八《社会赈灾志》有关章节提供的相关数据而制表。

众多非公有制企业也主动捐赠。截至 6 月 5 日，全国工商联 8000 多家民营企业，共捐款 51.5 亿元，捐赠物资折价 10.9 亿元。泛海集团及泛海集团董事长卢志强捐赠 2.04 亿元，用于支持灾区重建和表彰抗震救灾英模人物。日照钢铁控股集团有限公司开展"千人献血，万人捐款"活动，向四川灾区捐款 1 亿多元。唐山地震孤儿、天津荣程联合钢铁集团有限公司董事长张祥青与妻子张荣华，多次追加捐赠资金，共计达 1 亿元。①

另外，直接援建学校和医院等民生设施的捐款企业（个人）有：中国移动、中国海洋石油公司、国家电网公司。设立特别教育基金的捐款企业（个人）有：天津荣程联合钢铁集团有限公司 1.1 亿元、雅居乐地产控股有限公司 1.05 亿港元、加多宝集团 1 亿元、李兆基基金 1 亿港元、邵逸夫 1 亿元。配合教育部重建学校捐款的企业有：台塑集团 1 亿元、日照钢铁控股集团有限公司 1 亿元、万科集团 1 亿元。②

据有关资料统计，截至 2009 年 9 月 30 日，全国筹集社会资金和物资折价共计 797.03 亿元，其中捐款资金 687.9 亿元，物资折价 107.13 亿元。③ 另外还有"特殊党费"捐款 97.3 亿元。这是新中国以来我国救灾捐赠史上获得规模最大数额最多的一次捐赠款物。

变化之四：港澳台同胞、海外侨胞热情捐款。

在汶川抗震救灾过程中，我国港澳台同胞、海外侨胞捐赠了大量资金物资，为确保灾区恢复重建和受灾群众的基本生活作出了重要贡献。

香港特区政府获悉汶川特大地震消息后，向国务院抗震救灾总指挥部发出慰问电，并派出特区政府代表团和特区政府立法代表团赴灾区考察灾情，捐赠 3 亿港元及价值 500 万港元的救灾物资。与此同时，香港

---

① 参见《汶川特大地震抗震救灾志》卷八《社会赈灾志》，方志出版社 2015 年版，第 10—11 页。

② 参见《地震捐款过亿元的企业（个人）名单》，人民网，2008 年 5 月 22 日。

③ 参见《汶川特大地震抗震救灾志》卷八《社会赈灾志》，方志出版社 2015 年版，第 14 页。

红十字会共募集资金 7 亿元，支援地震灾区建设。香港企业家和各界人士心系地震灾区，积极捐赠款物，共计 8.1 亿元。其中，5 月 13 日，华润集团分别向成都市、德阳市、绵竹市等地方政府捐赠资金 500 万元、物资折价 6500 万元；另捐资金 1000 万元用于修建彭州市小鱼洞公路桥。5 月 15 日，香港爱国人士邵逸夫及夫人向教育部捐款 1 亿港元，援助灾区重建校舍。长江实业（集团）有限公司与和记黄埔集团多次捐赠，累计达 1.7 亿港元。香港其他社会组织也开展多种形式募捐活动，募集大量款物用以支援地震灾区抗震救灾和灾后重建工作。5 月 27 日，世茂集团在北京通过中央统战部向地震灾区捐赠 1 亿元，援建地震中受灾最重地区的 100 家医院。①

澳门特区政府于 5 月 13 日向四川省政府发慰问电，并派出特区政府代表团赴灾区考察灾情，捐赠 1 亿澳门元。澳门各界通过澳门中联办、外交部驻澳公署、民政部、中国红十字总会、中华慈善总会等渠道，捐赠资金和物资折价共约 5 亿元。6 月 13 日，澳门"川澳同心"委员会举办筹款晚会，共募集 6000 余万澳门元，全额捐赠中华慈善总会，帮助受灾群众重建家园。澳门粤剧曲艺总会发起粤曲筹款晚会，共筹集 3600 多万澳门元。截至 6 月 14 日，澳门红十字会共募集资金 6300 万澳门元，协调组织通过公路运往四川灾区的物资达 280 吨，550 万元。7—9 月，澳门红十字会分别向甘肃省捐赠 6000 万元，援建陇南市武都区、文县及甘南舟曲县学校、卫生院和农民住房；向四川省捐赠 4000 万元；援建陕西省石泉县卫生院和学校。②

汶川特大地震发生当天，台湾地区领导人马英九以个人名义捐赠 20 万元新台币。宋楚瑜以"宋友会"名义捐赠 100 万元新台币。连战以个人名义捐赠 1000 万元新台币和羽绒服 1 万件。台湾企业和个人积极捐赠款物，支

---

① 参见《汶川特大地震抗震救灾志》卷八《社会赈灾志》，方志出版社 2015 年版，第 606—610 页。

② 参见《汶川特大地震抗震救灾志》卷八《社会赈灾志》，方志出版社 2015 年版，第 611—613 页。

援灾区。其中鸿海集团向四川灾区捐赠 6000 万元。富士康集团向地震灾区捐赠 6000 万元。①

另据有关资料记载："汶川特大地震发生后,香港特区政府先后捐赠63.5 亿港元;澳门特区政府提供 1.1 亿元(包括半官方的澳门基金会捐出的 1000 万元人民币)人民币援助;台湾省官方提供 20 亿元新台币援助灾区(约合 4.5 亿元人民币)。汶川地震一年后,大陆地区共收到香港民间团体和个人陆续捐赠款额 130 亿港元;台湾民间团体和个人捐赠款额15.2 亿元人民币。"②

遍布世界各地的华侨社团纷纷致电国务院侨办和四川省政府,对灾区人民表示慰问。众多华侨华人社团成立赈灾机构,动员和组织华侨华人通过义演、义卖、集会和餐会等形式,募集资金物资,支援灾区,为夺取抗震救灾的胜利作出了积极贡献。

变化之五:首次大规模接受国际救灾援助。

国际救灾援助是指国际社会(包括各国政府机构、国际组织,集团企业或公民个人在内)对某一国家或地区发生自然灾害并造成重大人员伤亡和财产损失而采取的一种人道主义援助,如提供现金、物资或派遣救援队和医疗队等。

纵观我国接受国际救灾援助,大致经历三个阶段。

第一阶段是新中国初期至 1978 年,我国基本上拒绝接受国际救灾援助。例如 1976 年 7 月 28 日,我国唐山地区发生 7.8 级地震,造成 24 万人死亡,32 万人受伤。因受当时政治因素等影响,我国政府曾拒绝国际社会救灾援助。

第二阶段是 1979 年改革开放至 1999 年,我国开始逐步接受国际社会救灾援助。

---

①　参见《汶川特大地震抗震救灾志》卷八《社会赈灾志》,方志出版社 2015 年版,第 614—616 页。

②　邓绍辉:《汶川地震与国际援助》,《今日中国论坛》2013 年第 17 期。

1980—1999 年间中国接受国际救灾援助简表①

受灾时间	受灾概况	接受捐款数额
1980	我国华北、东北大部和西北部分地区出现了较严重的伏旱，受旱面积 3.92 亿亩。与此同时，南方的长江流域多处洪水泛滥。仅湖北一省就淹没农田 4283 万亩，数百万群众受灾。	2000 万美元
1987	我国大兴安岭地区发生特大森林火灾。	413.44 万美元
1988	云南省澜沧、耿马与沧源等县交界处分别发生 7.6 级和 7.2 级地震，造成人员财产重大损失。	1500 万美元
1991	我国 18 个省（自治区、直辖市）发生特大水灾，另有 5 个省、自治区发生严重旱灾。其中灾情最重的是安徽和江苏两省。	23 亿元人民币
1996	云南省丽江地区发生 7 级地震，造成受灾乡镇 51 个，受灾人口达 107.5 万，重灾民 30 多万，直接经济损失达 40 多亿元人民币。	港 元 1.02 亿元、美元 70 万元、日元 1 亿元、马克 500 万元
1998	我国长江中下游地区经历自 1954 年以来最大的洪水。共有 29 个省、自治市、直辖市遭受灾害，受灾人数上亿，直接经济损失达 1600 多亿元。	10 亿元人民币

第三阶段是 21 世纪以来，我国主动向国际社会请求救灾援助。例如 2003 年春夏之际，中国发生"非典"疫情，一些外国政府和国际组织纷纷提供救灾卫生援助。截至同年 6 月初，我国政府累计接受外国政府和国际机构的救灾援助金额约 3802 万美元。②

汶川特大地震发生后，中国外交部于 5 月 14 日向国际社会发出第一批外援物资清单，开始接受外国政府和国际组织对中国的援助。中国有关驻外使领馆紧急设立快速通道，在办理签证、物资交接、专机入境等方面为援助方

---

① 王硕、张旭：《新中国面对国际救援之历程》，新华网，2008 年 6 月 5 日。

② 参见《国际机构和外国政府对华非典援助已达 3802 万美元》，新华网，2003 年 6 月 5 日。

提供最大方便，保障及时将国际捐赠物资送抵地震灾区。据国务院新闻办公室于 2009 年 5 月 11 日发表的《中国的减灾行动》白皮书披露："2008 年 5 月四川汶川特大地震发生后，国际社会先后有 170 个国家和地区、20 多个国际组织以及民间企业、团体个人等向中国灾区提供了 44 亿多元人民币现金援助以及大批救灾物资（不包括我国港澳台地区捐款捐物）。"① 现将部分外国政府向中国地震灾区提供救灾现金及物资援助情况列一简表②，加以具体分析。

部分外国政府援助情况简表

国　家	援助主要内容	约合人民币
沙特阿拉伯	6000 万美元现金物资	42000 万元
加拿大	6100 万加元	40000 万元
印　度	500 万美元物资援助	3500 万元
日　本	5 亿日元物资援助	3300 万元
俄罗斯	400 万美元救灾物资	2800 万元
挪　威	2000 万挪威克朗	2700 万元
意大利	50 万欧元现金、150 万欧元物资	2200 万元
土耳其	200 万美元援助	1400 万元
英　国	100 万英镑援助	1360 万元
西班牙	100 万欧元现金、6 吨物资	1080 万元
爱尔兰	100 万欧元援助	1080 万元
马来西亚	150 万美元援助	1050 万元
以色列	150 万美元救援物资	1050 万元
比利时	65 万欧元援助	700 万元

---

① 邓绍辉：《汶川地震与国际援助》，《今日中国论坛》2013 年第 17 期；李琼：《国际社会向中国地震灾区提供了四十四亿现金援助》，中国新闻网，2009 年 5 月 11 日。
② 邓绍辉：《汶川地震与国际援助》，《今日中国论坛》2013 年第 17 期。

续表

国　家	援助主要内容	约合人民币
巴基斯坦	100 万美元救援物资	700 万元
韩　国	100 万美元援救物资	700 万元
阿尔及利亚	100 万美元援助	700 万元
澳大利亚	100 万澳大利亚元援助	660 万元
芬　兰	50 万欧元援助	540 万元
荷　兰	50 万欧元援助	540 万元
德　国	50 万欧元援助	540 万元
泰　国	60 万美元、10 万元人民币	500 万元
法　国	38 万欧元救灾物资	410 万元
老　挝	50 万美元木材援助	350 万元
美　国	50 万美元援助	350 万元
新西兰	50 万新西兰元援助	270 万元
瑞　士	40 万瑞士法郎援助	260 万元
丹　麦	175 万丹麦克朗现金物资	250 万元
克罗地亚	20 万欧元援助	220 万元
希　腊	20 万欧元援助	220 万元
新加坡	20 万美元物资援助	140 万元
越　南	20 万美元援助	140 万元
巴　西	20 万美元物资援助	140 万元
斯洛文尼亚	10 万欧元援助	108 万元
朝　鲜	10 万美元紧急援助	70 万元
柬埔寨	10 万美元援助	70 万元
萨摩亚	10 万美元援助	70 万元

续表

国　家	援助主要内容	约合人民币
波　兰	10 万美元援助	70 万元
立陶宛	20 万立特援助	63 万元
卢森堡	5 万欧元援助	54 万元
蒙古国	5 万美元援助	35 万元
爱沙尼亚	50 万爱沙尼亚克朗援助	34 万元
捷　克	70 万捷克克朗物资援助	30 万元
阿尔巴尼亚	4 万美元援助	28 万元
莫桑比克	4 万元人民币	4 万元

由上表可见，沙特阿拉伯、加拿大等国向中国地震灾区提供资金物资援助最多，分别达 4 亿元人民币。其他一些中小国家，如越南、老挝、爱沙尼亚、莫桑比克等国，也伸出了援助之手。

此外，联合国从总部紧急应对基金中以最快速度向中方提供了 800 万美元的紧急援助，秘书长潘基文于 5 月 24 日亲赴灾区走访慰问，支持并赞扬中国的抗震救灾工作。联合国相关组织和机构纷纷向中国灾区紧急调运帐篷、医疗设备、净水设备、食品等物资，援助总额达 1700 万美元[1]；欧盟决定通过国际红十字会向中方提供 200 万欧元紧急援助；联合国儿童基金会提供 30 万美元；国际奥委会捐款 100 万美元；国际慈善机构乐施会紧急拨出 155 万美元；撒玛利亚救援会提供 100 万美元的物资，如毛毯、净水设备和口罩等。[2]

---

① 参见《汶川特大地震抗震救灾志》卷九《灾后重建志》，方志出版社 2015 年版，第 1132 页。

② 参见邓绍辉：《从汶川地震看我国救灾捐赠制度的变化》，《现代经济信息》2013 年第 22 期。

变化之六：救灾捐款监管力度明显加强。

1.颁布相关法规。

5月20日，中央纪检监察部等五部委联合发出《关于加强对抗震救灾资金物资监管的通知》①，强调要从筹集、分配、拨付、发放、使用、管理等环节，坚决堵塞救灾款物管理使用过程中出现的各种漏洞，确保其真正用于灾区和受灾群众。

此外，中国红十字总会于5月18日发出通知，强调："公众为此次地震灾害所捐赠的款物必须专款专用，严禁以转入备灾基金等名义扣留、挪用、截留或用作其他事项，全部捐献钱物将100％用于灾区。"各地红十字会要及时向社会公布募捐情况及资金物资使用情况。

2.加大监督审计力度。

汶川特大地震发生之后，国家审计署于5月13日迅速作出部署，5月14日、15日连续发出通知，要求全国审计机关一方面要积极投入到抗震救灾工作中去，另一方面要加强对抗震救灾资金物资的审计。5月20日，审计署又作出安排部署，从全国各地抽调一万余名审计人员，对灾区救灾款物的筹集、管理、分配、使用进行全过程跟踪审计。

到2008年年底为止，审计署已对19800多个单位进行审计。对于灾情很重的四川、甘肃、陕西这三个省的1000多个乡、2400多个村、14500多户灾民进行了延伸审计。

到2010年10月底，四川省各级审计机关共派出9882名审计人员，组成4452个审计组，共审计项目7269个（总投资1287亿余元），审计调查项目3421个（总投资1370亿余元），未发现重大违法违纪违规问题。②

在汶川抗震救灾过程中，中纪委驻民政部纪检组、监察局注重关口前

---

① 参见《汶川特大地震抗震救灾志》卷八《社会赈灾志》，方志出版社2015年版，第24页。

② 参见陈健：《汶川地震灾后重建跟踪审计未发现重大问题》，新浪网，2010年12月22日。

移，加强事中监督。民政部纪检组、监察局领导作为民政部抗震救灾应急指挥部成员，全面调查处理本系统抗震救灾款物；与此同时，审计署还分批审查了灾区省、市、县各类救灾款物。

3. 定期公示救灾捐赠款物使用情况。

据有关资料记载：在 2008 年 6 月，民政部和国家审计署曾 4 次向社会公示救灾款物管理使用情况（包括救灾捐赠款物在内）。

监察部、民政部、审计署等通过多种监管方式，将汶川抗震救灾接收捐赠资金的使用情况定期向社会公告，一方面表明政府大力推行政务信息公开化的决心实际行动，另一方面也有利于社会公众更好地监督政府对救灾款物的合理使用。

第二节　救灾捐款制度存在问题

纵观汶川抗震救灾全过程，我国救灾捐款在管理、接收、分配、使用、监督等实施环节中，虽取得许多进展，但也存在一些问题和不足。

问题之一：救灾捐款主体不明确。

在汶川特大地震发生以前，《中华人民共和国公益事业捐赠法》明确规定，在发生自然灾害时或突发事件时，我国募捐主体通常可分为三类：（1）县级以上人民政府及主管部门（即民政部门）。（2）公益性社会团体，即指依法成立的以发展公益事业为宗旨的基金会、慈善组织等社会团体。（3）依法成立的非营利基金会，即从事公益事业的不以营利为目的的文化教育、科学研究、医疗卫生、社会公共文化、社会公共体育和社会福利等机构。2008 年 4 月 28 日民政部发布《救灾捐赠暂行管理办法》规定，我国救灾募捐主体开展募捐活动所取得的捐赠款物，以及自然人、法人或者其他组织向救灾地区捐赠的各种财产，主要是用于支援灾区和帮助灾民的生活。

以上法律法规内容在规范县级以上人民政府、社会团体以及非营利基金会开展捐款捐物活动支援受灾地区和受灾群众等方面虽发挥了一定的指导作用，但上述内容条款经过汶川抗震救灾捐赠活动的冲击和考验后，却出现了许多不规范之处。

一是没有从法律上明确募捐性质和募捐程序等。例如，汶川特大地震发生后，某地教育局在其网站上下达通知要求下属各单位完成捐款任务。这种募捐属于什么样的性质，由谁来监督，这种募捐的方式是否合法，由谁来管理等。又如，在募捐程序上，怎么样的捐助是合理的，怎么样的捐助是不合理的。试想，如果募捐程序和性质都没有规定清楚，则可能造成捐赠资金的管理混乱，使不法分子有机可乘。

二是政府捐赠职能的执行和监督规定不够明确。有关法规虽然规定县级以上的民政部门是募捐主管单位，但在实际执行中政府多个部门及其领导。众所周知，涉及汶川抗震救灾捐赠工作的政府行政部门机构众多，捐赠形式不规范，存在多头捐助和强制捐助的问题，民政部门只是政府部门之一，是否有责任去管控其他部门捐赠。捐赠款物本是一件好事、善事，但要充分尊重自觉自愿的原则。如果本级部门对本单位内部进行募捐，则可能产生一些强捐、硬扣工资等行为，民政部门一时难以理顺和摸清。

事实上，民政部虽有权代表政府行使各种组织协调捐助等事宜，包括对大众的宣传、组织等工作在内，但是对自身主管捐赠职能的行使还不到位。从希望工程到流浪人员救助，从冰雪灾害到特大地震，中国的救助和募捐水平是不断进步和提升的，但还没有建立起最佳的组织协调机制，怎样才能更好地帮扶贫困、保护健康、救助生命仍是一个需要继续理顺的课题。

三是对民间组织在救灾捐赠款物活动中的地位和作用规定不明确。1999年颁布的《中华人民共和国公益事业捐赠法》，虽然规定了只有依法成立的公益性社会团体和公益性非营利的基金会可以接受社会捐赠或个人捐赠。但是，没有明确规定一些公益性非营利的基金会是否可以接受救灾捐赠款物。

因此，在汶川特大地震捐款活动中，我国涌现出一大批募捐团体和个人，既有民政部依法许可的拥有募捐权的 16 家社会团体和组织①，如中国妇女发展基金会、中国宋庆龄基金会、中国儿童少年基金会、中国扶贫基金会、中华环境保护基金会等，也有没有取得政府许可募捐权的社会团体和网站，如李连杰壹基金、搜狐、腾讯等商业网站。于是，汶川救灾捐款活动一时出现鱼目混珠、真假难辨的局面。

问题之二：救灾捐款管理存在缺陷。

1. 救灾捐款机构存在随意性

汶川抗震救灾期间，一些体育、演艺界明星纷纷慷慨解囊，同时利用自身的影响力募集捐赠资金。无论是李冰冰的深深鞠躬、刘德华的身体力行，还是姚明的 NBA 募捐、王菲的重登歌坛，都带来较好的社会效益和募捐款物。从政府接受李连杰的"壹基金"捐赠、正面报道章子怡的戛纳募捐以及大量的海外同乡会、同学会、联谊会捐赠分析，法律似不禁止非公募基金会以及个人的公益性募捐。或许正因为如此，灾难发生时，社会民众的自发的募捐行为，如果套用上述规定，显然就是不合法、不合规的——虽然这种"套用"显然也是不直接的、带有推理性质的；而如果说上述规定不适用对社会民众自发的募捐活动，却又的确找不到直接的法律依据。

如果募捐主体可以随意、临时更换，那么任何机构和个人都可以借扶助某某人或救灾的名义，通过具体的工作机关和场所向社会各界发起募捐。如此一来，募捐主体的随意性太大，没有明确统一的管理单位，特别是在互联网得到广泛使用的今天，很多企业单位和个人可以通过网络成立募捐组

---

① 据《民政部公告》（2008 年第 110 号）：同意下列基金会补办开展汶川大地震有关救灾募捐活动审批手续：中国老龄事业发展基金会、中国宋庆龄基金会、中国光华科技基金会、中国残疾人福利基金会、中国人口福利基金会、中国青少年发展基金会、中国儿童少年基金会、中国少数民族文化艺术基金会、中华思源工程扶贫基金会、中国绿化基金会、中国光彩事业基金会、中国红十字基金会、中国教育发展基金会、中国健康促进基金会、中国妇女发展基金会、中华环境保护基金会。

织。当然，不可否认其中绝大部分确实是在为弱势者做贡献，但很难保证这些网上组织都是在合法行事。汶川特大地震时，腾讯公益网诈骗案等55起利用网络诈骗案，在社会上造成的极其恶劣影响，不得不令我们深思。

2. 蔑视捐赠者的权利

汶川特大地震虽属于突发灾难事件，人们纷纷用捐赠款物表达公民的社会责任，各种媒体纷纷公布捐赠榜并滚动播报。应当肯定，捐赠榜在一定程度上触动一些企业和个人的捐赠行为和意识，表彰弘扬了慈爱单位和个人，对捐赠数额有很大的促进。但同时不可否认，捐赠榜也侵犯了捐赠者的名誉权利。

对爱、对奉献是不能随意指责的。灾难时期的捐赠是对特殊的突发事件的反映，需要持久、恒定、默默的奉献。媒体宣传似乎将捐赠的数量当成标准，捐赠人如果不向社会公布自己的数额，那么就等于他没有捐赠；如果捐得少了，就表示他没爱心，甚至召唤民众予以抵制。有网友甚至表示，您不觉得很正常吗？他们已经习惯了这样做，在我们国内，有无聊的媒体跟踪明星捐款数额，而且还排名。这就是量化的爱心的体现，我们的爱心完全被量化了，也是中国人攀比思想的体现。这种捐赠榜、爱心榜、黑心榜，在国际上给我们国家造成许多负面影响。

3. 行政劝募占据主导

在汶川大地震捐赠活动中，行政劝募起了主导作用。政府部门多以行政命令方式层层推进募捐活动。有些企事业单位募捐不像募捐，更像摊派。一些社会团体也打着政府的旗号强迫企业捐款，在一定程度上挫伤了企业的捐赠积极性。在这种创纪录的募捐成绩背后，是一双强大的政府部门推手在运作，很容易造成社会团体等公益组织权责不清，效率低下。清华大学公共管理学院NGO研究所所长邓国胜曾指出："行政劝募成为慈善的主导，这种现象需要改变。"①

---

① 邓国胜：《政府与NGO的关系：改革的方向与路径》，《中国行政管理》2010年第4期。

问题之三：网络捐款合法性亟待明确。

网络世界与现实社会一样，都需要建立一个系统性、规范性、具有可操作性的明确制度，但现在大多都是行业规章，还未上升到法律层面，《中华人民共和国公益事业捐赠法》也还亟待可操作性强的细则。网络捐赠安全性令人担忧。如对网络设备的威胁和对网中信息的威胁。人为的无意失误也影响网络安全。如网络管理员对网络安全配置不当，造成安全漏洞。用户安全意识不强，不按安全规定操作等。若不法分子通过有效方式有选择地破坏捐赠平台和数据的有效性；或在不影响网络应用系统正常运行的情况下，进行截获、窃取、破译以获得机构和用户的重要信息，都会给用户带来资金损失，也会给捐赠平台带来信任危机，直接或间接地妨碍网络捐赠活动本身的运行。

问题之四：社会捐款往往陷于被动。

在汶川救灾捐赠活动中，由于缺乏必要的社会环境和社会气氛，企事业及公民个人捐赠行为往往陷于被动状态。其主要表现在以下三方面：

一是企业捐赠被媒体高度监控。汶川大地震发生后，企业的捐助行为成为民众谈论的焦点。尤其是万科集团总裁王石捐助 200 万元，提出"万科捐助 200 万是合适的，并让普通员工限捐 10 元，不要让捐助成为企业的负担"的言论引来网友的热议和谩骂，认为这与万科作为地产业老大的位置极其不相符。几天后，迫于社会舆论的巨大压力，万科不得不宣布会在 3 年到 5 年内出资 1 亿元，帮助灾后重建。

马云是另外一个遭致非议的人物，他的"1 元论"同样引来了无数骂声。后来，当阿里巴巴公司捐助善款将近 5000 万元时，社会舆论很快又占到了他这边。这招欲擒故纵为阿里巴巴公司做了一个很好的宣传。

王老吉公司捐款 1 个亿，神州电脑公司"要求没有向灾区捐款的神州员工离职"，这些企业公司的做法收到了良好的社会效果，树立了很好的企业形象。而很多外资企业则没那么幸运，"铁公鸡排行榜"中的很多著名的企业包含肯德基、诺基亚、三星等。

企业的捐助行为直接影响到企业在民众心目中的地位，直接影响到企业的营销战略。企业如果不在社会舆论和如何捐助中寻求一个平衡点，立刻就会在社会舆论和社会公众面前陷于被动。

此外，在汶川抗震救灾捐赠活动中，一些文体明星和社会公众人物的捐赠数额也被纳入电视、网络等媒体监督之下。稍有不慎，就会被媒体曝光。

二是民间组织管理费用不被社会承认。目前，我国慈善事业依然停留在"政府主导"的形态下，许多民间组织行政色彩浓厚，对政府的依赖性较强，缺乏发展的生机与活力。慈善组织监督机制的不健全，善款管理的混乱，捐助资金分配及使用的公开性缺乏，导致部分民众对慈善组织不信任。由于慈善机构的"二政府"特色，捐赠中的行政支出费用比例也是许多捐赠者关注的一个问题。针对行政费用比例，在同一个组织的信息里，却可能出现30%、10%、5%、"很少"、"没有"等不同说法，表现出流程的随意性，令人对资金运作难以放心。

许多捐赠者对于捐赠款物的最终去向表示担忧。"说实话，我更愿意把钱寄给某个具体的家庭或某个具体的孤儿。"就代表了一批捐赠者对慈善机构的不信任。国务院办公厅为此专门发文，要求各级民政部门要充分认识做好救灾捐赠工作的重要性，加强组织领导，规范救灾捐赠活动，管好用好救灾捐赠款物，切实保护捐赠人、受赠人和灾区受益人的合法权益。

三是缺乏完整的救灾捐赠知情权。事实上，汶川抗震救灾期间出现的许多复杂情况也使捐赠人难以获得完整的救灾捐赠知情权。例如众多的捐赠者在捐款时对受灾地区和受灾者个人等情况并不了解（个别定向捐款除外），这种捐赠方式较为盲目；又如灾区受灾情况复杂多变，受灾人员多种多样，众多捐赠者难以到灾区实地察看；再如捐赠者要将自己的款物送达受灾地区和受损民众，需要一定的中介。这个中介是某一公司或个人，但最好的代表仍然是政府或政府委托的中华慈善总会（对内）和中国红十字总会（对外）。至于捐赠款物的使用及效益，更是捐赠者难以直接掌握的。

汶川抗震救灾期间，也包括其他救灾活动期间，有的捐款者抱怨自己的捐款去向不明；有的违反了自己的意愿，没有直接到达灾区，直接进入了政府腰包，为财政拨款服务；还有的指责自己的捐款被人贪污，造就了百万富翁甚至千万富翁。上述问题曾引起社会上或网络上的热议。

上述情况说明，在抗震救灾期间，捐赠者对自己的捐款去向和效益有一定看法或非议是正常的，但过分地指责政府或政府委托的代理机构，也是没有道理的。在现实情况下，政府是实现救灾捐赠者意愿的最好中介。至于政府如何代表、使用好捐款，或最大限度地实现捐赠者意愿，那是另一问题。

就我国现行捐赠制度，特别是救灾捐赠制度，还缺乏一个立法明确、捐助规范、管理使用高效的社会实施条件和社会舆论环境。这一问题，笔者将于后面再进行讨论。

问题之五：社会组织难以发挥应有作用。

在汶川救灾捐赠款物过程中，我国一些社会组织（如中国红十字总会、中华慈善总会等）虽有"合法执照"，但因自身力量和信誉度有限，难以独立开展正常工作。

在救灾捐赠款物过程中，中国红十字总会、中华慈善总会虽然有制度化参与渠道，但是也面临自身能力不足的挑战。两会在中央和省级虽能体现民间组织的身份和优势（社会公信力），但市级以下各级分会则结构不全、人员不足、职能有限。在职能发挥上，两会仅限对社会资金的筹集，对于如何花钱好像与己无关。在沟通协调上，两会的压力不仅来自社会各界的种种质疑，同时还有来自政府审计、纪检调查的压力。

从捐赠机制运行现状和存在的问题来看，可做以下分析：

一是资金流向。调查材料发现58%以上的资金政府接收了，红十字会、慈善会大概只接收35%，流入公募基金会的不到6%。这说明民间组织，特别是公募基金会，在汶川地震募捐过程中所占比重很小。

二是资金使用。事实上，中国红十字总会、中华慈善总会，以及公募基金会募集的社会资金只是代收，并没有其使用权。民间募集的社会资金都要统一转交到政府财政账户，由政府统筹掌管，甚至一些定向捐赠资金也得先转交给政府部门，民间组织对社会捐款和救灾捐款没有支配权。

三是管理成本。政府募集资金一般不提取管理经费，而民间组织，特别是一些拥有募捐权的各种非营利基金会，使用救灾资金时却需要有一定成本，即有筹款成本，有业务活动成本，有管理费用。如果没有这些费用，很难把这些资金用好。在救灾阶段，迫于各方面压力，民间组织曾向社会承诺不提取一分钱管理费用（根据法律规定可以提取不超过10%的管理费用），但承诺是承诺，实际上是需要有管理成本开支的。到后来有关部门检查时，有些基金会办公经费只有挂账处理。这里面问题很多，主要问题来自缺乏慈善意识，认为捐一百块钱全部用于灾区，不允许有一定的管理成本，从而导致我国许多民间组织的能力很弱，很难有人才储备。

四是捐款信息披露方面的问题。无论在灾前，还是灾后，捐款信息披露的发言权在政府，并不在民间组织。通过调研发现：多数政府部门和民间组织信息披露很不完整，只披露接收了谁的捐赠，缺乏对资金使用去向和使用效果披露，这说明在救灾捐款信息披露方面确实存在一定的漏洞。

对于广大救灾捐赠者提出的许多疑问，一位官员表示，民政部正在建立一个公示捐款的信息平台。但后来这一信息平台并未问世，社会公众能获取的信息仅有四川省政府、中国红十字总会、中华慈善总会等官方捐款平台，以及腾讯网、壹基金等非官方捐款平台披露的相关报告及数据。

有专家认为：我国民间慈善组织（即临时成立的各种爱心基金会和志愿者组织等）难有"合法执照"，应该归咎于国家相关法规不完善。例如1998年国务院发布的《社会团体登记管理条例》明确规定，社会团体要在民政局注册，必须要有业务主管单位。在实际操作中，一些社会团体（实际上是救灾期间临时成立的一些所谓的公益社团）想注册，一时很难找到业务主管单位。而很多国有企事业单位又不愿意为公益性社会团体承担"监管"责任，因而造成一些公益性社会团体很难注册。如果有政府部门或企事业单位愿意承担一定的公益责任，即便是相关法律规范有一定的"缺陷"，民政部门可以为其办理相关手续，这也有点远水难解近渴之感。

通过汶川抗震救灾捐款活动，国民的爱国热情被立即调动起来，这种爱国热情和人道主义情感让他们各尽所能去捐献自己的爱心。但在救灾捐款过程中，许多地方存在着强制捐款现象。有些地市和行业下达指标，要求每人最低捐多少。有人曾给政府和一些媒体等发去求助邮件，请求对此种事情给一个答复和说法，但是石沉大海，有一种有苦说不出的感觉。无奈的是捐助者只能忍气吞声地捐，如果违背命令则可能失去他们的饭碗，没有办法。这样的行政任务破坏了捐助者的积极性，为我们的政府造成了负面的影响。《中华人民共和国公益事业捐赠法》第四条规定："捐赠应当是自愿和无偿的，禁止强行摊派或者变相摊派，不得以捐赠为名从事营利活动。"即一切捐赠款物都只能在自愿的前提下进行，任何人、任何单位都不得强制捐助或捐多少，任何强制的行为都属违法。而这种强制捐助则属于摊派或变相摊派。再加上被强制捐助者多属普通的社会公民或单位员工，他们的声音相对来说很微弱，只能服从。

通过以上诸多事例分析可以看出，我国救灾捐款制度在汶川救灾捐款活动中产生诸多复杂的社会问题，有些问题还带有制度性缺陷，值得有关部门认真地反思总结和提高认识，以研究相关对策。

第三节　救灾捐款制度转型升级

救灾捐赠是一项利国利民的公益性事业。经过汶川抗震救灾和其他一些救灾活动的巨大冲击和考验，我国救灾捐款应采取以下转型升级措施，以健全救灾捐赠管理体制和运行机制。

转型之一：完善救灾捐赠款物管理机制。

1. 明确募捐收捐权限

长期以来，我国救灾募捐工作由民政部门统一管理，即地方民政局负责具体组织和统计汇总，并及时将有关情况上报民政部及主管领导。

在汶川救灾捐赠款物的实际运行中，我国涉及救灾募捐活动的部门、机构众多，既有民政部门委托的红十字会、慈善基金会等法定具有公募资格的机构及组织，又有与民政部门平行的政府其他机关，如财政、税务、审计等部门；其他一些组织和机构也可依法开展募捐活动。

通过汶川救灾募捐和其他救灾募捐活动，我国民政部门应进一步明确募捐收捐单位：即（1）民政部为全国一切捐赠活动（无论是救灾捐赠款物，还是社会捐赠款物）的归口管理部门。（2）中华慈善总会负责接受国内捐赠业务。（3）中国红十字总会或红新月总会负责接受国际捐赠业务。（4）政府机关、企事业单位和社会团体通过其他途径接收捐赠款物，应向同级民政部门上报。（5）民政部门审批16家公益性组织（如公益性社会团体、基金会等）可依照相关法律法规进行救灾捐赠活动。

按以上有关规定，民政部门及其委托机构（如中国红十字总会、中华慈善总会，以及汶川抗震救灾中又加16家公益性基金会）是我国拥有社会募捐权力的组织，也是我国拥有接受捐赠权力的单位。换句话说，民政部门及其委托机构既有权募捐，也有权受捐，其他任何组织机构，特别是个人机构，不得随意打着"政府旗号"进行公开救灾募捐活动。

2. 规范募捐组织行为

按照相关规定，接收救灾捐赠单位（即民政部门及委托机构）要进一步规范募捐收捐组织行为。（1）要指定账户，进行专项管理。（2）所有募捐款物必须全部用于支援灾区。（3）中央及地方各级根据灾情和灾区实际需求，统筹平衡和统一调拨分配救灾捐赠款物。（4）各区县、各部门、各系统以及各企事业单位、基层社区要组织好本单位、本系统内的抗震募捐活动，所得款物要及时转交民政部门，由救灾援助指挥协调工作小组统一捐赠给灾区。

（5）所有捐赠的食品、药品、医疗器械、生物化学制品等物品要由食品药品监管和卫生等部门按照有关规定进行确认，确保捐赠物品的质量和安全合格后，才能转运分配到灾区各地使用。

3.合理使用救灾捐赠款物

如何有效合理地使用救灾捐赠款物（定向救灾捐赠款物除外），是一个需要慎重考虑的问题。笔者建议：（1）对不定向各种救灾捐赠款物的使用，有关部门要加以统一规划；（2）对其分配也要统筹考虑，比如，要合理安排定向捐赠资金的使用方向和领域，如果捐赠资金过于集中，在征求捐赠人的意见的基础上，按有关规定进行调剂；（3）对于公益性社团组织的资金，要尊重这些组织的自主性，由这些组织按规定程序对资金自主使用；（4）对于没有得到定向捐赠款物的灾区，应由政府部门统筹安排，确保灾后捐赠款物分配的公平、公开和透明。

4.及时公布救灾捐赠信息

（1）及时公开捐赠款物信息。（2）建立捐赠款物信息查询系统。（3）公开捐赠款物提取的管理费用。公益性组织，如中国青少年发展基金会、中国妇女发展基金会等，在救灾款物管理过程中，会发生相应的运输和管理成本费用。有关部门应按相关制度规定，及时公布其管理费的提取比例及使用情况，供社会各界进行监督检查。（4）规范救灾捐赠款物账册登记和实物管理工作。（5）定期公开救灾款物监管使用。①

转型之二：制定救灾捐款实施细则。

从汶川抗震救灾和其他救灾来看，我国原有捐赠法规有些条款过于宽泛，有些条款过于狭窄，不完全符合目前救灾捐赠工作实际情况的需要。对此，各级政府部门应进一步修订和完善救灾捐赠管理办法，制定其具体实施细则。

---

① 参见邓绍辉：《从汶川地震看我国救灾捐赠制度的变化》，《现代经济信息》2013年第22期。

1. 明确募集范围和募集原则

（1）只限于党政机关、群众团体、企事业单位的干部职工，不准随便扩大范围，尤其不能向中、小学生进行募捐。（2）坚持自愿，量力而行。不搞摊派，不搞攀比。募集的衣物要洗干净，整理好，不要太破。有传染病人家庭的衣物不募集。（3）做好宣传报道工作。对一般性的救灾捐赠工作，不作过多具体宣传报道，但对典型事例要做宣传发动工作，以免引起社会各界误会。（4）整个捐赠工作结束后，国家审计部门应通过中国红十字总会、中华慈善总会等，向海内外发一个综合信息报道。募集的救灾捐赠款物与国家救灾款物的性质一样，按救灾款物的管理、发放、使用原则和办法处理。

2. 进一步明确募捐单位资格

在汶川抗震救灾以前，政府只允许中国红十字总会、中华慈善总会等少数公益性组织拥有救灾募捐资格。但在此次汶川抗震救灾期间，由于灾情巨大和群众性捐赠活动十分踊跃等因素，政府除指定原有的公益性组织拥有救灾募捐权力并开展社会募捐外，还允许民政部管辖的中国青少年发展基金会等 16 家公益性组织拥有救灾募捐权力并开展社会募捐。于是，全国各地既出现政府特许的公益性组织进行社会募捐，也出现几十家打着"救灾"旗号的民间团体和组织进行公开募捐，甚至还有一些网站或个人基金会也加入了募捐的行列。一时引起我国救灾捐赠市场鱼目混珠，真假难辨。①

对此，国务院办公厅曾下发文件，指出除民政部所属 16 家公益性基金会可以募捐外，其他团体和组织不得进行社会募捐活动。但是，这一文件未能阻止当时社会上涌起的网络募捐大潮。

对此，民政部门应进一步制定救灾捐赠款物《执行细则》：（1）救灾捐赠活动必须由政府统一领导，民政部门具体负责组织实施。（2）救灾募捐组织仅限于民政部指定的 16 家具有公证资质的机构，任何单位和个人都不得

---

① 参见邓绍辉：《从汶川地震看我国救灾捐赠制度的变化》，《经济现代信息》2013 年第 22 期。

打着上述组织机构的旗号进行募捐活动。（3）不具备救灾宗旨的社会组织团体不得以"救灾"名义进行募捐。特别要严厉禁止个人公司利用网站进行非法捐款活动。因为它不仅违反现行捐赠法律法规，而且会误导公民，为一些社会不法分子提供可乘之机。（4）明确捐赠主体为国家法定组织机构（即救灾捐赠人）、法定接收单位（即受灾地区及单位和个人）、接受捐赠款物的要求以及对捐赠人的表彰情况等。

3.明确募集款物的专款专用

政府部门应进一步明确募集款物要专款专用：救灾捐赠款物主要用于解决灾民衣、食、住、医等生活困难；紧急抢救、转移和安置灾民；灾区学校恢复重建，以及捐赠人指定的与救灾直接相关的用途等。任何单位和个人不得以挪用、挤占、动用等手段，改变救灾捐赠款物和社会募集款物（除定向捐赠款物除外）的专款专用性质。

4.严格大额救灾捐赠资金的审批程序

在汶川抗震救灾捐赠活动中曾出现捐赠款物数额特别巨大。有的企业单位或公司个人捐赠数额多达上千万、上亿元，这是以往我国救灾史上未曾出现的现象，也是此次捐赠活动中出现的一种可喜现象。

对此，我国主管捐赠事务的政府部门（即中国红十字总会负责国外捐赠款物；中华慈善总会负责国内捐赠款物）应实施新的规定：（1）对于定向捐赠的资金，应尊重捐赠人的意愿，对指定地区并要求及时拨付的捐赠款，由接收部门提出捐赠单位名单、数量、受助地区报分管领导审批。（2）对于非定向捐赠资金，由接收部门根据收到的捐赠资金数量，上报民政部或灾区省民政厅抗震救灾小组。（3）对有指定用途，但目前无法实施，需进一步协商的捐赠资金，要以协议的形式约定，待捐赠方、执行方、受助方签订三方协议后实施。

5.加强对网络捐款的行政管理

目前，我国网络捐赠领域主要有两种形式。一是具有公募性质的基金会，二是挂靠在基金会下面的社会机构。这两种形式虽然是一种慈善行为，但因缺乏监督，一旦被别有用心者钻空子，将会造成一定的社会危害，甚至会演变成"非法集资"。对此，有关部门对社会机构举办捐赠活动应采取行政许可证制度，为网络捐赠提供安全健康的政策和环境保护，以确保社会捐赠的可持续发展。

6. 强化救灾捐赠款物的统一管理

在汶川抗震救灾期间，中央及地方各级政府制定和颁布了183件救灾款物和108件救灾捐赠款物的监管文件。① 其中《四川省救灾捐赠款物管理使用过错责任追究办法》列举应当追究责任的19种情形："（一）以救灾募捐为名，骗钱敛财的；（二）接受捐赠的单位不按规定向捐赠人出具有效收据，或对捐赠情况不如实登记造册、不如实上报，或伪造、变造、毁损救灾捐赠款物原始登记资料及相关账簿的；（三）接受非定向救灾捐赠款不按规定缴入指定专户的；（四）接受定向救灾捐赠不按捐赠人要求处置救灾捐赠款物，或未经捐赠人同意，擅自改变定向救灾捐赠款物性质、用途的；（五）不及时或不如实将代收救灾捐赠款物转交有关法定机构或受赠人的；（六）违反政府援助计划或灾后重建规划使用救灾捐赠款物的；（七）贪污、私分、截留、挪用、克扣、挤占救灾捐赠款物的；（八）不按照救灾捐赠款物发放程序或要求随意分配，优亲厚友的；（九）虚报灾情，冒领救灾捐赠款物的；（十）有偿调拨、违规转让、变相出售救灾捐赠款物，违规收取折价款、补偿金、管理费的；（十一）在救灾捐赠款物中虚列支出，或违反规定从救灾捐赠资金中列支工作经费的；（十二）将救灾捐赠款物用于非救灾事项的；（十三）违反救灾捐赠款物管理制度，失职渎职的，致使救灾捐赠款物滞拨滞留、流失、严重浪费或损毁的；（十四）接受捐赠单位救灾捐赠款物管理制度不全，账目不清，项目不明，手续不完备，责任不落实的；（十五）在救灾捐赠款物的储存、运输、搬运、检测、检验、检疫、免税、入关、维护

____
① 参见高建国：《应对巨灾的举国体制》，气象出版社2010年版，第119—130、102—109页。

等工作中，玩忽职守、徇私舞弊的；（十六）不按照救灾捐赠款物信息披露要求公开救灾捐赠款物的来源、数量、种类、去向、发放情况等，或不按规定向政府有关部门报告救灾捐赠款物管理、使用情况，接受监督的；（十七）对捐赠人提出的合理查询要求、合理建议等拒不接受，推诿拖拉的；（十八）不依法履行对救灾捐赠款物的监督、检查、审查、评估、审计等职责的；（十九）有其他违反救灾捐赠款物管理使用规定行为的"。此外，《办法》还对责任追究、追究责任主体做了进一步规定。①

转型之三：充分发挥社会组织的捐款作用。

如前所述，在汶川抗震救灾中，民政部让中国红十字总会或红新月会具体负责接待国际救灾援助工作，让中华慈善总会具体负责接待国内捐赠事务。同时又让中国青少年发展基金会等16家公益性组织进行社会募捐活动。这是一大进步。然而，我国社会组织（如一些公益性基金会、学术团体等）的救灾捐赠活动仍受到现行管理体制和客观现实的许多制约，难以发挥其应有的功能和作用。

如何才能改变这种局面，充分发挥社会组织在救灾捐赠中的作用呢？

一是要改变政府部门对社会组织的认识。政府主导救灾募捐活动，在任何时候都是不可或缺的，尤其是在面临特大灾难之时。如果没有完善有效的监督约束机制，救灾捐赠活动就会和其他领域一样，极易成为官僚主义和贪污腐败的温床。问题关键不是要不要政府主导救灾募捐，而是建立一个什么样的政府救灾募捐形式，采取什么更有效的方式鼓励、扶植和培育独立自主的社会组织，使其在整个救灾活动中发挥更多更大的作用。这样做的好处是：进行募捐的众多社会组织，一方面可以通过相互合作，大大减轻政府负担，另一方面也可以相互竞争，共同促进我国救灾捐赠市场的正常发展。

二是要允许社会组织从自己的业务活动中提取一定的救灾管理费。在

---

① 参见高建国：《应对巨灾的举国体制》，气象出版社2010年版，第119—120页。

汶川救灾捐款时，有人提出不允许公益性组织从自己业务活动中提取一定比例的费用。这是不合理的。事实上，社会组织从事公益性活动，无论在平时还是在救灾过程中，都会产生一定的管理费用和业务成本费用。如果不允许社会组织从自己的业务活动中提取一定比例的管理成本和运输费用，就意味着政府部门要向社会组织另外提供一定的开支费用（须知，我国公益性组织，如中国红十字总会和中华慈善总会保持半官方身份，管理成本和运输费用都是由政府部门提供的，其余多数公益性基金会、学会团体却没有得到政府部门提供的管理和运输费用来源）。否则，社会组织机构和业务工作是无法维持正常运转的。因此，管理成本和运输费用是维持公益性组织正常运转的一项合理开支，也是其参与援助确保服务质量的重要保证。

在汶川抗震救灾过程中，一些社会组织为了证明自己的清白，努力做到账目公开透明，连自己办公管理费用每天的需求，也都贴在网上。对此，民政部门在政策上应当允许公益组织从自己业务活动中提取一定的"管理费"和运输成本，以维持其工作的正常运转。

三是要改变政府对社会组织参与救灾捐赠的管理方式。在救灾过程中，某些公益组织援助效率低下成为不争的事实，这主要是因垄断行为引起的。《社会团体登记管理条例》第十三条规定，"在同一行政区域内已有业务范围相同或者相似的社会团体，没有必要成立"、"登记管理机关不予批准筹备"。这一规定简单来说，就是"一个地区、一个领域、一家机构"，很容易造成独家垄断而缺乏竞争的局面。

解决这一问题的主要方法就是要改变民政部门对社会组织的管理方式，打破垄断，引入竞争机制，允许在同一地区、同一领域存在多家社会组织。只要是公益事业，就应鼓励大家去做，比一比谁做得好，优胜劣汰。与此同时，民政部门在现有基本框架下还可将部分垄断性很强的公益组织拆分为多个公益组织，按照现代企业管理制度进行优化整合，对援助损耗大，社会效果差的公益组织应进行淘汰出局。

四是要采取市场管理机制，让社会组织发挥多方面的作用。如道路抢险救灾、运送伤员、转运救灾物资、参与灾后重建等。

转型之四：营造救灾捐款良好社会环境。

总结汶川抗震救灾和其他防灾救灾的经验教训，各级政府部门应采取以下政策措施，为救灾捐赠活动营造一个良好社会环境。

一是加强救灾捐赠监管。救灾捐赠活动看似事小，实际事大。各级政府部门对救灾捐赠工作不能疏忽大意，要加强完善其监督管理体制，跟踪和记录捐助的过程和结果，形成必要的民声投诉渠道，及时倾听群众关于募捐的建议和投诉。发现相关问题，应及时说明并加以纠正。另外，对救灾捐赠款物的使用，可以考虑成立专门的基金会进行管理，以确保其合理使用并提高其使用效益。

二是构建企事业捐赠的社会责任。通过汶川救灾捐赠活动可以看出，企事业单位是我国救灾捐款的主要力量。政府部门应不断提升相关企事业单位的社会责任，让有实力的企事业单位勇于承担更多的社会责任（如及时派出救灾人员、捐献款物等）。

三是积极倡导募捐社会道德新风尚。政府部门应用正确的社会舆论化解慈善募捐和救灾募捐活动中可能出现的矛盾和问题，让社会公众的爱心捐助得到良性发展。

四是大力宣传救灾捐赠法规。在汶川救灾捐款活动中，一些媒体、网站直接回答捐赠者提出的各种问题，这一方法值得推广。

例如，有网友问：哪些单位有权接受捐赠？该网站直接回答：《中华人民共和国公益事业捐赠法》第十条规定：公益性社会团体和公益性非营利的事业单位可以依照本法接受捐赠。本法所称公益性社会团体是指依法成立的，以发展公益事业为宗旨的基金会、慈善组织等社会团体。本法所称公益性非营利的事业单位是指依法成立的，从事公益事业的不以营利为目的的教育机构、科学研究机构、医疗卫生机构、社会公共文化机构、社会公共体育机构和社会福利机构等。第十一条规定：在发生自然灾害时或者境外捐赠人要求县级以上人民政府及其部门作为受赠人时，县级以上人民政府及其部门可以接受捐赠，并依照本法的有关规定对捐赠财产进行管理。又如，有网友问：捐赠人有哪些权利？该网站回答：《中华人民共和国公益事业捐赠法》第八条规定：国家鼓励公益事业的发展，对公益性社会团体和公益性非营利的事业单位给予扶持和优待。国家鼓励自然人、法人或者其他组织对公益事业进行捐赠。第九条规定：自然人、法人或者其他组织可以选择符合其捐赠意愿的公益性社会团体和公益性非营利的事业单位进行捐赠。第十二条规定：捐赠人可以与受赠人就捐赠财产的种类、质量、数量和用途等内容订立捐赠协议。捐赠人有权决定捐赠的数量、用途和方式。第十六条规定：受赠人接受捐赠后，应当向捐赠人出具合法、有效的收据，将受赠财产登记造册，妥善保管。第十八条规定：受赠人与捐赠人订立了捐赠协议的，应当按照协议约定的用途使用捐赠财产，不得擅自改变捐赠财产的用途。如果确需改变用途的，应当征得捐赠人的同意。第十九条规定：受赠人应当依照国家有关规定，建立健全财务会计制度和受赠财产的使用制度，加强对受赠财产的管理。第二十一条规定：捐赠人有权向受赠人查询捐赠财产的使用、管理情况，并提出意见和建议。对于捐赠人的查询，受赠人应当如实答复。第二十二条规定：受赠人应当公开接受捐赠的情况和受赠财产的使用、管理情况，接受社会监督。再如，有网友问：企业或个人为灾区捐款依法享有哪些所得税方面的优惠？该网站回答：《中华人民共和国公益事业捐赠法》第二十四条规定：公司和其他企业依照本法的规定捐赠财产用于公益事业，依照法律、行政法规的规定享受企业所得税方面的优惠。另外，一些媒体、网站还一再提醒救灾捐赠者：捐赠款项必须通过中国境内的社会团体、事业机构（如红十字会、慈善机构、民政局等）进行，且必须依法取得专用的捐赠票据，才能获得所得税方面的优惠。

　　总之，营造一个良好的社会环境氛围是进一步完善我国救灾捐助体系的重要前提。相信经过政府部门和全社会的共同努力，一个立法明确、管理规范、使用便捷的救灾募捐制度一定会形成。

转型之五：完善救灾捐款监管机制。

1.充分发挥人大的立法及监督职能

中央及地方各级人大可以通过听取审计报告、专题调研、代表视察等方式对救灾款物进行跟踪监管和效益评估，促使各级政府进一步改进工作。对救灾过程中出现的各种渎职、违法问题，可以动用质询、特别问题调查等手段，罢免相关工作人员。灾区各级人大可以通过立法、执法等方式，审批灾区当地政府制定的各种重建规划，检查相关法规贯彻落实情况。

2.充分发挥纪委检察的监督功能

我国是一个法治国家，各级纪委、监察、财政、审计等部门对救灾款物的管理和使用，应从严、从紧加大其监管力度，切实履行相关法律赋予的各种权力。

3.充分发挥政协、民主党派的监督职能

我国政协组织成员多来自社会各界，具有监督政府行政的职责，在监督抗震救灾款物的管理使用中更具有特殊意义。例如参与救灾款物专项检查组、单独派出社会监督员等，均能发挥和体现政协、民主党派的救灾监督作用。

4.充分发挥新闻媒体的监督作用

众所周知，新闻媒体是政府和社会公众间进行沟通的重要桥梁，在救灾捐赠活动中具有多种监督作用。除大力宣传救灾募捐活动，提高群众募捐意识外，还能对群众反映强烈的事件进行客观调查，引导其道德风尚，帮助各级政府改进相关工作。比如说，怎样去理清捐助人或被捐助人的关系，让捐助人更好地表达爱心，让捐助人在日后能知恩图报，将爱心传承；倾听百姓的声音，完善捐助制度和捐助程序，客观地为决策部门提供依据；怎样引导社会舆论，让企业捐助人不再遗憾，让人们将精力关注到弱势群体和需要帮助的人身上；等等。募捐展示的是人的爱心和奉献精神，表达的是人的价值和尊严，所以千万不能用钱的数量来衡量爱心，也不能打听别人捐了多少，更不能强制人捐多少。善款的合理利用和对社会公开透明，将会激发社会的进一步的善念，将会对社会募捐形成良性的循环。相反，我们没有利用好这些善款，那么对捐助者的爱心的打击将是致命的。因此，新闻媒体的宣传作用是强大的，如果利用不善可能会影响和谐的募捐活动。①

通过采取上述监督措施，使各级政府部门和相关人员都明白救灾款物（包括救灾捐赠款物在内）是高压线。近年来关于捐赠活动中出现的诸多问题，捐献者和各种媒体经常发生争论。人们普遍关心的问题是我的捐款是否用在受灾群众或指定的受灾者身上，是否用到了最需要的地方。

对于救灾款物的合理分配和使用问题，一方面要提高各级管理干部和工作人员的思想道德水平和业务素质，尽可能发挥救灾捐赠款物的实际效果；另一方面要充分发挥纪委、监察、审计等职能部门的作用。另外，对救灾捐赠款物的分配和使用，要加强跟踪式的监管，定期向社会公布捐赠款物的分配和使用的具体情况，这是整个应急捐赠管理中急需要做好的一件工作，以解答社会公众的高度关注。

此外，要建立公开发放和群众举报制度。救灾款物（含救灾捐赠款物在内）是受灾群众的救命钱，灾区各级政府应及时、公开地发放到受灾民众手中，防止相关部门截留、侵占、侵吞、浪费、贪污，坚决打击弄虚作假、假公济私、营私舞弊等各种违法犯罪行为。因此，救灾款物的管理使用问题不仅关系到每个灾民的切身利益，而且关系到党和政府的形象。各级政府部门应高度重视对救灾款物的监管工作，并通过多年的实践探索，逐步形成一套较为严密的监管机制。

转型之六：完善国际救援合作机制。

如前所述，在汶川抗震救灾期间，我国政府主动接受了来自国际社会170多个国家或地区、20多个国际组织和众多企业公司及个人的大批救灾资金物资援助，以及救援队、医疗队和志愿者的支援。此次汶川地震国际救灾援助的主要特点是：援助国家和地区多；援助款物数额大和救援速度快。②

---

① 参见姚攀峰等编著：《地震应对百问》，机械工业出版社2009年版，第147—148页。
② 参见邓绍辉：《汶川地震与国际援助》，《今日中国论坛》2013年第17期。

它体现了国际社会高尚的人道主义精神，同时也表明了中国政府实施国际交流合作的新姿态。

回顾汶川地震前后国际救灾援助的曲折经历，展望未来防灾减灾的漫长征途，我国救灾捐赠制度在国际救灾合作领域，应采取以下措施。

——进一步完善接受国际救援的相关法律机制。汶川特大地震以前，我国只有部分法规涉及国际救援的内容。如 1998 年全国人大常委会颁布的《中华人民共和国防震减灾法》，其中规定："国务院地震工作主管部门会同有关部门和单位，组织协调外国救援队或医疗队在中华人民共和国开展地震灾害紧急救援活动，国务院救灾指挥机构负责外国救援队和医疗队的统筹调度，并根据其专业特长，科学、合理地安排紧急救援任务。"又如 2004 年国务院颁布的《国家自然灾害救助应急预案》规定，有关部门"经国务院批准，向国际社会发出紧急救灾援助呼吁"。

以上条款只是宏观层面的指导性原则和规定，并没有具体规定关于接受国际救灾援助可操作的工作细则。例如，汶川特大地震以前，我国相关法律法规没有明确规定外国司机驾驶外国牌照的车辆是否可以在中国道路上行驶；没有明确规定外国运送救援物资的军机是否能飞越中国领空。但在汶川抗震救灾过程中考虑到救援的特殊情况，我国有关部门只能变通允许这些做法存在，但缺乏相关法律法规依据。

经过汶川抗震救灾的巨大冲击和特殊考验，我国立法机关和行政机关应根据汶川地震救灾出现的新情况、新问题，进一步修改完善《国家自然灾害救助应急预案》，并在此预案下制定《灾害应急管理接受国际救援指导原则》，作为我国自然灾害应急管理工作接受国际救灾援助的法律依据和操作规范。其中应包含以下内容：一是接受国际救灾援助的目的和范围；二是相关的术语和概念界定；三是受灾国和救援国的相关责任和义务；四是制定国际救援人员和志愿者保险制度和设定绿色通道；五是国际救灾援助的附加责任和各国际组织、非政府组织的地位；六是接受国际救灾援助的特权和豁免权；等等。

　　——进一步完善国际救灾响应机制。此次汶川特大地震发生后，我国政府首次大规模地接受外国救援队和医疗队参与我国灾区一线救灾行动，一方面发现国际救援队的救灾装备和诸多作业流程都值得我国相关部门单位学习，另一方面也暴露出我国应急管理国际救援工作还存在不足。例如在启动国际救援响应机制接待外国救援队赶赴灾区的时间反应较慢，4支外国救灾队和2支中国香港、台湾地区救援队到灾区参与救人时间都越过"72小时救人黄金时间"，在一定程度上影响了其救援行动的实际效力。又如在允许外国记者到灾区进行实地采访方面，我国外交部发言人也是灾后两天在外国记者多次追问下，才做出正面回答：欢迎各国记者到灾区一线采访。由此可见，我国政府对重大灾害事故中是否接受国际救援组织或国际救援行动等事宜，缺乏事先规划或经验不足，有待于进一步完善国际救灾响应机制及相关措施。

　　——进一步完善国际救援队伍和志愿者的管理机制。如中方派出相关接待人员，安排国际救援队伍和志愿者到达地区；开设国际救援绿色通道，提高其救灾工作效率；实行国际救援人员实名制和"志愿者保险"制度；另外，建议国家根据具体情况对国际救灾人员颁布中国"国际人道主义救援勋章"；等等。

　　——健全接受国际救援队伍参与救灾的应急保障机制。例如，外国救援队、医疗队和志愿者来华后，中方应为其参与救灾活动提供必要的信息、技术和物资生活等保障。

　　——构建双边和多边重大灾害国际应急救援合作机制。在正常的国际交往中，我国政府及相关部门应利用在进行双边和多边经济、文化、科技交流合作的同时，进一步加强政府间救灾合作。如我国与东南亚湄公河防洪抗旱合作，与俄罗斯、蒙古国进行的森林防火合作；我国与隔海相望国家和地区，朝鲜、韩国、日本、菲律宾、越南等进行防台风、海事救援等合作。在与国际组织救灾合作方面，我国政府及相关部门应本着开放合作的态度，进一步加强与联合国计划开发署、国际减灾战略、人道主义援助事务协调办公室、亚太经社理事会、世界粮食计划署、粮农组织等国际组织机构的紧密型合作伙伴关系。在与国际非政府组织救灾交往中，我国政府及相关部门应鼓励我国相关社会组织与发展中国家相关非政府组织建立长期联系。特别要注意加大力度培育我国非政府组织——中国红十字会和红新月会的职能作用，使其有能力和有实力走向国际救灾舞台。

　　总之，社会各界捐赠是我国救灾款物的重要来源。通过汶川抢险救灾和灾后重建等重大考验，我国各级政府部门要充分运用地震社会学和救灾制度转型的基本理论与管理方法，进一步完善救灾捐款运行机制，努力开创捐款程序规范、捐款方式多样、捐款数额到位和捐款监管严格的新局面。

第七章　汶川地震与灾后重建制度

灾后重建是指政府部门在帮助受灾地区和受灾群众克服各种困难，迅速恢复正常的生产、生活秩序的基础上，采取更加有力的政策措施，力争灾区通过自力更生、重建家园，以实现当地经济振兴与社会发展等重大活动。

灾后重建按其进程，可分为两个阶段。第一阶段是过渡性建设，主要包括受灾群众安置、心理治疗、赈灾措施、资源协调等；第二阶段是恢复性建设，主要包括经济建设、社会建设、制度建设等，促使灾区生产和生活秩序达到或超过灾前水平。

本章将对汶川灾后重建期间我国灾后重建制度出现的新变化、存在困难、转型升级等问题，作一具体分析论述。

第一节　灾后重建制度的变化

纵观汶川抗震救灾全过程，我国灾后重建制度在组织机构、灾后立法、灾后规划、对口支援、灾后重建及重建效果等方面，均发生了一系列变化。

变化之一：迅速组建灾后重建组织机构。

2008 年 5 月 18 日，国务院抗震救灾总指挥部将下设的"基础设施保障组"更名为"基础设施保障和灾后重建组"，除执行原有基础设施保障工作职责外，赋予该组负责"规划编制、指导协调"灾后重建工作。根据工作重心的转移，10月14日，国务院抗震救灾总指挥部第26次会议决定，不再保留抗震救灾总指挥部，成立由发展改革委牵头的"灾后恢复重建工作协调小组"。①

在抢险救灾阶段性工作完成后，灾区各省结合自身实际情况陆续成立了相应的灾后重建组织机构。5月27日，四川省委、省政府决定成立四川省汶川地震灾后重建专家指导小组，负责编制灾后重建总体规划。6月18日，四川省抗震救灾指挥部设立灾后恢复重建对口支援组，主要负责全省灾后恢复重建对口支援工作的统筹协调、工作指导和监督检查等。11月19日，四川省成立由省委书记、省长为主任的"5·12"地震灾后恢复重建委员会，主要职责是贯彻落实党中央、国务院和省委、省政府关于汶川地震灾后恢复重建工作的重大部署；研究制定本省灾后恢复重建的相关政策措施；统一领导、统一组织、统筹协调、督促检查加快灾后恢复重建工作；加强与对口支援省市的沟通衔接，协调解决对口支援工作中的突出问题等。

甘肃省于5月27日成立省灾后恢复重建工作领导小组，下设综合协调、灾情评估、技术指导、规划编制和资金保障5个小组。8月20日，经甘肃省、深圳市政府协商，成立深圳—甘肃对口支援领导小组，协商讨论两地援建重大事项。

5月30日，陕西省抗震救灾指挥部调整内部分工，建立重建规划组。规划组设在省发改委办公室，具体负责组织灾后重建规划的编制专项规划编制的协调。6月19日，陕西省与天津市签署《天津市对口支援陕西省地震灾后恢复重建框架协议》。25日，陕西省委、省政府决定成立津陕对口支援工作领导小组，定期讨论重大事项，协商解决困难。11月24日，陕西省政府将省抗震救灾指挥部更名为省灾后恢复重建工作领导小组，原抗震救灾指挥部成员单位继续担任灾后恢复重建任务。

---

① 参见《汶川特大地震抗震救灾志》卷九《灾后重建志（上）》，方志出版社2015年版，第43页。

同年 6 月 13 日，中央召开各省区市和中央部门主要负责同志会议，决定按照"一省帮一重灾县"的原则，建立对口支援机制。[1]20 个援建省（市）党委、政府从各自实际出发，相继成立了专门的对口支援领导小组及办公室，以加强对援建工作的组织指挥。该小组还设立了前方指挥部靠前指挥，总指挥或指挥长由领导小组成员中副省长、政府副秘书长、发改委副主任兼任。各对口支援省市领导小组及办公室主要职责任务是：贯彻中共中央、国务院关于对口支援灾区灾后恢复重建的方针政策和本省（市）党委、政府的部署安排；拟订本省市对口支援灾后恢复重建具体工作方案；研究提出本省市对口支援受援地区灾后年度重建投资计划，提出重大项目规划和资金安排意见；组织协调本地各部门、下属行政区、企业及社会各界对口支援受援地区恢复重建工作；组织协调师资、医务人员、人才培训、专家咨询、科技服务、劳务输入输出等方面的工作；负责本省市对口支援受援地区的宣传和重要信息发布工作；负责与国务院各部门的工作联系，接受工作指导，与受援地区各级政府有关部门加强沟通与协调；承担本省（市）党委、政府和对口支援领导小组交办的其他事项。

此外，6 月 26 日、7 月 28 日，香港、澳门特别行政区也分别设立了支援四川地震灾区的援建机构。

中央和地方各省对口支援机构的相继设立，为加强支援汶川灾后重建工作提供了坚强有力的组织保障。

变化之二：首次将灾后重建工作纳入法治化轨道。

灾后重建，法制先行。2008 年 6 月 8 日，国务院总理温家宝签署第 526 号国务院令，公布了《汶川地震灾后恢复重建条例（草案）》。[2]《条例》明确了以人为本、科学规划、统筹兼顾、分步实施、自力更生、国家支持、社

---

[1] 参见《汶川特大地震抗震救灾志》卷九《灾后重建志（上）》，方志出版社 2015 年版，第 51—53 页。

[2] 参见孙成民主编：《四川地震全记录》下卷，四川人民出版社 2010 年版，第 541—553 页。

会帮扶的方针和相关原则，且对过渡性安置的方式、地点选址、配套设施建设；地震灾害调查评估、工程质量鉴定；重建规划的编制主体、程序；资金筹集与政策扶持；重建的责任主体、工程质量监管等内容作了相关规定和明确要求，同时也明确了"违规者"的法律责任。这是我国首个针对一个地方地震灾后恢复重建工作而专门制定的行政法规，标志着我国灾后恢复重建工作开始步入法治化轨道。

从《条例》颁布的过程和内容来看，具有以下几个现实意义。

首先，重建立法及时。

汶川地震以前，我国针对某一灾害的发生及灾后重建，如水灾、地震等，也颁布和实施过一些政策措施，但没有从立法方面采取措施。汶川特大地震发生后，2008年6月8日，国务院第11次常务会议就通过了重建条例，即灾难发生27天后便有相关立法出台，立法速度之快在我国灾害立法史上堪称首次。此条例属国务院颁布的行政法规，在我国的法律体系中，其效力位阶仅次于宪法和法律。这一行政法规不仅为川、甘、陕三省灾区重建工作提供了重要的法治基础，而且为我国灾后恢复重建工作突破制度性障碍提供了有力的法律依据。

其次，重建内容全面。

《条例》分为九章八十条，主要内容涵盖了灾后重建的基本原则、过渡性安置、调查评估、恢复重建的规划及实施、资金筹集与政策扶持、监督管理和法律责任等，具有较强的可操作性。

第三，突出民意，关注民生。

《条例》中规定，过渡性安置地点应当配套建设水、电、道路等基础设施，并按比例配备学校、医疗点、集中供水点、公共卫生间、垃圾收集点、日常用品供应点、少数民族特需品供应点以及必要的文化宣传设施等配套公共服务设施，确保受灾群众的基本生活需要。《条例》更为重要的是将"心理援助"纳入灾后重建的法治化轨道，这恰恰是历次天灾后最容易被忽视的领域。

对于地震灾害现场清理保护问题，《条例》规定，应当在确定无人类生命迹象和无重大疫情的情况下，按照统一组织、科学规划、统筹兼顾、注重保护的原则实施。发现地震灾害现场有人类生命迹象的，应当立即实施救援。设施安全方面，过渡性安置地点的规模应当适度，并安装必要的防雷设施和预留必要的消防应急通道，配备相应的消防设施，防范火灾和雷击灾害发生。社会治安方面，过渡性安置地点所在地的公安机关，应当加强治安管理，及时惩处违法行为，维护正常的社会秩序。受灾群众应当在过渡性安置地点所在地的县、乡（镇）人民政府组织下，建立治安、消防联队，开展治安、消防巡查等自防自救工作。

第四，注重可持续发展。

众所周知，汶川灾后重建工作是一个系统工程，既涉及当时灾情的评估和公共建筑质量的鉴定，又涉及规划、财政、金融、土地、产业等方面，需要多部门全方位投入力量。例如《条例》明确规定：实施过渡性安置应当占用废弃地、空旷地，尽量不占用或者少占用农田，并避免对自然保护区、饮用水水源保护区以及生态脆弱区域造成破坏。

又如有些方面甚至还涉及灾区相关制度的改进。比如户籍、孤儿收养、孤寡老人抚养制度、慈善捐助的机制创新、减灾救灾手段和装备技术的现代化等等。因此，汶川灾后重建工作的难度，复杂性都远远超越了单个部门、单个领域、单个区域的具体工作，既需要进行全局性考虑，更需要法治化的刚性约束和权威引领。

变化之三：制定了灾后重建总体规划。

汶川地震是新中国成立以来破坏性最严重的一次自然灾害。据政府部门和相关专家估算，汶川灾后恢复重建时间需要 5 年时间。无论是灾民家园的恢复，还是灾区生产、生活秩序的重建，尤其是震后生态环境的修复和恢复，都可能需要更长一些时间。

2008 年 5 月 17 日，胡锦涛总书记在视察四川灾区时提出，各级政府应在搞好规划的基础上，尽快帮助灾区群众重建家园。5 月 23 日，国务院决定成立规划编制机构，要求在 3 个月内完成总体规划编制，着手编制专项规划。

6月13日，胡锦涛总书记提出要"精心规划、精心组织、精心实施"，对规划编制提出明确要求。温家宝总理多次主持会议听取总体规划编制工作汇报。9月19日，国务院正式出台的《汶川地震灾后恢复重建总体规划》①，明确了灾后重建的指导思想、基本原则和重建目标等内容，并将完成重建目标的时间定为"3年左右"。这标志着汶川抗震救灾进入一个新的发展阶段。

《总体规划》确立的指导思想是："深入贯彻落实科学发展观，坚持以人为本、尊重自然、统筹兼顾、科学重建。优先恢复灾区群众的基本生活条件和公共服务设施，尽快恢复生产条件，合理调整城镇乡村、基础设施和生产力的布局，逐步恢复生态环境。坚持自力更生、艰苦奋斗，以灾区各级政府为主导、广大干部群众为主体，在国家、各地区和社会各界的大力支持下，精心组织、精心规划、精心实施，又好又快地重建家园"。

《总体规划》确定的主要重建目标是：实现"六有"目标："家家有住房，户户有就业，人人有保障，设施有提高，经济有发展，生态有改善"，灾后恢复重建规划区"基本生活条件和经济社会发展水平达到或超过灾前水平"。

在制定《总体规划》的同时，汶川灾后重建委员会还制定了10个《专项规划》。② 其中《城乡住房建设专项规划》由住房与城乡建设部、民政部会同四川、甘肃、陕西三省政府共同编制，主要内容包括住房灾损、总体要求、主要任务、建设要求和标准、资金需求和筹措、政策措施、规划实施等。《农村建设专项规划》，由住房与城乡建设部、农业部、交通部、国务院扶贫办会同川、甘、陕三省共同编制。

此外，《总体规划》还对受灾地区地方政府的事权，作了明确划分：

灾区省：对于"交通、通信、能源、水利等基础设施，重点工业和军工

---

① 参见《汶川特大地震抗震救灾志》卷九《灾后重建志（上）》，方志出版社 2015 年版，第 59 页。

② 即《城乡住房建设专项规划》、《城镇体系专项规划》、《农村建设专项规划》、《公共服务设施建设专项规划》、《基础设施专项规划》、《生产力布局和产业调整专项规划》、《市场服务体系专项规划》、《防灾减灾专项规划》、《生态修复专项规划》、《土地利用专项规划》。

项目，以及其他跨行政区的重建任务，主要由省级人民政府或国务院有关部门组织实施"。

灾区县：对于"分解落实到县级行政区的重建任务，由县级人民政府根据本地实际统筹组织实施。主要是农村住房、城镇住房、城镇建设、农业生产和农村基础设施、公共服务、社会管理、县域工业、商贸以及其他可以分解落实到县的防灾减灾、生态修复、环境整治和土地整理复垦等"。

与事权划分对应的是划分财权。若以民政部减灾中心与北京师范大学联合完成的灾区综合灾害损失评估报告所列损失细目对应，县级人民政府事权所需面对的损失：城乡住宅损失占总损失的30.6%，城镇非住宅损失占12.2%，农业损失占3.6%，服务业损失占6.8%，社会事业损失占6.3%，居民财产损失占3.8%，土地资源损失占2.7%。如此相加的结果是，地震所造成的66%的损失，将由县级人民政府重建完成。那么相应地，其财权亦应匹配这66%损失的重建任务。

《总体规划》将灾后重建事权与财权直接划归至灾区各级政府，重建之比重自然会由这种制度安排而提升。以重灾区什邡市为例证，其重建总投资即达600亿元，占全部恢复重建1万亿元总需求的6%，这对一个县级市政府行政能力是一个重大考验。

变化之四：启动灾后重建对口支援机制。

对口支援①是在中国政治生态环境中萌芽、发展和不断完善的一项具有中国特色的政策模式，指经济发达或实力较强的一方对经济不发达或实力较弱的一方实施对口援助的一种政策性行为。主要类型有：救灾援助、医疗援助、教育援助和贫困援助等。

汶川特大地震发生后不久，我国迅速组织20省市支援受灾地区，开展了大规模的对口支援工作。5月25日，中共中央政治局常委会作出"建立

---

① 对口支援模式在20世纪50年代开始萌芽，60年代初正式提出和实施。1979年，中央"52号文件"将对口支援以国家政策的形式正式确定下来。随着对口支援在实践中的不断发展和广泛应用，它的内涵和形式也不断深化。

对口支援机制，举全国之力，加快恢复重建"的重大决策，并责成国务院抗震救灾总指挥部负责实施。6月5日，胡锦涛总书记明确要求支援省市和受援省份要加强领导，精心组织，加强协调配合，严格遵循灾后重建规划布局，选址要求和建设标准，制定科学合理的建设计划，依据规划抓紧实施。18日，国务院正式颁布《汶川地震灾后恢复重建对口支援方案》，明确要求20个省市以不低于1%的财力对口支援重灾县市3年。随后，一场动员范围最广、投入力量最大、建设速度最快的灾后重建工作在川、甘、陕三省灾区约50万平方公里的土地上拉开了帷幕。

在汶川灾后重建过程中，国务院建立并推广对口支援机制，确定了20个省市以实际行动（即本省1%财力等）支援川、甘、陕三省受灾地区的抗震救灾工作。具体实施方案请参见下表：

对口援建汶川特大地震极重灾县（市）情况一览表[①]

援建省 （市）	受援县 （市）	援建项目 （个）	援建资金总量（亿元）	主要项目
山东省	北川羌族 自治县	369	122.00	北川新县城整体新建和乡镇恢复重建
浙江省	青川县	702	82.00	广元青川产业园建设、剑青公路、青川博物馆
江苏省	绵竹市	547	110.00	汉旺新镇、绵竹市人民医院、绵竹中学、年画产业基地、绵竹市文体中心
北京市	什邡市	108	70.00	北京产业园基础设施、广青公路工程、什邡市北京小学重建
上海市	都江堰市	117	82.56	就业创业基地、蒲虹公路、社会综合福利院、西区自来水厂

---

① 根据《汶川特大地震抗震救灾志》卷九《灾后重建志（下）》，第933—934、1025—1026页相关数据而制表。

援建省（市）	受援县（市）	援建项目（个）	援建资金总量（亿元）	主要项目
河北省	平武县	108	28.00	金家湾河堤、南坝镇滨江路、南坝中学、平武县人民医院
辽宁省	安县	102	40.27	花荄镇初级中学、桑枣初级中学、沙汀实验中学
福建省	彭州市	146	33.77	成都石室白马中学、九尺中学、彭州市妇幼保健院
山西省	茂县	226	21.62	晋茂路大道、晋茂新园、茂县中学、羌族博物馆
广东省	汶川县	702	82.00	汶川县自来水厂、汶川中学、汶川县人民医院、映秀地震纪念馆
河南省	江油市	302	30.02	江油—河南工业园基础设施、江油市人民医院、李白故居修复
湖南省	理县	99	20.39	理县中学、理县人民医院、理县农村公路、理县商贸中心
吉林省	黑水县	201	12.05	渔客旅游公路、垭口山隧道、通村公路、黑水县医院、黑水县中学高中部
安徽省	松潘县	320	21.30	川主寺过境公路、牟泥沟隧道、松潘县政务中心、松潘县民族文化展览馆
江西省	小金县	128	13.00	小金县城关二小、小金县广播电视中心、小金县人民医院、小金县文体活动中心
湖北省	汉源县	116	23.00	龙潭沟大桥、新县城环湖公园、体育馆、汉源县人民医院、汉源二中

续表

援建省 （市）	受援县 （市）	援建项目 （个）	援建资金总 量（亿元）	主要项目
重庆市	崇州市	112	17.00	崇州市人民医院和妇幼保健院、重庆路及延伸段建设
黑龙江省	剑阁县	146	15.50	剑门大厦、龙江大道、剑门工业园、剑门关景区关楼
深圳市	甘肃省文县、康县、武都区、舟曲	165	30.00	陇南人民医院、舟曲县第一中学、康县人民医院、陇南一中
天津市	陕西省宁强县、略阳县	295	21.56	宁强县天津高级中学、宁强县人民医院、略阳县天津高级中学

从上表统计数据可以看出，20 个对口支援省（市）三年共计划投资亿元，共计援建项目万个。其中支援资金最多的是山东省 122 亿元、江苏省 110 亿元、广东省和浙江省均为 86 亿元，后三名分别是黑龙江省 15.5 亿元、江西省 13 亿元、吉林省 12.05 亿元。截至 2001 年 9 月底，20 个对口支援省（市）共实施对口支援项目 4121 个，安排对口支援资金 876.04 亿元，其中支援四川省 824.48 亿元、甘肃省 30 亿元、陕西省 21.56 亿元。①

与此同时，川、甘、陕三省也参照对口支援省市的模式组织省内各地州对口支援本省受灾地区恢复重建工作。6 月 17 日下午，四川省委、省政府召开汶川大地震灾后恢复重建省内支援工作会议，决定按照无灾区和轻灾区帮重灾县（区）、一个市（州）帮一个重灾乡（镇）的原则，建立本省对

---

① 参见《汶川特大地震抗震救灾志》卷九《灾后重建志（下）》，第 933—934、1025—1026 页。

口支援机制，组织市(州)对口支援重灾乡(镇)，加快灾后恢复重建工作。[①]

全省21个市（州）中除了6个重灾市（州）和巴中市、甘孜州外，其余13个市（州）分别对口支援13个重灾县（区）的一个重灾乡镇。成都市在本市范围内开展对口支援工作。

具体对口支援安排是，宜宾对口支援广元市朝天区；达州支援绵阳市游仙区；南充支援绵阳市梓潼县；乐山支援德阳市中江县；凉山支援德阳市罗江县；泸州支援广元市元坝区；自贡支援广元市苍溪县；内江市支援绵阳市盐亭县；资阳市支援绵阳市三台县；攀枝花支援广元市旺苍县；眉山支援阿坝州九寨沟县；广安支援雅安宝兴县和阿坝州支援金川县。

另据四川省政府秘书长介绍，四川省内对口支援的主要任务包括对口支援住房安置、对口支医、对口支教、对口支援恢复生产和灾后重建物资。另外，对口支援期限按3年安排。从历史路径回到现实地震重建，其制度性调整，已是重建过程的基本事实。

汶川抗震救灾对口支援灾后重建机制的实施具有重要的现实意义：

一是充分凸显了中国特色。在汶川灾后恢复重建中，中央确定"一省（市）帮一重灾县（市）"的对口援建模式，即把对口支援20个省（市）与川、甘、陕三省灾后重建紧密联系在一起，体现了两大中国特色：一是体现了"一方有难，八方支援"的中华民族传统美德；二是体现了"集中力量办大事"的社会主义政治制度优势。

二是加快了灾区各地恢复重建工作。通过对口支援机制，支援和受援两方签订了长期合作协议，一方面有利于加快灾区各地恢复重建工作的步伐；另一方面也有利于拓宽合作领域，提升合作层次，推进由援建到合作、重建到发展的转变，促进全国经济与社会的协调发展。

三是铸造了一支特别能吃苦、特别能战斗的援建队伍。对口支援期间，20个援建省（市）相继动员35万大军离开相对舒适的城市，不怕山高、谷

---

① 参见《四川省组织省内各地对口支援受灾地区恢复重建》，新华网，2008年6月17日。

深、坡陡、路险，冒着余震不断、山体滑坡、道路塌方、泥石流频发等危险，不怕气候潮湿、蚊虫叮咬、疾病传播，冒严寒、顶酷暑，无私无畏地奋战在建设第一线，铸造了一支特别能吃苦、特别能战斗的援建队伍，灾区民众和全国各族人民是永远不会忘记的。

变化之五：灾后重建突出民生优先原则。

2008 年 6 月 30 日，国务院颁布的《关于支持汶川地震灾后重建政策措施的意见》，重点突出了民生优先原则：（1）国家支持受灾地区企业通过股票市场融资。（2）国家优先保证受灾地区零就业家庭至少一人就业。（3）粮食直补适当向受灾地区倾斜。（4）地震重灾区损失严重的企业今年免征企业所得税。（5）地震重灾区三年内减免部分行政事业性收费。（6）对受灾严重地区内的用电企业、单位和个人，免收三峡工程建设基金、大中型水库移民后期扶持基金；对企业和有关经营者免收属于中央收入的文化事业建设费、国家电影事业发展专项资金、水路客货运附加费。四川、甘肃、陕西省根据本地实际情况，对受灾严重地区酌情减免属于地方收入的政府性基金。（7）地震灾区城乡居民住房建设等将获中央财政支持。（8）对教育、卫生、基层政权等公共服务设施，恢复重建资金原则上由中央和受灾地区财政按比例负担。此外，中央政府对震后灾害治理、环保监测设施也给予项目投资补助。①

这里仅举几例分析说明中央关于灾后重建政策是如何突出民生优先原则的。

关于城乡住房恢复重建情况。四川省城镇住房加固 134.86 万套，需新建 25.91 万套；截至 2009 年 8 月底，已维修加固住房 112.7 万套，占加固总数的 83.57%，新建住房已开工建设 21.51 万套，占新建总数的 83.02%。甘肃省城镇住房加固 4.5 万套，需新建 3.69 万套；截至 2009 年 8 月底，已维修加固 1.7 万套，新建住房已开工建设 1.02 万套。陕西省城镇住房需加固

---

① 参见高建国：《应对巨灾的举国体制》，气象出版社 2010 年版，第 93—94 页。

2.65 万套，需新建 1.09 万套；截至 2009 年 8 月底，已维修加固 2.22 万套。①

关于帮助解决困难农户农房重建情况。截至 2010 年 5 月底，四川省145.9 万户损毁的农房重建任务全部完成（其中都江堰 7.7 万户农房重建，采取多元化投资机制，即群众拿一点、政府补一点、银行贷一点、上海援建支援一点、社会投资一点，于 2009 年年底全部解决。德阳、绵阳、广元、雅安、阿坝也结合各自实际情况，于 2009 年年底，解决了当地困难农户农房重建问题）；甘肃省徽县有 7506 户农户房屋受损，每户补贴 2 万元，共投资13268 万元，截至 2010 年 3 月，该县重建户农房全部完工。另外，两当县3100 户农房也于 2009 年年底全部建成；陕西省有 10 个市、92 个县（市、区）在地震中不同程度受灾，全省因地震倒塌和严重损坏房屋需重建的共 121416户。截至 2009 年 9 月底，地震灾区农村农民住房重建任务全部完成。②

关于学校、医院恢复重建情况。截至 2009 年 9 月底，川、甘、陕三省共完成公共服务设施建设项目 18521 个，完成投资 1083 亿元，占规划总投资额 98.6%，其中教育项目 3941 个，完成投资 493 亿元、医疗项目 2979 个，完成投资 161.21 亿元。③

关于因灾失地农民异地帮扶情况。截至 2009 年 5 月初，四川省政府与灾区当地政府调剂宅基地 1.2 万亩、2.3 万亩耕地，多数失地农民在原地安置解决。其余按农民自愿申请、政府帮扶、统筹安排的原则，实施跨市（州）异地帮扶安置。④

关于促进灾区城乡群众就业情况。截至 2009 年 9 月底，川、甘、陕三

① 参见《汶川特大地震抗震救灾志》卷九《灾后重建志（上）》，方志出版社 2015 年版，第 274 页。

② 参见《汶川特大地震抗震救灾志》卷九《灾后重建志（上）》，方志出版社 2015 年版，第 274 页。

③ 参见《汶川特大地震抗震救灾志》卷九《灾后重建志（上）》，方志出版社 2015 年版，第 274 页。

④ 参见孙成民主编：《四川地震全记录》下卷，四川人民出版社 2010 年版，第 556—557 页。

省共完成就业和社会保障项目 4646 个。其中在县（区）综合性公共服务场所，四川省建成 31 个，在建 11 个，累计完成投资 8.71 亿元，灾区 37.2 万因灾失业人员实现重新就业，176 万余名受灾群众的社会保险待遇按时足额发放；甘肃省新建规划 9 处县级人力资源和社会保障综合服务中心全部开工；陕西省新建规划 4 处就业和社会保障综合服务中心，完工 3 处，略阳县人力资源与社会保障大楼主体完工，正在开展装修工程。^① 此外，三省还完成或即将完成基层劳动保障工作平台、就业社会保障公共服务信息系统、技工学校等建设项目，为灾区城乡群众就业提供了方便条件。

总之，在落实民生优先，重建家园的过程中，各级政府将灾区住房、学校、医院等民生工程置于恢复重建的优先位置，有力地促进了灾区群众"住有所居、学有所教、病有所医、老有所养、业有所就、文有所传、精神康复"等战略目标的实现。

变化之六：基础设施重建成效显著。

基础设施重建是汶川灾后恢复重建任务的重要内容。在多方面的共同努力下，经过三年的日夜苦战，川、甘、陕三省灾区城镇、农村的基础设施和交通、水利、能源、通信基础设施以及防灾减灾设施实现质量和功能的大幅提升，为当地今后经济与社会的长期发展奠定了物质基础。

城镇基础设施升级。截至 2011 年 9 月底，川、甘、陕三省重灾区城镇体系建设项目完成 1102 个，修复新建市政道路 558 公里和一批桥梁，新建水厂 53 座，有效地保障了城市供水、饮水安全，较好地满足了生产生活用水需求。同时，在重建中各地还加强了供水、污水处理和能源供应等公用设施建设。城镇供水、供气、排水等基础设施向周边农村延伸，一些乡镇公用设施实现了跨越式发展。^②

---

① 参见《汶川特大地震抗震救灾志》卷九《灾后重建志（上）》，方志出版社 2015 年版，第 276 页。

② 参见《汶川特大地震抗震救灾志》卷九《灾后重建志（上）》，方志出版社 2015 年版，第 17 页。

农村基础设施提升。截至 2011 年 9 月底，川、甘、陕三省重灾区修长农村公路 4.85 万公里。其中新建小金县 51.66 公里，平均海拔 3500 米，彻底改变窝底、潘安、汗牛 3 个乡不通公路的历史。修建农村供水设施 11.15 万处，解决了 725.29 万人的饮水安全问题。恢复重建农村电网 9517 公里，水电站 213 座、修建沼气池 43 万口中，新建农村实施通路、通电、通自来水、通广播电视、通电话和通沼气等。[①]

交通设施基础发展。经过三年努力，川、甘、陕三省灾区长达 5000 多公里的公路网基本建成，恢复和建设干线 7132 公里。都汶公路是成都通往阿坝唯一的"生命通道"，在恢复重建中除修复国道 213 线外，还修复都江堰至映秀高速公路、新建映秀至汶川高速公路，成都至汶川由 3 小时缩短至 1.5 小时，进而形成都江堰至汶川县城的两条生命线。修复既有铁路 4376 公里，新修城际铁路——成都至都江堰铁路 76.18 公里。新修西南地区规模最大、功能设施先进、现代化程度最高的成都火车东站，站房建筑面积 10.8 万平方米，车站规模为 14 个站台 26 线，设计日均旅客发送量 20 万人次。同时，成绵乐铁路、兰渝铁路、成兰铁路、西成铁路也渐次开工兴建。在此期间，国家还投资 133.56 亿元扩建成都双流机场二跑道和新航站楼，建成后年飞机起降量 30.5 万架次，旅客吞吐量可达 3800 万人次；同时国家又投资扩建九寨黄龙机场三期，届时实现双向起降，通行能力从每小时 8 架次提升为 18 架次，2011 年吞吐旅客 175 万人次，设施水平实现大幅度提升。[②]

水利基础设施全面恢复。在灾后重建期间，川、甘、陕三省灾区共计恢复重建水利设施项目 2934 个。紫坪铺水库震后进行坝顶和防浪墙修复加高、拆除下游坝坡松动变形部位石块，改建石块护坡；三台县鲁班水库关系

---

① 参见《汶川特大地震抗震救灾志》卷九《灾后重建志（上）》，方志出版社 2015 年版，第 18 页。

② 参见《汶川特大地震抗震救灾志》卷九《灾后重建志（上）》，方志出版社 2015 年版，第 18 页。

射洪、大英、三台、中江四县 100 多万人生产生活用水，恢复重建中清除了大坝上 2700 多立方污泥，并堵塞了漏洞。许多县城还提高了城区防洪标准，将城内排涝与防止水冲有机结合起来。青川县竹园镇防洪堤工程 9690 米不仅增加了建设用地，而且成为当地的风景线，防洪能力由不设防提高到 50 年一遇。海拔 3000 米以上的松潘县川主寺河段，强化混凝土护坡，建设园林景观，配建廊桥，成为岷江上的一道新景观。①

能源基础设施加强。四川卧龙巴蜀龙潭电站、中国华能太平驿电站、巴蜀江油发电厂、国家电网映秀发电总厂、汶川县 220 千伏二台山输变电工程等骨干电源电网的恢复重建，满足了电力送出和阿坝铝厂等企业用电需求。灾区各地恢复重建煤矿 164 个、油气井 1176 口、天然气管线 100 多条、油库 8 座、加油站 922 座。华星天然气有限公司还恢复重建天然气管线 65.8 公里。

通信基础设施全域覆盖。经过三年奋战，川、甘、陕三省灾区通信设施水平实现了跨越式发展。四川国际专用数据通道、四川移动绵阳交换网、四川电信绵阳 C 网、四川移动绵阳新建基站配套传输、甘肃电信陇南整村迁改配套、陕西联通居民集中安置通信网等工程相继得到恢复和重建。移动通信基站数为震前的 3 倍，传输光缆长度为震前的 1.66 倍，所有县城实现 3G 网络覆盖，实现了灾区行政村"村村通电话"，乡镇"乡乡通宽带"。②

生态保护设施配套。截至 2011 年 9 月，川、甘、陕三省灾区共计恢复林草植被 35.16 万公顷，林木种苗基地 4619.6 公顷，修复草地 4.71 万公顷；建成保护敬业备用房 67820.8 平方米；建成防火瞭望塔 175 座，通信基站、中继站、转信台 76 座，林火监测站 18 座，防火道路 1384.67 公里。四川省修复大熊猫圈舍 29803 平方米，完善大熊猫保护网络布局，推进其走廊带建

---

① 参见《汶川特大地震抗震救灾志》卷九《灾后重建志（上）》，方志出版社 2015 年版，第 18 页。

② 参见《汶川特大地震抗震救灾志》卷九《灾后重建志（上）》，方志出版社 2015 年版，第 19 页。

设。灾区水源地保护、废弃物处理、土壤污染治理等环境保护设施重建任务基本完成。

防灾减灾设施改善。四川省通过恢复重建地震观测系统，使区域内地震固定遥测台站达22个，平均台距40—60公里，监测能力达到 M ≧ 1.6 级。绵竹市青龙村和白房子两处滑坡地质灾害隐患点安装了地质灾害监测预警系统。陕西省全面建成地震监测系统和地震信息服务平台，建设地震观测台30个，治理地质灾害隐患83个，略阳县城凤凰山滑坡应急治理工程完工。川、甘、陕三省灾区按《防灾减灾专项规划》建设了129个应急避难场所。其中绵竹市体育馆、汶川县体育馆、都江堰市体育中心等都建设了应急避难设施。唐家山等105处危险级堰塞湖得到有效处置。[1]

变化之七：产业恢复重建迈上新台阶。

产业恢复重建是汶川灾后重建任务的重中之重。在党中央、国务院和全国各族军民的共同努力下，川、甘、陕三省灾区干部和群众经过三年苦战，终于使农业、工业和服务业等产业恢复重建迈上了新台阶。

农业基础夯实。截至2011年9月底，川、甘、陕三省重灾地区修复畜禽圈舍2051.94万平方米。四川恢复农业生产大棚2460万平方米，建成一批优质粮油、特色果蔬、茶药桑叶种植、畜产品养殖基地。占地1.13万公顷的都江堰市现代生态农业集聚区工厂化农业、先进种植业、休闲观光业、配套服务四大板块，拥有种子育苗、优质农产品、农产品加工及物流、农业科技服务、产品交易等功能。占地86平方公里的宝鸡市陈仓区渭北环线东段绿色生态蔬菜基地和4.4公里的观赏林带。占地20公顷的绵竹市高效农业示范园区，把江苏比较成熟先进的生产技术和管理经验落实到当地。此外，三省灾区还恢复重建了一些龙头企业公司和打造了"汶川甜樱桃"、"南江黄羊"、"文县党参"等农产品品牌，促进了当地农业生产的恢复和发展。

---

① 参见《汶川特大地震抗震救灾志》卷九《灾后重建志（上）》，方志出版社2015年版，第19页。

工业跨越提升。在恢复重建中，川、甘、陕三省灾区恢复了 2444 户规模以上受损工业企业，重建了 3601 个工业项目，新建了一批工业园区、国家级省级工业开发区和对口支援产业集中发展区。如甘肃厂坝铅锌矿、德阳磷化工厂实现产业重组。北川中联水泥利用窑头窑尾的废气余热发电。东汽新基地拥有 19 个世界一流的制造中心和科研设施，剑南春集团新增包装生产线 16 条，远超过震前生产能力。

服务业安民富民。四川省优化旅游产业格局，建设三大旅游产业带、四大旅游经济区、六条主题精品线路。保护性开发了都江堰、青城山、卧龙、黄龙等旅游功能，分类恢复重建了 26 处国家级、省级风景名胜区。到 2011 年 9 月底，四川省 62 个文化产业项目全部建成。川、甘、陕三省重灾地区建设证券业网点 36 个，建设保险业网点 281 个。银行业完成重建项目 1930 个，其中四川修缮加固银行网点 1148 个，原址重建银行 234 个，异地新建银行网点 199 个，新建银行业金融机构 29 个，撤并银行网点 17 个、添置自助机具设备 1196 台等。①

在中央及地方各级政府的领导和全国各族人民的大力支援下，川、甘、陕三省灾后恢复重建确立"三年重建任务两年基本完成"的总体目标如期实现。到 2010 年年底，四川省成都、德阳、绵阳、广元、雅安、阿坝 6 个重灾市（州）规模以上工业增加值增速均超过全省平均水平，工业增加值是震前 2007 年的 1.69 倍；工业利税由 2007 年的 258 亿元提高到 2010 年的 1079 亿元，翻了一番。甘肃省 8 个重灾县（区）农业生产总产值是震前 2007 年的 1.47 倍，农民人均纯收入是震前 2007 年的 1.38 倍。陕西省 4 个重灾县（区）农业生产总产值是震前 2007 年的 1.6 倍；农民人均纯收入是震前 2007 年的 1.9 倍，经济发展水平与人民生活水平大幅度超过震前。②

---

① 参见《汶川特大地震抗震救灾志》卷九《灾后重建志（上）》，方志出版社 2015 年版，第 20 页。

② 参见《汶川特大地震抗震救灾志》卷九《灾后重建志（上）》，方志出版社 2015 年版，第 21 页。

第二节　灾后重建制度存在问题

汶川灾后重建工作同其他救灾工作一样，在取得巨大成就的同时，也存在一些值得特别关注的制度方面的困难和问题。

问题之一：灾后重建款物管理使用机制存在的问题。

1. 救灾款物申报中存在的问题

据 2008 年年底国家审计署提出审计结果报告表明：在汶川抢险救灾和灾后重建过程中，仍有个别部门和单位在申报救灾款物，特别是申报房屋财产损失时，存在小灾大报、轻灾重报、无灾有报等问题。按照现行财务上报制度，地震救灾款物一般由地方民政部门和财政部门会商后向上级部门申报，灾区基层部门和单位虚报救灾款物，就会在管理制度上也给地方民政、财政部门合谋套利提供可乘之机。

2. 救灾款物接收中存在的问题

在汶川抗震救灾期间，我国救灾款物大部分来自中央与地方财政拨款和物资储备，少部分来自社会捐助、海内外华人捐赠以及国际社会救灾捐赠等，然而在部分物资接收与拨付过程中却发现存在"缺斤少两"等现象。据民政部门透露："甘肃省抗震救灾物资天水转运站 5 月 30 日接受捐赠 6000 张板材后，未做清点即送往陇南市，该市民政局实际仅收到 1790 张"[1]。一些地方接受的旅游类帐篷、矿泉水、方便面、医用注射液和注射器等食物过多，部分药品也存在积压、即将过期等。"四川北川县、彭州市商务局和陕西省宝鸡市民政局接受灾后的 17350 顶旅行类帐篷，因空间小不适用而积压"[2]。

---

① 参见《汶川特大地震抗震救灾志》卷八《社会赈灾志》，方志出版社 2015 年版，第 856—857 页。

② 参见《汶川特大地震抗震救灾志》卷八《社会赈灾志》，方志出版社 2015 年版，第 856—857 页。

3. 救灾款物使用中存在的问题

在汶川抢险救灾初期，四川省罗江县有群众举报，"武装部民兵训练基地王某借工作之便，将可乐、八宝粥、方便面等救灾物资交到他女友所开办的店铺销售。经查实，王某被刑事拘留，训练基地主要领导被停职"。2008年5月15日陕西省西乡县"采购34万公斤粮食，因发放过程中缺斤少两被举报。后来，该县县委常委会决定，给县粮食局局长王某予以停职处分"。与此同时，"陕西省略阳县法院工作人员朱某、略阳县城市监察大队工作人员杜某，抢领十分紧缺的帐篷为己用，被民众现场举报。经组织调查核实后，有关部门分别给两人予以行政警告处分"①。

4. 救灾款物筹备中存在的问题

在抗震救灾和灾后重建期间，社会救灾捐款是由现行的基金管理公司进行公开透明的运作，还是与财政救助一起进入政府的行政运作，这是目前我国社会救灾捐赠遇到的一个一时难以解决的问题。"按理说，社会救灾捐款，特别是其中定向社会救灾捐款，应该由社会基金公司进行管理使用。但在实际运作中，由于社会基金公司自身能力不足，缺乏必要的管理使用方式和手段，部分定向社会捐款不得不与其他捐款一起被纳入政府行政管理的范围。"

在现行管理体制下，对社会救灾捐款，政府部门只报已经收到多少，直接划拨多少，却无法报告社会捐款是如何被使用？用在哪里了？产生了多大效益？每一个捐款者虽名义上有权清楚知道自己捐款的来龙去脉，但实际上却很难知道自己捐款的最终用途以及效益有多大。

在汶川抗震救灾初期，从电视新闻可以看出，一些国有企业或国有控股公司的老总们将数千万上亿捐款在救灾捐款现场捐给有关部门（如中华慈善总会或中国红十字总会等），在感人之余其实有许多管理问题需要深思。从财务角度来看，国有企业及国有控股公司的捐款类似于财政转移支付。因

---

① 《汶川特大地震抗震救灾志》卷八《社会赈灾志》，方志出版社2015年版，第856—857页。

为这些捐款实际上是企业税收、未分配企业利润或未直接上缴国家税收部门的款项，类似于提前将财政资金转移到受灾地区和受灾群众手中。

既然如此，这些捐赠款物的决策权应该是国有企业公司，还是政府财政部？企业为什么会有这么大的冲动和这么大的决策权去单独做这件事情？上市公司的捐赠是通过怎样的程序征求股东的意见？这些问题在捐款时，一般政府官员和社会公众并都不太清楚。事实上，国企老总的大笔捐款是慷财政之慨或者慷股民之慨，这种财务上的随意性在一定程度上暴露出我国现行国企及国有公司在管理和治理方面还存在相当多的管理问题。

问题之二：灾后重建资金缺口较大。

众所周知，资金短缺是灾后重建工作中遇到的最大瓶颈。它会直接或间接地影响制约灾后重建进程。

根据灾后恢复重建规划，"仅四川12个重灾区和88个非重点县市区需要的重建资金预计达1.7万亿元，资金需求十分巨大"。从资金来源看，"政府性资金投入3600亿元，而包括中央和地方财政资金、对口支援、政府发债、社会捐赠和其他资金，加起来仅4000亿元，占需求资金的四分之一，资金缺口高达13000亿元"①。这是汶川灾后恢复重建遇到的最棘手困难和问题。

问题之三：对口援建机制存在的问题。

在汶川灾后重建期间，国务院决定实施对口支援灾区机制。由于时间紧，任务重，情况复杂等，这一机制在实际运行中存在一些不足和缺陷。

现将汶川抗震救灾期间对口支援省市与受援县市资金情况列一简表。

---

① 据国务院发布的《汶川地震灾后恢复重建总体规划》测算，此次汶川灾后重建资金需求约为1.7万亿元。中央财政将按重建资金总需求30%左右的比例建立中央地震灾后恢复重建基金，其余的资金将通过地方财政投入、对口支援、社会募集、国内银行贷款、资本市场融资、国外优惠紧急贷款、城乡居民自有和自筹资金、企业自有和自筹资金、创新融资等方式获得。参见许利华、戴钢书：《汶川地震灾后重建经验总结及启示》，《电子科技大学学报（社科版）》2010年第5期。

一是为了让读者窥其全貌，二是为了更好地探讨相关问题。

汶川抗震救灾期间对口支援省市与受援县市资金情况简表

（单位：亿元）

支援省市	受援县市	支援金额	支援省市	受援县市	接收金额
山东省	北川县	122	河南省	江油市	30
广东省	汶川县	82	湖南省	理　县	20
浙江省	青川县	86	吉林省	黑水县	12
江苏省	绵竹市	110	安徽省	松潘县	21
北京市	什邡市	70	江西省	小金县	13
上海市	都江堰市	82	湖北省	汉源县	23
河北省	平武县	28	重庆市	崇州市	17
辽宁省	安　县	40	黑龙江省	剑阁县	15
福建省	彭州市	33	深圳省	文县、康县 武都、舟曲	30
山西省	茂　县	21	天津市	宁强县、略阳县	21

根据《汶川特大地震抗震救灾志》卷八《社会赈灾志》相关内容而制表

通过上表相关数据变化，可以说明三点：

一是支援省市援助金额相差较大。支援灾区金额最多的省市是：山东省122 亿元、江苏省 110 亿元、浙江省 86 亿元；支援灾区金额最少的省市是：黑龙江省 15 亿元、江西省 13 亿元、吉林省 12 亿元。如果仅以援助金额来看，山东省比吉林省多 10 倍。

二是一些地方财力相对较弱的省份也承担了一定数额的对口援建任务，如河南、湖南、江西、安徽等省，2007 年人均地方财政收入和支出均低于四川省。[①]

---

① 参见《对口支援机制的成功实践与思考》，新民网，2011 年 2 月 1 日。

三是受援市县资金分配苦乐不均。受灾较重地区得到的对口支援待遇却不如受灾较轻的地区。如受灾较重的汶川县只得到广东省援助的82亿元，而受灾较轻的绵竹市却得到江苏省援助资金110亿元，二者相差28亿元。另外，灾区援建的公共服务基础设施规模和标准比灾前有大幅度提升，其维护营运费用从何而来？

事实上，我国对口支援制度是由中央政府运作最基本的再分配或转移支付的一种方式。长期以来，地方上发生各种困难，如救灾、失业、扶贫等问题，中央政府经常采用同样的办法进行救济。例如，20世纪90年代实施西部大开发时，中央政府曾采用此法让东部经济较为富裕省市对口支援西部贫困地区。此次汶川灾后重建期间，中央政府再次采用此办法对极重灾区和重灾区实行对口支援。

从实际效果来看，对口支援制度有助于加快灾区灾后重建的步伐，但在一定程度上不可避免地会带来一些副作用。有的灾区干部群众过分依赖中央政府和对口支援省市下拨发放救灾款物，因为救灾款物是"唐僧肉"，只希望获得更多的援助款物，缺乏积极进取、克服困难、战胜灾害的精神。有媒体披露，有些受灾群众宁愿在救援点、安置点吃救济、闲聊，也不愿去干点力所能及的事情（如打扫卫生、清理垃圾等），静等志愿者为他们服务。这说明灾区有些受援地方确实存在着较为严重的"等靠要"消极思想态度。

另据有关资料记载：在汶川抗震救灾期间，甘肃省陇南市灾情严重，灾后重建中出现了诸多问题。以陇南市西和县长道镇赵家村为例，（1）该村灾后重建中多数村民存在安土思想，不愿迁往重建规划的新址。（2）一些村民根深蒂固的务农思想，对国家和政府的就业安排政策不信任。（3）一些村民、干部由于知识水平有限，对国家政策方针理解不到位，给灾后重建工作带来许多不便。（4）镇政府和村委会组织与管理涣散，重建项目因资金不足重复建设，对生态破坏等问题也未采取有效措施。

因此，我们对对口支援制度不能光看到其长处而忽略其短处。

问题之四：灾后重建工程施工存在的问题。

据国家审计署"2010 年 11 月至 2011 年 10 月底对第五批规划总投资
3231.44 亿元的 13635 个重建项目跟踪审计结果显示：有 63 个项目、26 个施
工单位、4 个勘察设计单位、8 个监理单位不同程度地存在管理不合规、勘
察设计不到位等问题"。

（1）"15 个项目不符合国家基本建设程序，5 个项目进度较慢，6 个项
目未经验收就投入使用，4 个项目建成投入使用后仍未办理土地审批手续"；

（2）"16 个项目存在违反招投标规定程序，直接指定勘察设计单位、施
工单位、材料设备供应商等问题；2 个项目存在招投标不严格、不规范的问
题；6 个项目违规转分包承包的工程"；

（3）"22 个项目超标准超规模建设、未经批准改变建设内容、设计变更
未办理审批手续，13 个项目存在财务核算不规范、投资控制不严的问题"；

（4）"26 个项目施工单位存在借用资质承揽工程、不按合同规定配备工
程管理人员，施工中存在不按规范操作、不按设计施工等问题，其中 14 个
项目存在某些缺陷或隐患"；

（5）"4 个设计单位存在未按设计规范要求设计，设计方案不周全、不
细致，致使 4 个重建项目存在工程缺陷的问题"；

（6）"8 个监理单位存在对有关项目未按合同要求配备监理人员，或未
按规定到场执行监理任务，或监理日志记录无监理人员签字、监理资料不完
整，以及个别监理单位违规收取施工单位补助等问题"；

（7）"重点跟踪审计的 5 批 560 个项目中，截至 2011 年 9 月底，仍有
118 个项目尚未完工，有 277 个已完工项目未按规定编制竣工财务决算报表，
导致上述 395 个项目无法开展竣工决算审计；对 55 个项目进行竣工决算审
计和 133 个项目进行工程结算审计发现，各项目均不同程度存在完成投资额
不准确、多计工程款等问题，审计共核减工程价款 4.77 亿元，占送审金额
的 7.51%。"①

---

① 国家审计署：《汶川灾后重建存在七方面问题》，中国网络电视台，2012 年 4 月 23 日。

问题之五：灾后重建监管项目中存在的问题。

1. 有些重建项目资金监管不严

灾后恢复重建期间，一些受灾市县所获得的灾后重建项目很多，往往是多渠道、多部门进行资金投入，造成规划不及或不周。例如在开展农村规划项目时，有的县级部门，如农业、水利、交通等部门从各自利益出发，存在重复规划的现象，既调整产业结构，又规划道路维修。由于对所开展的项目活动缺乏必要的沟通，一些乡镇政府也经常为某一项目究竟出自哪个部门也不甚清楚。因此，在汶川灾后重建资金的使用上，个别单位对救灾资金存在突击花钱、浪费或使用效益低等问题。当时，有媒体记者指出：在灾区一些农村看到每户农民都有 2 个卫星接收机，家家户户既有节柴灶，又有节柴炉甚至几个节柴炉等。①

2011 年 5 月，笔者参加都江堰市灾后图书采购招标会。当时招标单位（对口支援市）投资 600 万元为该市 24 所中小学图书馆购买图书。最后确定 1 家公司中标，并要求在一个月内图书全部到货。笔者提出能否确定 3 家投标商家中标，时间放宽到 3 个月或半年内，但却被招标公司拒绝。试想，一家图书公司中标 1 个月之内完成如此大批图书采购上架，其工作量能否完成，暂且不论。灾区 24 所中小学能否用得上、放得下这些图书？全然不考虑，像这种不顾实际需要突击花钱的事例，在灾区绝非仅此一例！

2. 有些工程项目赶进度

在灾区重建时期，各级政府都强调灾后重建工作 3 年任务 2 年时间完成。当这一任务下达到省级的时候，省政府会要求县市将重建完成时间再往前提；当下达到市县的时候，有关部门又会把完成工期提前，到基层施工单位时，再次要求其提前完成任务。这种层层压缩重建时间的做法在重建过程中司空见惯，从管理角度来看，势必对工程质量带来诸多负面影响。

---

① 参见梁灏：《汶川地震灾区农村恢复重建的思考》，《经济体制改革》2009 年第 6 期。

3.有些工程项目缺乏实用性

在汶川灾后重建期间，有些工程项目，如旅游项目（如当时许多灾区县级乡镇都提出要建立地质博物馆、现场纪念景观（点），以吸引游客等）在进行规划设计时，由于时间紧，当地政府部门只凭一时的热情，对当地实际需求缺乏仔细调查，于是，造成盲目上马，大搞"人造景观、景点"，耗费大批建设资金，缺乏长期实用性。

第三节　灾后重建制度转型升级

灾后恢复重建工作是一项系统复杂的工作，需要政府部门、企业单位、社会民众三者统一协调，各尽其责，共同努力才能做好。总结汶川灾后重建和其他灾后重建的经验教训，我国灾后重建制度应在以下七个方面进行改革创新和转型升级。

转型之一：理顺灾后重建行政管理体制。

进入灾后重建时期，面对任务重、项目多、时间紧的实际情况，中央与地方各级政府在行政管理上要采取以下诸多措施。

1.适当下放灾后重建指挥权

下放灾后重建指挥权是汶川抗震救灾提供的一条重要管理经验。具体内容如下：（1）全国抗震救灾总指挥部改为灾后恢复重建工作协调小组后，应将灾后重建行政指挥权下放给灾区各级政府，并继续做好指导、协调和帮助灾区恢复重建工作；（2）灾区省级政府得到灾后重建行政指挥权后，要主动配合中央政府做好当地灾后重建项目规划、项目资金物资筹集、项目施工进度、人力资源配备等工作部署；（3）对口支援省市所承担的援建任务原则上应由灾区省级人民政府统一协调安排；（4）灾区各级人民政府对本地区的灾后恢复重建工作既要负总责，统一领导、组织协调救灾工作，又要认真贯彻落实所承担的各项任务。这是汶川抗震救灾实践确立的一条重要管理经验："就地管理、就地指挥"，充分发挥灾区各级政府熟悉灾情、了解当地实际、便于进行人力、物力和财力协调的地方优势。

与此同时，灾区地方各级政府也要通过适当管理方式向企业建设单位等放权，充分发挥基层部门在灾后重建中的重要作用。例如"成都市政府在住房重建中，就充分尊重灾民选择权，农民、城镇居民期望的住房重建方式与实际重建方式的一致性分别达到79.2%、82.5%"。彭州市政府将村民议事会引入灾后重建的各个环节，探索出"以村党组织为领导核心、3 个村民自治组织为社会主体、集体经济组织为市场主体、其他组织共同参与"的新型治理机制。①

2.充分发挥两个积极性

为确保灾后重建工作的有序开展，中央及地方各级政府要紧密协商配合工作。国务院抗震救灾总指挥部根据工作重心转移改名为灾后恢复重建工作协调小组后，要认真负责组织指挥协调中央各部门、对口支援省市按期支援灾区各省等工作；灾区省、市、县三级成立相应的灾后重建工作协调机构，要进行跨地区、跨部门的工作协调，有效引导恢复重建主体（即主管部门及企业单位等）互相配合，确保相关项目任务的具体落实和按期完成。

历史经验证明，灾区重建工作必须充分发挥中央与地方两个积极性。中央政府集中领导有利于灾后重建人力、物力、财力的统筹规划和集中使用，而地方政府参与灾后重建工作，又有利于提高各种资源的有效配置和利用。这一客观要求是由我国举国救灾体制性质决定的。

3.完善灾后重建领导考核机制

领导考核是完善灾后重建管理体制的重要内容，不可忽视。（1）认真考核灾区各级领导班子和主管领导的工作政绩，以提高其领导能力和业务水平；（2）通过监督检查等手段，重点考核灾后重建项目负责人的职责；

_____

① 参见辜胜阻：《汶川地震灾后重建彰显"五结合"中国模式》，新华网，2010 年 6月 8 日。

（3）通过综合考核灾后重建工作所取得的主要成就和成败得失，以提高整个社会防震救灾的总体意识和各项（组织、技术、物质、精神）准备工作。

转型之二：创新灾后重建总体规划。

灾后恢复重建工作是一项关系灾区群众切身利益和长远发展的庞大系统工程，必须以科学规划、科学重建为指导思想，进一步明确重建原则、重建重点和重建目标。

在灾后重建原则方面，各级政府应特别关注以下三大问题：

一是高度重视生态环境的支撑作用。要从理性和科学的角度，高度重视生态环境的支撑作用，并采取切实可行的措施，不能走原有简单治理的老路。当然，"人类对于自然生态的修复能力有限，对于一些自然灾害，如堰塞湖的治理、山体滑坡的利用等，我们可以采取各种手段和措施，趋利避害。重建规划应充分考虑当地地质条件和资源环境承载力，合理确定城镇、工农业生产布局和建设项目及标准"，严防特大自然灾害和次生灾害的发生。

二是适当提高建筑物抗震设防标准。汶川特大地震后，灾区中小城镇的重建应适当提高建筑物抗震设防标准。对农村山区房屋重建，有关部门也应该提出相关指导性意见或方案，鼓励农户采纳，防患于未然。事实是胜于雄辩，四川龙门山、岷山地区是我国地震多发地区，历史上已多次发生过这样的强烈地震，难以保证今后不再发生。因此，灾区恢复重建工作要进行详细的地质调查，进行科学、周密的论证，并在此基础上制定恢复重建规划，特别是地处高原山区城镇住房的重建选址，既要树立以保护人的生命为中心的观念，又要适当提高原有的设防标准，选择地势较为平坦开阔地方。

三是城镇建设要进行环境影响评估。通过汶川特大地震的冲击与考验，有关部门对此已有初步教训和反思，"在做城市规划之前应进行土地适用性分析，对所在地域进行环境评估和评定，其中包括地质评价（如北川老县城搬迁到如今新县城，就是例证）。地质评价是环境评价的一个组成部分。然而在灾后重建过程中，有些城镇建设（特别是山区城镇住房建设）显然在思想和规划上重视程度不够到位，防震形势不容乐观。有关部门须知：先评估、再规划，在评估的基础上做规划，可以避开不利的地质条件，减少或减轻灾害的危害程度。这对灾区城址的选择，同时对城市中各类建筑的重建，均有重要影响。

在灾后重建的工作重点方面，各级政府应进一步落实六大任务：一是家园重建。二是设施重建。三是产业重建。四是城镇重建。五是生态重建。灾区各级政府及相关部门要进行生态重建，并迅速恢复当地生态环境，并不是一件容易的事情，需要社会多方面付出巨大的努力。六是精神重建。灾区的精神重建，包括灾民的心理重建，要利用抗震救灾形成的一些新的值得赞赏和弘扬的精神（如"一方有难，八方支援"、"自力更生，重建家园"等）把它建设成一种新的文明风尚，这是更为深层次的精神重建。

在灾后重建目标方面，各级政府应保持整个灾区生产和生活的正常运转。

一要进行科学规划和论证。灾区有关部门应按照区域协调、城乡统筹、共同发展的要求，通盘考虑，认真分析，科学论证和规划城镇发展目标、地位、性质与功能，明确其发展范围、规模、方向和作用，不断完善其综合功能。

二要实现跨越式发展。"四川是城乡统筹建设的试验区，灾后重建的整个过程彰显出城乡一体化特色，成为全国统筹城乡的亮点。灾后重建要利用重建机遇，优化工业结构，加快新兴产业发展；要促进农业产业化和服务化，改变农业生产方式，大力发展创意农业；要加快恢复和发展旅游、商贸、金融和文化等现代生产性服务业和消费性服务业，促进产业结构升级和经济增长方式转变。"[①]

三要实现生活方式重建。"灾区重建把保障民生作为恢复重建的基本出发点，优先修复重建住房、交通、水利等基础设施和公共服务设施，保障人们的基本生活需要，不断完善灾区硬件设施体系。同时，也要借灾后重建机

---

① 辜胜阻：《汶川灾后重建彰显"五个结合"的中国模式》，新华网，2010 年 6 月 8 日。

遇，积极推进由临时救助向长效社保转变，促进城乡公共服务一体化，加快诸如医疗、教育、住房、就业、社保等软件制度的建设和完善，实现灾区群众的生活方式重建"。

四要严格执行项目管理制度。在相关项目任务的执行过程中，有关部门要按照市场经济管理体制要求，广泛推行项目法人责任制、招标投标制、合同管理制和工程监理制，严把设计、施工、材料等质量关，以确保高质量地完成恢复重建任务。

总之，创新灾后重建总体规划，不是对灾区原有的生产生活设施等进行简单恢复，而是要在此基础上，制订新的规划和建设思路，即转变原有粗放型发展模式，走一条低污染、低耗能、与环境协调的集约城镇化、产业化、生态化的发展之路。

转型之三：完善灾后重建对口支援机制。

对口支援机制在汶川灾后重建中发挥了重要作用。对此，各级政府部门要科学地总结和吸取灾后重建对口援建模式的基本内容及宝贵经验，并进一步采取以下措施。

1.优化对口支援合作机制。在贯彻落实对口支援任务的过程中，援助方与受援方应建立并不断优化民主协商、社会信任、信息共享、资金共筹、监督约束、利益约束等机制。双方只有认真积极地建立并优化对口合作关系，才能按期顺利地完成援建任务，并取得满意的效果。

2.完善对口支援的法律法规。针对《汶川地震灾后恢复重建对口支援方案》与《中华人民共和国预算法》规定中存在的权限冲突，可以在预算制定程序上作出适当的调整，弥补财政编制权限冲突的缺陷，促进灾区援建的科学化、民主化和法治化。同时，对口援建双方要做好组织、技术、物资和精神等方面准备，以适应紧急救灾工作的实际需要。

3.加强对口支援项目规划管理。在加强对口支援项目规划管理方面，有关部门应细化对口支援双方协商的内容。例如，各支援省市每年对口支援县市的援建资金，应按不低于本省市上年地方财政收入的1%考虑，具体内容和方式与受援方充分协商后确定。各支援方需选派一定的师资、医务人员和工程专家等到受援方，进行人才、科技培训等服务。受援县市要按双方协议提供人力、物力与之相配合。

4.明确对口支援经费管理使用。如前所述，20个对口支援省市都按此规定对口支援20个受灾县市。受援县市要统筹安排合理使用援建资金，实现对口支援资金的专款专用，确保每一援建项目建成后都能够发挥出最大的经济和社会效益。

5.完善对口支援监督管理机制。监察审计部门对对口支援重建项目资金，首先要统一纳入灾后重建款物监督检查之列，做到专款专用、专账核算；其次要将全部资金使用全程纳入监管体系，准确把握每笔救灾资金的流向，促进灾区对口支援活动有序开展、扎实推进；最后要定期开展"回头看"和"自查、抽查"工作，鼓励第三方机构参与评估，以增强其评估结果的客观性和公平性。

转型之四：优化健全社会力量参与机制。

我国是多灾之国，救灾和重建任务异常繁重。对此，各级政府部门应充分运用宏观调控和市场配置等手段，进一步整合配置人、财、物等救灾资源，促使其管理体制更加合理化。

首先，要创新社会力量动员机制，着力规范社会力量参与防灾减灾救灾活动。其主要措施：

（1）为确保灾区前后方信息畅通，有必要建立政府与社会力量间的全过程信息共享机制。

（2）为务求上下行动一致，应尽快建立政府与社会力量间的全过程行动协调机制。

（3）为做好各种保障措施，应尽快建立社会组织公益资格认证制度，鼓励其有序参与减灾救灾，并尽快建立政府对社会力量参与的底线保障机制。

（4）为做好救灾宣传教育工作，应尽快共同制定与发布减灾救灾宣传战略，尽快增强对社会力量减灾救灾配备及技能的投入与培训力度；尽快将减灾救灾纳入社区建设内容。

（5）充分发挥社会组织及志愿者的作用。社会组织大多是依托基层社区或扎根于特定人群，可以便利地获取基层灾后恢复重建的需求信息，比较优势突出，具有强大的动员群众、服务群众的能力。社会组织及志愿者参与地震灾后恢复重建工作，能够弥补盲点和薄弱环节，为恢复重建工作提供科学依据和服务平台支撑。如为灾民提供灾后恢复重建的个性化与专业化服务、开展社区志愿服务和社区救助、募集恢复重建资金等。

（6）应尽快搭建面向灾后恢复重建的社会组织能力建设、协调管理体系和网络平台，建立动态的社会组织及志愿者管理数据库、知识技能支持体系及工作机制。

（7）完善社会组织及志愿者参与灾后恢复重建的制度体系，创新政府购买社会服务的财政政策，向社会组织定制购买灾后恢复重建的特色社会服务，鼓励社会组织将社会服务延伸到社区。

其次，为确保恢复重建工程项目多快好省地建成建好，各级政府还应加强和改进社会力量参与灾后重建的市场机制。其主要措施：

（1）创新招投标组织保障机制，建立地方各级领导联系项目督查制度，设立灾区各地（以灾区市、县为基本单位）招投标交易中心，解决招投标场地预约难、进展缓慢等问题。

（2）创新招投标现场监督机制，建立现场监督制度，并抽派专人组成现场监督组，将重大项目开标各关键环节监管和应急处置责任落实到人。

（3）创新建立招投标廉洁守法承诺制度，规定投标单位和比选申请人在递交投标文件（领取必选文件）时必须签署《廉洁守法投标承诺书》。

（4）创新招投标内容规范机制，建立了国家投资工程竞争性制度，并印发标准谈判文件。

（5）创新标后管理机制，建立灾后重建工程合同由政府法制办把关审核等系列制度。

（6）创新招投标惩处机制，建立中标候选人业绩、人员核实制度，有效打击投标人弄虚作假的行为。

（7）采取市场配置资源等手段，尽快恢复和加快建材生产，努力增加建材市场供应。政府部门应建立政府组织和市场供应相结合的供给体系，积极组织货源，建立绿色通道，保障建材供应；加强建材质量监督监测，严把建材质量关；依法规范市场主体，加强价格监督，坚决打击囤积居奇、哄抬物价、串通涨价等扰乱市场秩序的不法行为，确保灾后重建原材料市场健康发展。

再次，采取市场配置资源等手段，统筹各方力量，努力提升灾害救援能力。在汶川抢险救灾和灾后重建的过程中，四川相继经历了动员社会力量参与、接收社会力量参与和指导社会力量参与三个阶段。事实证明，充分动员、大力接收、指导社会力量参与抢险救灾、应急救援、过渡安置、恢复重建等工作，既有利于构建多方参与的社会化防灾减灾救灾的新格局，提高各级政府的防灾减灾救灾能力和效率，同时又有利于降低政府救灾压力，提升防灾减灾救灾的长效性和可持续性。

转型之五：创新灾后重建资金筹措机制。

在汶川灾后重建期间，四川灾区各级政府突破现行体制、机制障碍，采取多种社会融资办法来解决筹资难等问题。

一是创新住房重建融资方式。为了解决灾后重建"钱从哪里来"的问题，四川灾区各地采取了许多新的融资措施。例如，都江堰市味江村通过农村产权流转，采取动员社会闲散资金与灾区农民合伙联建模式，建成了农村集中居民区和开发生态旅游度假项目。主要措施是：利用灾区优美土地资源和优美环境，吸引社会资金投入生态旅游项目；通过农村产权的确权颁证，加大招商引资力度，实现资源变资本，把"死钱"变"活钱"；农户通过统规统建和分户联建的方式开发住房。

又如都江堰市向峨乡广泛应用建设用地指标培养异地挂钩办法，筹集数亿元资金，统一规划建设了可安置1.2万人的16个集中安置点。

再如崇州市灾区采用支持受灾群众以集体建设用地使用权、林权等方式，引进社会资金 6.23 亿元，进行开发性重建等等。①

以上这些新的融资措施，在一定程度上拓宽了社会融资渠道，为当地解决资金瓶颈问题，起到了不可替代的重要作用。

二是创新灾后产业重建融资方式。汶川特大地震发生后，北川羌绣园文化旅游开发有限公司"在第一时间组织羌绣传承老师在板房培训羌族妇女生产自救，得到中央、省、市领导同志的赞扬。北川县委、县政府将北川羌绣园文化旅游有限公司作为重点旅游文化保护企业，推广进入山东招商引资"。

德阳市"将产业重建与工业园区、产业园区建设有机地结合起来，形成三次产业互动。绵竹市在沿山一带种植万亩玫瑰，组建玫瑰种植专业合作社，扶植玫瑰种植业、玫瑰香精加工业和玫瑰生态旅游业"。

再如甘肃省徽县新恒源公司依托 300 万亩核桃基地，建设 5000 吨果壳活性炭项目，年加工 4.4 万吨核桃壳，实现核桃壳资源的再利用。北川羌族自治县依托四川自然天堂、五星茶厂等茶叶加工企业，新建、改建 1 万亩无性良种茶园，提高了北川茶叶产量质量。

三是创新灾后旅游引资方式。例如推动乡村旅游活动。2009 年，四川省农办和省旅游局联合开展"震后乡村依然美丽"主题乡村旅游活动。许多截至当年年底，全省有农家乐 13718 家、乡村酒店 558 家、乡村旅游共接待游客 1.2 亿人次，实现直接旅游收入 175.67 亿元，带动实现乡村旅游总收入382.8 亿元。②

与此同时，甘肃省陇南市先后参加"多彩甘肃——走进秦晋豫"、陕川甘旅游恢复合作会、第十三届西洽会旅游交易会等，举办"2009 陇南人游陇南"、"陇南旅游感恩大行动"、兰州陇南旅游新闻发布会等活动。在陕西

---

① 参见《汶川特大地震抗震救灾志》卷九《灾后重建志（上）》，方志出版社 2015 年版，第 500 页。

② 参见《汶川特大地震抗震救灾志》卷九《灾后重建志（上）》，方志出版社 2015 年版，第 607 页。

安康市举办陕甘川旅游年会上，与会三省 18 方代表决定共建秦巴国际生态旅游圈，共同打造甘陕川区域旅游绿色通道。①

又如实施整体促销。在汶川抗震救灾期间，四川省统一组织举办赴云南、贵州、重庆等区域市场促销活动；组织赴德国等 7 个国家和香港地区 10 批次促销活动，邀请日本、北欧等国家知名媒体 7 批赴四川考察拍摄；制作展示四川形象的宣传片和媒体专栏；在中央电视台播放四川旅游形象宣传片；与各大网站合作，开展"魅力四川 2008"活动。在西博会期间，四川省"共签约 48 个旅游投资项目，协议金额 549.91 亿元。其中签订合同项目 19 个，投资 247.66 亿元；框架协议项目 29 个，协议金额 302.35 亿元"②。以上创新旅游引资方式为四川灾后重建提供了社会融资的新经验。

另外，动员社会力量支持。在汶川灾后重建期间，全国人民以及各援建省市纷纷开展"爱心之旅"和"祈福之旅"，到灾区各地旅游，直接推动了四川旅游业的恢复和发展。

转型之六：完善灾后重建工程质量监管机制。

一是工程质量监督。灾后重建工程项目的完成离不开工程质量监督机制。各级政府一方面要加强对建设工程质量和安全以及产品质量的监督，组织开展对重大建设项目的稽查；另一方面要加大对恢复重建所需重要物资的价格监管力度，严格控制主要建材价格，必要时可联合物价部门，采取临时价格干预措施，以确保建材市场钢材、水泥、红砖等稳定供应。

二是实行单位及个人责任追究制。在灾后重建期间，灾区各级人民政府按照《汶川地震灾后恢复重建条例》的要求，加强了对重建工程项目的管理，不超标准，不盲目攀比，不铺张浪费。定期公布恢复重建资金和物资的来源、数量、发放和使用情况，主动接受社会监督。对存在突出问题、整改

---

① 参见《汶川特大地震抗震救灾志》卷九《灾后重建志（上）》，方志出版社 2015 年版，第 608 页。

② 参见胡晓远：《汶川大地震与四川旅游业重建》，四川人民出版社 2009 年版，第 110 页。

落实不力的部门单位，要及时通报并限令整改。对在抗震救灾款物管理中玩忽职守，不认真履职或履职不到位的领导干部及工作人员，要严肃追究其工作责任。造成重大损失者，要依法追究其法律责任。

三是新闻媒体监督。新闻媒体在多次反腐倡廉行动中起到独特效果，同样对救灾款物和重建款物的监督也有着特殊的作用。例如通报款物流向。2008 年 5 月 23 日，《人民日报》记者拿到一份中国红十字会救灾工作报表，上面显示，21 日日本红十字会支援的 8000 顶帐篷运抵成都后，该会当日即发往灾区，表格上显示了接收帐篷的数量、单位、单价、总价、分配去向（绵阳、阿坝、德阳）等项目。又如监督查处违规行为。6 月 19 日，网民针对商务部网站发布的捐赠款物"一览表"中个别企业捐赠承诺未予以兑现提出质疑。商务部立即展开调查，发现问题有二：一是网站未及时更新，二是确有 11 家企业捐赠款物未承诺兑现。商务部对此做了通报批评。①

四是网站监督。民政部门应尽快建立全国救灾信息网络，及时将政府部门管理的救灾款物，包括筹集、拨付、分配、使用去向和结存状况、所有捐赠人或单位的捐赠款物（捐赠人不愿公布者除外），以及救灾重建物资需求等信息上网公布，以便接受社会各界及新闻媒体的监督。

五是群众举报。在抗震救灾期间，广大群众对救灾重建款物的监督发挥了重要作用。据有关资料记载："截至 2008 年 6 月 20 日，中央纪委、监察部和四川、甘肃、陕西等省纪检监察机关共收到群众举报 10804 件，反映违法违纪行为 1178 件，各级纪检监察机关对查实有违纪问题的 43 人给予党纪政纪处分，其中有 12 人受到撤职以上处分。截至 11 月底，审计署共接到群众举报 1962 件，其中 176 件有较明显的问题线索，审计署机关核查 168 件，转地方政府处理 8 件。"② 这说明在汶川抗震救灾和灾后重建期间群众举报发挥了重要的社会监督作用。

---

① 参见《汶川特大地震抗震救灾志》卷八《社会赈灾志》，方志出版社 2015 年版，第 854 页。

② 《汶川特大地震抗震救灾志》卷八《社会赈灾志》，方志出版社 2015 年版，第 856 页。

在灾后重建进程中，政府部门要通过行政和法律，以及新闻媒体等手段，把救灾和灾后重建责任制落实到基层单位和工作人员，用制度管人。

转型之七：健全灾后重建评估监督机制。

评估监督直接关系到灾后重建质量的高低和实施效果的好坏。借鉴国外灾后恢复重建的评估经验和做法，结合本国抗震救灾的实际情况，我国灾后重建工作除做好统筹规划和顶层设计工作外，还应建立健全灾后恢复重建评估监督机制。

1. 完善灾后重建评估监管体系

首先要理顺现有评估监督组织体系。长期以来，在我国政治管理体制中，不仅党内纪检、人大、政府等部门本身存在许多评估监督机构，而且民间社会团体、新闻媒体也有许多评估监督机构。因此，在抗震救灾和恢复重建过程中，有关部门应在理顺其各种关系、整合其力量的基础上，进一步充分发挥其积极作用。

其次要构建灾后重建评估的指标体系。例如灾情评估、过渡性安置、地质调查、重建选址、城镇布局、生产生活、重建效果等。

再次要建立第三方评估机制。第三方评估是指介于政府与群众之外，由专业机构、非政府组织、新闻媒体等组成机构做出的审查结论。目前，我国应重点建立两种评估机制。

一种是专家评估机制。在汶川抢险救灾中，专家们对唐家山堰塞湖处置、次生灾害的预报和处置、地震预报特点及趋势的研判、对灾后恢复重建规划选址风险、重建规划编制风险、住房建设方式风险、土地供应风险等，提出了许多好意见和好方案。因为他们有着丰富的救灾重建经验和科研实力，他们的直接参与，将能避免灾后重建少走弯路。此次汶川地震灾后重建工作，国家专门成立了汶川灾后重建专家委员会，为夺取汶川抗震救灾的伟大胜利作出了巨大贡献（如总体规划与设计方案），为我国今后防震减灾工作提供了成功样板。

另一种是社会组织评估机制。实践证明，在灾后重建救灾款物发放、住房重建补贴、土地选用等问题上，有必要根据事件类型和影响范围引入民间组织、新闻媒体等社会组织评估，以促使其评估结果更具真实性和公正性。社会组织评估机构要利用社会的公信度，深入实际调查研究，做出准确、科学、公正的结论报告，充分发挥好自身作用，做好政府与群众间沟通信任的桥梁。

四是要加强利益相关方的沟通协调机制。地震灾后恢复重建的主体是企业、是灾区群众，应畅通灾后恢复重建的利益沟通与信息公开的渠道，保障灾区群众的合理利益诉求得到充分表达，确保灾区群众拥有知情权、发言权和决定权。对待灾后重建目标、速度及效果等问题，政府和受灾群众会有不同的看法。政府部门多数会从宏观角度上思考问题，受灾群众多数只会关心个体的切身需要。因此，政府部门应加强与受灾地区利益相关方的沟通协调机制，以灾区和受灾群众的满意度作为政策制定和调整的重要依据。

在灾后恢复重建评估监督过程中，政府部门不宜过分强调和追求建设速度快，应将重点放在提升灾后恢复重建的质量和群众满意度上。要充分考虑各方利益主体，尤其是灾区弱势群体的切身利益。积极拓展灾区群众有效参与恢复重建工作的路径，采取舆情民意调查、相关利益群体协商、听证会、评审会、走访座谈、问卷调查、媒体公示等方式，多途径、多渠道广泛征求意见，尽力满足灾区群众的个性化、差异性、多层次、分阶段的需求。

2. 规范灾后重建评估内容

一是要采取分类实施的办法，充分考虑政策实施目标、灾区的实际情况（如当地的基础设施条件、自然资源条件、灾民群体组织能力、灾民群体自我救助和自我发展能力、政府的公信力、公职人员的素质和公共机构的效率等），特别是地方的实际需求。在恢复重建初期，要重点突出生计、扶助弱势群体和保障公共服务等，注重对教育、卫生、社会活动和基层政府职能恢复和提高。

二是要加强对政策效果的评估。加强政策效果评估，一方面要考虑政府制定事关群众利益的各项政策、方案、规划和重大工程建设，都要把灾区群众答应不答应、满意不满意作为制定和实施的落脚点。另一方面，也要综合考虑恢复重建政策的综合性、协调性，对灾区恢复重建工作进行通盘考虑。

三是要加强对政策执行机构和人员的评估。对政策执行机构和人员的评估应采取以下措施：报告制是对政策执行人的要求，既能掌握政策落实情况，政策执行人又不能松懈职责，主动积极地执行政策。检查制是对政策执行人的上级要求，通过自上而下的检查，确保政策的执行。考核制是对政策执行的个体要求，是问责的依据。

四是要加强对灾后重建项目的评估。在恢复重建期间，如果政策制定机构和人员对灾区各地的实际情况和实际困难把握不准，就会出现制定政策偏差。例如，汶川极重灾区和重灾区初期房屋重建是按异地重建、统一规划的政策制定的。后发现这一政策的制定并不符合山区受灾农民的实际情况，而改为根据当地受灾群众的实际困难，尊重当地受灾群众的具体要求，采取让农民自愿选址、政府帮助、补贴的办法，很好地解决了高山灾区的房屋重建问题。此外，还有产业恢复、生态恢复等项目，也需要有一套严格的评估措施办法。

此外，在政策评估的过程中，有时也有必要对相关机构和人员，如志愿者组织、新闻媒体等进行评估和监督。

3. 采用科学的评估方法

灾后重建采用科学的评估方法要注意以下三个方面。一是评估程序科学化。目前，相关的法律法规对恢复重建政策评估只有原则性、概括性规定和要求，缺乏具体明确、可操作的实施办法。因此，要尽快出台相应的有关政策评估的主体、评估内容、评估方法的实施细则，从而把政策评估纳入法治的轨道，使政策评估程序化、制度化。二是评估标准合理化。灾后恢复重建政策评估的重点是衡量投入与产出间的比例。投入包括人力、物力、财力、信息、时间等；产出包括政策实施后的正、负两方面的效果和经济效果等。三是评估方法多样化。灾后恢复重建政策的评估要采取专家评价法、统计调查法、受灾群众访谈法等多种评估方法，以重点评估相关政策执行情况和实施效果。

4.公开和使用评估结果

灾后重建评估必须有法律的保证和监督。因为这一工作涉及社会管理许多领域，必须受到法律保护，以排除各种干扰。只能是法律认可的部门才有权对灾后重建评估结果予以公布。

依据国务院《汶川地震灾后恢复重建条例》的有关规定，地震灾后重建评估结果报告不仅要向上级报告，而且需要向灾区受灾干部群众等公开（部分不适合公开的信息，如涉及国家机密的除外），主动接受新闻媒体、非政府组织的监督，以促使各级政府部门更好地加快灾后重建步伐。同时，灾区各级政府也应该根据灾后重建综合性评估结果，及时总结吸取其经验教训，进一步改进和加强相关工作。

总之，经过汶川抗震救灾和其他救灾活动的严峻考验，我国各级政府部门要深刻总结灾后重建的经验教训，认真落实转型升级措施，努力使抢险救灾和灾后重建工作达到总体规划目标明确、政策措施到位、救灾款物使用合理、监管机制运行平稳、综合效益显著等管理目标。

第八章　汶川地震与救灾法规制度

救灾法规是指由国家立法机关和行政管理机关制定和颁布有关防灾减灾工作的法律、法令、条例、章程等规范性文件的总称。

我国救灾法规制度，按其立法权限、条款内容和使用范围，可分为三个层次。一是救灾法律，是指由国家立法机关制定和颁布的各种救灾法律文件，如 1997 年 12 月，第八届全国人大常委会第二十九次会议通过的《中华人民共和国地震救灾法》等；二是救灾法规，是指由行政管理机关制定和颁布的各种救灾法规文件，如 1995 年国务院制定和颁布的《地震设施保护条例》、2008 年 6 月国务院制定和颁布的《汶川地震灾后恢复重建条例》等；三是救灾规章，是指由政府行政管理部门，如地震局、民政局等制定的工作职责和办事规则等，如监测预报程序、救灾工作职责、救灾款物发放标准等。

本章将就汶川抗震救灾和灾后重建期间我国救灾法规制度的变化特点、存在问题及转型升级等问题，作一具体分析论述。

第一节　救灾法规制度的变化

在汶川特大地震抢险救灾和灾后重建进程中，我国救灾法律法规在救灾立法、救灾用法、救灾执法、救灾普法等方面，取得了一系列变化。

变化之一：救灾立法进度明显加快。

汶川特大地震发生后不久，全国人大常委会、国务院针对新形势下防震减灾工作的迫切需要，将当时抗震救灾工作的一些成功经验做法，特别是对四川汶川地震抗震救灾工作中好的做法和成功经验上升为法律条款，加快了修法和立法的进度。

1. 修订《防震减灾法》

1997 年 12 月，第九届全国人大常委会第二十九次会议讨论并通过了第一部防震救灾法律——《中华人民共和国防震减灾法》七章四十八条，为我国防震减灾工作指明了方向。2008 年 12 月 27 日，第十一届全国人大常委会第六次会议重新修订并通过《中华人民共和国防震减灾法》。修订后的《防震减灾法》对原有法律条款从框架结构到具体规定均作了较大幅度的补充和修改，即由原来七章四十八条扩充为现在十章九十九条。这次重新修订《防灾减灾法》的主要原因有二：一是原《防震减灾法》已制定十年，有些条款内容已不符合汶川抗震救灾客观形势发展的需要；二是汶川抗震救灾实践中的许多成功经验又不包含在原《防震减灾法》之内。因此，对原《防震减灾法》进行修订势在必行。

与原法相比，新法对以下问题进行了重要修订：

一是专章规定防震减灾规划。我国是世界上地震活动强烈和地震灾害严重的国家之一，防震减灾工作是长期面临的重要任务。

新修订的《防震减灾法》专设一章，对防震减灾规划作出规定，明确了规划的内容、编制和审批程序以及规划的效力和修改程序等。同时还规定，防震减灾规划报送审批前，组织编制机关应当征求有关部门、单位、专家和公众的意见。一经批准公布，应当严格执行。

二是地震预测实行群测群防和统一发布制度。众所周知，汶川特大地震是一次没有震前预测预报的地震。因此，加强地震监测预报能力建设一度成为社会关注和议论的焦点话题。新法除规定"国家加强地震监测预报工作，建立多学科地震监测系统，逐步提高地震监测预报水平"外，还特别规定"国家鼓励、引导社会组织和个人开展地震群测群防活动，对地震进行监测和预防"，以进一步提高社会公众的防震减灾意识。

对于地震预报发布问题，原法曾规定，"地震预报的发布，只能是国务院和省级人民政府"。新法进一步明确，除发表本人或者本单位对长期、中期地震活动趋势的研究成果及进行相关学术交流外，任何单位和个人不得向社会散布地震预测意见。任何单位和个人不得向社会散布地震预报意见及其评审结果。同时还规定，观测到可能与地震有关的异常现象的单位和个人，可以向所在地县级以上地方人民政府负责管理地震工作的部门或者机构报告，也可以直接向国务院地震工作主管部门报告。国务院地震工作主管部门和县级以上地方人民政府负责管理地震工作的部门或者机构接到报告后，应当进行登记并及时组织调查核实，不得迟报、谎报、瞒报震情灾情信息。

三是提高了人员密集场所抗震设防要求。针对汶川特大地震造成大量建筑物倒塌、人员伤亡和财产损失，新法明确规定："建筑工程应当达到抗震设防要求；已经建成的未采取抗震设施措施的建设工程，应当采取抗震加固措施；重大建设工程和可能发生严重次生灾害的建设工程，应当进行地震安全性评价；建设单位对建设工程的抗震设计、施工的全过程负责"。同时还特别规定："对学校、医院等人员密集场所的建设工程，应当按照高于当地房屋建筑的抗震设防要求进行设计和施工，采取有效措施，增强抗震设防能力。"

四是高度关注救灾民生问题。针对汶川抗震救灾初期出现许多过渡性安置和恢复重建工作关系到受灾群众的生产生活等问题，新法规定，灾区各级人民政府"应根据实际条件、因地制宜，为灾区群众安排多种形式的临时住所；国家鼓励地震灾区农村居民自行筹建符合安全要求的临时住所，并予以补助"。对灾区需要进行过渡性安置的受灾群众，应当根据地震灾区的实际情况，在确保安全的前提下，充分尊重受灾群众意愿，采取就地安置与异地安置、集中安置与分散安置、政府安置与投亲靠友等自行安置相结合的方式。

五是加强救灾款物监管力度。新法对地震应急救援、地震灾后过渡性安置和地震灾后恢复重建资金、物资使用情况的管理和监督，并对资金、物资的筹集、分配、拨付、使用情况登记造册等，提出了要加强救灾款物监管等具体措施和办法。

为确保救灾款物使用公开透明，新法还要求灾区各级人民政府在确定地震应急救援、地震灾后过渡性安置和地震灾后恢复重建资金、物资分配方案和房屋分配方案前，应当先行调查，经民主评议后予以公布；定期公布地震应急救援、地震灾后过渡性安置和地震灾后恢复重建资金、物资的来源、数量、发放和使用情况，接受社会监督；任何单位和个人对防震减灾活动中的违法违纪行为，都有权进行举报。

此外，新修订法规还对防震减灾中的法律责任予以进一步明确规定。

2. 国务院加快了行政立法进度

汶川特大地震发生后，国务院为了适应新形势下防震减灾，特别是救灾工作的迫切需要，进一步提高全社会的防震减灾能力，保护人民生命和财产安全，加快了行政立法进度。据有关专家统计：从 2008 年 5 月 12 日至 2009 年 9 月 30 日，中央、部委和省级共计发文 2290 件。其中中央发文 28 件，59 个部委发文 666 件，31 个省（自治区、直辖市）发文 1596 件。① 下面就国务院 100 天内发文情况，略举几例：

发文时间	发文概况
5 月 15 日	国务院颁布行政法令：将 5 月 19 日定为全国哀悼日，以纪念在汶川地震中不幸遇难的同胞；次年 3 月 2 日又将每年 5 月 12 日定为全国"防灾日"，以警示国人要时刻警惕自然灾害和突发事件的发生
5 月 29 日	中央纪委、监察部颁布实施《抗震救灾款物管理使用违法违纪行为处分规定》

---

① 参见高建国：《应对巨灾的举国体制》，气象出版社 2010 年版，第 37 页。

发文时间	发文概况
6月8日	国务院颁布实施《汶川地震灾后恢复重建条例》，明确规定灾后恢复重建的方针和原则。这是我国首个地震灾后恢复重建专门条例，标志着我国地震灾后恢复重建工作纳入法治化轨道
6月11日	国务院办公厅下发《汶川地震灾后恢复重建对口支援方案》，确定20个省对口支援灾区20个极重、特重县市
8月27日	国务院常务会议审议并原则通过《汶川地震灾后恢复重建总体规划》

3. 灾区地方立法进度加快

2008年5月21日（即震后第9天），四川省第十一届人大常委会第三次会议批准《北川羌族自治县非物质文化遗产保护条例》，为灾后重建羌族非物质文化遗产的传承和发展提供了法律支持。

2008年7月25日（即震后第74天），四川省第十一届人大常委会第四次会议审议并通过《关于汶川特大地震中有成员伤亡家庭再生育的决定》，为受灾家庭重圆幸福梦想提供了法律依据。

震后100天，四川省人大常委会组成人员会同抗震救灾指挥部群众生活组成员分赴各个灾区开展执法检查，督促有关部门加强对重灾区群众生活必需品以及钢材、水泥、砖块等恢复重建急需商品的价格监管，保障灾后重建工作顺利进行。

此外，成都市、阿坝州等人大常委会也围绕灾区汶川抗震救灾和灾后重建工作的重点，加强专题报告和立法调研活动，及时制定和修改一批法规和条例，为抢险救灾和灾后重建工作提供了强有力的法律支持。

变化之二：灾后重建首次纳入法治化轨道。

2008年5月21日，国务院下令成立汶川特大地震专家委员会，负责对汶川灾后恢复重建迅速展开调查、研究并提出具体解决方案。23日又在全国抗震救灾总指挥部下属机构中增设灾后重建规划组，专门负责灾后重建工作事宜。①6 月 8 日，国务院正式公布实施《汶川地震灾后恢复重建条例》，主要内容如下：

第一，"灾后重建要实施以人为本、科学规划、统筹兼顾、分步实施、自力更生、国家支持、社会帮扶的方针和相关原则。"

第二，"过渡性安置的方式方法、安置地点选址、配套设施建设以及资金和物资的分配使用等要切实可行，公开透明。"

第三，"地震灾害调查评估、损毁的重要公共设施的工程质量鉴定以及地震资料收集、保存、建档要建立专人保管。"

第四，"恢复重建规划的编制主体、原则、要求和程序，要求编制规划要吸收有关部门、专家参加，充分听取地震灾区干部群众意见，批准后规划项目要及时向社会公布。"

第五，"灾后恢复重建要优先安排交通、通信、电力、供水、住房、学校、医院等项目，并对学校、医院等公用设施的抗震设防提出特殊要求。"

第六，"恢复重建资金的来源要实行财政筹集与政策扶持相结合的原则。各级政府及主管部门对恢复重建资金、物资和工程质量要加强监管检查。"②

与以往相关法规相比，以上立法内容对灾后重建原则、过渡性安置、地震灾害调查评估、恢复重建规划、恢复重建重点、恢复重建资金来源及监管等，提出了许多具体要求，充分体现汶川灾后重建贯彻了"以人为本、民生优先、明确立法、依法治灾"的基本原则，社会公众关注的许多热点、焦点问题，都能从中找到答案。

汶川灾后重建对原有地震灾害不是简单的修复还原，而是一个包括整个灾区经济与社会的重建变革（有些恢复重建任务还要与整个灾区以外建设规划相配套）。这是我国第一部针对地方灾区恢复重建工作而制定和颁布的

---

①　《汶川特大地震抗震救灾志》卷二《大事记》，方志出版社 2015 年版，第 112 页。

②　孙成民主编：《四川地震全记录》下卷，四川人民出版社 2010 年版，第 541—553 页。

国家行政法规，标志着汶川灾后恢复重建工作开始进入有规划引导，有科学论证，有法可依的新阶段。

变化之三：救灾执法更加注重民生。

汶川抗震救灾期间，灾区各级人大、政府制定和实施一系列法规条例，为解决当地民生问题提供了重要依据。

1. 帮助解决困难农户住房重建

在灾区农房的恢复重建中，四川省委、省政府采用财政补助、金融支持等办法，切实帮助农村困难群众解决住房重建问题。"一是资金补助；二是统筹安排；三是设立担保基金；四是开展'一对一'帮扶。"[1]

2. 关于因地震灾害失地农民异地安置帮扶情况

对灾区部分农民失去宅基地和耕地等问题[2]，四川省委、省政府确定"就地、就近、分散安置"的原则，采取返乡就地就近安置、市内跨县（市、区）安置和省内跨市（州）安置的安置方式。"截至2009年5月4日，全省调剂宅基地1.2万亩、调整耕地2.3万亩，已实现市（州）内安置的占应安置户数的99.7%；按照农民自愿申请、政府帮扶、统筹安排的原则实施跨市（州）异地帮扶安置。青川县首批80户因灾失地农民已搬迁到邛崃市南宝山农场，青川县第二批68户以及汶川县145户群众，将于2009年5月12日前搬迁到邛崃市南宝山农场"[3]。

3. 关于促进灾区城乡群众就业情况

汶川特大地震共造成四川省152万城乡劳动者失业失地。对此，灾区各级党委、政府先后出台一系列解决灾区群众就业的政策措施。例如，"努力扩大就业援助范围，增加公益性岗位，缓缴社会保险费，降低失业保险费率，

---

[1] 孙成民主编：《四川地震全记录》下卷，四川人民出版社2010年版，第556页。

[2] 据有关资料记载：汶川特大地震造成四川省灾区部分农民失去宅基地12307亩，涉及4.5万多户、15.9万人；损毁灭失耕地17.6万亩，其中有约1.2万户、4.1万人的5.6万亩耕地全部灭失。

[3] 孙成民主编：《四川地震全记录》下卷，四川人民出版社2010年版，第556页。

进行失业预登记，发放失业保险金，代缴医疗保险费；积极抓好就业服务，组织开展公共就业服务专项活动，逐户登记造册，为灾区群众提供政策咨询、岗位信息、就业培训；加强与援建省（市）协调，积极搭建定向招工、劳务输出对接平台，把岗位送到灾区群众身边。"经过一年努力，"全省帮助129.6万名受灾群众实现就业，其中公益性岗位安置19.3万人，组织劳务输出25.6万人；为3000余户受灾企业缓缴社会保险费11亿元，为1600余户企业降低失业保险费率，为1000余户企业、10.7万职工进行失业预登记并发放失保金"①。

4. 关于遇难学生家庭和伤残学生救助情况

在汶川特大地震中，四川全省经审核认定的死亡学生和失踪学生共有5300余名。②灾区各级党委、政府和社会各界对因灾遇难学生家庭给予了特别关心和帮助，即向遇难学生家庭发放一次性救助金；将遇难学生家长的生活费来源纳入基本养老保险覆盖范围。

对因灾伤残学生及其家长，"对符合城乡低保条件的分别纳入城乡低保，并分类施保；对符合当地医疗救助政策的，在当地医疗救助标准基础上提高20%实施医疗救助；对符合低保条件的，参加城镇居民基本医疗保险和新型农村合作医疗所需个人缴费部分，由城乡医疗救助资金帮助解决。对符合长期社会救助条件的伤残学生，政府将负责到底，保障其生活及医疗救助"③。

5. 允许地震中有成员伤亡家庭再生育

据四川省人口计生部门调查，在汶川地震中失去独生子女的家庭有8000多个，独生子女伤残且不能成为正常劳动力的家庭有10000多个。

2008年7月25日，四川省第十一届人大常委会第四次会议审议通过《汶川特大地震中有成员伤亡家庭再生育的决定》，指出："在这项新的地方法规中，三类家庭被许可再生育一个子女：一是现有一个子女且伤残不能成为正

①　孙成民主编：《四川地震全记录》下卷，四川人民出版社2010年版，第556页。
②　参见孙成民主编：《四川地震全记录》下卷，四川人民出版社2010年版，第558—559页。
③　孙成民主编：《四川地震全记录》下卷，四川人民出版社2010年版，第558—559页。

常劳动力的，或者符合规定生育两个子女且都伤残不能成为正常劳动力的；二是夫妻一方为三级以上伤残，家庭现有一个子女的；最后一类是夫妻一方为丧偶再婚，双方现有子女合计不超过两个的。"①

变化之四：立法提高建筑防震标准。

汶川特大地震造成大量房屋建筑被摧毁。"四川省成都、德阳、绵阳、广元、雅安和其他15个市州倒塌及损坏房屋约440多万间，部分城镇几乎夷为平地；甘肃省倒塌裂损房屋45万多间；陕西省倒塌裂损房屋30万多间"②。在这些倒塌的房屋中，"有自建的住房，有购买的商品房；而购买的商品房，有个人一次付清的或贷款已经还清的，有商业银行按揭贷款购买的；同时，购买的商品房中，有个人自住的，也有个人投资的等"。

随后，建筑房屋的赔偿、重建、防震标准问题等遂成为受灾群众和社会公众最为关注的焦点，同时也引起许多法律问题。这里，本文仅就灾区校舍安全问题做一分析。

汶川特大地震后，中央及地方各级政府纷纷关注学校安全稳定，特别是中小学校舍安全问题。据不完全统计：在汶川抗震救灾三年间，教育部、住房和城乡建设部、各省教育厅就学校抗震救灾、校舍安全等问题共计发出各种文件89件，要求各级教育部门高度重视中小学，特别是灾区中小学校校舍安全问题。③2008年5月30日，教育部办公厅、国家发展改革委发出《关于进一步加强中西部农村初中校舍改造工程质量管理的通知》，其中提出要把工程质量摆在突出位置，确保"初中工程"的施工质量。6月8日，教育部、住房和城乡建设部发出《关于做好学校校舍抗震安全排查及有关事项的通知》，要求全国各地学校按期普查校舍安全问题。随后，四川省教育厅、

---

① 据四川省人口计生部门调查，四川灾区在汶川地震中失去独生子女的家庭有8000多个，独生子女伤残且不能成为正常劳动力的家庭有10000多个。

② 《住房和城乡建设部在国务院新闻办新闻发布会上通报》，《城市规划通讯》2008年第10期。

③ 参见高建国：《应对巨灾的举国体制》，气象出版社2010年版，第136页。

甘肃省教育厅、陕西省教育厅分别转发了上述通知。陕西省人民政府还特别发出指示：全省学校的选址要避开地震活动断层、生态脆弱区、可能发生重大灾害的区域和传染病自然疫源区，要交通便利、有利于学生生活。

2008 年 12 月底，第十一届全国人大常委会第六次会议修订通过的《中华人民共和国防震减灾法》明确规定："对学校、医院等人员密集场所的建设工程，应当按照高于当地房屋建筑的抗震设防要求进行设计"；对于已经建成的"建设工程，未采取抗震设防措施或者抗震设防措施未达到抗震设防要求的，应当按照国家有关规定进行抗震性能鉴定，并采取必要的抗震加固措施"。这是我国最高立法机构将学校、医院等人员密集的建设工程首次纳入法治化轨道。2009 年 3 月 22 日，《政府工作报告》提出要重点落实 1300 亿元灾后重建资金项目。特别要加快地震灾区学校校舍恢复建设，确保当年年底95%以上的学生都能在永久校舍中学习。

为了避免惨剧再次发生，确保房屋安全已成为地震灾区学校重建的重中之重。2009 年 4 月 1 日，国务院常务会议决定启动全国中小学校舍安全工程。其中四川灾区重建的中小学校舍从最高抗震烈度七度提高到现在的八度以上。① 中央领导一直非常关注地震中遇难学生的情况和校舍质量问题。国务院抗震救灾总指挥部在震后立即派下属工作小组严查校舍建设中是否存在"豆腐渣"或贪污受贿行为。温家宝总理在 2009 年全国"两会"上作的《政府工作报告》时表示，要把学校建成最安全、家长最放心的地方。四川重建的中小学从原来防震标准七度左右普遍提高到现在的八度以上。

此外，四川省还对灾区城镇、农村住房的防震标准提出了新的标准和具体要求。

变化之五：救灾普法教育迈上新台阶。

汶川特大地震发生后，中国地震局通过电视访谈、电话连线、广播、报纸等方式开展一系列宣传活动，从公众关心的热点问题入手，深入浅出

---

① 参见《汶川特大地震抗震救灾志》卷二《大事记》，方志出版社 2015 年版，第 324 页。

地讲解地震、避震知识和防震减灾法律法规，对稳定社会秩序发挥了重要作用。

2008 年 6 月 4 日，《汶川地震灾后恢复重建条例》经国务院第 11 次常务会议通过，由温家宝总理签署第 526 号国务院令发布施行，确保恢复重建工作依法有序开展。

2008 年 12 月 27 日，第十一届全国人大常委会第六次会议在全面调查总结历次防震减灾工作经验，特别是总结汶川抗震救灾工作实践经验的基础上，对《中华人民共和国防震减灾法》进行了修订。

2009 年 2 月 23 日，中国地震局印发《中国地震局关于贯彻实施〈防震减灾法〉的意见》（中震法发〔2009〕23 号），对地震系统学习宣传《防震减灾法》，推进防震减灾法制建设提出指导性意见，并对有关工作进行了部署。

2009 年 3 月 2 日，中国地震局印发《防震减灾工作法定职能分解》（中震法发〔2009〕30 号），对各级政府、地震工作部门和其他相关部门的管理职责进行了全面梳理，对推进防震减灾法定职能的履行进行了部署。

2009 年 3 月 10 日，中国地震局与发展改革委、住房和城乡建设部、民政部、卫生部、公安部联合印发《关于贯彻实施〈中华人民共和国防震减灾法〉的通知》（中震发〔2009〕37 号），对各地各部门学习宣传贯彻实施《防震减灾法》做出全面部署。

2009 年 4 月 22 日，中国地震局与国务院法制办公室、国家发展和改革委员会等部门联合召开贯彻实施《防震减灾法》电视电话会议，对学习宣传贯彻实施《防震减灾法》进行动员。

2009 年 4 月 29 日，贯彻实施《防震减灾法》座谈会在人民大会堂举办。此次座谈会由全国人大法律委员会、中国地震局等部门联合举行。全国人大有关委员会、国务院有关部门的负责人参加了座谈会。

2009 年 4 月 29 日，由中国地震局、中国地震灾害防御中心和北京市地震局共同组织开展的公交车厢媒体防震减灾知识宣传月启动仪式暨防震减灾科普教育基地授牌仪式在海淀公园举行。

2009年4月，中国地震局与全国人大常委会法制工作委员会、国务院法制办公室联合编写了《中华人民共和国防震减灾法释义》和《中华人民共和国防震减灾法解读》，为全国宣传贯彻《防震减灾法》提供参考。

2009年4月，中国地震局举办地震系统《防震减灾法》培训班，邀请全国人大、国务院法制办、中国地震局有关领导和专家进行授课，对地震工作部门学习贯彻《防震减灾法》进行了系统培训。

2009年5月12日，以我国第一个"防灾减灾日"为契机，各级地震工作部门集中开展了防震减灾知识和法律法规的宣传活动，在全社会形成了学习防震减灾知识、依法积极参与防震减灾活动的热潮。

2009年6—11月，在全国范围内开展了防震减灾知识竞赛，将防震减灾法律法规知识作为重点内容。竞赛分初赛、复赛和全国总决赛，各地电视台播放比赛实况或录像，中央电视台录播了决赛，社会反响热烈，取得了良好的宣传效果。

2010年2月，印发《关于做好2010年防震减灾普法工作的通知》（中震法发〔2010〕16号），对2010年普法工作进行了全面部署，要求地震系统各单位强化措施，提升普法工作实效；抓住时机，大力宣传《防震减灾法》；全面总结，开展"五五"普法验收。地震系统各单位按照要求，对本单位"五五"普法进行了总结，并上报了总结报告。

2010年4月，青海玉树地震发生后，各级地震工作部门针对公众关心的热点问题，开展了一系列的地震知识和防震减灾法律法规宣传活动。

2010年7月6—7日，中国地震局政策法规工作会议在京召开，会议对防震减灾法制工作进行了全面总结，对今后一个时期的法制工作进行了部署。会上，对地震系统普法工作进行了安排。

2011年2月，按照全国普法办公室统一部署，对地震系统"五五"普法工作进行了全面总结，按要求上报《中国地震局"五五"普法依法治理工作情况》等材料。

2011 年 5 月，中央宣传部、司法部联合印发《关于表彰 2006—2010 年全国法制宣传教育先进集体和先进个人的决定》。其中陕西省地震局荣获全国法制宣传教育先进单位，山西省地震局郄晓芸荣获全国法制宣传教育先进个人，山东省地震局郭惠民、河南省地震局王士华荣获全国法制宣传教育先进工作者，受到中央宣传部、司法部的表彰。

2011 年 5 月 23 日，北京市怀柔区地震局在公园设置了地震知识宣传橱窗，张贴《中华人民共和国防震减灾法》、"加强建筑抗震设防、提高防御地震能力"及"应对地震"等宣传挂图，使市民在游园休闲之际，浏览学习地震科普知识。

第二节　救灾法规制度存在问题

在充分肯定我国地震救灾法律法规制度在汶川特大地震后取得很大进步的同时，也应客观地看到：这一制度仍存在一些问题和不足。

问题之一：救灾法律法规体系尚未健全。

通过汶川抗震救灾和其他抗震救灾活动的冲击和考验，我国原有的一些救灾法律法规已不适应客观形势发展的需要。在地震灾害救援方面，亟须制定新的救灾法规。例如汶川抢险救灾中绵阳市九洲体育馆聚集受灾群众多达八千多人，吃住行都是巨大困难；又如抢险救灾和灾后重建时期，四川地震灾区受灾群众数千个临时安置点，这些受灾群众来自不同的地方，应当如何安置？都是以往地震灾害没有出现过的，亟须制定新的法律法规，加以应对解决。例如制定紧急移民安置原则和修建灾民临时安置点等。

在地震灾害补偿方面，相关问题不断涌现。汶川抢险救灾初期，受灾群众和灾区企事业单位为了抗震救灾的实际需要，主动响应政府救灾号召（如征借征用一些救灾设备工具，修建道路占用农户耕地、因堰塞湖排洪放弃家园等），因公牺牲了部分财产和利益。关于地震中死难者，特别是学校死难、伤残学生（独生子女）的抚恤问题；地震重伤员需要亲属、亲戚陪护产生的误工费等问题，都是以往灾害中没有遇到这样大规模复杂的问题。以上这些问题，都需要现行法律法规做出明确规定，以支持善后救灾工作。

在地震灾害恢复和重建方面，现有救灾法规较为单一。《汶川地震灾后恢复重建条例》和《汶川地震灾后恢复重建总体规划》等，主要是解决震后灾区的重建规划，重建中的财政资助，重建中有关土地和房屋所有权权属关系的变更，以及重建中受灾群众享有的财政优惠政策等。这仅仅解决地震单项灾害遇到的问题，然而应对地震产生的其他灾害，如次生灾害、衍生灾害（通信营业、交通营运损失）等，也会遇到灾后重建问题。因此，我国现行救灾法律法规，有的不是没有规定，而是规定不明确，针对性不强，急待进一步修改完善。此外，在地震救灾捐赠款物方面，也存在一些急需相关法律法规要加以解决的问题。

因此，《防震减灾法》、《突发事件应对法》中关于灾害预警、救灾和重建制度的建立，虽有比较详细的规定，但这是一个具有宏观意义上的法律，对于处理像汶川特大地震这样的巨灾，相关法律法规解决不了新遇到的许多问题。所以，立法上的缺失有可能导致各级政府部门，如地震局、民政部门等从单一角度和职能去应对和处理特大灾害及突发事件，从而导致执法的无序和低效。

问题之二：某些救灾法规内容亟须修改。

按常理来看，我国行政部门制定的规章制度一般每隔5年、规范性文件一般每隔3年就应该清理一次，并把清理结果向社会公布。但是，汶川特大地震发生前夕，我国大量的行政法规、规章和规范性文件，特别是地震管理规章制度，长期没有清理，有的调整对象已经消失，有的因上位法调整而与下位法不一致，但却迟迟没有得到修改或者废止，从而损害了法律和政策的时效性。

抗震救灾先进经验和管理办法亟须新的立法支持。例如汶川地震后，灾区各地涌现出一大批救灾先进管理经验，即根据灾种大小，中央将救灾行政指挥权下放地方政府，如何充分发挥灾区各级政府抗震救灾的积极性，需要新的立法；又如当地公安交通部门直接开辟"救灾绿色通道"（相当于交通管制），确保救灾人员和救灾物资双向通行等，需要完善相关交通法规。再如灾区各地采取花卉产业融资、旅游景区融资、住房土地融资等许多新式社会融资办法，亟须提供相关法律支持。

以上分析说明，灾区各级人大和政府部门应及时吸收汶川抗震救灾斗争中涌现出的一些好经验好做法，并将其总结提升为法律条款，以指导和推进整个防震减灾事业。

问题之三：原有志愿服务法规较为薄弱。

长期以来，我国社会动员机制存在一些不足，缺乏突发性动态式管理。一遇到自然灾害和突发事件，政府部门一般是先成立某个事件危机处理临时性机构，然后是想方设法整合相关社会资源。这一管理模式经常表现出一定的随意性，政府对民间组织为代表的社会力量，特别是志愿者，既缺乏危机管理与应对的综合协调，又缺乏必要的引导、组织、培训和调配。

汶川特大地震发生后，数十万志愿者纷纷涌向灾区。一些民间组织、志愿者虽挺身向前，勇于面对灾难，但由于其自身力量的不足往往难以发挥自身的作用。汶川救灾期间，许多草根民间团体组织可以说在夹缝中求生存，缺资源、缺资金的情况普遍存在，有的草根民间组织80%资金都来自社会或国外基金会。

长期以来由于人们的观念偏见，针对民间组织管理的法律法规严重滞后，政府部门没有愿意直接接手对民间组织的管理。这跟我国计划经济体制下形成的社会管理机制相一致的，随着市场经济的不断深入，民间组织缺位所带来的弊端愈益明显。在汶川抗震救灾期间，一些临时成立的民间组织没有注册，有时也来不及注册，就通过网站和设点筹集救灾捐款。这样既难以管理，又容易造成负面影响。现有法规对民间组织的筹款等行为都有严格的限制（汶川抗震救灾期间这一政策虽有所放宽，批准16家公益基金会可以面向社会募捐）。

我国民间组织因汶川特大地震得以高密度地出现在世人面前，但与 14 亿人口这一庞大基数相比，其数量仍然不多，而专业性的救援型民间组织则数量尤其稀少。在救灾初期，特别是黄金 72 小时内，如果有大量训练有素的救援型民间组织在现场，毫无疑问能够抢救更多的生命。救援型民间组织屈指可数是跟民间组织总体数量少是一致的，表明我国民间组织发展的环境和氛围尚不尽如人意，社会管理改革尚有大量工作可做。从一些发达国家的经验来看，随着社会分工的不断深化，民间组织也在不断趋于细分化、制度化和系统化。

震后除了形成自然界的堰塞湖之外，我国也出现了两个社会"堰塞湖"，即大量的社会捐赠和庞大的志愿者群体。

面对第一个"堰塞湖"——社会捐赠，截至 5 月 28 日，可以统计的各界捐赠款物，全国就已接受 347.87 亿元，仅红十字会一家截止到 7 月 29 日就接受境内外捐赠款物 158.4 亿元，这是该组织第一次接受管理和使用超过 150 多亿元的捐赠款物。这种情况说明，随着改革开放和社会主义市场经济建设的不断深入，我国民间社会组织积蓄了惊人的力量。但是如何将这些力量有序化地组织起来投入到抗震救灾和恢复重建中去，而不至于浪费甚至造成负面效果，也是对政府部门提出的一个严峻挑战和考验。

面对第二个"堰塞湖"——志愿者群体，根据共青团四川省委的统计，截至 5 月 19 日，在共青团四川省委登记的志愿者就已达 106 万之多，来自全国 21 个省份，这还不包括更多没有登记的志愿者。地震发生后一两天，很多志愿者热情高涨，自发驾车前往灾区抗灾，造成交通拥堵，以至于通往灾区的生命通道运行困难，给救援工作造成不必要的麻烦，最后，交通部门不得不实行交通管制。由于志愿者数量巨大，仅对他们进行协调和管理就是一个巨大的挑战，以至于四川有关部门恳请志愿者择时再来，团中央也呼吁志愿者不要盲目前往灾区。

在灾区各地，服务灾民、搬运物资、献血、募捐等工作需要大批志愿者去完成。之所以形成这种局面，根本原因在于作为社会力量中的民间组织数量太少，政府部门也没有充分认识和给予民间组织以参与救灾的有利机会与条件。因此，政府有关部门应该大力鼓励和创造民间组织发展的良好环境，以便把这些分散的社会力量整合起来，使其"聚散有度、开合有节"，力争在各种灾难救援中发挥更大的作用。

问题之四：救灾法律法规规定不明确。

通过汶川救灾法律法规的修订周期来看，有些法律条文的修改、修订、废止、解释等不及时，在一定程度上导致法律规范上出现矛盾和冲突，有些内容明显滞后于现实要求，不能满足救灾工作的实际需要。

1. 救灾款物分配中存在问题

相关法规规定：救灾资金物资专款专用，任何单位和个人不得随着挪用。但在资金十分困难情况下，有的地方部门及工作人员以拖延、预留救灾款物等方式，企图跨越这条"高压线"，曾受到当地党纪政纪部门处分。

2. 救灾捐赠款物管理使用中存在问题

在汶川地震以前，我国虽有《中华人民共和国公益事业捐赠法》、《社会团体登记管理条例》、《基金会管理条例》等三部法律法规，但上述法律法规在公益组织机构的活动领域和救助款物使用等方面，都缺乏具体实施细则。

在汶川特大地震巨大影响和冲击下，我国救灾捐赠款物管理使用一度出现了一些不规范行为。例如："（1）未及时公布捐赠物资的来源、数额，分配去向、用途、数额等信息。（2）未及时公布捐赠资金的使用结果。（3）只按日公布捐赠明细清单，不方便按捐赠人或捐赠金额进行查询。（4）未公布在捐赠资金中提取使用管理费用的情况。"①究其上述原因主要是由当时客观情况造成的。

针对以上所存在的问题，我国现行捐赠法规虽提出许多解决办法，但实际执行却成效甚少。各级纪检、监察、民政、财政、审计等部门一方面重申对救灾资金物资以及捐赠款物将实行严格的监督管理，另一方面又在实际

---

① 司马小：《浅析加强救灾款物管理的对策》，豆丁网，2011年10月18日。

监督中不断强调：要多次组织巡回检查组，公开征集社会监督员，监督救灾物资管理和发放，以增强其公开性和透明度。由此可见，相关法律法规与监督制度虽好，但还缺乏必要的执行力度。

3. 地震遗址保护利用急需新的法律规定

在汶川灾后重建过程中，灾区许多地方政府都打着开发本地旅游经济的旗号，纷纷提出要建地震遗址或地质生态园。这里仅以北川地震纪念馆及遗址保护工程建设中存在的问题为例。

2009 年 6 月，四川省绵阳市成立绵阳市唐家山堰塞湖治理暨北川老县城保护工程指挥部，专门负责北川地震遗址保护、唐家山堰塞湖治理、地震纪念馆、擂鼓镇和任家坪集镇等建设工作。经过一年筹办，该工程得到四川省政府相关部门批复，项目总投资 6.7 亿多元，实际到位资金 4.5 亿多元。[①]后因建设资金不到位，该指挥部采取"先经营后建设"模式，开办购票参观活动。半年间北川地震遗址共接待游客 68.5 万人次，由于缺乏配套设施，造成经营管理秩序混乱，受到许多媒体报道和社会舆论批评。[②]

北川地震遗址保护工程"先经营后建设"的事例并非个别现象，它在其他一些地方也存在。这说明我国地震遗址保护工作仅靠县级立法管理是不够的，还需要更高层次的法律法规保护。

4. 一些涉外工作问题急需立法解决

在汶川抗震救灾之前或行进之中，一些国际救灾援助活动给我国外事部门提出了许多新问题。例如："我国灾区是否可以向外国人开放，是否按特例处理？外国救援队搭乘军用飞机是否可以进入中国领空，由哪个部门核发准入证？哪些机场允许救援队的飞机起降？对外国救援队携带搜索犬等相关物品入境是否需要进行检验检疫？外国救援队能否进入灾区里的我

---

① 北川老县城地震遗址总体规划 35 平方公里，其中接待中心重点维护的遗址核心区超过 1.5 平方公里，包括 222 栋损毁建筑。

② 参见《北川遗址收 30 元门票续：12 元维护费因违规被取消》，中广网，2011 年 11 月 1 日。

国军队驻地？中国主管部门与联合国救援机构、外国救援队如何协调？一旦发现外国救援队进行与救援无关的活动时如何处置？"等等。对于以上问题，一方面目前我国涉外法律规定的不具体；另一方面我国外事部门及相关人员对国际救灾援助的一些基本规则也知之甚少，缺乏必要的临场经验和相应对策。

又如在汶川抢险救灾过程中，美国空军派遣 C–17 运输机向中国运送救灾物资；俄罗斯支援中国抗震救灾的米 –26 巨型直升机抵达成都；印度派遣军用飞机向中国灾区运送救灾物资；巴基斯坦曾派军用直升机向中国甘肃灾区运送 2 万顶帐篷。① 我国法律规定：外国军用飞机、舰船是禁止进入中国境内的。但在和平时期非战争条件下，外国飞机舰船是否可以进入我国境内，相关法律则缺乏具体明确规定。

问题之五：救灾执法工作存在问题。

通过汶川抗震救灾活动可以看出，无论是救灾法律法规内容，还是救灾法律体系仍存在许多问题：

——应急救灾有法不依。汶川特大地震灾害发生后，我国已经是全国动员，全民动员，《人民日报》发表社论《紧急行动起来！》，且有军事力量的大规模介入。在这种情况下，国务院并没有宣布某一灾区进入紧急状态。像汶川这样的特大地震，国务院完全有权宣布汶川、北川等 10 余个极重灾区和重灾区进入紧急状态，采用紧急动员和对付干扰（如交通车辆拥挤）等强制措施，将大批救援人员、救灾设备等以强制手段投入灾区第一线，尽快进入抢险救人现场，同时切实保证受灾地区生产生活秩序，维护灾民的切身利益。但实际情况是，政府不是宣布某些地区进入紧急状态，而是用党政部门的行政命令来代替。这说明，我国救灾应急预案以及《中华人民共和国突发事件应对法》所确立的应急组织协调和防范措施，在实际工作中并没有发挥实际作用，真正起作用的依然是依靠目前高度统一的党政军领导体制来决

---

① 参见蒋黎：《美国启用战略运输机向中国运送首批救灾物资》，环球网，2008 年 5 月 17 日。

策指挥。

——救灾行政责任心不强。各级地震部门及相关部门虽尊重法律、崇尚法律和遵守法律，但在一些地方单位，特别是一些协办单位，救灾工作不够深入，重形式、轻实效。一些工作人员在防震减灾事务中存在惯性思维，办事凭经验，对法律制度的约束力重视不够，依法行政意识和能力不强。对上级救灾指示派遣，往往采取得过且过办法，缺乏工作上主动、灵活、快速办事等作风。

——救灾管理工作执法不严。在救灾过程中，有些部门还存在不敢于执法、不善于执法，不敢于管理、不善于管理，不敢于监督、不善于监督等现象。地震工作部门与相关部门依法管理防震减灾工作的协调配合机制尚待进一步完善，部门合作、部门联动的途径有待进一步拓展，行政效率有待提高，行政执行力有待加强。

——救灾法制保障尚不充足。在防震减灾工作中，省级地震工作部门法制机构与其他机构合署办公，职能发挥不全面，法制工作人员少，执法队伍不健全，法制工作经费不足。市县地震工作部门作为主要执法主体，熟悉管理、业务和法制工作的综合人才严重不足。一旦出现各种灾情，有关部门及工作人员往往采取常规办法加以应付。如前面所述，灾区各地采取先斩后奏方式大办旅游景点、大造地震遗址纪念馆等。

——救灾法制研究不够深入。目前，我国救灾法律确立的一些基本原则和制度，以及各个层面和环节的基本应对行为，内容抽象而缺乏具体的实施细则或配套措施。通过汶川抗震救灾实践以及以后多次抗震救灾活动来看，有关部门对救灾法律研究，尤其是灾后重建条例立法后的评估研究、对地震重点监视防御区管理、地震灾害损失调查评估管理、地震灾害保险等方面的法制研究，以及对中外救灾法制对比研究等，都缺乏系统深入研究。

从以上五大问题分析论述可以看出，我国现行地震救灾法律法规制度建设与建设法治政府，实现依法治灾的社会目标，还有相当大的差距。

第三节　救灾法规制度转型升级

针对汶川抗震救灾期间救灾法规制度所存在的诸多问题，我国立法机关和执法部门应在救灾立法、救灾执法、救灾普法、救灾用法等方面加大改革创新力度，进一步贯彻落实转型升级措施。

转型之一：加快救灾立法工作进度。

我国立法主体按系统可分为人大立法和行政立法两个系统。前者是指由全国人大和地方各省人大制定和颁布的法律（包括防震减灾法律在内）。后者是指由国务院和地方各省（自治区、直辖市）、市、县行政机关制定和颁布的法规规章（包括防震减灾法规在内）。

如前所述，在汶川抢险救灾和灾后重建期间，全国人大常委会于2008年12月30日修订了《中国人民共和国防震减灾法》，为汶川抗震救灾工作奠定了法律基础；国务院于同年6月8日颁布了《汶川地震灾后恢复重建条例》，首创为单一灾害专门立法。与此同时，中国地震局、民政部等国务院行政机关，以及灾区各省（自治区、直辖市）也制定和颁布了许多抗震救灾法规。

通过以上众多机构制定和颁布的救灾法律法规来看，存在着立法权和执法权规定不明确的情况。中国地震局、民政部通过国务院颁布各种条例、章程、办法、措施等，从立法角度看，均属行业规章，不能视作法律。但从汶川抗震救灾的实际工作来看，许多人把国务院下属部门下发的行政文件，统统视为法律文件。这就形成我国立法权与执行权不明确的现象，权力交叉的情况显而易见。立法权不明确容易产生执法权相互交叉。

对此，有必要进一步明确我国防震减灾的立法与执法的联系与区别。

第一，《防震减灾法》是进行地震预报、预防、救援以及灾后过渡性安置和恢复重建的基本法律。其制定权应归全国人大常委会；其执行权应交给国务院有关主管和协管部门。

第二，地震预报、预防专业性强，我国现行法律应把这些权力主要赋予中央及地方各级地震管理部门。对此，中国地震局应明确地震监测、预报、现场科研等职权，地方各级地震部门，特别是灾区地震部门，应予以积极配合。

第三，地震救援、过渡性安置以及恢复重建等工作内容复杂、责任重大。仅靠地震、民政等少数部门是无法独立承担其重任的。国务院应将其地震防范工作交由地震部门主管，救济安置灾民等任务下达给民政部门负责。其他部门，如国家发展改革委、财政部、交通部、农业部、城乡建设部等，应大力协助主管部门进行灾后恢复重建工作。

第四，加快地震行业立法步伐。2009年4月3日，为配合国务院法制办救灾立法审核论证工作，全国人大政策法规司与国务院法制办政法人力资源社会保障司、全国人大内司委内务司、救灾司、社会救助司组成专题调研组，就《中华人民共和国社会救助法（草案）》中"自然灾害救助"一章的具体内容和救灾条例草案开展集中调研。调研组赴四川地震灾区进行了为期3天的实地走访，察看了北川县、绵竹市汉旺镇地震遗址、北川县、什邡市、绵竹市灾民活动板房集中安置点，听取了绵阳市、德阳市人民政府抗震救灾和灾后重建工作专题汇报。3月7日，调研组在成都召开了救灾立法调研论证座谈会。四川、甘肃、云南、安徽、贵州等省民政厅有关救灾负责同志参加了座谈会。与会同志围绕救灾立法中的八个主题展开讨论，特别是在救灾法规名称、所规范的内容、抗震救灾过程中可以上升为制度的好的经验与做法、救灾信息系统、指挥系统和灾后重建体制机制、志愿者管理等方面，调研组成员和与会同志取得了共识，并在加快救灾立法进程上形成了一致意见。

第五，加快灾后恢复重建立法。如前所述，在汶川抗震救灾期间，国务院曾先后制定和颁布《汶川地震灾后恢复重建条例》和《汶川地震灾后恢复重建总体规划》两个重要法规，为汶川地震灾后重建工作奠定了法律基础。但是，汶川灾后恢复重建工作任务十分复杂而繁重，仅靠这两个法规是远远不够，还需要有关部门进一步完善灾后恢复重建立法。

例如灾区城乡居民住房重建急需立法。如前所述，汶川特大地震共造成四川、甘肃、陕西、重庆、云南、宁夏6个省（自治区、直辖市）城镇居民房屋受损 9074.13 万平方米，农村居民房屋受损 1640.85 万间。[①] 对于大规模、突如其来的住房损失，川、甘、陕三省各级政府虽然采取了许多补救措施，但从法律角度来看，仍有许多问题需要立法回答。按原有《中华人民共和国保险法》有关规定：没有投入保险的住房不在国家保险法保险之列。但是在汶川特大地震灾害中，居民住房损毁特别严重，政府一点不管行吗？如果政府要管，应赔偿还是补贴？各地震情灾情不同，政府应补贴多少？以上问题，既是政府行政范围内的事务，又需要相关法律做出明确规定。

又如全国对口支援汶川灾后重建急需立法。2008年6月下旬，中共中央、国务院发文令 20 个经济较为发达的省（市）对口支援川、甘、陕三省灾区。这一决定是通过行政命令的方式动员相关省（市）向灾区各省投入人力、物力和财力。这一行政命令的法律依据是什么？相关省市对灾区各地投入到底是多大？也需要相关法律给予支持。

再如救灾捐款需修改相关法律法规。在汶川特大地震以前，全国人大曾制定和颁布了《中华人民共和国公益事业捐赠法》。汶川抗震救灾期间，这一法律却遇到了许多新问题。救灾捐赠与一般公益事业有何异同？救灾捐赠的主体是什么？救灾主体在救灾捐赠中应采取什么方式进行募捐活动？救灾捐赠款物如何管理使用？等等。原有法律法规对上述问题虽有规定，但在汶川抗震救灾捐款过程中却出现救灾主体增多，救灾捐赠款物增大，远远超出原有法律规定的范围。对此，有关部门和相关人士紧急呼吁：尽快修改原有的公益事业捐赠法，以解决现实中遇到的许多新问题。

此外，在汶川地震中失去独生子女的家庭有 8000 多个，独生子女伤残

---

① 参见《汶川特大地震抗震救灾志》卷四《地震灾害志》，方志出版社 2015 年版，第 267 页。

且不能成为正常劳动力的家庭有 10000 多个。此类问题的解决也急需颁布新的专项法规。

转型之二：加强救灾执法工作力度。

近年来，在搞好地震救灾立法工作的同时，各级地震主管部门非常重视地震行政用法执法工作。汶川地震以前，我国各级地震主管部门在地震监测设施和环境保护、建设工程安全性评价和抗震设防要求等方面，开展了大量的执法用法活动。汶川地震以后，还应在以下几方面狠下功夫。

一是要强化防震减灾法制建设规划。防震减灾法制对于防震减灾事业可持续发展具有引导、规范和保障作用。加强防震减灾法制建设，既是推进依法治国、建设法治政府的要求，也是推动防震减灾事业发展的需要。

多年来，我国防震减灾法制建设成效显著。2008 年 12 月，全国人大常委会修订通过了《中华人民共和国防震减灾法》、国家减灾委制定了《国家防震减灾规划（2006—2020 年)》、国务院颁布了《关于进一步加强防震减灾工作的意见》（国发〔2010〕18 号）和"十二五"《中国地震局事业发展规划纲要》等。依靠法制，依法治灾，既是我国防震减灾事业发展的一条成功经验，也是必须长期坚持的一项重要原则。

二是要高度重视防震减灾法律的地位作用。防震减灾法制是国家法律体系的组成部分，是防震减灾事业发展的根本保障。

（1）防震减灾法制是国家法律体系的组成部分。20 世纪 80 年代中期，我国开始防震减灾立法工作。截至 2011 年年底，我国已形成由法律、行政法规、部门规章、地方性法规和省级政府规章组成的防震减灾法制框架体系。在灾害管理领域，防震减灾法律法规制定工作开展较早、体系较为健全，成为中国特色社会主义法律体系的重要组成部分，为促进相关领域的法制建设发挥了有益的作用。

（2）防震减灾法制是推进事业发展的根本保障。防震减灾法制始终适应并服务于经济社会和防震减灾事业发展。《中华人民共和国防震减灾法》的颁布，使防震减灾纳入了法治化轨道，具有里程碑意义。《地震预报管理条例》、《地震监测管理条例》、《地震安全性评价管理条例》、《破坏性地震应急条例》的实施，使防震减灾各环节工作实现了法治化、规范化管理。法律法规为政府部门进行防震减灾社会管理和公共服务提供了保障，有力地促进了事业发展。

（3）防震减灾法制是事业科学发展的重要内容。《国家防震减灾规划（2006—2020 年）》指出，建立健全防震减灾法律法规体系，依法开展防震减灾工作，加强防震减灾法制建设。"十二五"《中国地震局事业发展规划纲要》在发展目标中要求，基本健全防震减灾法律法规；在战略方向中强调，加快各级防震减灾法制建设；在主要任务中提出，加强防震减灾法规建设，提高依法行政能力。推进防震减灾事业中长期规划和"十二五"规划的实施，必须做好法制建设各项工作。同时，只有推进防震减灾法制建设，依法促进防震减灾社会管理，动员全社会依法参与防震减灾活动，才能保证规划的全面贯彻实施，促进事业科学发展。

三是要努力加强救灾法制监督工作。汶川地震以后，我国救灾法制监督工作不断深入。近年来，全国人大对防震减灾法的实施高度重视，密切关注，进行实地执法调研、执法检查和行政检查的省份近 20 个。防震减灾法修订后，2010 年，全国人大教科文卫委员会组织开展了法律实施情况调研。全国各省、自治区、直辖市人大开展防震减灾执法检查 60 余次，省政府开展行政检查 200 余次。通过对执法活动的监督，既保证了法律法规的全面正确执行，又依法保护了当事人的合法权益。

要健全防震减灾法制监督机制，重点在于各级地震工作部门要主动配合、积极协助各级人大、有关行政主管部门，开展防震减灾法律法规执法检查和行政检查活动，按照权责统一的原则，督促各级政府、有关部门切实履行防震减灾法赋予的职责。要探索和拓展层级和层间监督的途径，加强对地震工作部门法定职责履行的监督。（1）各级地震工作部门健全防震减灾法制监督工作机制。（2）力争全国人大每年开展 1 次防震减灾执法检查，开展 2 次执法调研，中国地震局会同有关部门开展 2 次综合行政检查。（3）各省、自治区、直辖市每年开展 1 次执法检查、2 次执法调研，1 次综合行政检查。
（4）行政复议案件和行政诉讼案件全部实行备案管理，规范性文件全部实行
合法性审查。

四是要加大法制工作投入。各级地震工作部门将防震减灾法制工作经
费纳入年度财政预算，确保法制工作的正常开展。加大地震行政执法和法制
监督工作投入力度，保证必要的执法和监督工作经费，改善执法和监督工作
条件。加大法制宣传、法制研究和人才培养等基础工作投入力度，促进防震
减灾法制建设可持续发展。

此外，还要加强国内外救灾工作交流。开展防震减灾法制建设的国际
合作与交流，加强双边法律对比研究，借鉴国外先进的管理经验和救灾成
果；深入研究我国防灾减灾相关领域的法律制度，借鉴相关行业的有效措
施，提升防震减灾法制工作水平。

转型之三：尽快制定完善《志愿服务法》。

汶川地震以前，我国虽有大批志愿者队伍从事政府或社会安排的许多
服务工作，但并没有法律角度制定专门的《志愿服务法》。涉及志愿服务的
有关管理内容散见于中央及地方人大立法、政府规章或部门行政规范性文
件中。

例如 2007 年我国《突发事件应对法》第六条规定："国家建立有效的社
会动员机制，增强全民的公共安全和防范风险的意识，提高全社会的避险救
助能力。"第二十六条第二款规定："县级以上人民政府及其有关部门可以建
立由成年志愿者组成的应急救援队伍。单位应当建立由本单位职工组成的专
职或者兼职应急救援队伍。"第四十八条规定："突发事件发生后，履行统一
领导职责或者组织处置突发事件的人民政府应当针对其性质、特点和危害程
度，立即组织有关部门，调动应急救援队伍和社会力量，依照本章的规定
和有关法律、法规、规章的规定采取应急处置措施。"2008 年修订的《防震
减灾法》第八条规定："任何单位和个人都有依法参加防震减灾活动的义务。
国家鼓励、引导社会组织和个人开展地震群测群防活动，对地震进行监测和

预防。国家鼓励、引导志愿者参加防震减灾活动。"

地方机关对于应急志愿服务和动员社会力量也有一些零散规定。例如，2004 年《四川省志愿服务条例》第十二条规定，要"鼓励和支持在生活救助、支教助学、科技普及、环境保护、赛会服务、法律援助、心理抚慰、秩序维护、应急救援、抢险救灾以及其他社会公益领域开展志愿服务活动"。第三十条规定，"志愿服务活动的组织者应当根据开展志愿服务活动的需要，对志愿者进行相关培训，加强对成年志愿者组成的应急救援队伍的培训，提高应急能力"。又如，《湖南省行政程序规定》第一百二十八条规定："行政机关和突发事件发生地的基层组织及有关单位，应当动员、组织公民、法人或者其他组织参加应急救援和处置工作，要求具有特定专长的人员为处置突发事件提供服务，鼓励公民、法人和其他组织为应对突发事件提供支持。"公民、法人和其他组织有义务参与突发事件应对工作，应当服从人民政府发布的决定、命令，配合行政机关采取的应急处理措施，积极参加应急救援和处置工作。

通过汶川抗震救灾和其他救灾活动，我国立法机关和行政机关虽制定《志愿服务法》，但在具体实施过程中仍应关注以下问题：

一是高度重视志愿服务立法工作。总体来看，目前我国对志愿服务的立法工作仍处于初创阶段。面对突发事件和国家节日庆典以及其他活动中志愿者使用越来越多的发展趋势，有关政府部门应站在"立足现在，面向未来"的角度上在志愿者组织管理和权益保障等方面，要努力加强执法、用法、普法等工作力度，以适应社会管理和相关服务工作的实际需要。

二是进一步明确志愿服务的使用范围。2010 年 5 月，我国第一个《志愿服务法（草案）》规定："志愿者参加突发事件志愿服务活动时，应当接受突发事件发生地的人民政府及其委托的志愿服务组织的统一指挥、指导和管理。"这一规定有两点不明确：其一，"突发事件"概念较为模糊。因为国家重要庆典活动、节日集会发生在平时，一些志愿者活动在扶贫、支教、支边等方面，也发生在平时。这说明志愿服务不仅在突发事件发生时可以使用，在平时也可以使用。有关部门应坚持二者并重使用的基本原则。其二，志愿者管理"由突发事件所在地人民政府及其委托的志愿服务组织的统一指挥、指导和管理"。这一规定也有些不明确。事实上，在紧急情况下，所在地人民政府事情太多，难以亲自管理志愿服务问题。仅以汶川抗震救灾为例，许多志愿者来自全国各地，所在地临时自发民间组织较多，许多复杂情况并不是政府部门能管得好的。因此，用法规将志愿者及志愿服务工作委托于相关民间组织，可能更具实际意义。

三是明确规定志愿服务者的基本权利与义务。根据现有地方立法规定，志愿者大体享有以下诸类权利："自愿参加或者退出志愿服务活动和志愿服务组织；获得志愿服务活动真实、必要的信息；参加志愿服务活动组织者提供的有关教育、培训；请求志愿服务活动组织者帮助解决在参加志愿服务活动中遇到的困难；对志愿服务活动组织者的工作进行监督，提出建议和意见；要求志愿服务活动组织者出具志愿服务证明"[1]，等等。

上述权利中对活动组织者"帮助解决在参加志愿服务活动中遇到的困难"，有关地方立法规定不明确。实际上是指志愿者在服务过程中可享有获得安全保障权与物质帮助权。"前者是指组织志愿者开展有安全风险的应急志愿服务活动，有关的志愿服务活动组织者应当为参与应急志愿服务的志愿者办理相应的人身意外伤害保险，提供相应的安全保障；后者是指在对物质、技术条件要求较高的应急志愿服务中，志愿者参与应急志愿服务应当获得专业的物资设备等方面的物质帮助。"[2] 因此，在志愿者完成任务时，有关部门对服务优秀的志愿者应给予适当的物质和精神荣誉奖励，对在服务过程中受到的安全伤害，也应给予人身意外伤害保险赔偿。

"志愿者在履行服务的过程中应恪尽职守，努力工作，承担必要的服务

① 莫于川：《社会应急能力建设与志愿服务法制发展——应急志愿服务是社会力量参与突发事件应对工作的重大课题》，《中国应急管理》2010 年第 6 期。
② 莫于川：《社会应急能力建设与志愿服务法制发展——应急志愿服务是社会力量参与突发事件应对工作的重大课题》，《中国应急管理》2010 年第 6 期。

义务，保质保量完成组织上交给的各项任务。如果志愿者不能树立大局意识，履行服从统一指挥与安排的义务，易于导致国家利益、公共利益及突发事件发生地民众利益遭受巨大的损失。"这一现象在现实活动中已有诸多教训，相关部门与志愿者应以签约方式明确各自的责、权、利，以改变"光讲使用，自担风险"的不正确做法。

四是制定和实施对志愿者服务的优惠政策。政府部门应通过立法方式，根据志愿者服务时间和服务质量，在公务员录用、社会就业招聘、青年入伍、大学生选派等方面，对志愿者实行政策措施吸引，促使更多志愿者积极主动投身于各种志愿活动中去。

转型之四：完善救灾法律法规体系。

我国现行防震减灾领域的法律有 1 部，即 2008 年 12 月全国人大制定颁布的《中华人民共和国防震减灾法》；行政法规有 5 部，即国务院制定颁布的《破坏性地震应急条例》、《地震预报管理条例》、《地震安全性评价管理条例》、《地震监测管理条例》和《汶川地震灾后恢复重建条例》；中国地震局和民政部规章有 8 部，各省、自治区、直辖市颁布了 36 部地方性法规和 45 部政府规章，多数市、县都制定了贯彻上述法律法规的应对措施。

面对上述诸多防震减灾领域的法律法规，怎样才能完善我国地震救灾法律法规体系？

1. 完善地震灾害应急预案

通过汶川抗震救灾和其他救灾活动，我国各级政府除严格遵守国务院发布的《国家地震灾害应急预案》（2006 年 1 月 10 日施行）外，还应进一步细化具体内容：一是灾害预防及救助基本预案；二是灾害预防及救助的业务预案；三是定期检查灾害预防及救助预案的落实情况；四是定期实施灾害训练及演习。国家机关、企事业单位、学校、医院都有共同参与训练及演习的义务。必须强调指出：任何单位及个人都必须站在严格执法的角度，认真对待和依照灾害预防及救助预案的相关规定，不得产生与本法规定预案相抵触的行为。

2. 完善灾害应急救助法

在抗震救灾的紧急时期，各级部门及单位要严格执行灾害应急救助法：（1）抗震救灾总指挥部应实施紧急状态法，以便快速投入各种社会力量；（2）为了确保灾区人力、物力的双向流动，公安交管部门应紧急实施交通管制法；（3）灾区一线救灾部门组建后，为了积极配合上级指挥部门，可制定实施相关车辆、物资征用法等；（4）根据抢险救灾范围的扩大和需要，有关部门应制定和实施土地、房屋租借法等。①

3. 完善灾后重建法

灾区各级立法机关和行政机关不仅要严格执行国务院颁布的灾后重建相关法规，而且还要依照其相关规定，结合本地区的相关情况，制定和实施适合本辖区的灾后恢复重建条例和灾后重建总体规划。

4. 健全救灾法律责任追究制度

长期以来，我国救灾管理工作实行行政首长负责制。这一制度的执行经常会遇到许多理论上和实践上都难以解决的问题。是集体领导负责制，还是行政首长负责制？这是一个现实工作中长期争论不休的问题。

在现行管理体制下，中央及地方各级救灾主管部门及行政首长需要从法律法规层次上理顺救灾管理体制，明确各自的救灾职责任务。在防灾救灾过程中要明确行政首长是本辖区救灾工作的第一责任人。对于在地震救灾工作中犯有重大错误者，要及时追查追究相关领导人的责任。对在抗震救灾中有贪污、挪用、截留、私分或者骗取救灾款物的单位和个人，必须按情节轻重，给予党纪政纪处分，触犯法律者，必须追究其单位和个人的法律责任。

转型之五：做好救灾普法宣传教育。

按照中宣部、司法部关于开展普法工作的总体要求，中央及地方各级政府主管部门应成立普法领导小组，组织制定实施普法规划。通过召开新闻

---

① 参见《中国应建立重大自然灾害预防和救助制度》，《检查日报》2008年12月5日。

发布会、电视讲座、领导讲话、知识竞赛、巡回展出、街头宣传等形式，组织开展了丰富多彩的宣传普及活动，推进防震减灾法律知识进机关、进学校、进企业、进社区、进农村、进家庭。通过相关普法宣传教育，逐步形成各级领导干部对防震减灾工作越来越重视，有关管理部门对防震减灾工作越来越关注，社会公众的防震减灾法律意识不断增强的社会氛围。

1. 管理机关普法

2008 年修订的《中华人民共和国防震减灾法》强调："各级人民政府应当组织开展防震减灾知识的宣传教育，增强公民的防震减灾意识，提高全社会的防震减灾能力。"对此，中央及地方各级地震部门作为防震减灾的主管部门，首先要组织机关人员学法用法，明确防震减灾法律、法规的基本任务与主要职责，充分做好防震减灾规划、建设工程抗震设防管理、重大建设工程地震安全性评价等本职工作；其次要利用普法宣传教育等培训，大力培养管理机关防震减灾的业务骨干；第三要增强本部门与相关部门对防震减灾工作的沟通协调和责任落实；第四要注意网络普法宣传，派专人经常刷新网页内容。

2. 社会普法

《防震减灾法》第八条明确规定："任何单位和个人都有依法参加防震减灾活动的义务。国家鼓励、引导社会组织和个人开展地震群测群防活动"。对此，各级地震主管部门一要重点加强对建筑工程单位的普法宣传；二要重点在学校、医院、商场等人员密集场所开展普法教育；三要采取普法和实训相结合的方式，壮大救援队伍和应急志愿者队伍，配备救援技术设备，组织必要的防震避震及救援演练，提高防震避震技能，不断增强紧急救援实战能力；四要开展经常性执法检查，强化监督，不断提高社会公众的防震减灾法制意识，推进地震科技贡献率，依法保障防震减灾事业的可持续发展。

3. 公民个人普法

这一问题涉及许多部门，如各级政府部门、新闻媒体、企业、学校、医院等。各级地震部门要配合教育部门要把各级各类学校作为地震应急知识教育和普法教育的重点，积极组织其开展必要的地震应急救援演练，培养学生的安全意识和自救互救能力。新闻媒体，特别是电视、广播、报纸、网络等，应当开展地震灾害预防和应急、自救互救知识的公益宣传。每个公民应该知法、守法，自觉依法参与防震减灾活动。

每个单位和公民虽有参加抗震救灾活动的义务，但是，并不等于无条件或无序地履行其义务。例如汶川抗震救灾初期，全国各地的团体或志愿者主动积极投入灾区救灾工作，并且发挥了重要的作用和正面的社会影响。但是，也出现了一定负面效应，主要表现在大批社会单位和志愿者的救灾车辆堵塞救灾主通道，延误、干扰政府有组织有指挥地对受灾群众生命的抢救和搜救、援助等工作。部分缺乏专业救助能力的人员以志愿者的名义盲目前往灾区，不仅没有实现救灾目的，反而添乱。少量社会名人以及歌星等文艺团体，以捐款或义演的形式进入灾区，客观上起到了增加灾区负担的作用。个别企业以运送救灾物资为名到灾区变相做企业宣传广告。这些现象都与救灾精神相悖，应当引起有关部门的关注，并加以适当劝阻和教育。

转型之六：走综合防震减灾之路。

我国地震行政管理及救灾制度改革正进入总体设计、整体推进的关键时期。救灾立法系统作为整个社会救灾体系及其运行过程中的依据，则是这一关键时期的关键所在。重视地震救灾法制建设，尽快按照独立平行、相对集中、系统协调推进的方针进行地震救灾立法，显然是现阶段在建设具有中国特色的救灾制度时应当优先考虑并付诸实践的重要内容。

地震防灾法，是地震法的配套行政法规之一，其目的是为了在地震灾区认真做好地震灾害的预防工作，切实贯彻执行"以预防为主"的防灾减灾工作方针，采取各种非工程性的社会防灾措施，提高全社会抵御地震灾害的能力，最大限度地减轻地震灾害损失。它具体表现在调整地震灾区采取非工程性的社会防灾措施活动中，国家机关、企事业单位、社会团体和公民个人之间所产生的各种社会关系。

地震防灾法的主要内容包括：立法的宗旨和适用范围，防灾、减灾、救灾的工作方针、原则，减轻灾害计划和各部门防灾预案的规定，地震防灾宣传教育，地震新闻报道的规定，防灾减灾技术研究，政府各有关部门、企事业单位、社会团体和公民个人的职责权限和权利、义务、法律责任等。

如前所述，1995 年以前，我国地震救灾法律制度的建设重点在地震预测预报。如制定地震监测预报法规、地震监测设施及观测保护法规、地震安全性评价管理法规、工程抗震管理法规等。这些都是防灾减灾的单项法规。

汶川特大地震以后，有人认为，我国救灾法律制度的建设重点应放在应急救灾和灾后恢复重建等方面。实际上，这种认识并非全面。自然灾害的应对问题，尤其是地震灾害的应对问题，是一个综合复杂性的问题。很多灾害都是由于建筑物倒塌引起，应将与之相关的防灾部门：地质、气象、水利、农业、林业、建设共六大部门联合起来实行灾害联防。

这种体制缺乏一个统一的防灾减灾负责主体。有专家在通过分析总结美国、俄罗斯、日本等国在灾害立法、应急立法以及灾害应急计划制定等方面的经验后指出：国家减灾委是一个比较软性的机构，缺乏足够的约束力，应加强民政部救灾救济职能，尽快制定和实施一部综合减灾法。

但也有专家认为：我国自然灾害应急管理部门在灾害立法、应急立法以及应急预案体系建设等方面存在许多不足，包括缺少灾害应急管理基本法律，法律规范之间的矛盾和冲突较多，可操作性不强，地方政府专项应急预案不完备等。因此，提出要制定我国灾害基本法，首先要解决单项救灾法律之间的不足，增强法律的可操作性，完善各级地方政府专项应急预案建设等。

鉴于目前我国不能立即出台综合减灾法，但应及早研究制定出层次较低一点的单项减灾法，如震灾、水灾、火灾等单个法规，待条件成熟后再上升为综合减灾法律，这是比较适宜的立法思路和途径。仅就地震减灾法而言，我国立法机构和行政机关应采取以下措施：

一是尽快使抗震救灾经验法制化。通过汶川特大地震和其他地震的严峻考验，我国立法机关和行政机关应在建筑抗震设防的标准、救灾捐赠款物管理使用、企业及社会组织合法权益的保护，灾区恢复重建规划等方面，先用相关法律加以规范和保障，以指导我国整个防震减灾工作。

二是加大救灾法制监督检查。通过汶川特大地震和其他地震的严峻考验，全国人大相关委员会曾多次会同国务院有关部门，联合开展防震减灾综合检查，取得了较好的执法效果。在防灾减灾工作中，国务院有关部门要继续会同全国人大和地方人大相关委员会开展防震减灾联合检查、专项检查、举办法制讲座和法制研讨班，以提高各级地震局、民政局为主要防震减灾机关的执法能力和执法水平。

三是加强救灾法制建设研究。为适应我国防震减灾事业发展的新形势，针对新一代地震区划发布实施、地震预警信息发布、地震活动构造探察结果应用等新任务，中国地震局、中国科学院等部门应大力开展地震重点监视防御区管理、地震灾害损失调查评估管理、地震灾害保险的法制研究；开展行政执法和人大监督执法研究；开展国际救灾法制对比研究等，及时为各级政府防震减灾工作提供新的决策思路和决策依据。

总之，救灾法规是防灾减灾的重要内容。通过汶川抗震救灾和其他救灾活动，我国救灾法律管理制度在加大对原有法规进行清理修订的同时，要尽快将汶川抗震救灾和灾后重建过程中涌现出来的一些新政策、新措施、新经验等，逐步上升确立为新的救灾法律法规，坚持走依法治灾、综合治灾之路，努力将我国防震减灾事业不断推向前进。

第九章　汶川地震与救灾科技制度

救灾科技是指灾前科学预测、灾中科学应对，运用先进科技装备工具抢救人员和财产，以及灾后科学规划、重建、施工等。

在汶川抗震救灾和灾后重建过程中，我国科技工作者曾大量采用地震科技救灾方法及其高科技设备产品，在调研评估震区灾情、恢复灾区通信联络、打通运输通道、搜救幸存者生命、医治伤员心理创伤、运送救灾物资、监控灾情余震等方面，发挥了重要的救灾作用。实践证明，防震救灾工作离不开救灾科技，救灾科技应贯穿于防震减灾全过程。

本章将着重对汶川地震前后我国救灾科技制度变化、存在问题进行系统深入探讨，进而揭示其转型升级规律及特点。

第一节　救灾科技制度的变化

在汶川抢险救灾和灾后恢复重建过程中，我国救灾科技在救灾意识、救灾方式、救灾手段、救灾设备、救灾国际合作等方面，取得了一系列变化。

变化之一：科技部门迅速投入救灾活动。

在闻讯汶川特大地震消息后，中国地震局立即派出国家地震灾害紧急救援队195人迅速赶往四川地震灾区。到达灾区第一线后，该队抢险人员立即投入现场救人，科研人员立即会同四川地震、水利、气象、国土等部门专家，运用先进技术手段，对汶川震情灾情、损失程度，成灾机理及变化趋势等问题进行了初步研判，为各级抗震救灾指挥部门提出了许多决策依据和救援方案。5月20日，中国地震局又会同科学技术部、国土资源部向国务院提出成立国家汶川地震专家委员会，为抗震救灾提供智力支持，同时对受灾群众的安置和灾后重建工作提出具体建议，均被全国抗震救灾总指挥部采纳。

汶川特大地震发生后，中国科学院在全国抗震救灾总指挥部直接指挥下，迅速成立由对地面观测与数字地球科学中心牵头联合7个所组成的"汶川地震灾害遥感监测与灾情评估工作组"，建立起数据获取、数据处理、灾情信息提取与分析、灾情专报的灾情评估体系。同时，又利用遥感技术为应急救灾、减灾提供空间信息服务。

5月13日，科技部下发《关于做好科技抗震救灾有关工作的紧急通知》，其中提出"切实把抗震救灾作为当前的首要工作，紧急动员，全力以赴，立即投入到抗震救灾工作中"和"迅速组织多领域专家对地震灾情和预防次生灾害进行综合技术研判，为抗震救灾决策服务"等应急措施，要求全国科技系统紧急派遣科技救灾队伍，迅速赶赴灾区各地。

据有关资料统计，"抗震救灾期间，全国科技系统先后组织1.2亿元科技救灾资金和物资支援救灾，包括10部抗震救灾卫星移动应急指挥系统、105台跟踪式太阳能卫星电视及照明系统、2套应急调度指挥系统等"。

与此同时，四川省50多位专家提供30多条建议，全被抗震救灾决策部门采用。如"为运用先进科技服务救灾，灾区遥感和航拍资料被用于灾情监测与评估"、"灾区'跟踪式太阳能卫星电视及应急照明系统'安装到受灾最严重的绵阳市北川羌族自治县在播鼓镇的抗震救灾指挥中心"、"围绕公共卫生、食品安全、房屋重建等开展了科普工作和心理援助"，等等。① 四川省科技厅"组织提供500余套家用纯水设备、100套灾区专用水处理设备、

---

① 参见盛利：《纪实：科技点亮汶川美好明天》，新华网，2011年5月13日。

100 套小型水处理净化设备和 1000 套净水芯，在灾区得到使用"①。

变化之二：救灾科技产品得到广泛应用。

与历次地震救灾活动相比，我国许多高新技术及产品设备直接运用于汶川抢险救灾和灾后重建的全过程。

1. 卫星遥感技术

汶川特大地震发生后，国家测绘局随即安排了 3 颗高分辨率、雷达遥感卫星对准灾区，获取卫星影像，同时调集飞机赴灾区进行航空摄影。

国防科工局利用全球定位仪，"首先安排中国卫星密集地对汶川特大地震灾区进行拍摄成像，同时调集过去卫星对灾区成像的图片，进行前后对照分析，以加强灾情监测与评估工作"。

隶属于航天科技集团公司的中国资源卫星应用中心充分利用我国资源卫星的对地观测作用，"将卫星采集到的所有信息（诸如滑坡、堰塞湖、道路损毁等信息）及时上报全国抗震救灾总指挥部，供领导决策和各有关部门使用"。与此同时，还"安排中巴地球资源卫星 02/02B 星 CCD 相机对地震灾区进行持续跟踪观测，基本做到每天有一颗资源卫星经过震区并成像。截止到发稿时，该中心已报送了 23 次监测结果，共解译出灾区内 86 处滑坡、14 处堰塞湖和 1 处桥梁断开，对于相关部门分析、了解灾情提供了很大帮助"。②

此外，国务院有关部门按照《空间与重大灾害国际宪章》的相关规定，启动了国际减灾合作机制。美国、日本等 11 个航天部门向中国政府提供了四川灾区的卫星遥感图片。

2. 航空遥感图片

空间遥感技术是 20 世纪 50 年代以来根据电磁波的传播原理以及各种传感仪器对远距离目标辐射和反射的电磁波信息，通过收集、处理并最后形成

---

① 盛利：《纪实：科技点亮汶川美好明天》，新华网，2011 年 5 月 13 日。
② 邓绍辉：《汶川地震与科技救灾》，《中国科技信息》2013 年第 20 期。

图像从而对地面各种景物进行探测和识别的一种综合技术。按其遥感方式，它可分为卫星遥感、航空遥感以及地面遥感三种。

2008 年 5 月 13 日，国土资源部第一时间紧急启用航空遥感飞机，从 6000 米高空拍摄了地震灾区高精度遥感图片。"5 月 14 日，中国科学院 2 架航空遥感飞机飞赴汶川灾区开展遥感监测和灾情评估工作，30 多位科研和飞行人员完成了 2 个架次共 8 个小时的雷达航空作业。现场作业组迅速进行数据回放和初级处理，部分快视和纠正数据当夜既送达北京，相关科研人员连夜对遥感监测数据作进一步处理，并开展灾情信息分析，为国家有关部门抗震救灾工作提供咨询服务和决策依据。"5 月 16 日早晨，"国家测绘局派遣的中飞四维公司机组对都江堰、汶川、茂县、理县等重灾区的河谷居民地实施了航空摄影，航摄面积约 2200 平方公里，成功获得了该地区的地面分辨率为 0.35m 的彩色航片 200 张。随后，国家测绘局科技人员在对获得的航空摄影照片及数据进行加工处理后，制作了灾区真彩色影像图及三维地理信息系统等，提交抗震救灾和灾后重建使用"。①

3. 卫星电话

汶川地震发生后，灾区许多地方依赖地面设施，如光缆、光纤、电线杆、基站等常规通信设施，遭到破坏而失去通信功能。5 月 12 日 14 时 40 分，即汶川大地震发生后 12 分钟，中国电信汶川分公司一位电信员工利用国际海事卫星电话② 拨通了上级部门的号码，第一时间传出地震损失情况和求救信息。5 月 13 日 1 时 15 分，汶川县委书记通过海事卫星电话向阿坝州政府

---

①　邓绍辉：《汶川地震与科技救灾》，《中国科技信息》2013 年第 20 期。

②　卫星电话，全称为"国际海事卫星电话"（International Maritime Satellite Telephone Service），指的是通过国际海事卫星接通的船与岸、船与船之间的电话业务，主要用于船舶与船舶之间、船舶与陆地之间的通信，可进行通话、数据传输和传真。海事卫星电话通过国际公用电话网和海事卫星网联通实现，其中海事卫星网路由海事卫星、海事卫星地球站、船站以及终端设备组成，而海事卫星则覆盖了太平洋、印度洋、大西洋东区和西区。海事卫星电话由于不需要地面通信设备，只需要一个笔记本大小的终端设备把信号发到空中，由空中的海事卫星系统接收后，再通过海事卫星系统把信号传输到目的地，即可完成通信业务。

报告了汶川灾情。

5月13日23时15分，最先抵达汶川县城的武警某师参谋长和他的挺进小分队，利用海事卫星电话向上级报告了汶川受灾情况。5月14日，"在茂县与外界的通信、交通完全中断的情况下，15名空降兵先遣队员携带2部海事卫星电话，在茂县上空成功实施了伞降，发回了茂县的第一份灾情报告，随后每隔半小时向指挥部报告最新救援进展和当地灾情，并为大批救灾物资的空投指引目标"。随后许多天，"来自灾区的新闻文字稿、图片、视频均是通过海事卫星设备传出的。抗震救灾人员之间互相联系、与外界联系和与震中联系，均使用的是海事卫星通信设备"。[1]

与此同时，我国有关部门还将1000多台"北斗一号"用户及时配发给救援部队，在灾区通信不畅的情况下，有效地解决了救援部队各点位之间、点位与北京之间的定位与联络，使一线救援部队能及时将灾情和准确位置发送到各级指挥部，为抗震救灾指挥部提供了决策依据，为解救被困群众提供了重要信息。

4. 直升机

直升机是一种重要的空中运输工具，主要由机体升力（含旋翼和尾桨）、动力、传动3大系统以及机载飞行设备等组成，其突出的特点是可以做低空、低速和空中旋转飞行，以及可在小面积场地垂直起降。

在汶川抗震救灾中，我国共出动各种直升机99架（包括民用直升机30架在内），其中以米–171机型最多，其次为黑鹰、直八、超级美洲豹等机型。5月25日，"俄罗斯支援中国的一架米–26重型运输直升机飞抵四川德阳市广汉机场，用于执行向唐家山堰塞湖坝顶吊运大型机械设备和向北川擂鼓镇吊运抢险物资设备的任务"[2]。

6月1日，在汶川县映秀镇附近执行救灾飞行任务失事的直升机就是

---

[1] 邓绍辉：《汶川地震与科技救灾》，《中国科技信息》2013年第20期；王握文：《"北斗一号"卫星导航定位系统发挥重要作用》，中国军网，2008年5月30日。

[2] 邓绍辉：《汶川地震与科技救灾》，《中国科技信息》2013年第20期。

米 –171 机型。该机组人员自参与抗震救灾以来，在复杂地理、恶劣气象环境条件下抢运受伤群众和运送救灾物资，共飞行 63 架次，运送救灾物资 25.8 吨，运送救灾人员 87 名，转运受灾群众 234 名。①

此外，中航第二集团公司自行研制的直 8、直 9 直升机，作为参加抗震救灾的部队装备，为有关部门航测航拍、突击运输等提供了有力保障。

变化之三：救灾科技方法得以推广。

在汶川抢险救灾和随后几年抗震救灾活动中，我国一大批高新技术在防震减灾工作中得到广泛应用与推广。

1. 地震预警技术

地震预警是指地震发生时，利用电波传播速度比地震波传播速度快的原理，当地震波尚未到达的地面而提前进行预警，以达到防震减灾的目的。一般来说，地震波传播到地面的速度是几百米或上千米 / 秒，而电波的传播速度为 30 万公里 / 秒。因此，地震台网利用二者的时间差，采用监控仪器获取地震信息，就可能对地震的爆发程度和破坏范围进行快速评估，当破坏性地震波到达地面之前的短暂时间而向地面发出预警。

地震预警技术在美国、日本、墨西哥等地区已广泛运用。我国地震预警技术研发始于 20 世纪末。②2008 年汶川地震后，成都高新减灾研究所自主研发的地震预警系统于 2010 年通过有关部门的技术鉴定，并在汶川余震区域（包含 18 个县市，覆盖了四川、甘肃、陕西三省交界区域）布设了预警试验网络。国家有关部门已经建成或正在建设覆盖四川、甘肃、陕西、云南等省部分区域超过 20 万平方公里的地震预警系统，其覆盖面积仅小于日本地震预警系统，覆盖区域包括龙门山断裂带（汶川余震区域）、鲜水河断裂带、安宁河断裂带、小江断裂带等地震区。同时，《国家地震烈度速报与预警工程》已进入国家发展改革委立项程序，计划用

---

① 参见邓绍辉：《汶川地震与科技救灾》，《中国科技信息》2013 年第 20 期；朱会伦：《失事直升机仍未找到》，《科技日报》2008 年 6 月 30 日。

② 参见邓绍辉：《汶川地震与科技救灾》，《中国科技信息》2013 年第 20 期。

5 年时间建成由 5000 余个台站组成的全国地震烈度速报与预警系统，其中四川作为重点监测地区，将建设 198 个基准站和 197 个基本站。①

另据有关资料记载：2013 年 2 月 19 日，部署在云南省昭通市的一套地震预警系统，在一次 4.9 级地震的破坏性地震波到来之前 15 秒钟发出预警，从而为有关部门发出警报赢得时间，避免了人员伤亡。据报道，这是我国地震预警系统首次实现对破坏性地震的成功预警。②

2. 房屋隔震技术

房屋隔震技术是指在建筑物的修建过程中地基采用新材料——橡胶垫层等作为支座。当地震发生时，建筑物可在橡胶垫层上轻微颤动，从而减轻地震对建筑物的直接破坏。

在汶川地震灾后重建的过程中，四川灾区针对学校、医院、商场等人流量较大的建筑物，重点采取了两种新技术：一个是房屋隔震技术③；另一个是房屋建造工厂化制作技术。

针对汶川特大地震造成许多建筑物的严重破坏，有关专家研究发明了橡胶支座隔震减震技术，受到社会各界的广泛关注和使用。通过相关实验，该技术的采用可以减少 6—8 倍的地震反应，是目前较为安全、适用、经济的工程抗震技术之一。

据有关资料记载：汶川灾后重建期间，房屋隔震技术在四川灾后重建项目（例如汶川新县城建设、北川新县城建设、芦山县人民医院主楼等）中得到广泛应用。同时，对灾区各县重建中小学、医院等也采取了避让活断层及

---

① 参见邓绍辉：《汶川地震与科技救灾》，《中国科技信息》2013 年第 20 期。

② 参见杨东：《我国首次成功预警破坏性地震》，《华西都市报》2013 年 2 月 20 日。

③ 参见邓绍辉《汶川地震与科技救灾》，《中国科技信息》2013 年第 20 期。与传统的建筑抗震技术不同，隔震技术主要是从"抗"转变为"隔"，即地震发生时，尽量隔离或是减轻地震震动对建筑物的影响。通俗地说，就是把建筑物放在一个柔软的"垫子"上面保护起来。这个"垫子"由橡胶、钢板层层叠压而成，称为"叠层橡胶隔震支座"。建造房屋时，将这些支座一个个放置到房屋与地基之间，彼此间留下足够空隙。地震发生时，这些支座就会依靠延展和活动空间，把地震波能量隔离、消减掉。

提高抗震设防标准等措施。①

3.地震台网建设

据记载，在汶川地震之前，我国"已经有几千个地震监测台点覆盖全国，技术水平和规模都有很大的提高"。汶川特大地震之后，我国地震主管部门高度重视地震监测工作的发展，加大了对地震监测和预测的投入经费，加快了我国地震台网由模拟型向数字化、网络化、技术化的转型，同时还提高了地震观测点的建设密度。2008年12月31日，国家发展改革委批复中国地震背景场探测工程项目建议书。②该项目包括地震观测台站、科学台阵观测系统、数据处理与加工系统三部分，其中地震观测台站部分建设602个固定观测台站和4个流动观测台网；科学台阵观测系统购置400套宽频带数字地震仪系统、100套高频带流动地震观测仪器系统及4套车载流动单元；数据处理与加工系统建设13个数据中心，购置8个数据处理设备及开发相应软件。该项目总投资4.04亿元，由中央预算内投资解决。该项目立项批复标志着《国家防震减灾规划（2006—2020年）》确定的国家地震安全计划的实施迈出了第一步。目前，相关部门和项目法人正着手启动项目可行性研究报告的编制工作。

数字化地震台网建设大大提高了我国地震监测的水平。有专家指出：过去在我国发生一次地震后，要准确定位地震的发生地点、时间和震级大概需要半小时以上的时间，而如今只需要几分钟就可以对我国境内发生的有感地震进行快速定位，并迅速将信息报送到相关部门，开启应急措施。

变化之四：救灾科技手段得以广泛运用。

在汶川抢险救灾和灾后恢复重建中，一大批新技术手段在爆破排险、监控灾情和防范次生灾害等方面，得到了广泛应用和推广。

---

① 参见罗琴：《按标准修的建筑基本达到抗震预期》，《华西都市报》2013年4月26日。

② 参见《提升地震探测能力　中国地震背景场探测工程项目立项》，人民网，2009年1月14日。

1. 新爆破技术排险

在汶川救灾抢险过程中，抢险人员，特别是解放军工程兵部队，在传统的炮孔法、药室法和裸露药包法 3 种爆破方法的基础上，创造了许多各具特色的现代爆破技术，如微差爆破（又称毫秒爆破）、光面爆破、预裂爆破、定向爆破、控制爆破、地下爆破、水下爆破等。[1]

解放军工程兵学院爆破专家在此次地震排险中，指导工兵分队对嘉陵江堰塞湖实施了爆破排险，10 次爆破作业清除河道障碍物 5 万立方米，确保了宝成铁路交通运输安全。5 月下旬，武警水电部队官兵对所负责的堰塞湖坝实施爆破排险，通过爆破排除 200 万立方米的洪水。从 6 月 1 日起，四川灾区各地危房的拆除也陆续实施了新的爆破技术。[2]

2. 监控地震水情

四川灾区因地震山体塌方堵塞水流而形成 34 个堰塞湖。为攻克最大的堰塞湖——唐家山堰塞湖险情监测难题，南京自动化研究院南瑞水情公司技术人员于 5 月 25 日在崎岖山路上徒步 10 多个小时，赶到唐家山堰塞湖，成功安装了"堰塞湖险情实时监测系统"，为制定排除险情的决策指挥提供了科学依据。

3. 防范次生灾害

2008 年 5 月 16 日至 19 日，中科院成都山地所派出专家参加四川省科技厅组织的抗震救灾科技支持小组赴"5·12"大地震的重灾区——安县，了解灾情和提供技术支持，并在现场指导当地人员注意防范崩塌、滑坡、泥石流、山洪等生灾害。

安县山区地处龙门山中段，在这次地震中损失惨重，据实地调查，约 2/3 的死亡人数是由次生灾害造成的。2008 年 5 月 17 日早，抗震救灾科技支持小组在县有关部门的人员陪同下，冒着余震和山上滚石的危险，到茶坪

---

① 参见邓绍辉：《汶川地震与科技救灾》，《中国科技信息》2013 年第 20 期。

② 参见邓绍辉：《汶川地震与我国救灾队伍建设》，《法制与社会》2014 年第 7 期，转引自刘逢安、周金鑫：《解放军工程兵部队运用技术排险实施科学救援》，中国新闻网，2008 年 6 月 1 日。

河上游山考察。重点考察了在茶坪河上游形成的多个地震堰塞湖，并在 18 日和 19 日由省科技厅协调用小飞机对茶坪河堰塞湖进行遥感获取堰塞湖信息。结果显示，在茶坪河上游形成了多个地震堰塞湖，对下游乡村及地震灾民救助点的安全构成严重威胁。科技支持小组及时把这一重要信息反映到县救灾指挥部，并通过科技厅反映到省指挥部，供抗灾决策参考。

针对汶川地震时山地灾害以及其他灾害频繁等情况，成都山地所专家还与灾区安县电视台合作，制作了一次预防山地灾害的专题访谈节目，强调山区居民、救援人员、灾民救助点等要注意抗震救灾中预防山地灾害的危害，防止山地灾害造成二次危害，在暴雨时和暴雨后除防范崩塌、滑坡、滚石等山地灾害外，还要防范泥石流和山洪的危害。

总之，在整个抗震救灾过程中，我国各级救灾部门始终坚持科学施救（如专业救灾队伍配备和使用了一些性能先进的内燃式切割锯、液压切割钳、多功能组合工具、墙体透视雷达和生命探测仪等特种救灾设备）、科学规划、科学重建、科学施工等重要方法和手段，极大地提高了救灾能力和救灾效率。

变化之五：救灾科技国际合作迈出新步伐。

在汶川抗震救灾初期，国务院有关部门依照《空间与重大灾害国际宪章》的有关规定启动相应国际减灾合作机制，提请包括美国、日本、法国、加拿大、印度、欧空局等 11 个主要航天机构的 20 颗卫星为中国提供灾区图片。[1]5 月 16 日，"美国航天部门也向中国政府提供四川震区的卫星遥感图片，包括损毁的水库、道路及桥梁等卫星图片"[2]。

与此同时，科技部所属中国科学技术发展战略研究院与挪威有关机构对受灾群众需求展开快速调查合作，形成《汶川地震灾后重建居民政策需求快速调查报告》，并报送全国抗震救灾总指挥部及有关部门，为制定恢复灾后重建规划提供了重要参考资料。美国环保局也把该国抗震救灾方面的技术

---

[1]　参见邓绍辉：《汶川地震与科技救灾》，《中国科技信息》2013 年第 20 期。

[2]　邓绍辉：《汶川地震与科技救灾》，《中国科技信息》2013 年第 20 期。

手册和指南等无偿援助中国，供地震灾区恢复重建使用。与此同时，科技部组织专家与日本有关协会组织、美国科学基金会组成的汶川地震灾后重建技术国际服务团的专家代表座谈，围绕震后有关灾害监测预警、受损建筑物修复、新型抗震建筑物开发等问题进行了深入探讨。①

为了学习和借鉴一些国家在抢险救灾和恢复重建等方面所积累的经验，科技部一方面会同中国地震局、中国科学院相关部门；另一方面又利用中国驻外使领馆，组织并联络国外有关机构，收集防震减灾相关技术数据和信息。例如在转移安置与恢复重建阶段，科技部通过中国驻外使领馆科技处（组）积极联系国外建筑、环保、地震和公共卫生等方面的机构和专家，召开座谈会，收集灾后重建工作所需的相关技术和信息资料，组织与国外相关机构开展合作。

在此期间，一些国家政府组织也提出灾后合作等协作意向，有的还表示愿派遣救援队和技术组，尽可能提供救灾技术援助。中国驻外使领馆科技处（组）也积极协助国内科技部门与国外有关机构和人员开展了科技合作，争取国外相关技术、信息和资料的援助。

总之，在汶川抗震救灾中，我国救灾科技呈现出一种新理念、新实践、新突破，依靠科技力量把地震危害降到最低程度，把抢救生命的可能性推到新的高度，把灾后重建做到最理想的程度，在一定程度上既发挥了救灾科技的巨大威力，又提高了国家掌控灾害危机的管理能力。这说明改革开放为汶川抗震救灾提供了强大的物质基础和技术保障。

第二节　救灾科技制度存在问题

在充分肯定我国救灾科技工作在汶川地震震前预防、震中救援和灾后

---

① 参见《汶川特大地震抗震救灾志》卷九《灾后重建志（下）》，方志出版社 2015 年版，第 1129—1131 页。

重建过程中取得许多可喜成就的同时，也应客观地看到在监测预防预警、房屋设防标准、救灾科技设备研发与投入等方面，我国救灾科技制度还存在一些问题和不足。

问题之一：监测预报未能发挥应有功能。

众所周知，汶川特大地震是一次现有监测预报设备未能发挥应有作用、缺乏监测预报数据的一次特大破坏性地震。

早在汶川特大地震发生之前，我国相继在全国主要地震区建立了一些地震监测网站：如（1）地震监测台网（用于监测地震发生时的地震学信息）。（2）地震前兆观测网（用于监测各种前兆信息，包括测震、地形变、地下水位、水氡、CO_2、断层气、电磁波、地电、地倾斜、水温等）。（3）覆盖全国的 GPS 观测网络（用于观测地表形变）。（4）流动观测台网（用于相关研究，包括宽频带流动地震台阵、跨断层 GPS 流动观测网络、跨断层大地电磁观测台阵等）。其中，"离震中最近的台站，也有 140km 远的距离"是指国家地震台网的地震监测台站，是监测和记录地震发生时的地震数据用的，当然，如果能够记录到密集的小震（目前能够记录到 1 级以上的全部地震），也可以作为预报地震的依据之一。用来监测地震的台站，在国家台站的大范围覆盖面下，还有省、市等地方台站。（5）在沿龙门山断裂带的平武、北川、江油、安县等地建立了由国家、省、市三级集成的地震观测网络，包括测震、地下水位、水氡、CO_2、断层气、电磁波、地电、地倾斜、水温等观测手段，在平武、安县建立了数字化测震仪、北川数字流体观测、绵阳数字强震台网和 GPS 绵阳站，初步形成了地震区域监测网络。

四川龙门山地区是我国布设地震观测技术力量较强的地区，震前数年虽观测到若干项有一定前兆意义的异常现象，但因地震专业人员在认识判断上缺少经验，故未引起足够重视。据有关资料记载：汶川地震前夕，四川、甘肃、陕西等省拥有一定数量的地震观测台网。四川省地震区域台网由 52 个台站和 1 个台网中心组成，平均台站密度为 1 台 / 万平方公里，除甘孜藏族自治州的部分地区外，四川省其余地区地震监测能力达到 ML2.5 级，部分人口密集的大中城市地震监测能力达到 ML1.5 级。①

甘肃省地震区域台网由 44 个台站和 1 个台网中心组成，平均台站密度为 1 台 / 万平方公里。甘肃省大部分地区监测能力达到 ML2.5 级，中东部地区及人口密集的大中城市地震监测能力达到 ML2.0 级。

陕西省地震区域台网由 31 个台站和 1 个台网中心组成，平均台站密度为 1.6 台 / 万平方公里。陕西全省地震监测能力达到 ML2.5 级，关中及陕南大部分地区地震监测能力达到 ML2.0 级。②

汶川地震前夕，我国各级地震部门在上述地区虽然布设了震情监测、前兆观测网络及信息传输系统，但对这一地区复杂的地质工作和社会问题，各级地震部门一方面难以根据地震预报研究的现状和预报的主要依据对地震预报作出准确判断；另一方面也很难根据该地区经济、人口、环境条件等对预报发布与否，以及可能产生的社会影响和效果作出准确估计，只能在各种利害因素中把握平衡，寻求所谓最佳的防震减灾方案。

以上分析充分说明两点：一是地震预报是世界性难题。目前全球每年在陆地上发生的十几次七级以上地震及我国近些年发生的一些中强地震，特别是 1998 年张北 7.8 级大地震、2008 年汶川 8.0 级地震，都难以作出短期预报或临震预报。二是目前我国在地震监测预报工作中虽尽了很大努力，但远没有达到过关程度，仍停留在半经验半理论阶段。

问题之二：灾区建筑物抗震设防标准不足。

我国房屋抗震设防标准是从 20 世纪 70 年代开始的。1974 年，我国地震和建筑学界开始试行《工业与民用建筑抗震设计规范（试行）》，其中提出了"建筑质量"等抗震标准。1978 年，我国地震和建筑学界对 74 规范进行了补充和完善，正式颁布实施《工业与民用建筑抗震设计规范》，

① 参见《汶川特大地震抗震救灾志》卷四《地震灾害志》，方志出版社 2015 年版，第 47 页。

② 参见《汶川特大地震抗震救灾志》卷四《地震灾害志》，方志出版社 2015 年版，第 47 页。

用以指导和规范全国的建筑抗震设计。[①]1989 年，再对 1978 年《工业与民用建筑抗震设计规范》进行修订补充，制定了《建筑抗震设计规范》，首次提出"三不准"理念，即"小震不坏，中震可修，大震不倒"的要求。按此要求：我国许多地区房屋防震标准：大城市按 7 级设防，中小城镇按 6 级设防。

据有关资料记载：汶川地震以前，四川、甘肃、陕西等地的抗震设防烈度定为 VII（7 度），在山区、农村、许多农舍基本没有设防。而此次大地震，汶川震中、县城房屋倒塌近 1/3，甚至大多数地方被夷为平地，致使人员伤亡极为惨重。据有关资料记载：汶川特大地震共造成四川、甘肃、陕西、重庆、云南、宁夏 6 个省（自治区、直辖市）城镇房屋受损 9074.13 万平方米，农村居民房屋受损 1640.8 万间，直接经济损失 2388.64 亿元。三省居民房屋损失 2317.11 亿元，其中四川省 2026 亿元、甘肃省 233.36 亿元、陕西省 57.75 亿元。三省非住宅用房受损 1722.03 亿元，其中四川省 1604.4 亿元、甘肃省 76.66 亿元、陕西省 38.97 亿元。地震造成居民财产损失 374.08 亿元，其中四川省 344.9 亿元、甘肃省 16.38 亿元、陕西省 12.8 亿元。[②] 灾区大批居民在汶川特大地震中遇难，从一个侧面揭示了我国现有建筑工程安全存在弊端，即建筑物防震标准过低。

在汶川特大地震中，有人认为，川、甘、陕三省灾区房屋建筑大量倒塌、人员伤亡的主因是当时建筑防震标准规定太低。这种看法只对一半。事实上，川、甘、陕三省大量房屋建筑倒塌的主因有三：一是当地城乡建筑物的抗震设防标准普遍太低；二是建筑施工没有严格按标准操作；三是汶川特大地震的震级达到 XI 级，远远超过原有的防震设计标准，从而导致汶川地震灾区许多建筑房屋倒塌。所以，灾区房屋建筑和其他工程建筑防震标准问题既是一个科技标准的规定问题，又是一个建筑施工的质量问题，应当引起

---

① 参见《前事不忘　后事之师》，人民网，2013 年 5 月 14 日。

② 参见《汶川特大地震抗震救灾志》卷四《地震灾害志》，方志出版社 2015 年版，第 267 页。

我国主管部门和工程建筑单位的高度重视。

问题之三：救灾科技设备研发生产不足。

救灾科技设备主要是指防震救灾所需的大型、重型工程机械（如履带式露天钻、重型装载车、重型直升机等）、科技含量高的设备（遥感飞机、医疗方舱、野战医院、生命探测仪、海事卫星电话等）、多样性设备（如液压钳、救援气垫等）。它是我国抢险救灾和灾后重建工作不可缺少的物质条件，在一定程度上具有加速或延缓救灾进程之作用。

1. 关于救灾科技设备研发投入不足问题

我国救灾设备工具的研发起步较晚，科技部大概是 2003 年才开始立项进行这方面的研究。据有关专家介绍说：中国地震局在"十五"规划项目中，大约支持了 1500 万元搞搜救设备工具研发，"十一五"也制定了相关计划。但是，每年只有几百万元支持生命探测仪和其他救灾装备等研发工作，人力、经费投入与发达国家相差甚远。

据有关专家指出：近年来，俄罗斯民防和应急科学研究院已完成 1000 多项科学研究和建设实验任务，其中包括新技术的开发、搜索和救灾设备的生产等。美国搜索与救援跨部门委员会（ICSAR），专门设立救灾装备与技术工作组，与若干所大学合作共同设立城市搜救装备的研发机构。日本对救灾设备工具的开发技术、设备已成为一种常规的工业生产。[1]

然而，我国对所有的救灾搜索、抢救装备工具的技术研发，甚至包括对山地、陆地、海上、水上、雪崩和坍塌等搜救装备，都缺乏设立专门管理机构，一些相关科研单位和生产部门往往各自为政（目前国内只有天津大学和成都理工大学等少数研究机构和人员从事救灾设备工具研发），很少进行沟通合作。这种情况表明我国相关研发仍处于十分落后的状态，并没有从国家层面集中人力和资金，进行相关科研攻关，专门生产一些我国防震救灾工作急需的装备工具。

---

① 参见肖洁：《地震救援仍待专业化系统化》，《科学时报》2008 年 6 月 18 日。

2.关于救灾科技设备生产不足问题

通过汶川抢险救灾和其他抢险救灾活动可以看出，我国科技救灾设备及工具仍存在研发生产不足、国产化率较低等问题。

据参加汶川抢险救灾的国家地震紧急救援队一位专家告诉记者，这些年国家救援队用的救灾设备基本上是进口产品。打开中国地震搜救中心的网站，能找到来自世界各国的侦检设备和搜索设备：声波／振动探测仪来自美国，光学生命探测仪来自德国，热成像生命探测仪来自美国，电磁波生命探测仪还是来自美国……①他又说："中国国家救援队的液压救援破拆工具仍然全部进口的是荷兰 Holmatro 公司的产品。这主要是因为国产工具在可靠性方面还无法与其相比。"②另据有关媒体报道：中国地震局直辖的国家地震紧急救援队"单一辆地震救援装备运输车就价值 500 万元人民币。如果加上车上装载的其他救援设备，都要上千万元了"③。这说明，目前我国救灾设备和运载工具仍存在国产化率较低等问题。

在汶川抗震救灾期间，天津大学的一位教授对记者说：在汶川地震救灾现场，我国液压救援工具"基本都是经我们（他指的是鼎力公司，该公司是天津大学下属的一家以研制、开发、生产液压抢险救援工具为主的专业公司）的手做出来的"。"目前国产工具的价格大概相当于进口产品价格的一半"。④其他抢救、搜救、医疗等设备（如生命探测仪、医疗方舱等）大多依赖进口。

以上分析表明，汶川地震抢险救灾和灾后重建期间，我国救灾设备工具所暴露的研发、生产、使用不足，市场竞争力弱等问题，一方面应当引起有关管理部门高度重视，加大政策支持力度；另一方面也应引起有关生产技术部门加大人力、物力和资金投入，切实加以解决。

---

① 参见肖洁：《地震救援仍待专业化系统化》，《科学时报》2008 年 6 月 18 日。

② 肖洁：《地震救援仍待专业化系统化》，《科学时报》2008 年 6 月 18 日。

③ 肖洁：《地震救援仍待专业化系统化》，《科学时报》2008 年 6 月 18 日。

④ 肖洁：《地震救援仍待专业化系统化》，《科学时报》2008 年 6 月 18 日。

第三节　救灾科技制度转型升级

针对汶川抗震救灾和其他救灾活动中救灾科技存在的诸多问题，我国各级政府部门和科技单位应在以下几方面，加快改革创新转型升级的步伐，努力把救灾科技贯穿于防震减灾事业全过程。

转型之一：强化科技防震减灾的意识。

1. 充分认识科技在防震减灾中的作用

防震减灾工作离不开科学技术，科学技术是实现减轻震灾社会目标的重要手段之一。我国政府相关部门应牢固树立"抗震救灾，科技先行"的理念，充分认识科技在防震减灾中的重要作用。

在防震方面：（1）加强各类地震监测系统的布局和建设，加强各种观测手段、方法和设备的研制、应用。（2）建立准确高效的灾情收集和管理信息网络，以及建立重大自然灾害的历史灾情数据库和背景数据库。（3）建立快速有效的灾害评估模型，实行专家评估制度。（4）提出及时确定、发布和解除长期、中期、短期、临期及震后余震预报意见措施。等等。

在抗灾方面：（1）工程抗震对策。对地震危险性的决策分析、地震区建设的减灾规划、抗震规范与设防、抗震鉴定与加固、建筑材料与施工质量及工程抗震知识的宣传等。（2）生命线系统工程抗震对策。对城镇地震危险性和灾害特点的评估与分析；城镇减轻震灾的工作重点和实施规划、城镇地震小区划及震灾预测、城镇生命线系统工程的专项减灾措施等。（3）房屋建筑抗震设防对策。对城镇房屋选址进行合理安排，科学规划；房屋基础施工设置地圈梁，地上每层设置圈梁；门洞、窗洞两侧设置构造柱、墙转角、相交处设置构造立柱；结构选用钢筋砌体结构；楼板和屋顶采用现浇筑钢筋混凝土板。[①]

在救灾方面：（1）研究和制订抢险救灾的各种应急方案措施。（2）研究

---

①　参见姚攀峰：《地震灾害对策》，中国建筑工业出版社 2009 年，第 137—138 页。

和制订防震减灾宣传教育计划和平息地震谣传、误传的对策。（3）在救灾现场研究和制订各种救援技术措施，排除险情。（4）研究和解决救灾物资与经费的筹集、运输、分配、使用以及社会保险中遇到的各种困难问题。（5）收集整理震情灾情及监测余震发展趋势。

在救灾评估方面：（1）根据破坏性地震发展趋势以及所造成的灾害损失进行调查评估，汇总各种震情灾情材料，进行科学判断分析，及时写出灾情调查结果报告。（2）针对地震灾害损失评估对象，主要包括灾区总体受灾情况，灾区群众的生活救助情况和应急救助需求情况，以及倒塌房屋的恢复重建需求情况等，做出有价值的分析判断。（3）根据破坏性地震现场科考报告和以往历次抗震救灾的相关记录，向当地救灾指挥部门提出抢险救灾和灾后重建方案与对策建议等。以上诸多工作都离不开相关专家的科研活动。

转型之二：完善科技救灾管理体制。

1. 理顺救灾科技管理体制

目前，我国地震管理实行中央、省、市、县四级管理体制。从总体来看，国家地震局与省级地震局的管理、指导作用较为密切，但省级地震局对市、县地震部门只有业务指导关系，市、县地震部门人员、经费及项目方面都很难得到省级地震局的直接支持，有时，市、县科技救灾也很难开展有效工作。鉴于科技救灾工作的特殊性以及融合式发展需要，中国地震局应完善科技救灾管理机制，实行省级到市、县级地震科研工作的垂直管理模式，从而建立从中央到省级再到市、县基层的垂直管理体系，形成全国防震减灾与科技救灾一盘棋。

2. 促进科技与地震行业的紧密结合。

首先要整合科研力量。各级科技部门（即科技部、中国地震局、中国科学院等）要根据本地区、本单位的实际情况，深入开展调查研究，不断推动管理创新，提高地震科技管理的科学化、系统化和信息化水平，进一步推进科技管理的公开、透明、规范。

其次要加强地震科研攻关。各级科技管理部门要加强地震科技项目实施过程中的监督检查和跟踪管理，提高地震科技工作质量，注重科研攻关；要加强对地震科技项目预算和执行情况的管理，建立项目结余经费合理使用的规章制度；要明确法人单位和项目责任人的管理权限和职责，进一步发挥地震科技项目承担单位的作用。

再次要加快相关科技成果转化。各级地震科研管理部门要支持多元主体共同承担地震科技项目，加快成果转化应用，提高地震科技的贡献率。要注重地震科技成果的验收与评价工作，建立科技成果水平、质量与承担后续项目挂钩的机制以及项目验收后评估制度，实行项目问责制；积极倡导科研、企业和业务单位进行多方合作，特别要鼓励科研人员与相关企业合作研发防灾减灾救灾的相关设备、仪器和工具，以改善我国防震减灾的软硬件条件。

3. 加强地震科技人才队伍建设

实践证明，要实现防震减灾的社会目标，没有一支强大的地震科研队伍是不行的。各级地震科研管理部门要从全国防震减灾事业的大局需求出发，着力建设一支强大的地震专业人才队伍。

要发挥现有地震科技人才队伍的作用，重点要坚持公开、公平、公正和竞争、择优的原则，以完善全员聘用制为核心，进一步建立健全人才选拔、培养、使用机制和人才合理流动机制；改革和完善科技评价体系，针对不同的工作对象和科技活动，建立相应的评价办法、指标体系和评价监督机制，营造自由探索、平等理性、鼓励创新的良好环境；实行科技信用管理制度，建立踏实严谨、守法诚信的职业道德和行为规范，鼓励并约束地震科技人员尽职尽责完成各项工作任务。

近年来，民政部救灾司和国家减灾中心每年专门举办培训班对全国数百名灾害信息员骨干师资人员进行培训，以此辐射带动各地基层灾害信息员的培训能力和质量。此外，有关部门还要充分调动社会科研力量，尤其是离退休相关专家的积极性，让他们为防震减灾事业继续贡献智慧和力量。

4. 加大科技经费合理投入机制

地震科学研究和其他科学研究领域一样，离不开科研经费的支持。在现有中央财政体制不能为地震科研提供大量财政经费支持的情况下，中国地震局和中国科学院相关研究所要在基本科研业务费中持续稳定地支持优秀科研团队。各省局和直属事业单位要设立支持科技和人才培养的专项经费。此外，也要积极推动地方政府把地震科技投入纳入公共财政预算。

5.完善科技救灾决策咨询机制

面对地震灾害频繁的严峻形势，有关部门及相关单位要按照科学决策、民主决策、依法决策的基本原则，应在防震减灾重大问题、重大项目和建设工程等方面，继续坚持专家科学论证制度。同时，还要认真做好重大问题前瞻性、对策性研究，广泛征求专家和基层单位的意见建议，充分发挥地方科委、学会协会等在防震减灾决策过程中的咨询作用，进一步完善我国地震科技救灾决策咨询机制。

转型之三：完善地震监测预报体系。

监测预报是减轻地震灾害的基础性工作。其主要内容包括各类地震监测系统的布局和建设，各种监测方法、手段和设备的研制、使用等。通过汶川特大地震的严峻考验，各级地震部门应采取多种措施，进一步完善我国地震监测预报体系。

1.加强地震监测台网建设

汶川特大地震前，我国龙门山—岷山断裂带虽安装有地震观测台网，但由于密度不够，造成汶川特大地震震中——汶川映秀，没有直接探测到地震前兆信息。经过汶川地震的巨大冲击和考验，中央及地方地震主管部门应提升当地地震监测能力，加大薄弱地区的台网密度，进一步完善地震前兆台网的布局。同时，有关部门及监测单位还可以根据地震各个阶段的严重程度，建立监测、通信和分析预报系统，开展地震孕育过程前兆机理和预报方法研究，不断提高地震预报水平。

2.加大地震风险排查和监测预警

在地震重点防御区和重点监视区，要依托现有地震、气象、地质、水文等灾害监测系统，进一步完善地震灾害风险排查和监测预警网络。同时要进一步完善地震灾区重要基础设施和重点场所、生命线工程风险管理和安全监控系统。

在高科技防灾领域，要依托国家自然灾害监测与预警体系，进一步完善地震灾害气象卫星、海洋卫星、资源卫星等观测系统。力争在卫星遥感的处理、信息提取、影像图制作技术和软件开发方面，有较大进步。

与此同时，灾区各地地震监测台网还应依托地面宽带网、卫星通信系统，建立跨部门的多灾种预警信息快速共享和收集系统，力争实现"一站式"的监测预警信息快速发布。

3. 加快震情灾情速报制度

速报来源于准确预测。要实现准确预测，各级地震监测台网应利用现代监测手段和通信工具，对地震监测信息应进行及时检测、传递、分析、处理、存储和报送；地方各级地震部门要充分发挥群测群防的作用，对各地出现的地震宏观异常现象也需要及时上报；中国地震台网中心负责对全国各类地震观测台网信息进行核收、监控、存储、常规分析、震情跟踪等；中国地震局在接到震区震情灾情报告后，应立即进行研究分析，提出地震灾情处置意见和抢险救灾方案措施，并上报国家减灾委员会和国务院主管领导；地方各级人民政府平时要认真做好物质准备和精神准备，当接到中央政府关于抢险救灾的命令后，应全力投入抗震救灾工作。

目前，随着信息通讯业的普及扩大，全国各省（自治区、直辖市）均已实现乡镇网络报灾全覆盖。省、市、县、乡、村五级手机报灾 APP 在各地逐步推广使用。

转型之四：提高建筑物抗震设防标准。

在汶川抗震救灾期间，不少专家学者对灾区各地房屋建筑抗震设防标准偏低、建筑质量不达标等问题提出了严厉质询和批评，与此同时，又建议政府部门要适当调整地震区划、提高各种建筑物的抗震设防标准。对此，国务院住房和城乡建设部于 2008 年 7 月 30 日对原有《建筑抗震设计规范》进行了局部修订，包括对灾区设防烈度的变更、建筑材料性能、设防分类和建筑方案设计、隔震、减震适用范围限制等做了具体规定。其中有 14 条为强制性条文。

对此，我国有关行业主管部门，必须加强对建设工程抗震设防的监督检查，确保建设工程按照抗震设防要求进行抗震设防。①

1. 严格制定实施新的建筑审批制度

为了加强对新建、改建、扩建等工程管理，各种建筑工程必须按照抗震设防要求进行抗震设防。对地震安全性评价的建设工程，其抗震设防要求必须按照地震安全性评价结果确定；其他建设工程的抗震设防要求按照国家颁布的地震参数区划图或者地震动参数复核、地震小区划结果确定。对进行地震安全性评价的建设工程单位，必须在项目可行性研究阶段，委托具有资质的单位进行地震安全性评价工作，并将地震安全性评价报告报送有关地震工作主管部门或者机构审定。

2. 要提高城乡房屋建筑的抗震设防标准

据有关资料记载：此次汶川特大地震震中区域地震烈度高达 11 度，而汶川、北川等城镇抗震设防标准仅为 6—7 度，后者远远低于抗震设防要求。不仅汶川特大地震如此，而且 1976 年的唐山大地震也是如此。由此可见，我国城乡房屋建筑的抗震设防标准偏低是一个长期存在的老问题。经过汶川特大地震的巨大损失，灾后痛定思痛，各级地震主管部门应及时修订烈度区划图以重新设置地震烈度及设防标准，同时，对各城乡地震参数和工程建筑烈度和抗震设防标准进行复审，提出新的抗震设防标准，并要求各地严格执行。

3. 要鼓励灾后房屋建筑使用新设计、新技术和新建材

如前所述，近年来，随着新技术、新建材及新设计思想的广泛应用，我国工程建筑和房屋建筑的抗震能力明显提高。比如：使用更高强度的金属建材来提高构件的极限承载能力并降低结构自重；采用隔震和消能减震等新

---

① 《城市如何提升"抗震度"》，《解放日报》2008 年 6 月 10 日。

技术，如将橡胶减震垫装置安放在结构物底部与地基之间，使上部结构与地基分隔开，以改变结构的动力和作用，减轻结构物的地震反应，达到"以柔克刚"之效，以减轻震灾损失。

4. 要特别重视农村房屋建筑质量的提高

在此次汶川地震房屋损毁调查中，专家们指出整个灾区农村房屋基本不设防，有些房子注重装修，看着很豪华，但抗震性能不高，导致农村房屋成为地震重灾区。因此各级政府，特别是地方政府在灾后重建规划、地震预警以及提升基础设施设防水平方面，特别要加强对农村房屋抗震设防标准和建筑质量的指导或检查工作。

5. 提高城乡房屋建筑的抗震性能

中央及地方各级政府，特别是县级城住、国土、水务等部门必须根据《中华人民共和国防震减灾法》、《中华人民共和国建筑法》、《中华人民共和国土地管理法》等有关法律法规，严格按照《建筑抗震设计规范》进行项目和工程抗震设计的审批管理。工程建筑和房屋建筑的抗震设防标准必须按国家规定的权限审批、颁发的文件（图件）确定。在城乡房屋规划建设中，要重视地震安全性问题，充分考虑地质条件对城乡建筑的影响（严禁在地震活动断层、软土层、沙土液化层上建筑），开展地震活动断层探测和研究，为国土利用、城乡规划提供重要依据；开展城区震害预测研究和地震小区划工作，为城市规划建设服务；开展城市建筑物抗震性能普查，提出抗震性能意见，对不符合抗震要求的督促其加固、改造，并建立工程建筑抗震设防档案数据库；以城乡探测结果为必要的科学依据，将探测结果应用到规划建设中，合理规范布局，充分提高土地利用率，从而提高城乡房屋建筑的综合抗震性能。

6. 要将学校房屋建设纳入防震减灾重点

从理论上讲，学校房屋建设一般是大课室，跨度大，又是砖混结构，自然容易倒塌，而民房空间小，抗震能力相对要强一些。因此，政府部门不能把学校房屋建筑划入一般民用建筑，而应把学校房屋建筑提升一个档次，划入生命线工程，以引起全社会的高度重视。①

转型之五：构建全国防震减灾网络系统。

防震减灾网络系统是指将先进的科学技术（如信息、计算机、数据通信、传感器、电子控制等技术）有效地综合运用于地震救灾工作，并建立大型救灾指挥信息网络平台。

要构建全国防震减灾网络系统，应进一步做好以下几项重点工作：

一是建立地震应急指挥技术支撑平台。抗震救灾指挥部的运行和各项指挥功能的实现，各个系统的运行，都需要完备的技术支撑平台的支持。包括显示会议、网络、服务器系统的各种数据等。

二是建立地震应急快速响应系统。该系统主要是为了在地震发生后，让各级指挥人员可以迅速了解和掌握地震各种损失情况及其背景材料，以供参考和选择救灾决策方案时使用。

三是建立应急指挥辅助决策系统。地震发生后，指挥员需要在了解到灾区一系列灾区信息及相关信息的基础上，才能制订各种救灾行动方案，并做出指挥决策。为此，该系统提供辅助决策系统，有利于及时回答首长的各种询问，为首长提供救灾指挥所需的各种信息，提出分层次、必要的应急救灾行动辅助决策建议，以协助指挥员快速制度救灾方案、部署救灾行动等。

四是建立应急指挥命令系统。"该系统是为抗震救灾实施指挥高度工作提供必须的地震应急指挥软硬件平台，以及地震应急指挥命令管理系统，通过计算机网络向指挥大厅和辅助大厅的指挥工作平台提供信息，对各类指挥命令进行记录归档和信息反馈等"。

五是建立应急信息通告系统。该系统是为了在地震发生后，将各级政府和公众十分关心的地震信息，通过政府网、地震信息网、公众通信网等渠道向社会各界进行通告。按照通告对象的不同，信息内容和通告手段也将有

---

① 我国建筑一般分为四个档次：一是次要建筑；二是一般民用建筑，包括学校；三是生命线工程，例如指挥中心、银行、电视塔等；四是重要建筑，例如核电站、大会堂等。

所区别。通告的主要对象可分为：国务院有关部门、各级政府、地震行业、新闻媒体、社会公众等。①

转型之六：充分发挥科技防震减灾的作用。

实践证明，防震减灾工作必须依靠科学技术，科学技术必须贯穿于防震减灾全过程。未来几年，我国各级地震主管和科研部门，必须做好以下六个方面的工作：

1. 加强地震科技基础性工作

地震科技基础性工作很多，如监测预报、防止次生灾害、工程抗震、矿山震害等。单从防震减灾角度来看，各级地震部门应把工作重心放在：（1）确保现有国家、区域和地方各类观测台网观测物理、观测数据真实可靠。（2）对各地区各类工程的抗震性能进行鉴定普查，并提供和制定防御对策依据。因为在灾后恢复性建设中，工程建设有着重要地位，路、桥、电力设施、房屋等占据了灾区重建中的多数资金，并对灾区灾后重建起着重要作用。（3）从制度上提高住房重建防震标准，从结构技术实现房屋抗震功能，为以后地震灾区和其他类似地区提供可行方案（如制定城镇多层砌体房屋防震标准及要求，同时，提出农村房屋（一层或二层）防震标准及要求的指导意见）。（4）学校、医院等公共建筑防震标准及要求等，亟须从施工技术上解决防震、结构、实用等问题。

2. 强化防震减灾应用研究和技术研发

各级地震科研部门要通过地震监测预报、灾害防御和应急救援等领域的应用研究和技术研发，促进地震科研和防震减灾工作的有机结合，努力提升科技对防震减灾事业的贡献。

整合防灾减灾救灾大数据体系，提高自然灾害监测预警、信息核查与信息共享能力，加强地质灾害区域、城市重点工程等重大风险隐患调研，编

---

① 参见盛利：《汶川地震五周年：防灾减灾彰显科学的力量》，《科技日报》2013 年 5 月 13 日。

制灾害易发地区的风险图。大力发展应急产业，培育促进安全监控、安全避险、灾害防控、应急救援等技术产品和服务的快速发展。

针对目前我国抗震救灾设备工具不足问题，地震部门应与科研人员、生产企业联合起来，加大人力、资金投入，加快相关科技成果转化力度，研发生产适销对路的救灾设备产品（如救人工具类：生命探测仪、液压钳、救灾专用车等；医疗卫生类：野战医院、医疗方舱、战地救护车等），大力提高其国产化率和市场占有率，切实解决目前我国防震减灾工作中遇到的救灾设备工具较为薄弱等问题。

3. 加快地震科技创新基地建设

对于加强地震科技创新基地建设，各级地震部门要在以下四个方面加大人力、资金、设备等投入：（1）构建以国家重点实验室为龙头，部门重点实验室为骨干，单位重点实验室为基础的实验室系统。（2）鼓励有条件的省区和大学科研部门共建重点实验室，形成结构布局合理、学科方向清晰，技术特色突出的地震科技实验室体系。（3）要继续加强国家野外科学观测研究台站建设，促进观测和科研的结合、省局机关和科研院所的协调合作。（4）要加快地震计量检测、质量检验技术的研发，以提高地震观测和科学实验专用仪器设备的检测检验能力。

4. 优化地震系统科技力量配置

目前，我国地震系统科研力量分布于地震机关、高等院校和基层观测台站，以及相关专业学界，具体优化整合措施是：

（1）整合科研院所防灾力量。中国地震局、中国科学院下属相关研究院所主要以发展地震科学基础研究、地震行业关键技术和共性技术为主，着力解决全局性、战略性的重大科技问题。各省（自治区、直辖市）地震局下属相关研究所主要以应用研究为主，着力解决区域防震减灾中的技术应用问题，并适当开展科技成果推广和技术服务工作。市、县地震机构下属观测台站主要参与配合防震减灾工作，支持和鼓励相关人员从事地震科研基础数据收集工作。

（2）整合相关大学科研力量。目前，我国有相当部分地震科研力量在高等院所（如地质学院、矿业大学等），要从机构、人员、经费等方面整合其科研力量，使之成为我国地震科研教育、学术研究和人才培养的长久基地。

（3）整合社会科研力量。各级科研部门，特别是地震部门，一方面要发挥现有科研力量，如石油、煤炭、地质、水利、气象、矿山等领域的科研力量；另一方面要充分发挥本专业离退休专家的技术专长。

通过以上整合措施，进一步加强现有科研人才队伍建设，不断扩大各类防灾减灾救灾人才队伍规模，优化人才结构，努力提升我国应急抢险救援能力。

5. 积极开展救灾科技服务

（1）为救灾决策指挥提供科学依据。在抗震救灾初期以及救灾现场，相关科研人员为抗震救灾指挥工作提供决策依据要采取多个步骤：一是采用先进的科学技术与方法，使遥感数据的采集、传输、解译、研判和分析环环相扣，在第一时间形成遥感影像和有关分析报告。二是在这些报告资料与基础数据对比分析的基础上，对主要受灾体的数量和直接损失进行预判评估。三是要参照相关历史数据，提出有针对性解决方案及相关措施。

（2）为安置和救助受灾群众提供科技服务。在抢险救灾期间，卫生部门迅速组织有关专家，可为安置和救助受灾群众提供科技服务。一是可为震灾核心区域公共卫生环境评估、传染病防控、地气毒害及猝死病预防、心理干预和无名地震遇难者遗体处理等提出建议。二是可赴灾区参与卫生防疫和心理疏导、干预、救助等指导工作。三是可编印相关科普资料，帮助灾区群众科学防灾救灾。四是可向灾区各地提供防疫卫生药品、洁净水处理设备，防止各种污染源蔓延，以及帮助灾区群众解决防病防疫和生活困难等问题。

（3）为防震减灾工作提供科学咨询建议。在抢险救灾和灾后重建期间，中国地震局、科技部等部门组织"有关研究人员发挥各自优势，在滑坡和泥石流等次生灾害的监测与预警决策系统、灾区地理人口分布和动植物保护、灾区饮用水安全与水资源保障、转移安置期卫生环境评估以及灾后重建规划等方面，提出许多有科学依据的分析报告和咨询建议，为各级抗震救灾部门提供决策参考"①。

6.积极推进救灾科技国际合作

一是加强地震救灾合作。目前，地震灾害已成为危害人类生存和发展最大的自然灾害，并成为国际救灾合作研究的重要内容。对此，我国地震主管部门可利用参与国内外地震救灾活动之际，积极开展国际救灾项目合作与交流，不断增强和提升我国地震科技队伍实战能力，并相互取长补短。

二是加强地震科研合作。我国地震主管部门和相关科研单位可利用召开国内外地震科技会议之际，强化与世界知名地震学术机构的合作，密切跟踪国际地震科技前沿和重点领域，广泛学习借鉴国外先进的防灾减灾理论和相关技术，以加强和提升我国地震科技救灾的综合实力。

三是加强地震信息资源共享。目前，预防高发性地区地震或特大型地震的工作已成为世界各国共同关注的重大课题，并从天空、陆地、海洋等多方面进行了全方位监测活动。在研判汶川特大地震危害时，我国曾借助美国、日本、欧洲等卫星图片资料。在预防未来特大地震活动时，我国地震主管部门应充分利用这一有利的国际防震条件，加强相关地震信息资源的共享工作。

救灾科技是防灾减灾的重要组成部分。经过汶川抗震救灾及其他抗震救灾活动的严峻考验，政府部门及相关科研单位要采取地震社会学基本理论和管理方法，认真总结救灾科技的经验教训，加快相关科技成果转化力度，努力将我国救灾科技的新技术、新方法、新产品和新设备尽快应用于防灾减灾救灾的全过程。

---

① 中国地震局:《汶川地震专家委员会成立》，搜狐新闻，2008 年 5 月 22 日。

第十章　汶川地震与救灾宣传制度

　　救灾宣传是指在防震减灾活动中，政府部门及社会媒体充分利用一切宣传方式和手段而开展的带有任务性或动员性的宣传教育活动。

　　救灾宣传是防震减灾工作的重要组成部分。在整个防震减灾活动中，这一工作虽说具有临时性、任务性，但对于提高整个社会防震减灾意识，普及地震知识，增强人们对地震谣言与误传的识别能力，鼓励政府和社会力量克服各种困难，自力更生，重建家园，夺取抢险救灾和灾后恢复重建工作的胜利，均具有重要的宣传动员和组织协调作用。

　　本章仅就汶川抢险救灾和灾后重建进程中我国救灾宣传教育制度的变化特点、存在困难及转型升级等问题，作一具体分析论述。

第一节　救灾宣传制度的变化

　　在汶川抢险救灾和灾后重建的进程中，我国救灾宣传工作在宣传报道、宣传方式、宣传手段、宣传内容和宣传重点等方面，均发生了一系列变化。

　　变化之一：救灾宣传报道快速敏捷。

　　汶川特大地震发生十余分钟，新华社通过新华网发出第一条有关汶川地震的英文快讯：中国四川发生 7.8 级特大地震。与此同时又以中文简讯发出："据中国国家地震台网测定，北京时间 2008 年 5 月 12 日 14 时 28 分，在四川汶川县（北纬 31.0 度，东经 103.4 度）发生 7.8 级地震。"① 随后，中央电视台、中央人民广播电台均以插播新闻、滚动字幕等方式报道了汶川特大地震快讯。

　　震后 2 个多小时，中央电视台特别节目在第一时间播出了温家宝总理在前往四川灾区的飞机上召开抗震救灾紧急会议的电视讲话和新闻报道，在一定程度上缓解了社会公众的恐慌紧张情绪。面对这场突如其来的巨大灾难，中央电视台第一路记者在震后两个半小时就分乘空军专用运输机、民航专机急赴四川成都，4 小时后就在都江堰市搭建前方采访组，成立记者指挥中心，推出的报道内容集时效性、权威性于一体，成为中央电视台综合频道、新闻频道、对外频道等新闻传播的窗口和信息交流平台。一个月内，该台奔赴灾区采访的记者、技术人员达 800 余人次，发回大量及时、珍贵的现场报道。至 6 月 30 日，该台各频道累计直播特别节目长达 1500 小时，累计播出新闻 3 万余条次、时长 1200 小时，累计播出专题 610 期、时长 260 小时。

　　中央人民广播电台报道组不畏艰险，想方设法从陆路、水陆和空中三路进入灾区第一线。5 月 14 日，三路记者进入受灾极其严重的汶川县映秀镇，从震中的废墟上发出报道。至 6 月 30 日，中央人民广播电台投入前方记者 90 余人次，先后深入受灾最严重的 50 多个市、县、乡镇展开多点采访。在空中救援行动中，25 名记者分 12 路跟随直升机全程直播空中救援行动。在《汶川紧急响应》节目 20 天直播中，前方报道组进行直播连线 2600 多人次，发回录音报道超过 1100 多条。

　　震后 10 余小时里，新华社陆续从总社、解放军分社和四川、陕西分社等调动数十人，兵分 16 路向受灾严重的汶川、茂县、理县、北川、绵竹、都江堰等地进发。至 6 月 2 日，新华社共派出 3 批 210 名采编技术人员进入灾区，播发有关抗震救灾的文字图片稿件 2.8 万条。

　　与此同时，四川、甘肃、陕西等受灾省份各种媒体记者也纷纷行动起

① 《从汶川地震报道看媒体》，搜狐新闻，2008 年 7 月 10 日。

来。至 5 月 14 日，四川电视台选派 700 多名采编人员参与抗震救灾宣传报道，其中有 10 多组记者深入重灾区采访。在不到两个月的时间里，四川电视台 8 个频道累计直播抗震救灾节目 5200 小时。全国所有省级电台、电视台，以及香港、澳门地区电台、电视台，都参与连线直播。

网络媒体是汶川抢险救灾宣传报道中的一支重要力量。新华网、人民网、央视国际、国际在线等官方网站，以及腾讯、搜狐、新浪等商业网站，纷纷推出抗震救灾专题，使许多网友在第一时间了解到地震灾区的震情灾情和救援进展情况。

汶川特大地震发生后不久，灾区某位工作人员冒着沿途塌方危险，徒步走到阿坝州政府有关网站（汶川特大地震发生最初几天，汶川县城等通往都江堰市、成都市的手机电话、网络均因基站破坏而通信受阻）提供相关信息，一度成为让外界了解汶川县城灾情的重要来源。当时国务院新闻办公室认为，"对汶川地震的报道，标志着网络媒体正成为中国社会的主流媒体"①。

互联网成为表达民众言论的重要平台。5 月 18—23 日，新华网、中国网、人民网等共同发起了"汶川大地震遇难同胞网络公祭活动"，众多网民献花留言，表达哀思。很多网站广泛征集照片、视频、歌曲等，唱响大爱，汇聚网民的爱心和力量。据统计：央视网单日最高访问量达 2 亿多人次，累计发布新闻 1.5 万条、图片 7600 张、视频 4000 多条，时长达 8100 分钟；发布外语新闻 4800 多条、图片 2900 张、视频 1360 多条，时长近 3900 分钟。央视网博客发布相关博文 1.3 万多篇、图片 2.3 万张、留言评论 5.8 万多条。②

手机作为信息传播的一个媒介发挥了不可忽视的作用。据记载：5 月 15 日，新华网联合中国移动推出"抗震救灾手机报"，向 1500 万灾区手机用户免费发送相关救灾信息，成为在灾区群众中普及率最高的报纸，累计接收短信 12 亿条次，手机报 9 亿条次，手机用户回复互动短信 300 万条。中央电

---

① 《国新办官员：地震报道标志网络正成中国主流媒体》，搜狐财经，2008 年 5 月 22 日。
② 参见《汶川特大地震抗震救灾志》卷一《总述》，方志出版社 2015 年版，第 190 页。

视台手机发布图文资讯 3600 多条，视频 1200 多条，制作轮番节目 7 档，总时长近 3300 分钟，访问量 6000 余万次，留言 6.3 万多条。

1976 年 7 月 28 日河北唐山发生 7.8 级地震时，我国宣传媒体仅限报纸和广播。新华社当天只发了条简讯，各大报刊对震情灾情、中央及当地政府紧急抗震救灾部署和行动只做了一般性报道。国家有关部门只是 3 年后才正式公布唐山地震死亡 24 万人、受伤 32 万人等相关数据。

32 年后情况大为改观，我国救灾宣传媒体多元化（电视媒体、网络媒体、报刊媒体等），且中央及灾区省市电视台视频是这次救灾传播效果最好的媒体。在抢险救灾的一个多月内，中央电视台、灾区省市电视台等每天都及时报道领导视察灾区，以及伤员救治、救灾物资调拨发放等新闻节目。相关救灾信息公开透明，及时同步，深受社会公众一致好评。

变化之二：救灾宣传方式多种多样。

在汶川抢险救灾及恢复重建期间，我国各级政府及相关部门采取了多种救灾宣传方式，为社会媒体了解和掌握灾区动态信息创造了有利条件。

1. 举办抗震救灾专题报告会

汶川抗震救灾期间，国务院新闻办、全国抗震救灾总指挥部或地震部门多次举办领导或专家报告会，就地震成因、地震类型、加强应急措施、震时应急避震及震后自救互救措施等问题进行解答。新闻单位也就社会热点问题对相关领导专家进行专访，通过电视、广播、报纸与广大群众直接见面。

为了把握大局，统一口径，防止产生负面影响，灾区各级政府或抗震救灾指挥部经常召开记者新闻发布会，邀请有关方面的领导、专家介绍震情、灾情和政府的抗震救灾工作部署等有关情况，或者以新闻通稿的形式发布地震信息及震后趋势判断公告，这种形式具有很强的权威性、实效性和统一性。

2. 组织记者现场报道

汶川地震救灾期间，政府或抗震救灾指挥部多次组织新闻单位的记者深入地震灾区。记者们通过现场观察、人员采访、文字记录等经历，对政府领导应急指挥、慰问灾民，以及解放军官兵和广大医务工作者在紧急救援中的生动事迹和精神风貌，有了比较直观、生动的感受。党政宣传部门要求各媒体紧急调集新闻采编力量，火速赶赴震区一线，全力开展抗震救灾采访报道。

3. 发放救灾宣传提纲、宣传材料，播放宣传片

在地震应急期间，经党委、政府同意，由宣传、地震部门根据应急的实际需要，向社会发布宣传提纲，同时按提纲要求动员全社会进行应急宣传，宣传抗震救灾的先进事迹和先进人物，以保持社会稳定。

在防震减灾宣传过程中，发放宣传资料、播放宣传片是常用的一种方式，也是宣传面最广并为实践证明有效的一种方式。这种方式在汶川地震救灾中，成为其主要方式之一。中央媒体及国际互联网四川新闻中心迅速与汶川抗震救灾指挥部、各地州政府应急办建立信息联系机制，推出了以"万众一心、众志成城、救灾有力有序"为主题的抗震救灾网络宣传专题，及时发布权威震情信息。

此外，汶川特大地震发生后，四川传媒集团及各媒体充分发挥网站、微信、微博、手机报等新媒体传播快捷迅速的特点，第一时间向内向外发布灾情信息、防震避灾知识和抗震救灾新闻，第一时间抢占舆论制高点，第一时间发挥稳定灾区秩序、安定民心、解疑释惑的作用，为抗震救灾工作的全面推进奠定了良好的舆论基础。

发放文化器材，播放录像视频片。5月15日，中宣部、广电总局向四川灾区紧急赠送10万台收音机。5月18日至6月7日，总政治部为抗震救灾部队配发17万台收音机，其中有9万台手摇自发电式收音机，基本做到人手一机。6月25日至7月5日，总政治部组织文化服务小分队巡回放映电影和培训技术骨干，为每个连队配发一台数码摄像机，制作配发抗震救灾专题。各种文化器材的发放，使任务部队和受灾群众及时收听收看中共中央对灾区人民的关爱和军民奋力抗震救灾的英雄壮举，活跃了部队生活，减消

了灾区群众的心理阴影，激发了灾区军民抗震救灾的信心和重建家园的精神
动力。①

4.举办文艺宣传活动

2008 年 5 月 18 日晚，由中宣部、文化部、广电总局等部门发起，中央
电视台承办的"《爱的奉献》——2008 宣传文化系统抗震救灾大型募捐"活动，
在北京人民大会堂隆重举行。中央电视台 1、3、4 频道和全国 43 家卫星频
道并机直播，总收看人数达 6 亿人次。央视网联合 21 家大型互联网站进行
网上直播，其中央视网访问量达 2.16 亿人次。央视手机网点击量超过 30 万
人次。主办单位收到短信近 4 万条，感言电话 5000 余个，整个晚会活动筹
集了 15 亿元巨额善款，对全国各族人民也是一次深刻的爱国主义、集体主
义精神教育。②

2008 年 6 月 19—22 日，由广电总局、中国广播艺术团组成的抗震救灾
"心连心"艺术团小分队一行 23 人赴绵阳灾区慰问，先后在江油市太平镇、
大康镇，安县花荄镇、睢水镇、安昌镇，绵阳长虹培训中心和绵阳机场演
出 8 场，行程 1200 公里，观众达 11.2 万人。23 日，由文化部派出的 27 位
艺术家、2 位记者和 2 位工作人员组成的"心连心"慰问演出团，赴汶川县
映秀镇、漩口镇、水磨镇，彭州市白鹿镇、通济镇和阿坝州群众安置点演出
6 天。25—29 日，由广电总局派出的抗震救灾"心连心"艺术团和中央电视
台小分队前往灾区慰问演出，5 天内行程 1300 公里，演出 9 场，观众达 10
万余人。来自全国工商联和由国内外 108 位志愿者组成、拥有 163 个流动放
映队的队员，奔波于崇山峻岭、帐篷学校、群众安置点，为 28 个县（市）
的数百个乡（镇）、灾区群众和救援官兵放映电影 8000 余场。6 月 18—22 日，
总政治部组织两支抗震救灾"心连心"艺术团小分队行程 3800 公里，演出

---

① 参见《汶川特大地震抗震救灾志》卷五《抢险救灾志》，方志出版社 2015 年版，
第 782—783 页。

② 参见《汶川特大地震抗震救灾志》卷五《抢险救灾志》，方志出版社 2015 年版，
第 777 页。

26 场，观众 12 万余人。7 月 4—7 日，总政治部组织的第三支小分队 20 余人，赴甘肃陇南地震灾区行程 3800 公里，演出 9 场，观众达 20 万余人。①

5. 举办心理健康宣传

在灾后重建阶段，卫生部继续开展大众心理康复宣传活动。截至 2011 年 5 月，四川省累计发放各种宣传资料 135 万份，灾区群众接受心理卫生健康知识宣传讲座 48.17 万人（次），通过电视台、电台等媒体进行了 300 余次专题宣传，报刊宣传 200 期。甘肃省开辟大众传媒专栏 364 块，发放心理健康教育材料 26 万份，开通心理援助热线 21 条，心理健康教育知识宣传覆盖 67 万人（次）。陕西省累计在报纸、杂志、电视台、广播电台、网站、宣传栏等大众媒体上开辟专栏 104 块，发放心理健康教育材料 30 万份，开通心理援助网站 3 个，心理援助热线 11 条，心理健康教育知识宣传覆盖 96 万人（次）。②

6. 举办抗震救灾主题展览宣传

9 月 20 日至 11 月 20 日，中宣部、发展改革委、解放军总政治部在中国人民革命军事博物馆联合主办《万众一心，众志成城——抗震救灾主题展览》，历时 62 天，共接待观众 115 万余人。③ 新华社、《人民日报》、中央电视台、《解放军报》等中央主流媒体，对展览内容、中央领导和广大军民参观实况、公众参观感言等都做了突出报道。④

7. 举办抗震救灾英模事迹报告活动宣传

6 月 11 日上午，刘亚春等 7 位报告团成员在北京人民大会堂讲述在抗震救灾斗争中的亲身经历和真实感受，3500 余名观众现场参加了报告会。

---

① 参见《汶川特大地震抗震救灾志》卷五《抢险救灾志》，方志出版社 2015 年版，第 778—779 页。

② 参见《汶川特大地震抗震救灾志》卷五《抢险救灾志》，方志出版社 2015 年版，第 778—779 页。

③ 参见《汶川特大地震抗震救灾志》卷五《抢险救灾志》，方志出版社 2015 年版，第 778—779 页。

④ 参见《汶川特大地震抗震救灾志》卷五《抢险救灾志》，方志出版社 2015 年版，第 778—779 页。

11 日下午至 13 日下午，该报告团成员分别为中央直属机关、中央国家机关和北京市干部、驻京部队官兵，首都高校师生等共作报告 19 场，现场观众 2 万余人。中央电视台综合频道、新闻频道、国际频道、经济频道都做了实况直播，全国各省（区、市）卫视台同步转播。从 6 月 16 日至 7 月 3 日，报告团成员 37 人分 6 个分团，赴全国 30 个省（区、市）巡回报告，共报告 31 场，现场听众近 7 万人。①《人民日报》《光明日报》《经济日报》《解放军报》等中央报刊对各场报告做了详细报道。中央主要新闻网站、主要商业网站和各地政府网站在首页都开设"抗震救灾英模事迹报告团"专题、专栏，邀请报告团成员与网民在线交流 21 场。

8. 支持"抗震救灾英雄少年"的评选活动

汶川抗震救灾中，涌现出许多舍己救人的英雄少年。《人民日报》、《中国教育报》、《中国青年报》、《中国妇女报》等于 6 月 16 日开辟专版，积极支持教育部、共青团中央、全国妇联组织开展"抗震救灾英雄少年"评选表彰活动。从 16—21 日，该活动共收到投票 5300 多万张，网上留言 10 万余条，相关网页访问量 1081 万次。27 日，"抗震救灾英雄少年"颁奖晚会在中央电视台举行②，极大地激发了广大青少年的见义勇为、支援灾区的爱国热情。

9. 讴歌抗震救灾先进单位和先进个人

2008 年 10 月 8 日，中共中央、国务院、中央军委决定授予成都市公安局交通警察支队等 320 个集体"全国抗震救灾英雄集体"荣誉称号，追授雷勇等 5 人"全国抗震救灾模范"荣誉称号，授予蒋敏等 517 人"全国抗震救灾模范"荣誉称号。胡锦涛等国家领导人向受表彰的抗震英雄集体和抗震救灾模范代表颁奖。③随后，受灾各省市县等也举行了抗震救灾先进集体和个人表彰会。

---

① 参见《汶川特大地震抗震救灾志》卷五《抢险救灾志》，方志出版社 2015 年版，第 778—779 页。

② 参见《汶川特大地震抗震救灾志》卷五《抢险救灾志》，方志出版社 2015 年版，第 777—778 页。

③ 参见《汶川特大地震抗震救灾志》卷二《大事记》，方志出版社 2015 年版，第 218 页。

2011 年 10 月 14 日，发展改革委、人力资源社会保障部、总政治部共同主办的汶川地震灾后恢复重建总结表彰大会在北京举行。人力资源社会保障部部长尹蔚民宣读三部委联合发布的《关于表彰汶川地震灾后恢复重建先进集体和先进个人的决定》，授予 200 个集体"汶川地震灾后恢复重建先进集体"荣誉称号，授予中共北川羌族自治县擂鼓镇书记李光辉等 295 人"汶川地震灾后恢复重建先进个人"荣誉称号。①

以上专题报告会、文艺表演会、主题展览会，以及总结表彰活动虽说是我国政治思想战线长期坚持的一贯做法，但这些做法有利于为汶川抗震救灾和灾后恢复重建工作营造良好的社会氛围。

变化之三：救灾宣传内容公开透明。

改革开放以前，我国对重大自然灾害和突发事件的报道往往要受到当时国内外政治环境的影响。例如 1976 年 7 月 28 日唐山大地震，中央及地方报纸、广播电台只做了简要报道，由于当时交通不便和救灾工具落后，加上"四人帮"对地震消息的封锁（即"不允许用地震压革命"），人们只能从很少的报道中获得一些关于地震灾区的真实信息。

汶川抗震救灾期间，我国各种媒体迅速报道救灾内容，救灾信息公开是这次宣传报道的一大亮点。

1. 及时发布权威信息

5 月 13 日至 7 月 8 日，国务院新闻办先后就汶川地震灾害和抗震救灾情况举行了 30 次新闻发布会。民政部、中国地震局等十几个部委高层领导及有关权威专家相继参与新闻发布活动。② 国防部就人民解放军和武警部队抗震救灾情况发布信息。其他许多信息，如中央企业抗震救灾总体情况、灾区伤员医疗救护、抗震救灾的通信保障、设备工具保障情况和救灾供电情况、灾区群众生活安排情况等等，逐一通过国务院新闻发布会向全社会公开。

---

① 参见《汶川特大地震抗震救灾志》卷二《大事记》，方志出版社 2015 年版，第 425 页。

② 参见《汶川特大地震抗震救灾志》卷一《总述》，方志出版社 2015 年版，第 184—185 页。

与此同时，四川省人民政府新闻办公室几乎每天都举行新闻发布会。甘肃省、陕西省有关部门也利用新闻报告会发布救灾信息动态。

2. 及时报道灾情和救援进展

中央电视台制作播出医疗救治、卫生防疫节目20余期。新华社播发《万众一心，托起生命的希望——献给英勇抗击汶川地震灾害的中国人民》《胜利属于英雄的中国人民——汶川大地震抗震救灾一月全景纪录》，对抗震救灾过程进行全景式的真实记录，被各媒体广泛刊载。四川电视台、四川人民广播电台、《四川日报》等新闻媒体统一行动，连续一个月推出以"救治中的生命接力赛"、"防疫中的生存保卫战"为主题的新闻宣传系列报道。"抗震救灾进行时"等专栏每天都及时报道交通、通信、电力、供水等抢修工作的最新进展，综合性纪实稿件全面报道各条战线顽强拼搏、奋力救灾的真实情况。

此外，在救灾宣传中，各种媒体还对社会公众关注的地震预报不到位、学校房屋建筑质量差、救灾款物发放不及时等问题，也给予了报道，反映了公众的呼声和媒体的监督作用。

3. 及时报道社会各界支援灾区

在抗震救灾期间，各种媒体大力宣传报道各地各部门积极行动起来，在资金、物资、设备、人员、技术等方面全力支援灾区，广大干部群众踊跃捐款捐物献血，为抗震救灾贡献力量的事迹。

中央主要新闻媒体及时地报道港澳台地区各界慷慨捐款捐物、香港特区派遣飞行队支援灾区等感人场景。中新社跟踪报道港澳台救援队、医疗队在灾区辛勤工作的情况。5月13日，中新社联合40余个国家的200多家海外华文媒体，共同举办"炎黄儿女情系四川地震灾区"活动。

新华社、国际电台全程跟踪采访奋战在灾区的日本、韩国、俄罗斯、新加坡、德国等国家的救援队和医疗队，积极宣传灾区干部群众和全国人民对境外救援的真诚欢迎。

中央电视台等媒体举办的汶川地震直播节目不仅打破了国家电视台管

理的某些限制，同时也突破了内部管理体制层面的很多限制。以央视这次直播为例，它实际上是一种重大的制度创新活动，打破了以往的报道模式与制度框架，大大地推进了中国媒介的深入发展，在凸显媒介自身运行逻辑这一点上，无疑具有重大意义。《亚洲周刊》曾评论："最受关注的是中央电视台，5月12日下午三点二十分，CCTV开启地震直播窗口，从此时开始，央视凭借其前线约160名记者的庞大队伍、采访'特权'，以及可随意调取的各省级电视台的资源，制作了连续24小时滚动直播的地震特别节目接近200个小时，创造了中国电视直播史上的新纪录。"美国CNN的记者坦承："我们所有的数字和事实以及细节都是来自中国官方通讯社。"

变化之四：为灾后重建营造良好的社会氛围。

中央主要新闻媒体和灾区新闻媒体连续报道灾区修复基础设施、恢复企业生产、抓好粮食抢收、恢复商贸流通、重新开放旅游等情况，鼓励灾区干部群众树立必胜信心。大力宣传受灾干部群众不等不靠、自救互助，用自己的双手重建家园的典型事例。各媒体还用生动语言反映灾区坚守岗位的工人、全力抢收的农民、努力学习的学生等。新华社《明天，太阳照常升起——献给汶川灾区的父老乡亲》、《灾难，挡不住奋进的脚步——写在汶川大地震两个月之际》等重点报道，《人民日报》的《自力更生，奋起自救》等评论，中央电视台联合四川电视台以及四川省多家市州电视台推出特别节目《挺起我们的脊梁》，展示了灾区群众勇敢直面灾难、重建美丽家园的精神，教育和激励着全国各族人民。

其他新闻媒体在常规报道的基础上，还在汶川周年、两周年、三周年纪念等时段推出重点策划，如以"铭记5.12建设家园"、"回首2009，浴火重生，坚强奋起"、"从悲壮走向豪迈"为主题的灾后重建特刊。2010年9月，近百家媒体的200名总编、记者对北川、安县、都江堰等地灾后重建进行了全方位、多角度报道。

此外，一些新闻媒体在抗震救灾宣传中还发挥了社会舆论监督的特殊作用。汶川特大地震发生后的5月14日，"都江堰市化工厂爆炸导致水源污染"的谣言传出后，引起许多市民恐慌。当日中午，四川省抗震救灾应急中心紧急辟谣，成都市政府秘书长通过电视台等当地新闻媒体进行辟谣，及时稳定社会秩序。

《四川日报》在 5 月 23 日及时推出题为《克服恐慌，全力抗灾》的评论，旗帜鲜明地指出：在最近发生的多起谣言面前，我们唯一正确的选择就是冷静，理性地倾听政府发布的权威信息，不造谣、不信谣、不传谣。就"三峡库区发生地震"的谣言，紧急联系工业和信息化部、中国地震局、中国移动等部门，协商通过发布手机短信公开辟谣。期间，政府有关部门还对利用手机、网络等工具造谣的当事人依法进行了处理。

针对网上对灾区校舍等建筑物在震灾中倒塌问题，人民网、中国网等正面发表评论，邀请有关专家与网民在线交流，解疑释惑。中央外宣办针对灾区校舍倒塌问题继续组织专题引导，编发《中科院抗震专家释疑：汶川地震校舍为何倒塌多》、《住房城乡建设部表示对校舍建设中的质量问题绝不姑息》等稿件，协调各网站转发。

境外媒体对抗震救灾工作的质疑较多，为有效引导舆论增加了一定难度。政府机关、地震部门、警方、媒体、专家都快速、准确地发出声音进行辟谣并通过各种渠道放大、强化，有效地控制紧张局面，引导社会舆论。各种媒体对于地震报道的快速反应，以及迅速、高密度地传播资讯，使流言蜚语不攻自破，小道消息和谣言失去生存空间。

变化之五：首次允许境外媒体进入灾区采访。

在汶川抢险救灾初期，我国外交部依法批准了境外记者赴灾区第一线进行实地采访。这是我国政府首次允许境外媒体进入灾区各地进行实地采访活动。

到 5 月 22 日，在四川灾区领取证件采访的境外媒体有 25 个国家和地区 125 家媒体的 520 余名记者。① 其中登记在册的香港地区媒体 12 家 109 名

---

① 参见《汶川特大地震抗震救灾志》卷一《总述》，方志出版社 2015 年版，第 191—192 页。

记者，包括凤凰卫视、亚视、《南华早报》、香港电视台、《明报》等；台湾地区媒体 9 家 30 名记者，包括台湾东森电视、中天电视、三立电视、《联合报》等。来自美国、英国、法国、德国、日本等 23 个国家 104 家的外国媒体记者 385 名，其中包括《纽约时报》、《华盛顿邮报》、美联社、美国有线电视新闻国际公司（CNN）、美国哥伦比亚广播公司（CBS）、英国广播公司（BBC）、英国路透社、《泰晤士报》等在全球颇有影响力的媒体。

总体来看，这一期间，绝大多数境外媒体的报道都能客观、正面报道中国抗震救灾，对于中国政府组织有力、有序、有效的抗震救灾和人民军队的英勇表现给予高度评价和普遍赞扬。例如，英国路透社的《冲在救灾第一线中国军队形象大为提升》，德国之声发表《中国学会了正确的做法——抗震救灾体现了透明度和效益》，美国之音的《美国媒体评中国》，多维新闻网的《中国政府找到了新危机应对方式》、《从四川大地震看信心、信息、信任与信誉》等。①

外国记者对赴灾区报道的接待工作给予较高评价。如《联合早报》的《我这样进入四川》，《华尔街日报》的《记者北川城区亲历记》等。香港凤凰资讯以《外媒报道汶川地震政府开放姿态受好评》，对境外媒体的评价做了综合报道。

同时，外国及中国港澳台地区各种媒体也非常关注灾区道路排险、卫生防疫、遗体处理、学校垮塌、师生死亡等问题。如台湾《联合报》的《每小时要对尸体消毒》，《信息时报》的《就地掩埋：一层石灰一层遗体》，《亚洲时报》的《蜀地大震特征之一：群死群伤多为学生》，路透社的《紫坪铺排险拯救成都》等。②

上述诸多报道对宣传中国、让世界人民了解真实的中国救灾工作起了

---

① 参见《汶川特大地震抗震救灾志》卷五《抢险救灾志》，方志出版社 2015 年版，第 776—777 页。

② 参见《汶川特大地震抗震救灾志》卷五《抢险救灾志》，方志出版社 2015 年版，第 776—777 页。

很好作用。但也有一些外国媒体对中国救灾工作的缺点和不足做了不客观的报道，这说明个别媒体在中国震灾报道中还存在一些主观偏见。

第二节 救灾宣传制度存在问题

在充分肯定汶川抗震救灾宣传工作取得许多进步和成绩的同时，也应客观地看到，这一工作发展不平衡，仍存在着一些薄弱环节和不足问题。

问题之一：救灾意识观念重救灾轻防灾。

长期以来，一遇到重大自然灾害或突发事件，许多领导亲临救灾现场发表讲话，做出重要指示，表示要吸取这一事件的深刻教训。但事过境迁，日复一日，年复一年，同样的灾害或事故仍层出不穷。

诚然，面对一场不期而遇骤然爆发的地震及泥石流、塌方等，领导亲自到场，及时组织有效的救援行动可以减少相关生命财产的损失；面对一场楼房大火或道路交通事故等的发生，领导亲临现场决策指挥，可能会减少相关人员的伤亡。然而，无论多么卓有成效的救灾行动都是事后的工作，不可否认的一个事实是灾害已经发生了，赤裸裸的灾害现场已经呈现在人们面前，救灾措施针对的都是已经发生的灾害，无论救灾行动多么及时，救灾效果多么显著，灾害多多少少都会存在着损失和伤害，只是损失和伤害的大小多少而已。须知，救灾措施固然重要，但最重要的还是防灾，如何有效地防止灾害或事故的发生，才是最有效的措施手段。

通过汶川抗震救灾和其他防灾救灾活动可以看出，我国各级救灾部门和宣传部门在救灾时较为重视救灾活动和救灾活动宣传，而对平时防灾减灾措施却往往较为忽视。例如在审批某项道路建设工程时，领导们考虑较多的是工程建设速度和资金节约等问题，忽略道路施工的质量。当出现交通事故时，领导们总是强调尽快将伤员送入医院救治，吸取其教训，却很少考虑道路设计、施工中存在的各种问题。又如汶川特大地震中许多学校楼房倒塌严重，伤亡学生较多。这固然有地震强烈等客观因素，但不能忽视有些学校房屋建筑工程本身也存在一定的质量问题。上述建筑质量问题在汶川抗震救灾中存在，在其他防灾减灾中也比比皆是。

以上事例说明，在很多情况下，防灾减灾工作是看不见摸不着的，是无法看见其更多的附加效益和额外价值的，甚至有些防灾措施还妨碍正常生产建设速度。人们看到的往往只是眼前的利益，注重的也是看得见的实际利益，在无病无灾的情况下，谁也不愿意花大把的钱去打针吃药，谁也不愿意花大气力去排查各种安全问题。这说明汶川抗震救灾工作，包括救灾宣传工作在内，重震时轻平时的现象是大量而长期存在的。部分领导干部，甚至包括社会民众，普遍缺乏一种忧患意识——防患于未然，防灾大于救灾。防灾意识淡薄、落后，这是汶川抗震救灾工作，特别是救灾宣传工作，留给后人的一个很重要的经验教训。

问题之二：救灾宣传管理存在弊端。

一是灾区各地媒体难以发挥自身作用。就灾区媒体宣传而言，四川电视台、四川日报社的宣传作用还较明显，但地处极重灾区和重灾区的都江堰市、德阳、绵阳、广元、阿坝等电视台、报社，由于诸多主客观因素限制，只能转播转用上级媒体来源，难以发挥自身应有的宣传作用。

二是地方媒体缺乏灵活性。在汶川特大地震的强烈波及下，甘肃陇南地区8个县也遭受了震灾损失。震后第二天早上，部分媒体记者准备赴灾区采访之时接到通知：所有媒体派记者到灾区一线采访，不能报道死亡的人数。到了中午，又说媒体记者可以到灾区去，但要以上级领导在抗震救灾一线的行动为准，灾害损失要少报道。第三天，通知又说可以反映灾区一线的民生问题。第四天再接通知：媒体记者不要把灾区困难写得太多，尤其是灾区缺物资，不能写。① 由于该省新闻采访采取如此僵化的信息管制，使得在抗震救灾初期央视新闻节目中几乎失声，忘记甘肃还有8个县也遭受了严重

---

① 参见《危机传播推动中国媒介制度的变迁》，豆丁网，2010年8月27日。

的地震损失。

事实上，这种采访管理体制弊病在其他灾情报道中也有不同程度地反映，例如灾区校舍建筑质量差、学生伤亡较多等问题，曾一度成为各种媒体的热议话题。后因其"负面影响"太大，一些主流媒体停止报道。

问题之三：救灾宣传报道内容存在片面性。

客观地说，以中央电视台为代表的主流媒体对此次汶川抗震救灾报道，不仅时间长度，而且内容广度都远远超过了以往历次救灾宣传活动。但从内容深度来看，仍存在某些值得反思改进之处。

一是某些报道内容前后不一致。汶川地震初期，灾区多条江河出现堰塞湖，社会公众担心生活用水受到污染。5 月 17 日和 19 日，《新京报》分别以发照片的形式，报道说："北川遇难者遗体腐败已污染河水"，"什邡两个化工厂有害物质泄漏，环保部长现场指挥"。5 月 20 日，新华网（来源于中国新闻网）又发布了一张"北川县城对外封锁，无关人员不得进入"的照片。照片上的注释是："为了防止疫情、汛情和震灾再度发生，从即日起，通往北川县城的道路上设置警戒点，无关人员均不得进入县城。"

二是有关人员伤亡数字不够准确。"地震刚发生初期，官方网站和非官方网站对人员伤亡的数据，报道的很不一致。其中新浪网、凤凰网等非官方网站公布的人员伤亡数字，普遍比官方网站如新华网、人民网等公布的数字要大一些。"

三是某些媒体报道的信息不真实。有媒体称：送给灾区 1000 多顶帐篷，每顶帐篷的价格高达 1.3 万元。对此，中国红十字会的一位处长回应质疑：所接收地震募捐款物，将用于抗震救灾，不存在扣除比例问题。后来，媒体记者没有找到这位官员，红十字会人员也没有人承认说过这些话。然而当时冒出几十家社会团体和网站，甚至还有境外网站（如李连杰壹基金等），都在进行募捐活动。一时造成全国救灾捐赠活动显得有些混乱，真假难辨。

四是某些报道内容存在片面性。一些媒体记者由于受"害怕承担责任"

的心理影响，对某些敏感话题（例如灾区多地教学楼因质量太差损失严重，而党政机关办公楼几乎没有受损失等）的报道显得心存疑虑，不敢大胆报道。当时有专家出来通过宣传媒体公开证明"地震中房屋倒塌是世界性现象，是不可避免的"，企图掩盖当时房屋倒塌的真相。又如，5月16日《南方人物周刊》在《震情中国：被地震扫过的学校》一文中说："已经发布的灾情报告表明，中小学校是在'5·12'大地震中倒塌房屋最多的公共建筑……在破坏最大和破坏相对较弱的地区，学校的房屋则有相对的更多倒塌"等。

问题之四：救灾宣传存在形式主义。

防震减灾宣传是一项社会性很强的工作，直接涉及千家万户和社会各个部门、各个阶层和各个角落，必须面向社会、全方位、多层次、有重点地进行。通过汶川抗震救灾宣传活动可以看出，这一活动虽取得了一定的成效，但仍存在一些形式主义现象。

例如在汶川抢险救灾初期，救灾宣传的媒体镜头总是跟着领导走，领导在哪，记者就紧跟报道到哪。在宣传各级领导时，主要突出中央领导在灾区一线开会、视察等；在报道救灾人物和先进事迹时，又特别突出外国救援队和医疗队的活动，缺乏对一线普通救援者和当地民众参与救灾的宣传报道。

这种报道重点不能说不对，而是这种救灾宣传镜头太多会挤占有效的宣传时间和空间。如果拿央视新闻与平面媒体的报道相比较就会发现，央视媒体把主要镜头对准各级领导，特别是中央领导等。而地震中真正受灾的主体——受灾群众和普通救援者，在新闻报道中却成了配角。

又如在救灾初期各大媒体播放的节目中，有些领导视察灾区的节目放了又放，但是却很少有当地受灾干部群众进行自救互救的镜头。一些媒体在中央如何派兵、解放军如何赶来、救灾物资如何组织运输、老百姓如何捐款等方面大力宣传，忘记了关键一点就是没有直接或大量反映灾区群众自救互救的先进事迹。在救援队伍没有赶来之前，灾区各地，特别是边远山区，急需要有组织地动员当地受灾群众进行自救互救（事实上，在"72小时黄金救援时间"中许多幸存者是当地群众抢救出来的）。对压在废墟下有生命迹象者，相关媒体可通过电视台、广播电台告诉当地救灾人员如何沟通伤者，劝诫其要保持清醒，实施有条件的立即抢救。特别是在断电断水，通信跟不上的灾区，应该利用广播电台，告诉受灾的亲人们，还有余震，应该尽量向宽敞处撤离避震，如何用简便的方法搜索生还者，利用简单工具想办法营救，或者做好明显标记，以等待救援队伍的营救，等等。

另外，有关媒体记者，特别是灾区媒体记者，对城市交通堵塞、学校房屋倒塌等问题进行了较多的关注报道，而对生命线工程（供水、供电、交通、通信、食物供应等）和危险源工程（化工、油库、煤气仓库及其他易燃、易爆、有毒物质的储存、使用等）的抢修恢复往往是轻描淡写，缺乏必要关注和重点宣传。

问题之五：救灾宣传业务水平有待提高。

一是个别记者不遵守职业行规。在灾区一线采访时，个别记者为了尽快发回报道，和受灾群众抢夺直升飞机的座位；在救灾现场，有的记者往往不顾刚被抢救出来的幸存者身体严重虚弱，不能接受采访的实际情况，总是"想方设法"地跟踪采访所谓的"感人"场面，强行让幸存者说出一些"感恩"的语言；还有的记者不顾医护人员的反对，打着强灯光，对着重伤员，强行拍照或摄录电视镜头。

以上这些行为，本身并没有什么恶意。但是，这些问题暴露出我们的媒体记者在完成自己的职业工作时，如何采访新闻报道，如何遵守职业行规，还存在改进之处。

二是救灾宣传报道配合不足。汶川特大地震发生初期，"央视新闻中心不断地向灾区派出记者，在峰值的时候，大约有150多名记者在灾区，占整个新闻中心记者人数的五分之一"。但是，如此多的记者在灾区前方和后方编排播报，并没有形成一个有效的工作协调机制。

第三节　救灾宣传制度转型升级

经过汶川抢险救灾和灾后恢复重建的巨大冲击和考验，我国救灾宣传教育工作应在以下几个方面加大改革创新、转型升级的空间和力度。

转型之一：努力提高全民防震减灾意识。

新中国以来，特别是改革开放以来，我国分别制定了"以预防为主，专群结合，多路探索，加强地震预报和工程地震的研究，推进地震科学技术现代化，不断提高监测预报水平，减轻地震灾害，发挥地震科学在国民经济建设和社会进步中的作用"的防震减灾工作方针。其中，"以预防为主"既是这一工作方针的共同基础，也是防震减灾的核心思想。而"专群结合"、"多路探索"等，则是实现以预防为主方针的重要政策和途径；"加强地震预报与工程地震的研究"是当前地震工作的主要内容；"推进地震科学技术现代化"是地震工作的发展方向，主要是指观测系统、数据处理系统、实验系统的现代化，以及科学理论上的国际先进水平；"不断提高监测预报水平"是地震工作的基本任务；"减轻地震灾害，发挥地震科学在国民经济建设和社会进步中的作用"是防震工作的根本目标。

通过汶川抗震救灾和其他一些抗震救灾活动，我国防震减灾工作重心要树立"大防御"的指导思想，即"防抗救一体化"，把防护人的生存条件、减轻地震灾害危害、降低救灾成本作为救灾宣传工作的基本目标，力求达到以下几点。

1. 树立全民防震减灾意识

在震后初期，多数人认为工作重心是救人救物。事实上，灾区各地仍然存在着大量的防灾任务，即注意防止发生新的次生灾害。把震后的救援活动和防止新的次生灾害结合起来，这是人类对待地震灾害观念上的一大进步，以此指导防震救灾斗争，将更富有成效。

意识是行为的先导。个人和社会的防震减灾行动来自于防震减灾意识。

据研究，平时人们的防震减灾意识可能表现为三种类型：一是科学的防震减灾意识；二是一般的防震减灾意识；三是错误的防震减灾意识。对于震时的防震减灾态度也表现为三类，即无意识状态、潜意识状态和意识清醒状态。事实证明，防震意识状态如何，对防震减灾效果具有重要的直接影响。因此，开展防震减灾科普宣传，让地震灾情作为国情教育的一部分，使广大社会公众了解和掌握灾情，从而增强防震减灾意识，是我国救灾宣传的一项基本任务。

2. 动员全民参与防震减灾工作

震灾在时间上是一个过程，在内容上是一个系列。因此，我们需要建立全面的防灾、抗灾、救灾体系。这一体系包括：震前的防灾措施，其目的在于阻断地震对人及其生存条件的伤损；震时人们采取的自救与减灾措施；震后防止继发性灾害的发生和生存条件的继续恶化。如果震前采取的措施称为防灾的话，那么震后的措施则称为抗灾、救灾。全面的震灾防御体系，将使人在地震造成的极端被动的情况下，最大限度地发挥主观能动性，采取一切可能措施抗御灾害的扩大。全面的震灾防御与震后的救灾活动在内容上存在着交叉，即有些内容既可视为震灾防御又可视为震后救灾。尽管如此，两者的区别仍是显而易见的。它们的着眼点是不同的，防御的意义在于防止发生新的灾害，救灾则是灾害已经发生后的补救措施，因此其具体做法是有差别的。以防治传染病为例，防御的目的在于防止传染病的发生与流行，而救治则是要治疗已患传染病者。当然它们两者在实际工作中常常是紧密结合进行的。

对于广大群众来说，参与防震减灾工作，主要应掌握两点：一是购买住房时，要选择房屋结构安全；二是地震时，要掌握自救、避险的方法，以减少人员伤亡和财产损失。只有全社会都掌握了防震减灾知识，才能采取正确的防震减灾行动，真正达到减轻地震灾害的效果。

3. 提高全民防震减灾技能

事实上，人类防御地震灾害斗争将会从多方面促进防御学科的发展。

一是对它们提出更广泛的、更高的要求。要求这一系列学科深入地回答防御地震斗争中提出的诸多现实问题。这种需要便成为这些学科发展的动力。二是为上述学科的发展提供丰富的依据。防御震灾的斗争会积累愈来愈深刻的经验教训，这些都会成为学科发展的源泉和根据。而这些学科的不断发展，必将提高震灾防御的科学性和有效性。三是为宣传群众、组织群众工作提供所需的物质手段，如宣传器材、设备等。四是用地震科学知识和国家关于防震减灾工作的方针、政策、法规，宣传教育群众，使群众能够抵御迷信、愚昧意识、伪科学与谣言的毒害与惊扰，维护生产、生活的正常秩序。

转型之二：加强防震救灾宣传工作的组织领导。

救灾宣传是防震减灾工作的重要组成部分。它涉及社会各个方面，工作量大、任务重，单靠一个或几个部门的工作和努力是不行的，必须加强组织领导，进一步明确和做好以下几个方面的工作。

1. 坚持党对救灾宣传工作的统一领导

防震减灾宣传工作涉及千家万户，是一项复杂的系统工程。只有在各级党政组织的统一领导下，建立健全强有力的防震减灾宣传工作运行机制，才能取得工作成效。我们要坚持目前已形成的以各级党政的宣传部门为领导、地震部门为业务指导、各有关部门协同配合、社会各界共同参与、形成全力，有计划、分步骤、稳妥地推进防震减灾宣传工作机制。

各级党政宣传部门要加强对防震减灾宣传工作的领导，把防震减灾宣传工作列入议事日程，纳入社会宣传计划，根据地震形势和各地社会经济状况部署并抓好指导、协调检查和督导。地震部门要认清自己在防震减灾宣传工作中的地位、责任和义务，紧密配合党的领导，把防震减灾各项工作精心做好。同时还要充分发挥有关部门和工会、共青团、妇联、科协等人民团体以及基础单位在防震减灾宣传工作中的作用，及时将宣传内容传达给广大人民群众。

2. 充分发挥各级政府的行政职能

各级政府在防震减灾工作中的主要职能有四：一是决策。根据上级指示精神，确定本辖区内的防震减灾工作方针、原则和重要政策；确定本辖区内的重点监视防御区，发布、撤销或延长、中止地震预报；确定防震救灾资金投入；根据需要决定防震减灾宣传，进行防灾学习等。二是组织。组织防震减灾工作体系；组织制定防震减灾工作规划、计划及行政法规；组织制定防震减灾对策方案及应急预案；组织规划、计划及方案的实施。三是指挥。指挥震前应急防御、震后应急反应、救灾及恢复重建；指挥地震谣言、误传事件的处理。四是协调监督。协调综合防御各环节之间、各部门之间、上下级之间、相邻地区及驻军之间的关系。监督政府职能部门、下级政府职能部门、下级政府的工作，保证各项工作任务的完成。

实践证明，地震灾害损失程度的大小，取决于地震领导机关干部、工作人员及灾区群众掌握地震知识的多少。防震减灾工作是由领导者、科技工作者和广大公众参加的群众性的社会活动，参加者的精神状态如何，对于能否实现减轻震灾的社会目标关系极大。由于地震不仅破坏人的物质生存条件，也破坏人的精神生存条件，容易使部分灾民的人生观、世界观、价值观出现逆向变化，产生消极的社会心理，丧失生活的信心和勇气，滋生消极等待和依赖救援的思想，削弱乃至丧失行为规范的约束力。

在救灾宣传工作中，各级领导干部和工作人员要充分重视救灾宣传方式与手段的灵活运用，努力克服消极麻痹意识，增强积极防灾的主体意识，振奋减灾救灾的信心和力量。同时还要正确处理物质手段与精神手段的辩证关系，强化地震法制建设和规范救灾行为，制止谣言流传，稳定社会秩序，从救灾宣传方面为防震减灾工作创造良好的社会氛围。

3. 努力开创救灾宣传工作的新局面

随着防震减灾形势的发展，我国防震减灾工作观念正在发生巨大变革，即宣传内容要从过去单一的地震基本知识宣传向综合防御包括地震监测预报、震灾预防、地震应急与灾后重建这四个环节的宣传转变；宣传对象要由过去对普通群众宣传向既对群众更强调对各级领导的宣传上转变；宣传的组织形式要由过去地震部门孤军奋战向在各级党委的宣传部门领导下、各有关部门参与下的社会化大宣传上转变。

根据上述转变要求，各级政府要自觉提高对防震减灾工作重要性的认识，进一步增强做好防震减灾宣传工作的责任感、使命感和紧迫感。要从我国多震灾的国情出发，正确认识做好防震减灾宣传工作的必要性。实践证明，凡事预则立，不预则废。只有深入持久、富有成效地开展防震减灾宣传，做到"居安思危"、"防患于未然"，才能逐步增强群众的防灾减灾意识和对于震害的科学认识与心理承受能力，从而把地震灾害可能造成的损失降到最低限度，为经济建设和改革开放创造一个稳定的社会环境和良好的心理条件。

在各级党委、政府领导下，地震宣传部门要严格依据全国防震减灾宣传工作会议精神和《关于防震减灾宣传工作的规定》要求，一方面要认真制定和实施防震减灾宣传工作的规划、预案、提纲，使宣传工作逐步实现规范化、制度化和常态化；另一方面要做出相应规定，理顺救灾宣传工作的各种关系，使其有一个良好的运行机制，努力开创防震减灾宣传工作的新局面。

转型之三：更新救灾宣传教育方式。

1. 选择有利时机进行救灾宣传教育

众所周知，地震从孕育到发生有一个漫长的过程。而防震减灾宣传工作的根本目标则是通过社会公众的防灾意识，最大限度地减轻灾害。因此，有专家从平时常规宣传的时间范围出发，提出可选择三个最佳时机，即地震发生前、地震谣传时、重大地震纪念日，进行救灾宣传。

地震发生前宣传教育：地震基本知识；地震前兆知识；地震应急对策；地震工程知识；地震预报知识；地震科学水平；地震活动形势；地震工作方针、政策、法律、法规；等等。

地震谣传时宣传教育：迅速公布震情及震后趋势；及时通过政府辟谣；积极开展现场宣传；利用当地电视台、电台、报纸等新闻媒体开展针对性宣传；组织大规模地震宣讲会。

重大地震纪念日宣传教育：选择当地和中外重大地震纪念日前后时段，进行地震宣传，既可消除群众对地震的紧张和恐惧心理，又能从中受到启发，总结经验教训，学到有关地震的基本知识和大无畏的抗震精神。

早在 20 世纪八九十年代，设立"防灾减灾日"，国际上已成惯例。① 而在我国则是汶川特大地震以后才被提上日程。2009 年 3 月，经国务院批准，规定每年 5 月 12 日为全国"防灾减灾日"。

至此，以后每年"防灾减灾日"，全国各地都要举行防震减灾知识讲座、防震减灾演习、防灾减灾新产品推介等丰富多彩的活动，各行各业也为防震减灾献计献策。总之，设立全国"防灾减灾日"，不仅有助于促进各级政府加强对各种自然灾害的积极防范和科学应对，而且有利于增强全体国民的防震减灾意识，提高公民个人的自救互救能力。

2. 选择有利空间进行救灾宣传

我国正处于新的地震活跃期。为了搞好地震工作，适应防震减灾的需要，国家地震部门每年都要根据专家分析会商结果，提出若干个发震概率较大的地震重点监视防御区。经过 50 年的努力攻关，我国对中长期地震趋势预报具有一定的可信度，特别是随着社会经济发展，人口增长并向城市集中，重要设施和生命线工程的增多，地震造成的危害可能将大幅度增加。对此，我们必须高度重视，认真选择地震重点区域和城市，进行防震减灾宣传。

在地震重点区域宣传方面，要根据地震形势和地震预报水平进行宣传；宣传防震减灾指导思想和综合防御对策；宣传政府防震减灾职能和工作部署；宣传防震减灾奋斗目标；宣传地震法律法规；等等。

---

① 《全国防灾减灾日》，《中国急救复苏与灾害医学杂志》2010 年第 5 期。1989 年，联合国经济及社会理事会将每年 10 月的第二个星期三确定为"国际减灾日"，旨在唤起国际社会对防灾减灾工作的重视，敦促各国政府把减轻自然灾害列入经济社会发展规划。在设立"国际减灾日"的同时，世界上许多国家也都设立了本国的防灾减灾主题日，有针对性地推进本国的防灾减灾宣传教育工作。如日本将 1982 年 9 月 1 日定为"防灾日"，8 月 30 日到 9 月 5 日定为"防灾周"；韩国自 1994 年起将每年的 5 月 25 日定为"防灾日"；印度洋海啸以后，泰国和马来西亚将每年的 12 月 26 日确定为"国家防灾日"；2005 年 10 月 8 日，巴基斯坦发生 7.6 级地震后，巴基斯坦将每年的 10 月 8 日定为"地震纪念日"；等等。

在城市防震减灾宣传方面，要宣传城市防震减灾奋斗目标和城市综合防御对策；编制科学的抗震减灾规划；确定合理的民用工程设防标准；保证生命线工程的安全；强化工业建筑及设备的安全。要建立健全防震减灾体系，尽快完善和制定城市应急预案，积极做好地震应急准备工作；要适当普及地震知识和避险自救知识。要立足于有备无患，学习和掌握必要的自救知识和技能，增强社会民众的防灾自卫能力。

在重点区域内——大中城市开展防震减灾宣传是非常必要的。它不仅可以进一步增强重点区域内全社会的防震意识，而且还能使那里的各级政府动员各种力量搞好综合防御，尽力减少因地震造成的人员伤亡和经济损失。与此同时，还能促使政府把城市重要设施与重要工程的抗震性功能加强，把广大居民的房屋建设好。即使没有地震发生，也能做到有备无患。

总之，在城市防震减灾宣传教育方面，一要注意因地制宜，从城市特点出发，抓住要害，突出各自重点；二要充分利用城市的文化优势、阵地优势，深入广泛地开展防震减灾宣传活动。

转型之四：整合防灾减灾宣传资源。

众所周知，防震减灾宣传资源众多。如广播电视、网络通信、报纸杂志、手机微信、地震科普基地、地震遗址公园等。

在整合宣传资源方面，各级防震减灾宣传部门：（1）要充分利用广电媒体，制作防震减灾短片，进行多媒体资源融合开发。（2）要充分利用当今发达的网络媒体（如手机等）和手段，经常向社会公众发布防震减灾宣传知识，加强群众来电来信的回答，增强政府与群众的互动性，以提升防震减灾宣传工作的力度，提高广大群众对防震事业的关注度。（3）要充分利用报刊媒体，精心设计宣传文字材料，不能再像过去那样喊口号、列标语，应将群众关心的一些地震知识、信息动态和法律法规添加进去，为广大群众排忧解难，消除地震谣言滋生的环境。

在地震科普基地、地震遗址公园等资源整合方面，各级防震减灾及宣传部门要充分利用：（1）唐山地震遗址纪念公园。该公园建成于1986年，占地面积 40 万平方米，总投资 7 亿元，是迄今为止国内乃至全世界规模最大、功能最全、文化氛围最浓的防灾科普教育基地。其中唐山地震博物馆建筑面积 1.2 万平方米，由纪念展馆和科普展馆两个分展组成，是目前国内最大的地震主题展馆。（2）汶川映秀地震纪念馆。该馆属广东省对口援建项目，建筑面积 4800 平方米，于 2009 年 12 月动工建设，2010 年 12 月主体工程竣工；于 2012 年 4 月 25 日完成布展工作，2012 年 5 月 12 日正式对外开放，布展面积 4000 平方米。该馆由流水庭、序厅、地殇庭、缅怀厅、"山河有痕"灾害厅、崛起庭、"凤凰涅槃"重建厅、纪委廉政板块和"居安思危"启示厅九个部分组成，借助丰富的文字、图片、影像资料及多媒体、动感环幕等艺术手法和场景，完整地呈现了抗震救灾及灾后重建过程中党中央的英明决策，社会各界爱心援建，灾区群众自强不息、感恩奋进的伟大精神。自开馆以来，汶川映秀地震纪念馆在全力发挥其爱国主义宣传教育作用的同时，也以静谧的环境、科学的管理和优质的服务，赢得了社会各界的广泛赞誉。（3）北川地震纪念馆。北川地震纪念馆包括室内馆和室外遗址两部分。室内场馆包括主馆（地震纪念馆）、副馆（地震科普体验馆），室外场馆包括北川老县城地震遗址、沙坝地震断层、唐家山堰塞湖遗址，地震纪念馆具有纪念、展示、宣传、教育和科研功能。北川地震纪念馆先后获得全国爱国主义教育基地、全国红色旅游经典景区、全国科普教育基地、全国社科普及教育基地等 22 项荣誉，已经成为展示中国道路、中国模式，讲述中国故事的窗口；培育和践行社会主义核心价值观的重要载体；防震减灾教育的重要基地。

一般来说，以上防震减灾宣传资源、方法、手段都不是孤立使用的，它们各有特色。在防震减灾的具体宣传实践中，有关部门应根据防震减灾宣传的任务、范围要求，因地制宜，灵活适当地将其结合起来，加以综合采用。

转型之五：加强救灾宣传队伍建设。

建立一支良好的防震减灾宣传队伍，是坚持搞好防震减灾宣传工作的基础。总结多年来，特别是汶川抗震救灾宣传工作的经验，要加强救灾宣传队伍的建设，须采取以下措施：

一是进行智力投资。要尽可能地为救灾宣传工作者提供各种机会，让其参加各种相关科学和专业学习，如地震科技知识讲座、专业学术报告、业务交流等。

二是鼓励自学成才。防震减灾宣传工作者要自我加压，给自己规定学习任务，系统、全面地学习有关业务知识，如社会学、心理学、教育学、新闻学、社会宣传学等，在实践中边干边学，不断地提高自己的专业理论水平。

三是举办专题培训班。培训要分轻重缓急，周密安排，重点抓好对地震、宣传、新闻、文化等单位，以及市、县、乡镇等从事防震减灾宣传工作的领导、管理人员、业务工作人员的有针对性的培训，造就一支思想过硬、业务精通、纪律严明的防震减灾宣传队伍。

四是重视宣传人才的使用。地震系统要把一些有宣传特长的人员安排在防震减灾宣传工作的岗位上。也可采取多种形式和渠道，定向培养一批防震减灾宣传专门人才，作为防震减灾宣传的后备队，以利将来分配到各级地震部门后，能有效地发挥作用。

五是建立激励机制。要积极探索研究有关政策，制定有关制度，建立适当激励机制（如表彰奖励办法），鼓励、关心、爱护防震减灾宣传工作队伍，切实为他们解决工作和生活中遇到的问题，确保这一队伍的长期稳定。

转型之六：加强救灾宣传教育网络建设。

一是建立大型救灾指挥平台。建立大型救灾指挥平台，有助于各级政府事先了解灾前情况，做好灾前各种准备工作。如在灾难尚未来临时，各级政府可对辖区内可能发生重大地质灾害的道路区段、居民点进行摸底，有针对性地贮备些救灾物资和设备。对于辖区内的公共建筑，可加强质量检查和运行状况的检查，经常检验可能会发生重大群体伤亡的单位，尤其是医院、学校、政府机构等主要建筑的结构安全性和建筑质量水平，对于危房旧房进行改造和修葺，尽量避免类似此次大地震造成众多学生伤亡的事件。

二是尽快恢复灾区各地通信联络。在汶川地震抢险救灾初期，由于灾区大量通信基站设施被毁，手机等通信信号几乎完全中断，灾区内外的信息很难互通。这在一定程度上导致灾区的受灾群众不知向何处转移，而外界救援人员也不知灾区各处的具体灾情，无法确定救援的整体规划，很难实施迅速有效的救援指挥。对此，政府主管部门应尽快恢复与灾区各地的通信联系，及时掌握灾区的灾情信息变化，才能迅速采取相关措施展开救援。国内各大通信公司也应积极与之配合，派出相关技术人员，及时进行通信网络维修维护，以帮助和提高各级政府掌控救灾全局的能力。

三是尽快建立救灾决策咨询平台。救灾决策咨询平台建立后，各级政府应实现集中式办公，使各救灾部门之间、各救灾企业之间的人员、物资等沟通更加便捷、顺畅，增强相互间的协同效应。同时，这一平台的建立，对提升政府的整体管理效率和降低成本，也将起到积极的促进作用。

四是加强网络宣传管理。政府部门，特别是地震主管部门，要建立健全各种地震宣传网络、网页，通过互联网向社会公众提供全方位、大信息量的相关信息，宣传我国防震减灾法律法规与地震科普知识。同时，对互联网上涉及地震内容的信息一定要切实加强管理，严禁私自发布震情、灾情消息。

转型之七：健全社会救灾宣传教育机制。

通过汶川抢险救灾和灾后重建工作，各级政府主管部门和宣传媒体在社会救灾宣传教育方面可采取以下措施：

1. 利用"防灾减灾日"，举办各种救灾宣传活动

利用"防灾减灾日"或"防灾减灾周"，以预防地震灾害为重点，举办以火灾、水灾、滑坡、泥石流等为内容的安全教育和防灾救护训练演习，增强全民性的防灾减灾意识，使之成为政府、单位、公众的自觉行为；充分利用媒体宣传、展览、标语、讲演会、模拟体验等活动形式，重点宣传地震科学知识，使公众了解和掌握必要的正确的逃生办法措施；要通过防灾减灾手段，及时预防和平息地震误会、谣传，增强公众对地震谣言的识别能力；在大中城市人口集中区域，为公众提供紧急避难场所和绿地空间；积极宣传推

广防震减灾活动中涌现出来的先进人物和事迹；通过防灾减灾的宣传教育和培训演练，努力打造三支救灾队伍，即以工程单位为核心的专业救援队伍、以医院为核心的医疗救援队伍和以灾区民众为核心的后勤救援队伍。

举办各种救灾活动，以提高国民的防灾减灾意识，树立起一个正视灾害、勇于救灾、善于减灾的国民形象。日本每年9月1日是全民防灾减灾日，各地举行各种形式的危机处理演习，在演习中提高全民的减灾素质。所以，日本人往往具有良好的减灾素质、较强的生存和竞争能力。在日本，还设有大约20个"防灾中心"。这种"防灾中心"是一个集展览、教育和救灾物资储备于一体的场所，里面展示各种灾害的发生、发展过程和灾害结果，拥有现代化的展览室、视听室、资料室和储备仓库。到"防灾中心"参观学习的人都是免费的，每年都有许多市民和中小学生来这里接受训练或参观访问。防灾中心的经费全由各地方政府财政负担，中心工作人员的薪水也较高。这些"防灾中心"起到了传播减灾知识、提高减灾水平等方面的积极作用，被世界各国公认是提高国民减灾素质的最好途径。

2. 迅速平息地震谣言误传

地震谣言误传是指以"地震"为名，捏造无中生有之事，通过非法途径进行社会传播以至于迅速蔓延扩散的所谓"将要发生地震危害"的消息，迷惑群众。有人戏称其为"人造地震"。在当今移动电话和互联网普及时代，这类消息传播速度很快。

例如1976年8月下旬四川松潘地震发生后（因为前有唐山7.8级大地震的影响），成都及邻近县曾先后发生多起地震谣传事件，以致人心惶惶，地震部门虽多次辟谣宣传，也未能完全消除影响，还有人搭棚或乘车外出避震，工厂停工停产，严重影响了社会秩序的安定，甚至人员伤亡。① 又如1983年12月9日四川万县境内发生6级地震，距县城15公里。震级不大

---

① 参见四川省人民政府救灾办公室研著：《四川灾害对策》，四川科学技术出版社1993年版，第174—175页。

但震感强烈，致使人们产生了强烈的恐惧心理。虽然时值严冬，一次6级地震竟使20多万人露宿避震，造成了社会动荡不安和不必要的经济损失。1996年3月5日，辽西地区发生谣传，导致锦州市区约8万—9万人上街避震，葫芦岛市区有9万人上街避震。2008年"5·12"汶川特大地震发生当天晚上，因传闻成都市还有特大地震，尽管当时成都电视台、电台一再辟谣，但仍有数十万人乘车外出，纷纷涌向城郊农家乐、度假村等处过夜，以致后来还一度发生抢购矿泉水、食品等事件。

针对地震谣言的产生、传播、放大，有关部门应采取消除谣言、减少谣言损失的措施，主要包括：（1）消除谣言源，对那些有可能出现和传播地震谣言的自然、社会原因（如自然、人为变异事件等），事先或事后要主动进行有针对性的宣传报道和科学解释，避免群众误解和恐慌，防止地震谣言的产生和传播。（2）迅速公布灾情及地震短期趋势，认真做好震情的分析预测工作，做到心中有数，统一认识，统一对外口径，防止谣言的产生。（3）及时通过政府部门辟谣，抑制地震谣言的传播。对已产生的谣言，应尽早抑制，防止事态蔓延扩大，尽可能做到防微杜渐。（4）积极开展现场宣传。做好地震谣言"防疫"工作平时应积极适当地进行地震知识宣传，使民众了解必要的地震科学知识，如地震常识、地震工作部门的工作性质、业务范围、地震预报的现状及能力、地震预报发布规定等，增强广大人民群众对地震谣言的识别能力。（5）组织大规模地震宣讲会。对于在地震谣言和误传等影响已经形成较大规模地震恐慌的情况下，当地政府应组织大规模地震宣讲会，让各单位干部参加，由地震部门全面宣讲地震知识和地震法律法规知识，集中解答群众所关心的问题，对各种错误认识做出科学解释。实践证明，这是平息地震谣传的一种行之有效的手段。

3.定期举办社会救灾演习

我国大型防震演习或演练始于20世纪90年代。1990年7月28日，中国地震局与甘肃省人民政府在张掖市举行大震模拟演习；1991年7月28日，新疆维吾尔自治区人民政府与中国地震局举办的乌鲁木齐地震减灾演习；2001 年 6 月至 11 月，天津河北区组织一次以震灾为背景，内容包括指挥部成员就位、组织指挥运作程序、救援队伍拉练的应急救援组织指挥演练；2002 年 4 月 24 日，中国地震局会同北京市地震局、天津市地震局、国家地震灾害紧急救援队等 400 多人，举办了首都圈地震系统应急演练。

自汶川特大地震以后，四川省每逢全国"防灾减灾日"都举办防灾减灾演习活动。这一活动还有待于进一步深化。

一是开展防灾减灾主题宣讲会。相关部门应利用纪念会、参观访问、物资交流等大型活动场所，采取散发防震减灾宣传资料，放映地震录像，设立咨询服务台，回答群众提出的有关地震方面的问题，同时还应采取展出地震知识板报、挂图等方式，向社会公众介绍普及防灾减灾基本知识和避险自救互救的基本技能，以提高全民防灾减灾意识。

二是开展中小学防灾减灾教育活动。汶川抗震救灾和其他救灾活动的实践证明，中小学校是我国防灾减灾的一个重点防御区域。对此，我国各级各类学校应在防灾宣传周期间，充分利用宣传板报、地震知识挂图、观看防灾减灾影视等方式，普遍开展一次防灾减灾主题活动，以提高学生的防灾减灾素养。

三是提供各种应急避难场所。2007 年通过并施行的《中华人民共和国突发事件应对法》第十九条明确规定："城乡规划应当符合预防、处置突发事件的需要，统筹安排应对突发事件所必需的设备和基础设施建设，合理确定应急避难场所。"但汶川特大地震以前，这一法律规定施行并未提上日程。经过汶川特大地震的严峻考验，特别是在预防未来地震灾害和其他灾害发生时，各级政府及主管部门应在城市人口密集区提供更多的应急避难场所，如公园、绿地、广场、体育馆等。当灾难降临时，这些地方也许是最理想的公共避难场所。

四是举办"防灾救灾演练"活动。目前，我国各级政府采取定期或不定期地举办"防灾救灾演练"活动，前者是指针对公共安全、突发事件、应急救援、卫生防疫等特定行业，开展形式多样的各类防灾减灾演练活动。后者是指利用节假日、防灾减灾日在全民中进行必要的自救和他救训练活动。内容包括：家庭、学校、医院、单位和各种公共场所，确认室内室外相对安全地带，配备室内应急自救简易安全箱等。

防震演习是一种大众化的、大覆盖面的、高效能的地震和防震对策知识宣传以及模拟防震救灾的实践活动。在地震活动较多或有地震危险性的地区，有计划地定期开展这样的演习是非常必要的。通过防震演习，一方面使广大人民群众了解并掌握防灾、避震、脱险及相互救治的知识和能力，了解并掌握减少或避免次生灾害以及有效地减少次生灾害伤亡和损失的常识和措施，提高全社会的防灾意识，增强人民群众对灾害的承受能力和抵御能力。另一方面，通过防震演习，提高各级政府部门的防震减灾的组织指挥功能，这样，地震一旦发生，不管事先有无准备，各岗位人员都能熟练地采取相应的紧急措施，实施自救互救，迅速紧急部署，组织指挥实施紧急救援，迅速组织抢救和修复交通、通信、供水、供电工程，确保救灾对策实施，达到最大限度地减轻地震灾害。

转变之八：建立健全学校救灾宣传教育机制。

学校救灾宣传一般是指以在校中小学生为主要宣传对象进行地震救护知识、地震科普宣传等。中小学生是国家、社会的希望和未来，防震减灾教育要从中小学生抓起。各级党政宣传部门和地震主管部门，要配合教育部门，把防震减灾知识纳入到中小学生素质教育中去，把防震减灾科普知识纳入教育计划，编写进自然课本中，开设地震知识课。这里着重介绍三种方式。

1. 开设地震知识课

要结合中小学地震课教学，讲授地震知识，开展地震科普教育。有关调查表明，中学生的地震知识仍普遍贫乏，防震意识也较薄弱。开设地震知识课，让青少年在课堂上学习地震相关知识，这是向青少年学生和群众普及地震知识的有效途径之一。有的学校在教学过程中，还配以地震电影、录像和幻灯片，不仅活跃了学习生活，而且也培养加强了学生们分析和解决问题的能力，增强了学习效果。

2. 建立地震科技小组

地震科技小组，可以吸收开设有地震课的中学生参加。通过组织他们参加地震知识讲座、参观访问地震台站和群测点，使其对观测预报地震建立研发认识，通过参加地震知识竞赛，观看地震电影、录像片等，使其开阔眼界，丰富地震知识。有的学生还可以通过直接参加学校业余地震测报组的活动，把课堂学到的地震知识同观测实践相结合，不断深化自己学到的地震基础理论知识。

3. 组织地震科普夏令营

组织学生参加地震科普夏令营活动，这是更为生动活泼的第二课堂教育形式。在夏令营期间，通过地震地质考察活动，举办地震知识讲座，参观地震台站及地震遗址、名胜古迹，可以更好地培养青少年对地震科学的兴趣，增长自己的地震知识。这种形式美中不足的是因受时间、空间和各种条件的限制，参加活动人数不能太多，次数也不能太频繁，只可分批组织活动。

转型之九：构建全民防震减灾宣传教育体系。

通过汶川抗震救灾和其他救灾活动的重大考验，我国地震救灾宣传工作应通过多种方式向公民个人普及一些自救互救知识和技能，建立健全公民自救互救机制，有助于将人身伤害降到最低限度。须知在地震发生时，每位公民掌握一些自救和互救知识和技能，灵活机动地应对地震灾害，尤其重要。下面介绍几种自救互救知识与技能：

1. 受伤人员自救须知

（1）幸存者受伤后，切勿乱喊乱叫，以免丧失体力。正确态度是在恶劣环境中，始终要保持镇静，分析所处环境，寻找出路，等待救援。

（2）寻找生机。若被倒塌房屋埋压时，幸存者要把周围情况观察清楚，采取相应措施，听到外边有动静时再呼救。

（3）及时处理伤口。面对挤压受伤时，幸存者应设法尽快解除重压。一般砸伤者要用干净衣物或纱布包扎伤口。大面积砸伤和严重创伤者，可口服糖盐水，预防休克发生。若有破伤风和细菌感染时，应及时诊断和治疗。

（4）获救后，遇到亲人不要过于激动，不要急于大量进食。

2. 救灾人员防震须知

（1）挖掘被压埋人员时，要保护好支撑物，以防进一步倒塌伤人。要慎用工具，以免误伤被压埋幸存者。

（2）对受伤者，要视轻重，采取适当的处理办法。当发现一时无法救出存活者，应做好标记，以待救援。

（3）对受伤较严重、被压埋时间较长的幸存者，救出后要用深色面料蒙上眼睛，避免强光刺激。

（4）要适当掌握一些急救技术，包括止血、包扎、固定和搬运等。

3. 城市居民防震须知

（1）发生地震时，若在室内，请尽快躲到桌底、床底，或靠近墙边。

（2）若在高楼大厦内，请不要搭乘电梯，应以最快速度跑到街上。如果在电梯里，应立即按停电梯，迅速逃离电梯。

（3）地震时若在室外，应跑到空旷地方，直到地震完全停止。

（4）地震发生时若在隧道内，应在安全情况下加快速度离开隧道。

（5）地震发生后，应检查有无伤亡，然后再看设施有无损坏，如水管、煤气、电力等。

4. 公共场所人员防震须知

地震发生时，公共场所极易发生慌乱，人们常因其突然发生而惊慌失措，结果造成伤亡。每位公民最重要的是保持冷静，听从指挥紧急疏散。

在寻找躲避场所时，要顾及周围环境。住高层的居民不要涌入电梯，防止因电梯滑落或卡死造成伤害。可沿步行楼梯撤到室外，选择空旷的地方避难。要迅速离开湖泊、桥梁、水渠、高层建筑、狭窄街道、烟囱矗立之地；要迅速离开变压器、高压输电线；要迅速离开陡崖峭壁、海滩，以防止遭受建筑物倒塌、高压电击、滑坡滚石、泥石流、山崩地塌等伤害。万一自身被砸伤或埋在倒塌物下，也不要慌张，先要保持呼吸通畅，用毛巾、衣物捂住口鼻，防止烟尘造成的窒息，接着设法清除压在自身腹部以上的物体，保存体力，利用一切机会与外部联系，等待救援。

除此之外，在地震多发地区或已接到有关地震预报的城乡地区，各级政府及相关单位要准备足够的应急食品和饮用水以及必要的药品，以供不时之需。

总之，救灾宣传教育是防灾减灾工作的重要组成部分。经过汶川抗震救灾和其他救灾活动的严峻考验，各级政府部门要认真总结汲取救灾宣传教育方面的经验教训，贯彻落实相关转型升级措施，努力使我国救灾宣传教育达到救灾宣传目标明确、救灾管理手段先进、救灾宣传方式多样、社会公众防灾意识增强、救灾宣传教育效益好等综合目标。

结　论　汶川地震与救灾制度转型的回顾与启示

一、汶川抗震救灾取得的主要成就

众所周知，汶川特大地震是新中国成立以来破坏性最强、涉及范围最广、救灾难度最大的一次地震，给灾区人民生命财产和经济社会发展造成了巨大损失，举国震惊，举世瞩目。

面对前所未有的巨大灾难，在党中央、国务院的坚强领导下，在全国各族人民的大力支援下，川、甘、陕三省灾区党委、政府带领广大受灾群众，用三年时间就夺取了抢险救灾和灾后重建的巨大胜利。

1. 抢险救灾阶段取得的主要成就

——抢险救人。抗震救灾的主要任务是抢险救人，只要有一线希望，就要付出百倍努力，决不放弃。汶川灾情发生以后，我国各种救灾队伍克服重重困难，用最短的时间迅速赶赴受灾乡镇和村庄，从废墟中抢救出生还者8.4万人，解救和转移148.6万人。共计收治伤病人员296万人次，住院治疗9.6万多人，另有1万多名重伤员被快速转送20个省市375家医院救治。[①]同时，灾区各地还加强卫生防疫和疫情监测，确保灾后无大疫。

——安置群众。汶川抗震救灾期间，累计转移安置受灾群众1510.62万

---

①　参见温家宝：《努力做好汶川地震灾后恢复重建工作》，孙成民主编：《四川地震全记录》下卷，四川人民出版社 2010 年版，第 494 页。

人，救助受灾困难群众 1058.4 万人、"三孤"人员 28.6 万人。在 3 个月内对仍需求助群众每人每月天发放 1 斤口粮和 10 元补助金，在 3 个月内向灾区困难群众每人每月发放 200 元补助金；对孤儿、孤老、孤残人员每人每月提供 600 元基本生活费。向因灾死亡人员家庭按照每位遇难者 5000 元的标准发放慰问金。采取多种措施妥善解决了受灾群众的临时居住问题，保证了灾区学校如期中考、高考和秋季按时开学复课，维护了灾区人心安定、社会稳定的良好局面。

——抢修道路。到 2008 年年底，重灾区绝大多数干线公路和乡镇公路均已抢通，宝成等 9 条受损的铁路干线已全部恢复正常运行，90%以上的 10 千伏以上输电线路得到修复，因灾中断的公众通信已全部恢复正常运行，绝大部分受损广播电视发射台站已恢复播出，基本完成水利工程应急除险工作。受损水厂、供水管道修复率已达 97%，城乡居民饮水基本得到解决。①

——防止次生灾害。地震部门及相关部门采取了多种防范措施和手段，如增设流动观测站，密切监视震情发展，加强灾情会商研判，全力做好余震防范工作；防止塌方、滑坡、泥石流；开展环境安全隐患排查整改，成功排除堰塞湖险情；处理危险物品。以上诸多防范措施和手段的采取，降低和避免了次生灾害损失。

总之，在汶川特大抢险救灾斗争中，川、甘、陕三省灾区既没有出现饥荒、流民和重大疫情，也没有引起当地社会动乱，在我国抗震救灾史上谱写了光辉的一页。

2. 灾后重建阶段取得的主要成就

——灾后恢复重建目标按期实现。"截至 2011 年 4 月底，整个灾区纳入国家重建规划的 41130 个重建项目已完工 38803 个，占重建任务 94.34%；

---

① 参见温家宝：《努力做好汶川地震灾后恢复重建工作》，孙成民主编：《四川地震全记录》下卷，四川人民出版社 2010 年版，第 494 页。

完成投资8851.53亿元，占规划投资92.37%"①。在全国各方面的共同努力下，经过两年多的日夜奋战，川、甘、陕三省51个重灾县（市、区）"三年重建任务两年基本完成"的目标如期实现。

——居民住房优先建设。截至2011年9月，川、甘、陕三省灾区农房维修加固292.14万户、农房重建190.85万户、城镇住房维修加固145.68万套全部完成，城镇住房需重建29.12万套，已完工28.83万套。②

——公共服务设施全面提升。截至2011年9月，川、甘、陕三省灾区已建成公共服务设施8521个，完成投资1083亿元，占规划总投资额的98.6%，其中教育项目3941个、医疗项目2979个、文体项目4226个、文化遗产（文物）项目591个，就业和社会保障项目4646个、社会管理项目2138个。③

——基础设施根本改善。截至2011年9月30日，灾区三省51个重灾县（市、区）基础设施总开工项目5058个，其中交通2835个、通信311个、能源1285个、水利627个；完成项目5058个，其中交通2806个、通信311个、能源1285个、水利626个；完成建设投资2067亿元，其中交通316亿元、通信186亿元、能源353亿元、水利212亿元。④

——产业重建优化升级。经过三年重建，川、甘、陕三省重灾地区51个县（市、区）恢复2440户规模以上受损工业企业，重建3601个工业项目。新建了一批工业园区、国家级省级开发区和对口支援产业集中发展区，淘汰了一大批落后产能。2010年，成都、德阳、绵阳、广元、雅安和阿坝6个市（州）工业增加值总计达到2706亿元，是震前2007年的1.69倍。

---

① 郭媛丹：《汶川地震重建已"花"8851亿》，《法制晚报》2011年5月10日。

② 参见《汶川特大地震抗震救灾志》卷九《灾后重建志（上）》，方志出版社2015年版，第253页。

③ 参见《汶川特大地震抗震救灾志》卷九《灾后重建志（上）》，方志出版社2015年版，第395页。

④ 参见《汶川特大地震抗震救灾志》卷九《灾后重建志（上）》，方志出版社2015年版，第503页。

截至 2011 年 4 月底，四川省旅游恢复重建项目 175 个，总投资 73.85 亿元；到 2011 年 9 月底，四川省 62 个文化产业项目全部建成。①

——精神家园同步构建。在抗震救灾期间，四川、甘肃、陕西三省灾区组织开展了心理康复、心理援助、心理关爱和心理干预等活动，主要表现在：实施心理康复工程，在中小学学校和灾区医院门诊开展心理疏导教育、组织受伤学生赴俄罗斯疗养；实施心理援助工程，为罹难者家属、受灾儿童、受灾群众和干部提供心理疏导、咨询和治疗等；实施再生育工程，对地震中死亡孩子的家庭提供再生育服务。截至 2011 年 6 月底，地震灾区有 3888 名妇女怀孕、2990 个婴儿健康出生；实施文化安民工程，通过电影放映、文艺表演、诗歌朗诵、报刊阅览等形式，使灾区各地逐步成为爱国主义教育基地、社会主义核心价值体系学习教育基地、民族团结进步宣传教育基地和展示中国发展模式、发展道路勃勃生机的文明窗口。

——灾区城镇面貌焕然一新。"截至 2011 年 9 月底，三省灾区城镇建设项目完工 1102 个，完成投资 966 亿元，汶川、北川、青川县城和映秀、水磨等镇完成主体功能的重建。一座具有浓郁藏羌风格的北川新县城矗立在世人面前，一批城镇新区和新场镇增强多种功能。市政设施功能不断完善，修复新建市政道路 558 公里，新建一批桥梁，新建水厂 53 座，集中供热、垃圾处理、城镇防洪等工程增强了城市的可持续发展能力。20 余座历史文化名城名镇的古城区、古街道、古建筑和古文物得到再现。在城镇体系规划和建设过程中，涌现出一批高起点、高标准的城镇建设项目顺利建成，创造了我国城镇建设史上的辉煌业绩。②

另据有关资料统计，2011 年年底，四川省 6 个重灾市（州）的规模以上工业增加值增速超过全省平均水平，工业增加值是震前 2007 年的 1.95 倍；

---

① 参见《汶川特大地震抗震救灾志》卷九《灾后重建志（上）》，方志出版社 2015 年版，第 571、606、622 页。

② 参见《创造人间奇迹的伟大力量——汶川地震灾后重建启示录》，中国政府网，2010 年 5 月 11 日。

工业利税由 2007 年的 528 亿元提高到 2010 年的 1079 亿元，翻了一番。甘肃省 8 个重灾县（区）农业生产总产值是震前 2007 年的 1.47 倍，农民人均纯收入是震前的 1.38 倍。陕西省 4 个重灾县（区）农业生产总产值是震前 2007 年的 1.6 倍，农民人均纯收入是震前 2007 年的 1.9 倍。① 这说明，尽管遭受世所罕见的巨大灾难，又赶上百年罕见的国际金融危机冲击，但川、甘、陕三省灾区的经济没有垮、灾区人民的精神没有垮。到 2011 年年底，四川省经济总量比震前翻了一番，经济社会发展呈现出崭新的面貌。②

二、汶川抗震救灾夺取胜利的主要原因

1. 党和政府的坚强领导是夺取抗震救灾伟大胜利的根本保证

汶川特大地震发生后，党中央、国务院迅速成立全国抗震救灾总指挥部，把抗震救灾作为当时最重要、最紧迫的任务。在全国抗震救灾总指挥部的统一领导下，中央及灾区各级政府建立了上下联通、军地协调、全民动员、区域协作的工作机制，紧急调集人民解放军、武警部队、民兵预备役人员、公安干警和医疗卫生人员、科技工作者、新闻工作者等各方面力量迅速赶赴灾区，向灾区投送大批救灾资金物资，开展了我国历史上救援速度最快、动员范围最广、投入力量最大的抗震救灾斗争。

与此同时，四川、甘肃、陕西等受灾地区各级党委政府坚决贯彻执行党中央、国务院的决策部署，在第一时间成立了抗震救灾指挥部，调集大量人力、物力、财力，奋力开展抗震救灾，第一时间率领灾区广大干部群众投入抗震救灾第一线，谱写了许多生动感人的先进事迹。

抢险救灾工作结束以后，党中央、国务院统揽全局，及时制定灾后重建条例、搞好总体规划、实施对口支援、科学重建等一系列重大决策和部

---

①　参见《汶川特大地震抗震救灾志》卷九《灾后重建志（上）》，方志出版社 2015 年版，第 21 页。
②　参见《汶川特大地震抗震救灾志》卷九《灾后重建志（上）》，方志出版社 2015 年版，第 21 页。

署，指导灾区各地恢复重建工作有力、有序、有效开展。

汶川抗震救灾和灾后重建所取得的巨大成就，再次证明各级党委和政府的坚强领导是夺取汶川抗震救灾伟大胜利的根本保证。

2. 举国救灾体制是夺取抗震救灾伟大胜利的制度保证

举国救灾体制是我国抗震救灾斗争夺取伟大胜利的一个法宝。在汶川抗震救灾过程中，这一体制具有两大优势：

一是充分体现了我国"一方有难，八方支援"的民族文化传统和爱国主义精神。主要表现在：（1）全国各族人民为灾区各地踊跃捐款捐物796亿元；（2）全国20个省市以年度财政收入1%的比例对口支援受灾县市三年；（3）全国先后有300万人前往灾区各地进行志愿服务活动，在后方从事志愿活动的服务者估计有上千万人。

二是充分体现了我国"集中力量办大事"的社会主义原则和政治优势。主要表现在：（1）解放军出动了14.6万大军紧急奔赴灾区；（2）全国各省（区、市）都派出抢险救灾队伍、医疗卫生队伍；（3）灾后几天之内，中央财政就安排700亿元，建立灾后重建基金，并且令中央机关公用经费支出一律较预算减少5%，用于抗震救灾；（4）紧急动用中央物资储备，数十万顶帐篷、100万套简易安置房运往灾区；等等。

诚然，举国救灾体制在汶川抗震救灾斗争中并不是第一次使用，而以鲜明的"举全国之力"作出正式表述，且赋予新内涵的正是汶川抗震救灾活动。正如当年有一位外国记者所赞叹："中国在短时间内动员巨大的力量投入，这是其他任何制度所不能比拟的。"① 实践证明，以举国之人力、物力、财力为主要内容的举国救灾体制机制，以及在抢险救灾阶段实行五大责任区和灾后重建阶段实行20个省市对口支援重灾区等政策措施②，是夺取汶川抢险救灾和灾后重建伟大胜利的制度保证。

_____

① 《一些外国政要和媒体高度评价中国抗震救灾工作》，中国政府网，2008年5月28日。
② 参见《汶川地震灾后恢复重建对口支援方案》，《中华人民共和国国务院公报》2008年第18期。

3. 综合国力提高是夺取抗震救灾伟大胜利的物质基础

综合国力是指一个国家的经济、政治、军事、文化、教育、技术等已达到的综合性指标。

汶川抗震救灾之所以能够取得伟大胜利，得益于改革开放 30 多年我国经济与社会发展和综合国力的不断提高。从 1978 年到 2007 年的 30 年间，"我国国内生产总值由 2165 亿美元增加到 3.23 万亿美元，年均增长 9.6%，综合国力大幅提升；人均国内生产总值由 226 美元增加到 2100 美元，增长了 8 倍多，人民生活显著改善；财政收入由 1132 亿元增加到 5.13 万亿元，增长了 44 倍多，国家财力大大增强"①。

在综合国力不断提高的基础上，灾区人民得到了全国人民的大力支援。据有关资料统计：2008 年 5 月 24 日至 6 月 6 日，四川省民政厅接收到吉林、江苏、山东、湖北对口支援资金 4559.03 万元、帐篷约 3.89 万顶、活动板房 1.04 万余间（套）、衣物 6.81 万余件、棉被约 5.31 万床、衣被 1071 箱、食品 2.85 万余件、瓶装水 2.85 万余件等救灾物资；同时，还接收汽车、摩托车 30 辆，电话 100 余部及乳制品、药品、卫生用品、电池、蜡烛、睡袋等生活急需物品。以上救灾物资均及时发往受灾各市州县区。甘肃省民政厅组织接收非受灾省市支援的棉衣被 221.23 万余件（床），各市州接收到价值 41317.9 万余元的各类生活用品，及时发往受灾地区。截至 12 月 31 日，陕西省民政厅接收各类药品、食品、米、面、油、帐篷、衣被、饮料及其他物资总价值 2600 万余元，向灾区发放各类救灾物资 2500 余吨，共 1400 余辆（次）。②

另据有关资料记载："到 2008 年 6 月 17 日，各级政府已投入抗震救灾资金 539 亿多元，其中中央财政投入 490 多亿元；调运救灾帐篷 140 多万顶、活动板房 36 万多套；调运棉被 480 多万床、衣物 1400 多万件，还有大量粮

---

① 吴邦国：《抗震救灾胜利得益于中国特色社会主义的制度优势》，人民网，2008 年 6 月 19 日。

② 参见《汶川特大地震抗震救灾志》卷六《灾区生活志》，方志出版社 2015 年版，第 55—60 页。

食、食品、药品等救援物资源源不断地抢运到灾区，保证抗震救灾需要，保障了灾区人民的基本生活。"①

以上诸多数据充分表明，改革开放 30 多年来，我国社会经济发展和综合国力的不断提高是夺取汶川抗震救灾伟大胜利的物质基础。

4.全国军民大团结是夺取汶川抗震救灾伟大胜利的力量源泉

实践证明，人民群众既是夺取汶川抗震救灾斗争胜利的物质财富创造者，也是夺取汶川抗震救灾斗争胜利的精神财富创造者。

在汶川抗震救灾期间，全国各族人民前线后方步调一致、全力支援灾区抢险救人和恢复重建；人民子弟兵奔赴抗震救灾第一线，发挥了抢险救灾的主力军作用；海外华侨华人大力支援灾区同胞，显示了中华民族团结奋斗、自强不息的爱国主义精神。

灾区各级党委政府在党中央、国务院的正确领导下，在全国各族人民的大力支持下，抢抓机遇、共谋发展；20 个省市派出超过 10 万人的援建大军，充分发挥改革开放以来积累的经济、技术、资金优势，帮助灾区人民更好地实现重建家园的梦想；在灾后重建的各条战线上，一批批先进人物和先进事迹层出不穷，一个个重建项目和重建方案被科学规划实施，极大地推动了灾区经济与社会的快速发展。

总之，夺取汶川抗震救灾伟大胜利的原因是多方面的，但主要原因自然离不开党中央、国务院的坚强领导，离不开中国特色的举国救灾体制保证，离不开改革开放 30 多年社会经济发展和综合国力提高，离不开人民子弟兵（包括解放军、武警和预备役民兵等在内）的主力军作用，离不开全国各族人民团结一心的共同奋斗。

三、汶川抗震救灾实践的历史启示

汶川特大抗震救灾活动已过去十年，其经验和教训都是不可多得的宝

---

① 吴邦国：《在第五届亚欧议会伙伴会议开幕式上的演讲》，《经济日报》2008 年 6 月 20 日。

贵财富。在与自然灾害进行的长期斗争中，中华民族既遭受了无数的痛苦和劫难，又积累了许多积极有效的知识、方法和应对措施。恩格斯曾说："没有哪一次巨大的历史灾难不是以历史的进步为补偿的。"① 汶川抗震救灾和灾后重建胜利的历史事实充分地证明了这一论断。

痛定思痛，抚今追昔。站在地震社会学和救灾制度转型的战略高度来回顾、总结新中国成立以来，特别是汶川抗震救灾和灾后重建的经验教训，我国地震救灾制度转型升级可得到以下几点历史启示：

启示之一：在救灾指导思想上，要长期坚持"防抗救一体化"战略思想，即防患于未然，防灾大于救灾。

新中国成立以来，特别是改革开放以来，我国防灾减灾工作形成了"政府领导、部门协调"的管理体制和运行机制，以及制定和实施了"以防为主，防抗结合"的防灾工作方针和"自力更生，艰苦奋斗，发展生产，重建家园"的救灾工作方针。②

但是，在防灾减灾的具体工作落实过程中，政府部门和社会各界普遍存在着"重救灾轻防灾"的倾向。例如，本书第五章第二部分曾指出：汶川特大地震以前，中央及地方物资仓储种类和数量严重不足；第八章第二部分曾指出：汶川特大地震灾区大中城市建筑房屋规定设防标准为 7 级，但实际执行却达不到此标准，广大农村住房却没有设防；第十章第二部分曾指出在防震宣传教育过程中，当大灾来临之际，全国上下不惜余力投入救灾活动，可是到大灾过后，有关部门却很少关心重视灾害预防问题。在应对未来地震灾害的过程中，政府部门除继续采取工程防震措施外，还应采取"全民化、

---

① 《马克思恩格斯文集》第 10 卷，人民出版社 2009 年版，第 665 页。

② 1997 年 12 月《中华人民共和国防震减灾法》中明确指出："防震减灾工作，实行预防为主，防御与救助相结合的方针"。2000 年 5 月，国务院召开全国防震减灾工作会议，确立了防震减灾工作三大体系：监测预报、震灾预防、紧急救援。2005 年，《国家防震减灾规划（2006—2020 年)》等文件在防震方面又提出两大任务：一是增加城乡建设工程的地震安全能力；二是加强国家重大基础设施和生命线工程地震紧急自动处置示范力度。

时空化、经济化"的防灾减灾救灾战略。

全民化，即全民防震，人人受益。不要把所有的防震、减灾、救灾等工作都交给政府，由政府部门主动承担，而应该认为防震减灾是社会的事情，由政府、民众、公益机构、工程设计、企业施工等，共同行动起来，制定、执行有效的防震减灾具体措施。

政府是防震的主导力量，可以通过制定工程抗震的行业标准，加大科研、教育力度，采取适当的财政、税收等经济手段主导防震。民众既是防震的基本力量，也是防震中的直接受益者，可以积极主动地采取防震措施，通过购买防震效果好的住宅、办公场所、装修设备等，决定多数工程的防震性能。公益机构可多做一些地震宣传教育工作，多与民众和相关部门沟通。工程开发、设计等单位是防震工程的具体实施部门，可以通过有效的设计、高质量的施工等措施来实现抗震设防目标。

时空化，即运用时空效果增加建筑物的抗震性能。从时间上来说，施工企业对新建工程从选址、设计、建设、使用全过程采取防震措施，对已有工程进行抗震加固措施。汶川地震中多所已建校舍无法满足抗震要求而坍塌，导致大量师生死亡，教训惨痛。从空间上来说，对建筑结构、设备装修到使用均需要考虑防震措施，不但对城市的建筑工程要求进行抗震设计施工，对广大农村建筑也要进行抗震设防。汶川抢险救灾中的教训表明，灾区农村房屋抗震标准较低，有关部门有必要给农村居民免费提供标准设计图纸，免费提供抗震指导，鼓励有条件的农民建抗震性能好的房屋。

经济化，即运用经济手段增加建筑物的抗震性能。政府部门一方面要通过税收、财政、市场购买等经济手段，加强防震措施。如对抗震性能好的工程减税、对抗震性能差的工程加税，鼓励民众购买抗震性能好的房子，从而淘汰抗震性能差的房子；另一方面，要提高防震的效率，以防震性价比为指标，通过优化设计等措施，使得我们以较小的成本，获得较好的防震效果，例如加强科学规划，不在断裂带上进行工程建设等。经济化防震是建立在一定的经济基础上的，从某种意义上来说防震是花钱买安全。

通过汶川抢险救灾和灾后重建的严峻考验，政府部门在救灾指导思想下，要清醒地认识到，当灾害发生时，重视救灾工作固然必要，但在平时也要特别注重防灾减灾工作，既要防止"重救灾轻防灾"的错误观念，又要克服"重防灾轻救灾"的错误倾向，只有将二者有机地结合起来，长期坚持"防抗救"一体化战略思想（即防患于未然，防灾大于救灾），并将其相关政策措施（如防震标准全民化、时空化、经济化）真正落到实处，才能实现其综合防灾减灾救灾的社会目标。

启示之二：在救灾管理体制上，要坚持走政府救灾与社会力量救灾相结合之路，充分发挥二者的积极性和创造性。

新中国成立以来，特别是改革开放以来，政府部门面对各种自然灾害或重大突发事件，均采取以"统一领导，分级负责、部门协调"为主要特征的救灾管理体制，被称为"举国救灾"体制。在改革开放和市场经济日益深入发展的形势下，特别是经过汶川抗震救灾和其他救灾活动的严峻考验，这一体制虽发挥了巨大的推进作用，但也日益暴露出社会力量参与不足、财政压力巨大、资源配置不合理等诸多弊端，急待进行改革创新和转型升级。

众所周知，我国救灾主体有政府部门、军队、企业和社会力量，在抗震救灾的不同阶段，应根据救灾主体的职责、任务、作用的不同，采取相应的对策措施。诚然，汶川特大地震救灾是一种特例，但它却给我国救灾管理制度转型提供了许多经验教训。例如，在汶川抢险救灾阶段，由于灾情重、任务大，政府部门对所需人力、物力、财力等，亟须快速指挥协调，此时应采取举国救灾的管理体制；但在灾后重建阶段，救灾主体有所变化，企业单位和社会力量是救灾项目主体。对此，政府部门，特别是中央部门，一方面应及时采取宏观调控方式和手段将救灾行政管理权下放到灾区各级政府，让灾区地方政府发挥灾情熟、资源调配便利等优势；另一方面对灾区救灾工作所需人力、物力、财力等资源，则应采取市场调节机制，如招标、招聘、转让、委托等，让承担灾后重建任务的大中型企业集团、社会组织等发挥更多作用。

在当今社会主义市场经济体制主导下，作为社会救灾主体之一，现代大中型企业在社会生产、生活和救灾中都有贡献社会、回报社会的义务和责任。如本书第五章第三节有关问题所述，现代大中型物流企业既能在生产过程中为政府联储代储救灾物资，改进中央级物资仓储不合理制度，又能在运输过程中为政府联运代运救灾物资，降低政府管理成本和经营成本。同样，政府部门采取市场调节的方式也可让承建企业（如房屋建筑、水电维修、道路桥梁等）在灾后重建工作中大显身手。这是汶川抗震救灾和灾后重建实践活动给当今我国救灾管理制度转型提供的一条新的经验。

目前我国社会组织机构众多，如中国红十字会、中华慈善总会、中国青少年儿童基金会等。在汶川抗震救灾初期，动员社会力量迅速投入救灾活动的理念开始受到越来越多的关注。在灾害面前，每个社会成员都不是"打酱油的"，需要抛弃各种歧见，建立共同应对灾害的广泛共识。政府部门在平时应积极引导社会成员参与各种公共议题的决策、执行过程，以增强其主人翁意识。依靠强大的社会动员机制进行防灾减灾救灾，比单凭政府动员（即临时抱佛脚式的应对），更能有效地降低灾害带来的损失。

实践证明，单凭启动政府应急救灾指挥决策和政策措施，已不能完全适应整个救灾工作的客观需要，如果将社会力量参与救灾仅仅理解为在出现紧急状况时才进行动员，未免过于狭隘。事实上，灾区及周边地区未受灾的社会民众，可以直接为受灾群众临时解决吃住等生活困难，又具有接收转移和安置受灾民众的便利条件。这是汶川抗震救灾和灾后重建实践活动给当今我国救灾管理制度转型提供的又一条新的经验教训。

在整个防灾减灾活动中，特别是在防大灾工作中，我们既要坚持政府救灾管理体制，又要采用社会力量救灾运行机制，只有将二者有机地结合起来，充分发挥各自的积极性和创造性，才能夺取我国防灾减灾救灾事业的全面胜利。

启示之三：在救灾条件准备上，要正确认识和处理物质救灾和精神救灾的辩证关系，努力做到两个准备一起抓。

物质救灾和精神救灾是我国夺取汶川抗震救灾胜利的重要条件。在整个防灾减灾过程中，各级政府部门不仅需要提供一定的物质条件，而且需要一定的精神条件。

就物质条件而言，主要包括以下几个方面的内容：一是认识、研究地震灾害规律、特点，探求减轻灾害的方法所需的物质设备，如监测仪器和台网、实验设备、分析计算工具及科技图书、情报资料等研究条件；二是抗震、救援地震灾害所需的物质条件，如抗震建筑材料、救灾工具、运输工具、医疗器械药品、通信器材以及救济灾民所需的吃、穿、用等生活服务器等；三是宣传群众、组织群众所需的物品，如宣传器材、设备、资料等。

就精神条件而言，主要包括以下几个方面的内容：一是救灾参加者（即领导者、科技工作者和广大社会公众等）的精神状态如何，对于能否实现减轻灾害的社会目标关系极大；二是地震灾害中的伤员，特别是重伤员，容易丧失生活的信心和勇气，削弱乃至丧失行为规范的约束力；三是地震灾害容易使灾民滋生消极等待和依赖思想，人生观、价值观出现逆向变化，产生消极的社会心理；四是地震灾害损失，特别是重大地震灾害损失，容易引起社会民众的心理恐慌，甚至引起社会动乱等。

本书在第三章、第四章、第五章、第六章和第七章有关部分曾多次指出：汶川抢险救灾和灾后重建活动曾涌现出许多物质救灾（如财政拨款、物资储备、社会捐款和国际援助等）和精神救灾的先进事迹（如心理卫生治疗、心理卫生辅导、发放卫生知识书籍和表彰救灾先进人物和先进事迹等）。对此，政府部门在高度重视物质救灾条件的同时，还要高度重视精神救灾条件，特别要注重发挥灾区人民群众的自救、互助、自强、奋发的精神，从而把抗震救灾中形成的精神力量汇聚成一种新的文明观来发扬光大。只有正确认识和处理物质救灾和精神救灾两者的辩证关系，通过必要的软硬件建设，充分发挥其内在潜力和综合优势，才能将我国整个防灾减灾救灾事业不断推向前进。

启示之四：在救灾款物来源上，要坚持政府拨款和社会融资相结合的办法，为灾后重建提供必要的资金来源。

　　救灾资金筹集、管理和使用问题是我国历次抢险救灾和灾后恢复重建面临的重大难题。据有关资料记载，汶川特大地震灾害所造成的直接损失达8471亿元，四川灾后重建纳入国家规划概算所需资金为8658亿元，两项合计约1.7万亿元。其中在8658亿元的资金盘子内，外来资金（包括中央拨款、对口援助、社会捐赠等）只能解决3480多亿元，四川省需要自行解决5184亿元，再加上国家规划需省拨的1289亿元重建项目，资金缺口达6400多亿元。①

　　面对1.7万亿元的巨大灾后重建资金缺口，仅靠中央政府的财政拨款肯定是不行的，亟须从多方面加以研究解决。在汶川灾后重建工作中，四川省灾区各级政府采取了许多新的筹款办法，如银行贷款和社会融资等。其中社会融资是指贷款人（政府）采取通过非银行贷款手段向社会各界进行投融资活动。例如在农户房屋重建时，政府发放无息或低息房款，吸引灾民主动投资建房；又如利用土地进行投融资生产，即政府利用土地政策吸引当地农民投资土地开发经营，发展特色农业、养殖业和农家乐等。再如灾后规划发布旅游项目时，政府采取招商引资的办法来恢复和重建灾区旅游景点景区。

　　通过以上多种筹资方式，加之相关政策引导，四川灾后恢复重建获得了大批资金来源。有专家指出：汶川抗震救灾期间，中央政府9%的金融优惠政策、放开的投融资政策，建房税费的减免和房价政策性优惠补助等，使得中央财政安排的3026亿元灾后恢复重建基金带动了三省灾区10205亿元的资金投入。② 这说明对灾区地方政府来说，中央政府直接送银子，不如给政策方面的倾斜更为给力。

　　汶川灾后重建筹资方式多元化，意味着我国救灾资金投融资体制已发

---

① 　罗文胜：《中央政策撬动地方5·12重建制度遗产：万亿资金的方法论》，新浪财经，2011年5月12日。

② 　参见王凤京、郗蒙浩、孙妍：《四川省汶川地震灾区后重建时期的融资研究》，《防灾科技学院学报》2012年第1期。

生了新的变化。汶川地震以前，我国抗震救灾资金来源主要靠政府财政拨款。汶川灾后重建时期，随着灾后重建任务的加重以及社会管理职能的变化，中央政府积极发挥金融政策引导作用，把该放给地方政府的财经政策放给灾区各级政府，把该放给市场的政策还给市场，这样才真正解决了汶川灾后恢复重建资金筹措难题，加快了汶川灾后重建的步伐。

汶川灾后重建面对 1.7 万亿元的筹资难题，如果采取原来的管理办法："财政拨款＋社会捐款"，是根本无法实现三年完成汶川灾后恢复重建任务的。现采取"财政拨款＋社会捐款＋社会融资"的办法，很快解决了汶川灾后恢复重建筹资难、用资难等问题，促使汶川灾后恢复重建步伐进一步加快，仅用两年多时间就顺利完成了灾后重建的主要项目。

这说明，要及时解决抗震救灾和灾后重建资金物资来源及不足问题，中央及地方各级政府不仅需要向灾区各地发放大批的财政拨款和物资储备，而且需要进行大量的社会捐款和社会融资活动。汶川灾后重建时期所采取的社会融资办法为我国今后救灾筹款工作提供了一条解决筹资难、用资难的新经验，值得大力汲取和推广。

启示之五：在救灾运行机制上，要大力推进法治化与科学化相结合的工作机制，走依法治灾、科学救灾之路。

在汶川特大地震之前，我国地震部门虽在震情灾情分析判断过程中建立了监测预警、灾情快速上报、灾情快速评估和应急响应启动等工作机制，但并没有发挥太大作用。在汶川地震抢险救灾过程中，中央及地方各级救灾指挥部门充分尊重了客观规律，合理安排人力、物力、财力等，使许多科学救灾措施落到实处。同时，相关科研部门也将许多现代技术（如航天遥感、卫星通信、生命探测、地震预警、房屋隔震等技术）广泛用于救灾工作全过程。在灾后重建过程中，有关部门统筹考虑经济、社会、文化、生态等因素，合理确定重建方式、优先领域和建设时序，保证了经济、社会和生态三大效益的有机结合。

在依法治灾方面，国务院于 2008 年 6 月和 11 月，相继制定和实施了《汶川地震灾后恢复重建条例》和《汶川地震灾后恢复重建总体规划》，确立了以人为本、尊重自然、统筹兼顾、科学重建的方针，有力支持和保证了灾区恢复重建任务的完成。全国人大法制办、国务院法制办还多次联合派出调查组深入灾区各地，及时将汶川抗震救灾中涌现出来的新经验、新办法上升为政策措施，加以制度化、法治化。

实践证明，要夺取抗震救灾和灾后重建工作的全面胜利，我国救灾运行机制既要坚持法制化救灾，又要坚持科学化救灾，坚定走二者相结合之路。

启示之六：在灾后重建部署上，要把科学规划、科学重建、科学施工放在首位，努力提高其综合效益。

在汶川抗震救灾工作中，党中央、国务院把科学规划放在灾后恢复重建优先安排的地位，《汶川地震灾后恢复重建条例》和《汶川地震灾后恢复重建总体规划》两个重要法规，不仅为汶川地震灾后恢复重建奠定了法律基础，而且为我国防灾救灾事业指明了工作方向。

灾区各级党委政府遵照党中央、国务院的指示，相继制定汶川灾后重建常规发展和超常规发展战略。前者指灾后重建把修复重建住房、交通、水利等基础设施和公共服务设施，保障人们的基本生活需要，作为恢复性目标"原地起立"。后者指灾后重建在实现"原地起立"的基础上扩大到超常规发展，又称"跨越式发展"，即把恢复性重建目标作为恢复性发展的强大引擎，在恢复重建的过程中加快灾区新式农业（如生态农业等）、新式产业（如工业园区、旅游景区等）、新式交通（如高速公路、高速铁路等）的发展，以推动整个灾区和相关地区的全面发展。

在工业恢复重建中，川、甘、陕三省恢复 2440 户规模以上受损企业、重建 3601 个工业项目，新建一批工业园区、国家级省级开发区和对口支援产业集中发展区，壮大了装备制造、电子信息、新材料、化工、医药、纺织以及农产品加工等特色产业，提升了产业的技术水平和市场竞争能力。

在农业恢复重建中，川、甘、陕三省抓紧实施并推行"农产品地理标志

+ 专业合作（协会）+ 农户"的新型农业产业化模式，恢复重建四川南江黄羊、松潘天然沙棘、青川山珍、北川佛山茶叶、略阳香猪等重点发展项目，并打造了"汶川甜樱桃""南江黄羊""文县党参"等地理标志品牌。在旅游业恢复重建中，四川省优化旅游产业格局，建设三大旅游产业带、四大旅游经济区、六大主题精品线路。① 分类恢复重建26处国家级、省级风景名胜区，加强特色风景区旅游形象建设，促进了旅游业的迅速发展。

在城乡建设规划布局上，四川省灾区形成了一定规模和特色的发展模式，如汶川县映秀镇和北川新县城的重建模式、都江堰市的城乡联建模式、绵竹孝德镇和遵道镇的产业模式、青川县的生态重建模式、理县桃坪羌寨和甘堡藏寨的文化重建模式等。与此同时，在城乡住房重建中，四川灾区联建模式有利于推动城乡住房及土地制度的一体化。灾区城镇医疗卫生、教育、文化、养老保障等公共服务向农村地区延伸扩大，有效地推进了城乡统筹发展。

以上分析表明，在抗震救灾和灾后重建的工作部署时，政府部门一定要将科学规划、产业重建和科学施工放在灾后重建工作的首位，并贯穿于全过程。

启示之七：在救灾宣传教育上，要长期坚持以自力更生为主，争取外援为辅的基本原则，健全政府、社会和公民三者相结合的社会氛围。

"一方有难，八方支援"是中华民族防灾救灾的传统美德。汶川抗震救灾斗争之所以能够在短短的三年内取得伟大胜利，正是川、甘、陕三省灾区人民在党中央、国务院的正确领导下，在全国各族人民的大力支持下，共同努力奋斗的结果，即内外因相结合的胜利。

在汶川抗震救灾期间，川、甘、陕三省灾区人民在各级党委、政府的领导下不等不靠，充分发挥内因——自力更生、艰苦奋斗的精神，取得了恢

---

① 参见《汶川特大地震抗震救灾志》卷九《灾后重建志（上）》，方志出版社2015年版，第21页。

复生产、重建家园的巨大成就。例如，"彭州市是汶川特大地震中受灾较为严重的地区之一，全市 20 个乡镇有 14 个受到不同程度的影响，受灾群众达到 21 万多人。截至 7 月 6 日，彭州市有 1.2 万户村民自建过渡房，总计 2.6 万间"①。都江堰市天马镇向荣村 95% 以上的农房在汶川地震中倒损，其中倒塌和严重损坏 513 户、一般损坏 117 户。后经开院坝会议、问卷调查等，全村有 186 户 605 人选择参与统规自建。该村集中民智、民主决策，探索出一条"拆小院、并大院，依托林盘搞重建，节约耕地谋发展"的统规自建之路，成为都江堰市灾后科学重建的十大模式之一。② 又如，甘肃康县王坝乡李家庄村 30 多户农民购买了三轮车、农用车跑运输，有 10 多户农民开起饭馆和商店。成县黄陈镇苇子沟村 50 多个青壮年，发展经营核桃、养殖、蔬菜等产业。四川平武县农民企业家张洪建所办企业屡遭汶川大地震、文家坝堰塞湖、"7·16"特大洪灾、泥石流四次打击破坏，后经过重建，带动 6000 余名农民从事林业生产，当年为农民增收 500 多万元。③ 与此同时，全国各族人民及社会各界纷纷向灾区各地伸出援助之手，捐款捐物；上千万志愿者（无论是直接到灾区，还是在后方）积极开展各种服务活动；20 个省市 10 万建设大军对口支援灾区各市县。

这里有一点值得特别注意：汶川抗震救灾主动争取和接受国际社会救灾援助并不等于放弃自力更生的原则。例如，汶川灾后重建所需资金估算 1.7 万亿元人民币，而当时接收国际救灾援助仅 44 亿元人民币，真乃杯水车薪。从抗震救灾角度来看，我国政府主动地接受国际救灾援助与坚持自力更生的原则并不矛盾。对外开放既可以为我国受灾地区及受灾民众争取一定数量的

---

① 贺勇：《不等不靠自力更生，彭州村民自建过渡房 2.6 万间》，新华网，2008 年 7 月 8 日。

② 参见《汶川特大地震抗震救灾志》卷九《灾后重建志（上）》，方志出版社 2015 年版，第 259 页。

③ 参见《汶川特大地震抗震救灾志》卷九《灾后重建志（下）》，方志出版社 2015 年版，第 791—792 页。

救灾经费，减轻其痛苦，又可以展示我国政府积极主动参与国际救灾合作、融入国际大家庭的开放姿态。

因此，我国防震救灾宣传教育工作既要正确认识和处理内因（坚持自力更生）与外因（争取国际援助）的辩证关系，又要正确认识和处理政府、社会和公民三者间的互动关系，坚定走"防抗救一体化"的防灾减灾之路，自力更生、重建家园永远是我国整个防灾减灾事业的根本出发点和落脚点。"一方有难，八方支援"是中华民族的传统美德，值得永远继承和发扬！

以上七点历史启示是一个整体。它既是对汶川抗震救灾管理体制与运行机制的理论与实践分析论述，也是对 60 多年来我国整个防震救灾工作经验教训的深刻总结。对此，政府部门及社会各界要从地震社会学和救灾制度转型升级的战略高度，一方面要继续做好防灾减灾规划，充分发挥综合优势，努力将我国防灾减灾事业不断推向前进；另一方面要相互学习交流，力争为本国和其他国家战胜或减轻各种灾害、恢复重建美好家园提供新的历史经验借鉴。

综上所述，人类与自然灾害的斗争，特别是与地震灾害的斗争，是一个长期的社会历史过程。世界上没有一成不变的自然灾害，也没有一成不变的救灾制度。只有将二者联系起来加以综合考察，才能寻找出其规律特点及解决办法。对此，地震学家和社会学家有责任和义务联合起来，为战胜或减轻自然灾害所造成的损失而贡献全部智慧和力量。

后　记

　　经过五年多努力，国家社会科学基金项目"汶川地震与救灾制度转型"终于成书并出版了，值得庆贺！

　　这是一部有特殊纪念意义之书。汶川地震是新中国成立以来破坏性最强、波及范围最广、救灾难度最大的一次地震。2008 年 5 月 12 日，四川省汶川、北川一带发生的 8.0 级地震，致使川、甘、陕、渝、滇、宁（夏）等 6 省（区、市）417 个县（市、区）受灾，灾区总面积 50 多万平方公里，受灾群众 4625 万人，造成 69227 人遇难、17923 人失踪。

　　面对如此巨大损失，中央以举国之力，全民奋起抗震救灾，力争把灾害损失减少到最低限度，创造了举世瞩目应对特大地震灾害的奇迹，赢得了国内外各界人士的普遍赞誉。作为"5·12"汶川特大地震的亲历者，在汶川抢险救灾初期，每天都从电视上观看救灾专题节目，阅读报纸上救灾专题报道、多次参加学校组织的捐款活动。同时，还从网络媒体上收集相关资料、图片、论文等。地震灾害是一种常见的自然现象，但汶川特大地震却使灾区人民付出了鲜血和生命的代价，承受了极大的痛苦。众多的震灾史料既留下了灾区各地的满目疮痍，同时也积累了抢险救灾和灾后重建等有益经验。

　　作为大学老师，笔者深感仅仅沉浸、关注汶川特大地震带来巨大的物质损失和心灵创伤，以及回顾、赞扬抢险救灾和灾后重建进程中的先进人物和先进事迹是远远不够的，自己虽不能直接投入抗震救灾一线活动，但有责任和义务进行智力抗震救灾，为战胜和减轻各种灾害而贡献智慧和力量。在此动因的推动下，笔者于 2014 年春夏之际向全国哲学社会科学规划办公室提出了《汶川地震与救灾制度转型》研究课题申报书，并获得批准立项。

这是一部凝聚辛勤劳作之书。在获批立项之前，笔者已发表相关学术论文 8 篇，主要涉及四川地处三大地震带（即岷山龙门山、甘孜鲜水河、凉山安宁河三大断裂带）、救灾队伍、救灾物资、救灾捐款等问题，为本课题申报奠定了前期研究基础；立项之后，笔者又发表了多篇论文，主要涉及汶川救灾管理、救灾科技、救灾法规、救灾宣传教育、灾后重建等问题，为本课题研究奠定了基本架构。2015—2016 年，笔者利用寒暑假期先后在省内各大图书馆查阅相关资料、到汶川特大地震灾区（如都江堰、汶川映秀、北川、彭州、德阳、绵阳等地）遗址进行考察，增加了对灾区各地的实地印象，并陆续写出初稿 30 万字。

到 2017 年上半年，笔者依照国家社科研究课题规定的相关要求，先后请 5 位专家对课题初稿进行评审，同时又根据其意见和建议进行修改。同年 7 月又到北京、西安、兰州等查阅资料，再次对初稿进行结构性和文字性调整修改。最后于 9 月底向全国哲学社会科学规划办公室提出了结题报告。从收集整理资料、发表论文、撰写初稿、专家会审，到最后定稿结题，可见这是一部付出巨大辛勤劳作之书。

这是一部有学术理论和现实意义之书。2018 年 5 月，课题得到国家社科评审通过时，正值汶川特大地震 10 周年纪念日。与以往论著相比，本书具有以下特点：

一是提出了新的学术理论及思想观点。本书在充分吸收现有论著研究成果的基础上，从"新思路、新机制、新举措"等基本思路出发，明确指出汶川特大地震既是新中国成立以来破坏性最强、涉及范围最广、救灾难度最大的一次地震，同时也给我国救灾制度，特别是现行地震救灾管理体制和运行机制带来一次大冲击、大考验、大转型和大升级。要战胜或减轻未来各种灾害所造成的损失，我国各级政府及主管部门必须从救灾管理、救灾队伍、医疗救护、救灾资金物资、救灾捐款、灾后重建、救灾法律、救灾科技、救灾宣传教育等制度层面，建立一个更加科学合理的管理体制和运行机制。

二是采用了大批新的文献资料。本书集中选取十年来学术界发表出版的大批资料汇编（如《汶川特大地震抗震救灾志》《汶川特大地震四川抗震救灾》）、学术论著、数据等，既弥补了现有论著对汶川特大地震研究资料整理发掘利用之不足，又针对汶川特大地震对救灾制度产生的重大冲击影响进行了分析，还对其存在问题，提出了转型升级措施。以上新的文献资料引用和数理论证分析，均有助于从理论和实践层面进一步拓宽相关学术研究范围和研究领域。

三是提出了新的研究结论。本书通过十章专题分析论述，指出：汶川特大地震虽过去 10 年了，但它所带来的巨大冲击和经验教训并没有随着时光而流逝。在这一抢险救灾和灾后重建进程中，政府无疑是抗震救灾的主导，充分发挥其指挥协调作用是夺取全面胜利的关键。社会力量(如军队、企业、社会团体和灾区民众）是抗震救灾的主体，充分发挥其主力军建设作用是夺取全面胜利的根本保障。因此，单纯依靠政府救灾而忽视社会力量救灾的观点是错误的。实践证明，在新的时代条件下，我国救灾制度在继承和发扬原有基本原则的同时，必须实行改革创新和转型升级：即一靠法制、二靠管理、三靠科技、四靠投入等。在结语部分，本书从救灾指导思想、举国救灾体制、救灾条件准备、救灾款物来源、救灾工作方针、灾后重建部署、救灾宣传教育七个方面对汶川抗震救灾所取得的经验教训进行了高度概括。它既是对我国现行地震救灾管理体制与运行机制的实践总结，同时也是对 60 多年来我国整个防震救灾工作历史经验教训的理论概括。对此，只有认真将二者加以整合提高，重点突出政府部门科学规划，又充分发挥社会力量诸多优势，才能将我国防灾减灾事业整体不断推向前进。

四是具有现实指导意义。本书从地震社会学和制度救灾史相结合的角度，对汶川特大地震与救灾制度演进的社会背景、主要内容、面临困难及转型升级等问题进行了专题研究，具有现实指导意义，既可为从事地震灾害学、地震社会学及其他学科的研究人员，政府部门管理人员，高等院校师生及相关读者提供来自汶川特大地震抗震救灾一线所取得的主要成就、涌现的先进人物及生动事迹，又可为我国防灾减灾事业，特别是地震救灾工作，提供具有学术理论与实践价值的分析报告。

总之，本书的理论架构和基本知识来源于汶川特大地震抗震救灾的各种文献资料，学术思想观点一半吸收他人成果，一半靠自己心得感悟。在本书正式付梓之际，我谨向相关评审专家及学院同事们表示最诚挚的谢意，谢谢你们对本书写作和出版提出的许多宝贵意见和建议。同时，也希望本书的出版能在我国地震社会学和制度救灾史研究领域起到抛砖引玉的作用。

邓绍辉

2020 年 10 月于成都万科城市花园

责任编辑：陆丽云

封面设计：汪　莹

图书在版编目（CIP）数据

汶川地震与救灾制度转型研究 / 邓绍辉 著 . —— 北京：人民出版社，
　2020.9

ISBN 978 － 7 － 01 － 021296 － 8

I. ①汶…　II. ①邓…　III. ①抗震－救灾－概况－汶川县　②抗震－救灾－
制度－研究－中国　IV. ① P315.9

中国版本图书馆 CIP 数据核字（2019）第 210195 号

汶川地震与救灾制度转型研究

WENCHUAN DIZHEN YU JIUZAI ZHIDU ZHUANXING YANJIU

邓绍辉　著

人 民 出 版 社 出版发行

（100706　北京市东城区隆福寺街 99 号）

中煤（北京）印务有限公司印刷　新华书店经销

2020 年 9 月第 1 版　2020 年 9 月北京第 1 次印刷

开本：710 毫米 ×1000 毫米 1/16　印张：25.5

字数：360 千字

ISBN 978 － 7 － 01 － 021296 － 8　定价：98.00 元

邮购地址 100706　北京市东城区隆福寺街 99 号

人民东方图书销售中心　电话（010）65250042　65289539